高等学校应用型特色规划教材

Android 手机应用开发简明教程

董志鹏　张水波　编著

清华大学出版社
北　京

内容简介

本书结合教学特点，以 Android 4.4.2 版本为例，由浅入深地讲述了 Android 应用程序的开发技术，涵盖了 Amdroid 技术人员成长道路上的众多知识。

全书共分 15 章，主要内容包括 Android 的发展历史、特点和优势、系统架构与开发环境的配置，以及各种常见开发工具的安装和使用、各种 Android 应用程序的设计与开发等。本书在最后一章，以贪吃蛇小游戏为例介绍了游戏项目的完整实现。

本书既可作为在校大学生学习使用 Android 进行课程设计的参考教材，也适合作为高等院校相关专业的教学参考用书，还可以作为非计算机专业学生学习 Android 数据库的参考书。

图书在版编目(CIP)数据

Android 手机应用开发简明教程/董志鹏，张水波编著. --北京：清华大学出版社，2016（2018.8重印）
高等学校应用型特色规划教材
ISBN 978-7-302-42540-3

Ⅰ. ①A…　Ⅱ. ①董…　②张…　Ⅲ. ①移动终端—应用程序—程序设计—高等学校—教材　Ⅳ. ①TN929.53

中国版本图书馆 CIP 数据核字(2016)第 000857 号

责任编辑：杨作梅
封面设计：杨玉兰
责任校对：文瑞英
责任印制：沈　露

出版发行：清华大学出版社
网　　址：http://www.tup.com.cn, http://www.wqbook.com
地　　址：北京清华大学学研大厦 A 座　　邮　　编：100084
社 总 机：010-62770175　　邮　　购：010-62786544
投稿与读者服务：010-62776969, c-service@tup.tsinghua.edu.cn
质量反馈：010-62772015, zhiliang@tup.tsinghua.edu.cn
课件下载：http://www.tup.com.cn, 010-62791865
印 装 者：北京九州迅驰传媒文化有限公司
经　　销：全国新华书店
开　　本：185mm×260mm　　印　张：24.25　　字　数：587 千字
版　　次：2016 年 3 月第 1 版　　印　次：2018 年 8 月第 2 次印刷
定　　价：48.00 元

产品编号：061987-01

前　言

随着 4G 时代的到来，智能手机技术的应用越来越广泛，各种应用程序层出不穷，例如视频通话、视频点播和在线视听等。为了承载这些数据应用及快速部署，为了实现各种需求，必须要有一个好的开发平台来支持。2007 年 11 月由 Google 公司发起的 OHA 联盟推出了开放的 Android 平台，任何公司及个人都可以免费获取源代码及开发 SDK。目前，三星、摩托罗拉、索爱、LG 和华为等公司都已经推出了以 Android 为平台的手机。

从技术角度而言，Android 与 iPhone 相似，但是它的搜索功能更强大，界面功能也更强大，可以说是一种融入了全部 Web 应用的平台。本书以 Android 4.4.2 版本为例，从实用角度出发，深入浅出地分析 Android 系统开发的各个要点。

本书内容

全书共分 15 章，主要内容如下。

第 1 章　从零开始认识 Android。本章首先从智能手机和流行的手机系统开始介绍，然后介绍了 Android 系统的诞生、发展、特点、优势、系统架构、组件以及 Android 4.4 的新增功能。

第 2 章　Android 开发环境与开发工具。本章介绍如何搭建 Android 的开发环境，Android 模拟器的使用，以及 Android SDK 中常用的开发工具。

第 3 章　Android 应用程序剖析。本章介绍如何正式地创建一个 Android 应用程序，并对该程序的各个目录结构进行剖析，让开发者了解 Android 应用程序的构成。

第 4 章　用户界面设计。本章首先介绍 Android 系统中设计用户界面的几种方法，然后详细介绍 Android 中提供的各种用于控制程序界面的布局管理器，以及它们管理子元素的方法。

第 5 章　Android 基础组件详解。本章介绍 Android 应用程序中常用的几种组件，包括文本类组件、按钮类组件、列表类组件，以及日期与时间组件等。

第 6 章　应用程序与 Activity。本章着重介绍 Activity 的基础知识，包括 Activity 的创建、配置、启动和关闭，以及 Fragment 的使用等多个内容。

第 7 章　Intent 和 BroadcastReceiver 的应用。本章详细介绍 Intent 对象的组成部分，使用 Intent 对象进行通信的方法，以及 BroadcastReceiver 广播的应用。

第 8 章　Android 高级界面设计。本章介绍 Android 中常用的一些高级组件，例如进度条、拖动条、星级评分条、选项卡、自动完成编辑器，以及图像类组件等。

第 9 章　访问系统资源。本章详细介绍 Android 应用程序的系统资源，例如字符串资源、数组资源、颜色资源，以及尺寸资源等。

第 10 章　Android 多媒体应用。本章首先从图形图像的处理技术开始介绍，然后依次介绍如何在 Android 应用程序中播放视频和音频文件。

第 11 章　Android 事件处理机制。本章详细介绍基于监听和基于回来调这两种不同事件的处理方式的运行机制、具体实现细节，以及常见键盘事件和触摸事件的应用。

第 12 章　Android 数据存储。本章着重介绍 Android 应用程序的 4 种数据存储方式，分别是 SharePreference、File、SQLite 和 ContentProvider 存储。

第 13 章　调用 Android 系统服务。本章详细介绍如何在项目中调用 Android 系统本身的服务，但是在介绍和使用系统服务之前，要了解服务的基础知识，包括其生命周期、分类和实现等内容。

第 14 章　Android 网络编程。本章介绍 Android 网络编程，首先从基础概念开始介绍，然后依次介绍 HTTP 通信、Socket 网络编程和 Web 网络编程。

第 15 章　贪吃蛇游戏。本章介绍贪吃蛇游戏的实现过程，包括界面和算法分析，以及核心实现代码。

本书特点

本书针对初、中级用户量身定做，由浅入深地讲解 Android 网络开发的应用。本书采用大量的范例进行讲解，力求通过实际操作，使读者轻松掌握 Android 应用程序开发的过程。

- 知识点全面。

本书紧紧围绕 Android 的基础知识展开讲解，具有很强的逻辑性和系统性。

- 实例丰富。

书中各范例和综合实验案例均经过作者精心设计和挑选，它们大多数都是作者在实际开发中的经验总结，涵盖了各种开发场景。

- 应用广泛。

对于精选案例，给出了详细步骤，结构清晰简明，分析深入浅出，而且有些程序能够直接在项目中使用。

- 基于理论，注重实践。

本书不仅介绍理论知识，还介绍开发过程。在各章节的合适位置都安排有综合应用实例，或者小型应用程序，将理论应用引入到实践中，以此来加强读者的实际应用能力，巩固其开发基础知识。

- 随书光盘。

各章的范例和综合案例都配有视频教学文件，读者可通过视频文件更加直观地学习 Android 的知识。

- 网站技术支持。

读者在学习或者工作的过程中，如果遇到问题，可以直接登录 www.itzcn.com 网站与我们联系，作者会在第一时间内给予帮助。

- 贴心的提示。

为了便于读者阅读，全书还穿插了一些技巧、提示等讲解，体例约定如下。

提示：通常是一些贴心的提醒，或提供建议，或提供解决问题的方法，让读者加深印象。

注意：提出学习过程中需要特别注意的一些知识点和内容，或者相关信息。

技巧：通过简短的文字，指出在应用该知识点时的一些小窍门。

读者对象

本书既可作为高等院校相关专业的教学参考书，也可以作为非计算机专业学生学习Android数据库的参考书。

除了封面作者之外，参与本书编写及设计工作的还有张慧兰、李媛媛、王咏梅、郝军启、王慧、郑小营、张浩华、王超英、张凡、赵振方、张艳梅等，在此表示感谢。此外，本书在编写过程中虽力求精益求精，但难免存在一些不足，敬请广大读者批评指正。

编　者

目录

第 1 章　从零开始认识 Android

Android 既是建立在 Java 语言基础之上的一种手机开发平台，也是一种能够迅速建立手机软件的解决方案。其结构看起来虽然简单，但功能却十分强大，当前已成为了一个流行的热点，并且势必将成为软件行业的一股新兴力量。本章首先简单介绍智能手机和当前流行的手机系统，然后重点介绍 Android 系统的诞生、发展、特点、优势、系统架构、组件以及 Android 4.4 的新增功能和发展方向。

学习要点

- 了解智能手机的特点和常用的手机系统。
- 熟悉 Android 的发展、特点和优势。
- 掌握 Android 的系统架构。
- 熟悉 Android 的四大组件。
- 熟悉 Android 4.4 的新增和改进功能。
- 了解 Android 4.4 的发展方向。

1.1　智能手机和系统

随着网络的发展，智能手机已经被广大用户所接受。所谓智能手机，是指能够具有像个人电脑那样的强大功能，拥有独立的操作系统，用户可以自行安装第三方服务商提供的软件和游戏等，并且可以通过移动通信网络来实现无线网络接入的手机。

1.1.1　智能手机的特点

智能手机是一种在手机内安装了相应开放式操作系统的手机。目前，全球多数手机厂商都有智能手机产品，而芬兰的诺基亚(目前已被微软收购)、美国的苹果、加拿大的黑莓、美国的摩托罗拉、中国台湾的宏达、韩国的三星、中国的小米更是智能机中的佼佼者。

智能手机有以下五大特点。

(1) 具备无线接入互联网的能力，即需要支持 GSM 网络下的 GPRS 技术或者 CDMA 网络下的 CDMA 1X 或 3G 技术。

(2) 具有 PDA 的功能，包括 PIM(个人信息管理)、日程记事、任务安排、多媒体应用以及网页浏览。

(3) 具有开放性的操作系统，可以安装更多的应用程序，使智能手机的功能得到无限扩展。

(4) 人性化，可以根据个人需要扩展机器功能。

(5) 功能强大，扩展性能强，第三方软件支持多。

1.1.2 常用的手机系统

智能手机具有独立的操作系统，常用的操作系统有 Symbian、Windows Mobile、IOS、Linux(含 Android、Maemo 和 WebOS)、Palm OS 和 BlackBerry OS 等。它们之间的应用软件虽然互不兼容，但由于智能手机可以安装第三方软件，所以智能手机功能的丰富性并不受影响。

1. Windows Mobile 系统

这是微软公司的杰出产品，Windows Mobile 将熟悉的 Windows 桌面扩展到了个人设备中。使用 Windows Mobile 操作系统的设备主要有 PPC 手机、PDA、随身音乐播放器等。Windows Mobile 操作系统有 3 种，即 Windows Mobile Standard、Windows Mobile Professional 和 Windows Mobile Classic。

2. Symbian 系统

Symbian 系统是塞班公司为手机设计的操作系统。Symbian 是一个实时性、多任务的纯 32 位操作系统，具有功耗低、内存占用少等特点，非常适合内存和运行内存有限的手机等移动设备使用。经过不断完善，Symbian 系统可以支持 GPRS、蓝牙、SyncML 以及 3G 技术。

2008 年 12 月 2 日，塞班公司被诺基亚收购。2011 年 12 月 21 日，诺基亚官方宣布放弃塞班品牌。2012 年 5 月 27 日，诺基亚彻底放弃开发塞班系统，但是服务将一直持续到 2016 年。2013 年 1 月 24 日晚间，诺基亚宣布今后不再发布塞班系统的手机。2014 年 1 月 1 日，诺基亚正式停止了 Nokia Store 对具有塞班系统的应用商品的更新，也禁止开发人员发布新的应用商品。

3. BlackBerry 系统

2013 年 1 月 30 日，RIM(Research In Motion)公司在美国纽约召开发布会，宣布 RIM 正式更名为 BlackBerry，即黑莓手机。黑莓手机的系统和其他手机终端使用的 Symbian、Windows Mobile、IOS 等操作系统有所不同，Blackberry 系统的加密性能更强、更安全。

4. IOS 系统

iPhone 是苹果公司研发的智能手机，它搭载苹果公司研发的 IOS 系统。第一代 iPhone 于 2007 年 1 月 9 日由苹果公司前首席执行官史蒂夫·乔布斯发布，并在同年 6 月 29 日正式发售。2013 年 9 月 10 日，苹果公司在美国加州的新产品发布会上，推出第七代产品 iPhone 5S 及 iPhone 5C，同年 9 月 20 日正式发售。

2014 年 9 月 9 日，苹果公司推出第八代的 iPhone 6，北京时间 2014 年 9 月 10 日凌晨 1 点，苹果公司在加州库比蒂诺德安萨学院的弗林特艺术中心举行 2014 年秋季新品发布会，正式发布其新一代产品 iPhone 6，这是苹果历史上最大的手机发布会。9 月 12 日苹果手机开启预定，9 月 19 日上市，首批上市的国家和地区包括美国、法国、澳大利亚以及中国香港等。

5. Android 系统

Android 系统 Google 公司于 2007 年 11 月 5 日宣布的基于 Linux 平台的开源手机操作系统。Android 系统由操作系统、中间件、用户界面和应用软件组成，号称是首个为移动终端打造的真正开放和完整的移动软件。

1.2 Android 简介

在 2007 年以前，智能手机系统领域形成了塞班、苹果和微软三足鼎立的局势。在 2007 年下半年，Android 突然神秘崛起，以完全免费为“撒手锏”，刚一推出就颠覆了三足鼎立之势。Android 即安卓，本节将简单介绍其基本情况。

1.2.1 Android 的诞生

Android 一词最早出现于法国作家利尔亚当(Auguste Villiers de l'Isle-Adam)在 1886 年发表的科幻小说《未来夏娃》(L'ève future)中。他将外表像人的机器起名为 Android，因此说 Android 的本义是指“机器人”。图 1-1 所示为 Android 系统的机器人 Logo。

图 1-1 Android 系统的 Logo

Android 的 Logo 是由 Ascender 公司设计的，诞生于 2010 年，其设计灵感源于男女厕所门上的图形符号。布洛克绘制了一个简单的机器人，它的躯干像锡罐的形状，头上还有两根天线，Android 小机器人便诞生了。该 Logo 中的文字使用了 Ascender 公司专门制作的 Droid 字体。Android 是一个全身绿色的机器人，绿色也是 Android 的标志。颜色采用了 PMS 376C 和 RGB 中十六进制的#A4C639 来绘制，这是 Android 操作系统的品牌象征。有时候，它们还会使用纯文字的 Logo。

2012 年 7 月，美国科技博客网站 BusinessInsider 评选出了 21 世纪 10 款最重要电子产品，Android 和 iPhone 等操作系统榜上有名。目前 Android 系统的市场占有率已经超过 IOS 系统，无论从哪个角度来看，Android 都已经成为最主流的手机操作系统。

1.2.2 Android 的发展

虽然 Android 出现得比较晚，但是它发展得非常迅速。其发展历史大致如下。

2005 年 8 月，Google 公司收购 Android 公司，原创始人 Andy Rubin 成为 Google 公司工程部副总裁，继续负责 Android 项目。

2007 年 11 月 5 日，谷歌公司正式向外界展示了 Android 操作系统。Google 公司以 Apache 免费开源许可证的授权方式，发布了 Android 的源代码。

2008 年，在 Google I/O 大会上，谷歌提出了 Android HAL 架构图，同年 8 月 18 号，Android 获得了美国联邦通信委员会(FCC)的批准。2008 年 9 月，谷歌正式发布了 Android 1.0 系统，这也是 Android 系统最早的版本。

2009 年 4 月，谷歌正式推出了 Android 1.5 操作系统手机。从 Android 1.5 版本开始，

谷歌将 Android 的版本以甜品的名字命名，Android 1.5 被命名为 Cupcake(纸杯蛋糕)。该系统与 Android 1.0 相比有了很大的改进。

2009 年 9 月，谷歌发布了 Android 1.6 的正式版，并且推出了搭载 Android 1.6 正式版的手机 HTC Hero(G3)。凭借着出色的外观设计以及全新的 Android 1.6 操作系统，HTC Hero(G3)成为当时全球最受欢迎的手机。Android 1.6 也有一个有趣的甜品名称——Donut(甜甜圈)。

2010 年 2 月，Linux 内核开发者 Greg Kroah-Hartman 将 Android 的驱动程序从 Linux 内核“状态树”(Staging Tree)上除去，从此 Android 与 Linux 开发主流分道扬镳。同年 5 月，谷歌正式发布了 Android 2.2 操作系统，并将 Android 2.2 操作系统命名为 Froyo(冻酸奶)。

2010 年 10 月，谷歌宣布 Android 系统达到了第一个里程碑，即电子市场上获得官方数字认证的 Android 应用数量已经达到了 10 万个。2010 年 12 月，谷歌正式发布了 Android 2.3 操作系统 Gingerbread(姜饼)。

2011 年 1 月，谷歌称全球用户每天使用的 Android 设备数量达到 30 万部之多。2011 年 2 月 2 日谷歌发布了 Android 3.0；5 月 11 日又发布了 Android 3.1 版本，到 2011 年 7 月，Android 设备数量增长到 55 万部，而 Android 系统设备的用户总数达到了 1.35 亿，Android 系统已经成为智能手机领域占有量最高的系统。

2011 年 7 月 13 日，Android 3.2 发布。同年 8 月 2 日，Android 手机已占据全球智能机市场 48%的份额，并在亚太地区市场占据统治地位，终结了 Symbian 系统的霸主地位，跃居全球第一。

2011 年 9 月，Android 系统的应用软件数量已达 48 万个，而在智能手机市场，Android 系统的占有率已达到了 43%，继续排在移动操作系统首位。同年 10 月，谷歌发布了全新的 Android 4.0 操作系统，这款系统被谷歌命名为 Ice Cream Sandwich(冰激凌三明治)。

2012 年 6 月 28 日，Android 4.1 版本发布，该版本更快、更流畅、也更灵敏，增强了通知栏、全新搜索(搜索将会带来全新的 UI、智能语音搜索和 Google Now 三项新功能)、自动调整桌面插件大小、无障碍操作以及语言和输入法扩展等功能。

2012 年 10 月 30 日，Android 4.2 版本发布，该版本沿用 Android 4.1 版本“果冻豆”这一名称，以反映这种最新操作系统与 Android 4.1 的相似性。同时 Android 4.2 也推出了一些新特性，例如全景拍照、键盘手势输入、改进锁屏，以及 Gmail 邮件可缩放显示等功能。

2013 年 9 月 4 日凌晨，谷歌对外公布了 Android 新版本 Android 4.4 KitKat(奇巧巧克力)，并于 2013 年 11 月 1 日正式发布，新的 4.4 系统更加整合了自家服务，力求防止安卓系统继续碎片化、分散化。Google 希望在 KitKat 版 Android 中打造适合每个人的良好体验，该版本的 Android 可能会适用于智能手表、游戏机、低成本智能手机、甚至笔记本(截止本书编写时尚未发布)。

1.2.3 Android 的特点和优势

智能手机追求智能和速度，Android 系统之所以能在激烈的竞争中脱颖而出，得益于它拥有的无可比拟的特点和平台优势。

1. Android 的特点

Android 是基于 Linux 内核的操作系统，主要特点如下。

(1) 允许重用和替换组件的应用程序框架。

(2) 专门为移动设备优化的 Dalvik 虚拟机。

(3) 基于开源引擎 WebKit 的内置浏览器。

(4) 自定义的 2D 图形库提供了最佳的图形效果，此外还支持基于 OpenGL ES 1.0 规范的 3D 效果(需要硬件支持)。

(5) 支持数据结构化存储的 SQLite。

(6) 支持常见的音频、视频和图片格式(例如 MPEG4、H.264、MP3、AAC、AMR、JPG、PNG、GIF)。

(7) 支持蓝牙、GSM 电话、EDGE、3G 和 Wi-Fi(需要硬件支持)。

(8) 支持摄像头、GPS、指南针和加速计(需要硬件支持)。

(9) 完善的开发环境，包括设备模拟器、调试工具、内存和性能工具、优化工具和 Eclipse 开发插件等等。

2. Android 的平台优势

Android 的平台优势主要体现在四个方面，即开放性、丰富的硬件、方便开发以及 Google 应用。

(1) 开放性。

在优势方面，首先就是 Android 平台的开放性，即允许任何移动终端厂商加入 Android 联盟。显著的开放性可以使其拥有更多的开发者，随着用户和应用的日益丰富，一个崭新的平台也将很快走向成熟。

开放性对于 Android 的发展而言，有利于积累人气，这里的人气包括消费者和厂商，而对于消费者来讲，最大的受益正是丰富的软件资源。开放的平台也会带来更大竞争，如此一来，消费者将可以用更低的价位购得心仪的手机。

(2) 丰富的硬件。

这一点还是与 Android 平台的开放性有关。由于 Android 的开放性，众多的厂商会推出千奇百怪、功能特色各具的多种产品，可满足各类用户的需求。

(3) 方便开发。

Android 平台为第三方开发商提供了一个十分宽泛、自由的环境，不会受各种限制，可想而知，会有很多新颖别致的软件诞生。但也有其两面性，血腥、暴力、情色方面的程序和游戏如何控制正是留给 Android 的难题之一。

(4) Google 应用。

Google 从搜索巨人到全面的互联网渗透，Google 服务(如地图、邮件和搜索等)已经成为连接用户和互联网的重要纽带。而 Android 平台手机将无缝结合 Google 这些优秀的服务，使其发挥更好的市场效益。

1.3 Android 的系统架构

通过上一节的介绍，相信大家一定对 Android 系统的诞生、发展、特点和优势有所了解，本节将对 Android 的系统架构进行分析介绍。

1.3.1 系统架构概述

Android 是一个真正意义上的开放性移动开发平台，其不仅仅包含上层的用户界面和应用程序，还包含底层的操作系统。所有的 Android 应用程序都运行在虚拟机上，程序之间是完全平等的，用户可以随意使用第三方软件替换系统软件。

Android 系统的底层建立在 Linux 系统之上，如图 1-2 所示为 Android 的系统架构。从图 1-2 中可以发现，Android 系统由 5 个部分组成，即应用程序、应用程序框架、核心库、Android 运行时和 Linux 内核。

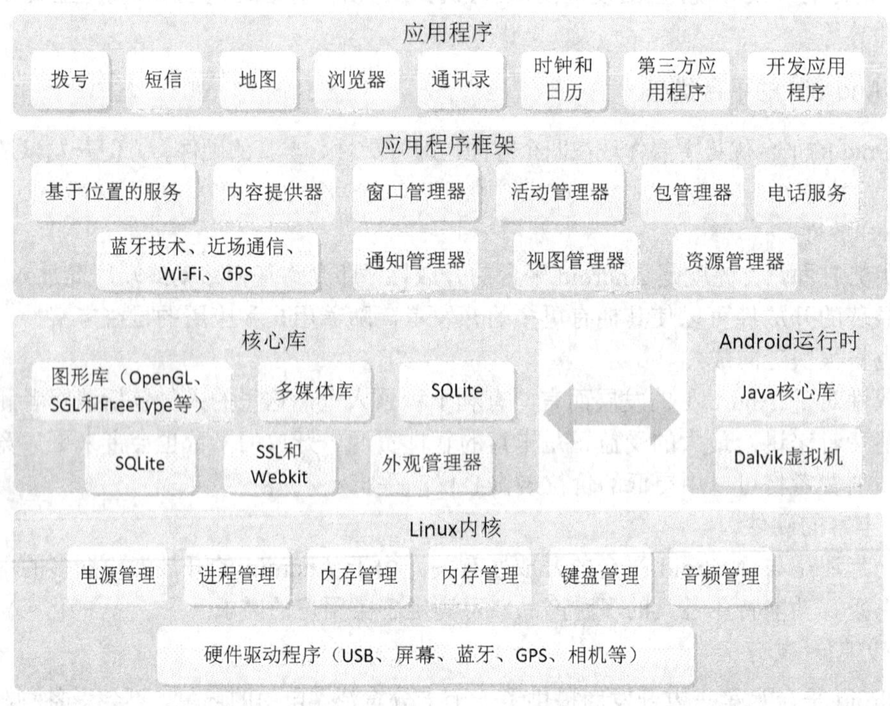

图 1-2 Android 的系统架构

1.3.2 应用程序

对于普通的用户而言，只能通过具体的应用程序来判断移动平台的优劣。即使一个移动平台具有最华丽的技术，但是如果不能给用户提供最得心应手的应用，也无法抓住用户的心，赢得市场的认可。

Android 系统包含的系列核心应用程序有电子邮件(Email)客户端、SMS 程序、日历、地图、浏览器、联系人和其他设置。所有应用程序都由 Java 编程语言编写而成，其丰富性

有待于更多的开发者去开发。

从图 1-2 中可以看出，Android 的架构是分层的，非常清晰，且分工明确。Android 本身是一套软件堆迭(Software Stack)，或称为“软件迭层架构”。其迭层主要分为三层，即操作系统、中间件、应用程序。

在应用程序层中，允许开发者基于 Android 提供的 SDK 软件开发工具编写自己的应用程序或者使用第三方开发的应用程序。简单来说，一个应用可以是 Java 语言编写的；也可以是用 Java 语言编写一部分、C 语言或 C++语言编写一部分，使用 JNI 平台标准调用。例如，一个游戏应用程序，为了提高速度，有些处理使用 C 语言或 C++语言编写，再用 JNI 平台标准调用。所以，不要简单地认为所有 Android 应用都一定是用 Java 语言编写的。

为了让应用开发者能够绕过框架层，直接使用 Android 系统的特定类库，Android 还提供了 NDK(Native Development Kit)工具库。它由 C/C++语言的一些接口构成，开发者可以通过它更高效地调用特定的系统功能。

1.3.3　应用程序框架

应用程序框架是 Android 系统中最核心的部分，它集中体现了 Android 系统的设计思想。在 Android 之前，有很多基于 Linux 内核打造的移动平台。作为超越前辈的成功范例，框架层的设计正是 Android 脱颖而出的关键所在。

应用程序框架由多个系统服务(System Service)共同组成，包括组件管理服务、窗口管理服务、地理信息服务、电源管理服务以及通话管理服务等。所有服务都寄宿在系统核心进程(System Core Process)中，在运行时每个服务都占据一个独立的线程，彼此通过进程间的通信机制(Inter-Process Communication，IPC)发送消息和传输数据。

对于开发者而言，应用程序框架最直观的体现就是 SDK，它通过一系列的 Java 功能模块来实现应用所需的功能。SDK 的设计决定了上层应用的开发模式、开发效率以及能够实现的功能范畴。因此，对于开发者而言，关注 SDK 的变迁是一件很有必要的事情。SDK 每个新版本的诞生，都意味着一些老的接口会被调整或抛弃，另一些新的接口和功能火热出炉。开发者不但要查看和关注那些被修改的接口，检查应用的兼容性，并采取相应的策略去适应这些变化。更重要的是，开发者还要追踪新提供的接口，寻找改进应用的机会，甚至是寻求开发新应用的可能。

1.3.4　核心库

核心库有时被称为“函数库”，它包含一套被不同组件所使用的 C/C++语言库的集合。一般来说，Android 应用程序开发者不能直接调用这套 C/C++语言库集，但是可以通过它上面的应用程序框架来调用这些库。

核心库的来源主要有两种，一种是系统原生类库，一种是第三方类库。

(1) 系统原生类库。

为了提高 Android 框架层的执行效率，目前使用 C/C++语言来实现它的一些性能关键模块，如资源文件管理模块、基础算法库等。

(2) 第三方类库。

第三方类库大部分都是对优秀开源项目的移植。它们是 Android 能够提供丰富功能的重要保障，如 Android 的多媒体处理，依赖于开源项目 OpenCore 的支持；浏览器的内核引擎从 WebKit 移植而来；数据库功能使用了 SQLite。Android 会为所有移植而来第三方类库封装一层 JNI 接口，以供框架层调用。

常见的核心库有以下几种。

- 系统 C 库：一个从 BSD 系统派生出来的标准 C 系统库(libc)，并且专门被嵌入式 Linux 设备调整过。
- 媒体库：基于 PacketVideo 的 OpenCore。这套媒体库支持播放和录制许多流行的音频和视频格式以及查看静态图片，主要包括 MPEG4、H.264、MP3、AAC、AMR、JPG 和 PNG 等多媒体格式。
- Surface Manager：管理对显示子系统的访问，并可以对多个应用程序的 2D 和 3D 图层提供无缝整合。
- LibWebCore：一个全新的 Web 浏览器引擎，该引擎为 Android 浏览器提供支持，也为 WebView 提供支持，WebView 完全可以嵌入开发者自己的应用程序中。
- SGL：底层的 2D 图形引擎。
- 3D libraries：基于 OpenGL ES 1.0 API 实现的 3D 系统。这套 3D 库既可使用硬件 3D 加速(如果硬件系统支持)，也可使用高度优化的软件 3D 加速。
- FreeType：位图和向量字体显示。
- SQLite：提供所有应用程序使用的、功能强大的轻量级关系数据库。

1.3.5 Android 运行时

从图 1-2 中可以发现，Android 运行时包括 Java 核心库和 Dalvik 虚拟机两部分。

1. Java 核心库

Java 核心库提供了 Java 语言所能使用的绝大部分功能，包括 Java 对象库、文件管理库以及网络通信库等。

2. Dalvik 虚拟机

虚拟机负责运行 Android 应用程序。Dalvik 是为 Android 量身打造的 Java 虚拟机，负责动态解析执行应用、分配空间、管理对象生命周期等工作。如果说框架层是 Android 应用的大脑，决定了 Android 应用的设计特征，那么 Dalvik 就是 Android 的心脏，为 Android 的应用提供动力，决定它们的执行效率。

Dalvik 是专门为高端设备优化设计的，采取了基于寄存器的虚拟机架构设计。虽然基于寄存器的虚拟机对硬件的门槛会更高一些，编译出的应用可能会耗费稍多的存储空间，但它的执行效率更高，更能够发挥高端硬件(主要指处理器)的能力。

Dalvik 虚拟机非常适合在移动终端使用，相对于在 PC 或服务器上运行的虚拟机而言，Dalvik 虚拟机不需要很快的 CPU 计算速度和大量的内存空间，其主要有以下两个优点。

(1) 运行专有的.dex 文件。专有的.dex 文件减少了.class 文件中的冗余信息，而且会把

所有的.class 文件整合到一个文件中，从而提高运行性能；而且 DX 工具还会对.dex 文件进行一些性能的优化。

(2) 基于寄存器实现。大多数虚拟机(包括 JVM)都是基于栈的，而 Dalvik 虚拟机则是基于寄存器的。一般来说，基于寄存器的虚拟机具有更好的性能表现，但是在硬件通用性上略差一些。

注意： 由于 Android 应用程序的编写语言是 Java，因此有些人会把 Dalvik 虚拟机和 JVM 混淆，但二者是有区别的：Dalvik 并未完全遵守 JVM 规范，两者也不兼容。实际上，JVM 虚拟机运行的是 Java 字节码，即.class 文件；而 Dalvik 运行的是其专有的.dex(DalvikExecutable)文件。

1.3.6　Linux 内核

Android 基于 Linux 2.6 内核，其核心系统服务如安全性、内存管理、进程管理、网络协议以及驱动模型都依赖 Linux 内核。Linux 核心在硬件层与软件层之间建立了一个抽象层，使得 Android 平台的硬件对开发人员更加透明。

Linux 之于 Android 最大的价值，便是其强大的可移植性。由于 Linux 可以运行在各式各样的芯片架构和硬件环境下，因而使依托于它的 Android 系统也拥有了强大的可移植性。同时，Linux 像一座桥梁，可以将 Android 的上层实现与底层硬件连接起来，使它们直接耦合，从而降低了移植难度。

硬件抽象层(Hardware Abstract Layer，HAL)是 Android 为厂商定义的一套接口标准，它为框架层提供接口支持，厂商需要根据定义的接口实现相应功能。

1.4　Android 的四大组件

Android 的四大组件分别是 Activity(活动)、Service(服务)、BroadcastReceiver(广播接收器)以及 Content Provider(内容提供商)。

1.4.1　Activity 组件

在 Android 中，Activity 是所有程序的根本，所有程序的流程都运行在 Activity 之中。Activity 可以算是开发者最频繁遇到的，也是 Android 中最基本的模块之一。Activity 一般代表手机屏幕的一屏。如果把手机比作一个浏览器，那么 Activity 就相当于一个网页。如果在 Activity 中可以添加一些 Button、Check box 等组件，就可以看到 Activity 概念和网页的概念相当类似。

一般一个 Android 应用由多个 Activity 组成，这多个 Activity 之间可以相互跳转。例如，按下一个 Button 按钮后，可能会跳转到其他的 Activity。和网页跳转稍微有些不一样的是，Activity 之间的跳转有可能会返回一个值，例如，从 Activity A 跳转到 Activity B，那么当 Activity B 运行结束的时候，系统有可能会给 Activity A 返回一个值。

当打开一个新的屏幕时，之前的屏幕就会被置为暂停状态，并被压入历史堆栈中。此时用户可以通过回退操作，返回到以前打开过的屏幕，可以选择性地移除一些没有必要保

留的屏幕，因为 Android 会把每个应用从开始到当前打开的每个屏幕保存在堆栈中。

1.4.2 Service 组件

Service 与 Activity 的级别差不多，但是它不能自己运行，只能由后台来运行，并且可以和其他组件进行交互。简单来说，Service 是没有界面的长生命周期的代码。

举例来说，打开一个音乐播放器的程序后，还可以再打开 Android 浏览器。此时虽然进入了浏览器程序，但是，歌曲播放并没有停止，而是在后台继续一首接一首地播放。这个播放就是由播放音乐的 Service 进行控制的。当然这个播放音乐的 Service 也可以停止。例如，播放列表里的歌曲都播放完毕，或者用户按下了停止音乐播放的快捷键等。总之，Service 可以在多场合的应用中使用。

提示： 开启 Service 有两种方式，一种是调用 Context 的 startService()方法，另一种是调用 Context 的 bindService()方法。

1.4.3 BroadcastReceiver 组件

在 Android 中，Broadcast 是一种广泛运用的在应用程序之间传输信息的机制。而 BroadcastReceiver 是对发送出来的 Broadcast 进行过滤接受并响应的一类组件。

开发人员可以使用 BroadcastReceiver 来让应用对一个外部的事件做出响应。例如，当电话呼入这个外部事件到来的时候，可以利用 BroadcastReceiver 进行处理。又如，当下载一个程序成功完成的时候，仍然可以利用 BroadcastReceiver 进行处理。

BroadcastReceiver 不能生成 UI(用户界面)，也就是说对于用户来说，他们是看不到 BroadcastReceiver 的。BroadcastReceiver 通过 NotificationManager 来通知用户这些事情的发生。BroadcastReceiver 既可以在 AndroidManifest.xml 中注册，也可以在运行时的代码中使用 Context.registerReceiver()方法进行注册。一旦注册完成，当事件来临时，即使程序没有启动，系统也会在需要的时候启动程序。各种应用还可以通过 Context.sendBroadcast()将自己的 Intent Broadcasts 广播给其他应用程序。

1.4.4 Content Provider 组件

Content Provider 是 Android 提供的第三方应用数据的访问方案。在 Android 中，对数据的保护是很严密的。当然，Android 不会真的把每个应用都做成一座孤岛，它为所有应用都准备了一扇窗，这就是 Content Provider。若应用想对外提供数据，可以通过派生 Content Provider 类，封装成 Content Provider 来实现每个 Content Provider 都用一个 URI 作为独立的标识，形如 content://com.xxxxx。所有东西看着像 REST 的样子，但实际上，它比 REST 更为灵活。和 REST 类似，URI 也可以有两种类型，一种是带 ID 的，另一种是列表的。但实现者不需要按照这个模式来做，因为给 ID 的 URI 也可以返回列表类型的数据。因此只要调用者明白就无妨，不用苛求所谓的 REST。

1.5　Android 4.4

Android 4.4 是由 Google 公司研发的手机操作系统，于北京时间 2013 年 9 月 4 日凌晨对外公布。其代号为 KitKat(奇巧)。Kit Kat 原是雀巢公司的一款巧克力名称，Google 在使用时将两个单词合成了一个单词，去掉了中间的空格。

1.5.1　Android 4.4 的新增功能

与之前的 Android 4.3 版本相比，Android 4.4 增加了更多的新功能。

(1) 支持两种编译模式，即 Dalvik 模式(默认模式)和 ART 模式。

(2) 新图标、锁屏、启动动画和配色方案。之前蓝绿色的配色设计被更换成了白/灰色，更加简约，另外图标风格也进一步扁平化，还内置了一些新的动画，整体来说界面更漂亮、占用资源更少。另外，还加入了半透明的界面样式，以确保状态栏和导航栏在应用中能发挥更好的效果。

(3) 新的拨号和智能来电显示。首先，新的拨号程序会根据用户的使用习惯，自动智能推荐常用的联系人，方便快速拨号；同时，一些知名企业或是服务号码的来电，即使用户的手机中没有存储它们，Android 4.4 也会使用谷歌的在线数据库进行匹配自动显示名称。

(4) 集成 Hangouts IM 软件。集成 GMS 的 Android 4.4 内置 Hangouts IM 软件，类似于国内的微信，可以实现跨平台的文字、语音聊天功能，也能够传输图片、视频等各种文件。

(5) 全屏模式。不论你是在看电子书或是使用任何应用程序，都能够方便地进入全屏模式，隐藏虚拟按键，带来更投入的使用体验。只需滑动屏幕边缘，便可找回按键，十分方便。

(6) 支持 Emoji 键盘。Android 能够支持丰富有趣的 Emoji 输入，可以让用户的邮件或信息更加个性化。

(7) 轻松访问在线存储。用户可以直接在手机或平板电脑中打开存储在 Google Drive 或其他云端的文件，支持相册或 QuickOffice 等软件，十分方便。

(8) 无线打印。用户可以使用谷歌 Cloud Print 无线打印手机内的照片、文档或网页，其他打印机厂商也将迅速跟进，发布相关应用。

(9) 屏幕录像功能。Android 4.4 增加了屏幕录像功能，用户可以将所有在设备上的操作录制为一段 MP4 视频，并可以选择长宽比或比特率，甚至可以添加水印。

(10) 内置字幕管理功能。在播放视频时可自行添加字幕。

(11) 计步器应用。Android 4.4 内置了计步器等健身应用，谷歌也在加紧与芯片制造商的合作，为未来的智能手表做准备。

(12) 低功耗音频和定位模式。Android 4.4 加入了低功耗音频和定位模式，进一步减少了设备的功耗。

(13) 新的接触式支付系统。虽然谷歌钱包还没正式推出，但是 Android 4.4 中已经加入了新的接触式支付功能，通过 NFC 和智能卡，可以在手机端轻松完成支付。

(14) 新的蓝牙配置文件和红外兼容性。Android 4.4 内置两个新的蓝牙配置文件，可以

支持更多的设备，功耗也更低，包括鼠标、键盘和手柄，还能够与车载蓝牙交换地图。另外，新的红外线遥控接口可以支持更多设备，包括电视和开关等。

1.5.2 Android 4.4 的改进功能

除了新增功能外，Android 4.4 也对部分功能进行了优化。以效率为出发点，用户在主界面或 Google Now 中想要进行搜索时，无须触碰屏幕，只需要说一句："OK Google"就能进行语音搜索、发送短信、获得定位甚至播放一首音乐。

在智能简便的功能体验方面，Google 同样进行了相应优化。Google 对联系人界面进行了重新设计，以用户的联系频率进行排序，同时还能对周边地点进行搜索。而当有用户未存储的电话呼入时，Google 也会自动搜索是否有相匹配的企业电话，并且显示该企业在 Google 地图中的相关信息。

除了上述比较重点的优化以外，Android 4.4 还有以下一些改进。

(1) 优化了 RenderScript 计算和图像显示，取代 OpenCL。

(2) 加强主动式语音功能。在 Nexus 5 上，通过说"OK，Google"可以启动语音功能，不需要触碰任何按键或是屏幕，但并非支持所有机型。另外，语音搜索功能的精度也提升了 25%，更加准确。

(3) 支持蓝牙 MAP。

(4) 更加准确、迅速的 Chrome 网页渲染体验。

(5) 手机丢失后通过 Android Device Manager 可寻找或重置手机。

(6) 更简单的 Home 界面切换方式。

(7) 支持壁纸预览，支持全屏壁纸。

(8) HDR+拍照模式。

(9) 支持红外遥控功能。

(10) 下拉通知栏快捷操作按钮新增位置设置按钮。

(11) 位置模式中有精准模式与省电模式可选。

(12) 锁屏界面调整音频、视频进度条。

(13) 通过安全增强 Linux 强化应用程序沙箱安全。

(14) 能够适用于任意运营商的全新 NFC 支付方式。

(15) 通过软件优化提升触屏响应速度与准确度（Nexus 5 同时进行了硬件优化）。

1.5.3 Android 4.4 的发展方向

目前，Android 系统手机成为用户的首要选择，相信它的发展前景会越来越好。Android 4.4 的发展方向可以从两个方面来看，一是低端手机优化，二是电视和可穿戴设备。

1. 低端手机优化

Android 4.4 支持 512MB 最低内存。谷歌提供给 Android 设备厂商的一份保密文件显示，KitKat 可以优化每一个重要组件的内存使用，并且提供了许多工具，帮助开发商为每一款入门级手机开发对内存需求较低的应用程序。

谷歌一直在想办法让最新版 Android 系统兼容低端智能手机，因为在中国和印度等市场，低端智能手机的需求非常大，市场前景也很广阔。

2．电视和可穿戴设备

在电视和可穿戴设备方面，Android 4.4 的发展方向主要体现在以下四点。

(1) 低存储设备性能的提升将帮助新系统更好地支持可穿戴计算设备。

(2) 为近场通讯 NFC 提供助力。

(3) Control the TV(控制电视)。

(4) Bluetooth(蓝牙升级)。

1.6 思考与练习

一、填空题

1. Android 4.4 版本在__________年发布。
2. Android 系统架构最核心的部分是__________。
3. Android 核心库的来源主要有两种，一种是系统原生类库，另一种是__________。
4. Android 运行时包括 Java 核心库和__________两部分。
5. __________是对发送出来的 Broadcast 进行过滤接受并响应的一类组件。

二、选择题

1. Android 4.4 版本 KitKat 的代号是__________。

   A．纸杯蛋糕　　　　B．甜甜圈

   C．冰淇淋三明治　　D．奇巧巧克力

2. 下图所示的是__________系统的 Logo。

   A．IOS　　B．Android　　C．Symbian　　D．BlackBerry

3. Android 系统的四大组件是__________。

   A．Activity、Service、BroadcastReceiver、Content Provider

   B．Activity、Service、Dalvik、SQLite

   C．BroadcastReceiver、ContentProvider、Dalvik、SQLite

   D．Activity、ContentProvider、Dalvik、SQLite、Linux

4. Android 4.4 的新增功能不包括__________。

   A．低功耗音频和定位模式

   B．用户在主界面或 Google Now 中想要进行搜索时，无需触碰屏幕，只需要说“OK Google”就能进行语音搜索、发送短信、获得定位甚至播放一首音乐

   C．新图标、锁屏、启动动画和配色方案

   D．支持 Dalvik 和 ART 两种模式

三、简答题

1. 智能手机有哪些特点？常用的手机系统有哪些？
2. 简述 Android 系统的特点和优势。
3. Android 的系统架构包括哪几个部分？请简单说明。
4. 简述 Android 系统的四大组件。

第 2 章　Android 开发环境与开发工具

本章主要介绍如何搭建 Android 的开发环境，Android 模拟器的使用以及 Android SDK 中常用的开发工具。

虽然在使用集成开发环境时，不需要这些工具，但是掌握这些工具的使用方法会对以后的开发起到良好的辅助作用，有助于开发技能的提高。

学习要点

- 掌握 JDK 的安装和配置。
- 掌握 ADT 的安装。
- 掌握 Android SDK 的更新方法。
- 熟悉 Android 模拟器的使用。
- 熟悉 Android、MKsdcard 和 Emulator 工具的使用。
- 了解对 Android 应用程序进行签名的过程。
- 掌握 ADB 工具的使用。
- 熟悉 DDMS 控制台环境。

2.1　配置 Android 开发环境

第 1 章曾介绍过 Android 用 Java 作为开发语言，因此 Java 开发环境也是 Android 开发环境的基础。下面以 Windows 平台为例介绍 Android 开发环境的配置过程，依次包括 JDK 工具包、Eclipse 工具、ADT 插件和 Android SDK 工具包。

2.1.1　安装 JDK 工具包

Eclipse 和 Android 的运行都要依赖于 JDK，因此 JDK(Java Development Kits)是第一个需要安装的开发工具包。

【范例 1】

JDK 的下载网址为 http://www.oracle.com/technetwork/java/index.html。下面以 Windows XP 系为例进行介绍，其具体安装过程如下。

(1) 使用上面的网址进入 Oracle 官方网站的 Java 栏目，单击 Java Platform(JDK)图标打开新的网页。单击 Accept License Agreement 单选按钮同意协议，然后单击相应的超链接将文件下载到本地，这里下载的文件是 jdk-7u10-windows-i586.exe。

(2) 双击 jdk-7u10-windows-i586.exe 文件，开始安装 JDK 7。首先进入安装对话框，如图 2-1 所示。

(3) 单击“下一步”按钮进入自定义安装对话框，如图 2-2 所示。这里会显示开发工具、源代码和公共 JRE 三个选项，默认全部被选中。

(4) JDK 的默认安装路径是 C:\Program File\Java，单击“更改”按钮可以更改安装路径，更改完成后单击“下一步”按钮可以继续 JDK 的安装。直到出现如图 2-3 所示的对话框，则说明安装成功，单击“关闭”按钮完成安装。

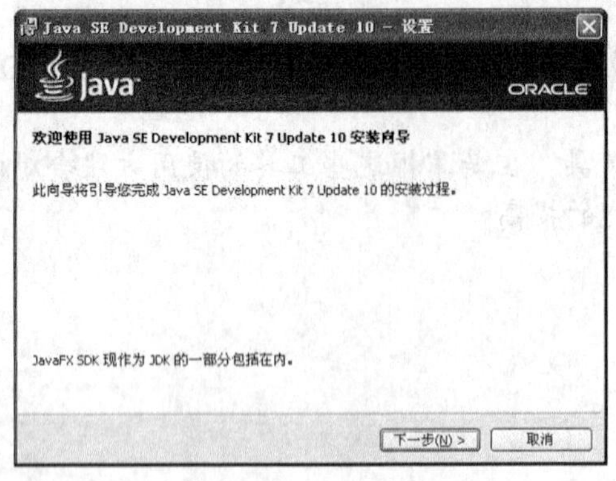

图 2-1　JDK 安装向导对话框

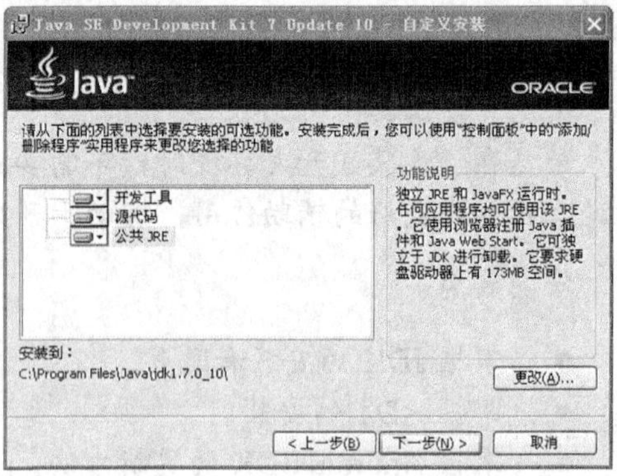

图 2-2　JDK 自定义安装对话框

(5) 安装完成后会在 C:\Program File\Java\目录下会产生一个名为 jdk1.7.0_10 的文件夹，文件夹中的内容如图 2-4 所示。

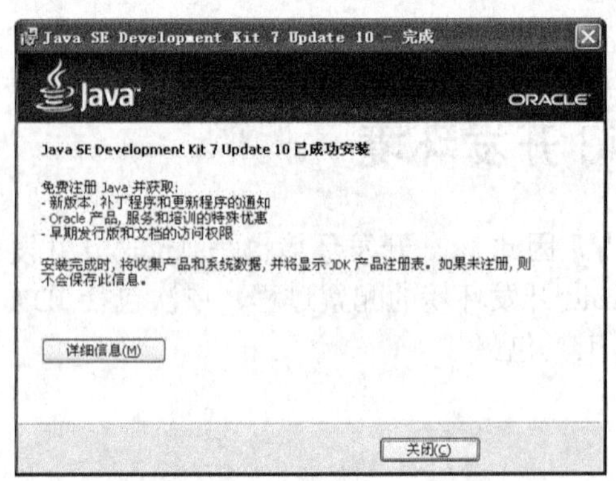

图 2-3　JDK 安装完成对话框

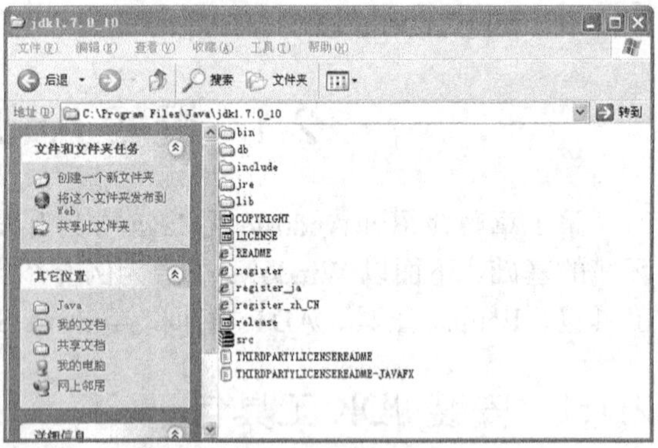

图 2-4　JDK 安装目录

从图 2-4 中可以看出，JDK 的目录下包含很多文件夹和文件，其中重要的目录如下。

- bin 目录：提供 JDK 工具程序，包括 javac、javadoc、appletviewer 等可执行程序。
- demo 目录：为 Java 使用者提供的一些编写好的范例程序。
- include 目录：存放用于本地方法的文件。
- jre 目录：存放 Java 运行环境文件。
- lib 目录：存放 Java 的类库文件。
- src.zip：Java 提供的 API 类的源代码压缩文件，包含 API 中某些功能的具体实现。

2.1.2　配置环境变量

在 Java 7 以前的旧版本中，需要配置 Classpath 和 Path 两个环境变量。其中 Path 用于指定 JDK 工具程序所在的位置；Classpath 是 Java 程序运行所需的环境变量，用于指定运行的 Java 程序所需的类的加载路径。而在 JDK 7 中只需要 Path 环境变量即可。配置 JDKT

中的 Path 的方法有两种，分别如下。

【范例 2】

第一种方法是用命令行设置 Path 变量。具体方法是打开命令行窗口，输入如下命令。

```
set path=%path%;C:\Program Files\Java\jdk1.7.0_10\bin
```

在上述代码中，C:\Program Files\Java\jdk1.7.0_10\bin 是 JDK 的安装目录，读者可以根据自己的安装情况另行设置。设置好 Path 之后，可在任何目录下执行 Java 命令，如图 2-5 所示。

图 2-5 使用命令行设置 Path

【范例 3】

第二种方法是使用图形界面设置 Path 变量。首先右击“我的电脑”选择“属性”命令，在弹出的对话框中选择“高级”选项卡，如图 2-6 所示。接着单击下方的“环境变量”按钮，弹出“环境变量”对话框，如图 2-7 所示。

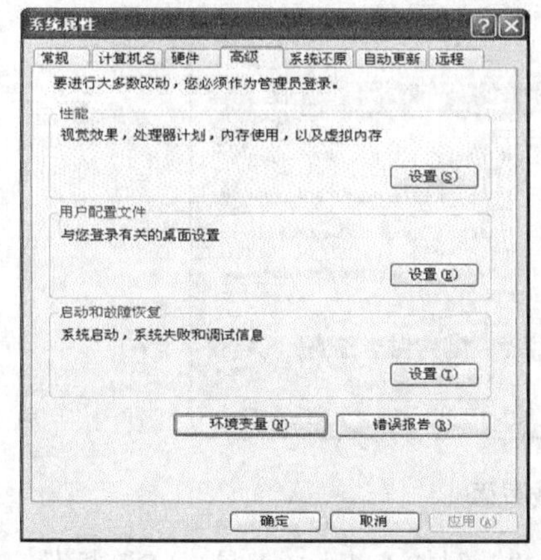

图 2-6 “系统属性”对话框

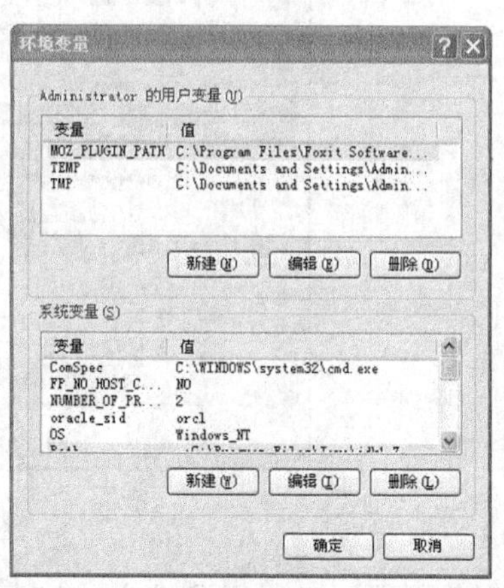

图 2-7 “环境变量”对话框

单击“系统变量”下方的“新建”按钮，弹出“编辑系统变量”对话框，在“变量值”文本框中输入“.;C:\Program Files\Java\jdk1.7.0_10\bin”即可，如图 2-8 所示。

图 2-8　编辑系统变量

2.1.3　安装 ADT 插件

Eclipse 是最受欢迎的 Java 开发工具，同时也是一个开源平台。Eclipse 的插件很多，通过它们可以扩展 Eclipse 的功能。例如其扩展功能可用于 JavaEE 语言、C 语言和 C++语言开发，Android 开发等。本节要介绍的 ADT(Android Development Tools)其实就是 Eclipse 中的“Android 开发插件”。

目前 ADT 插件有两种安装方法。第一种是先在 http://www.eclipse.org 网站下载最新版本的 Eclipse 工具，下载完成后直接解压即可使用，然后打开 Eclipse 工具，通过远程来安装 ADT 插件，当然也可以在本地安装。

第二种是采用 Google 为开发人员准备的集成 ADT 插件的 Eclipse 安装包。安装包下载后直接解压即可使用，无须再安装和配置 ADT 插件。下面介绍这种方式的安装过程。

【范例 4】

在浏览器地址栏中输入“http://developer.android.com/sdk/index.html”，按 Enter 键，在打开的页面中单击 VIEW ALL DOWNLOADS AND SIZES 链接，展开下载列表，如图 2-9 所示。

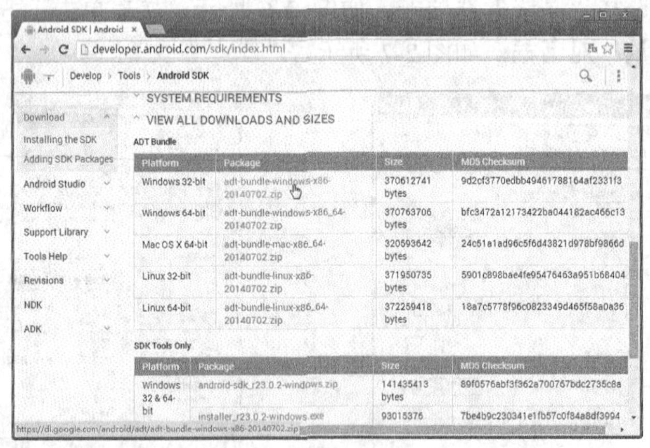

图 2-9　下载页面

在下载页面同时显示了该安装包中包含的组件，例如 Eclipse 工具、ADT 插件、Android SDK 工具和 Android Platform 工具等等。

技巧： 如果无法正常访问上面的网址，建议读者设置代理服务器后再试试。

从下载列表中选择相应平台的安装包，这里选择的是 Windows 32bit 平台。单击其后的超链接打开下载安装协议页面，选中底部的复选框。最后单击底部的 Download adt bundle widnows x86-20140702.zip 按钮，开始下载，如图 2-10 所示。

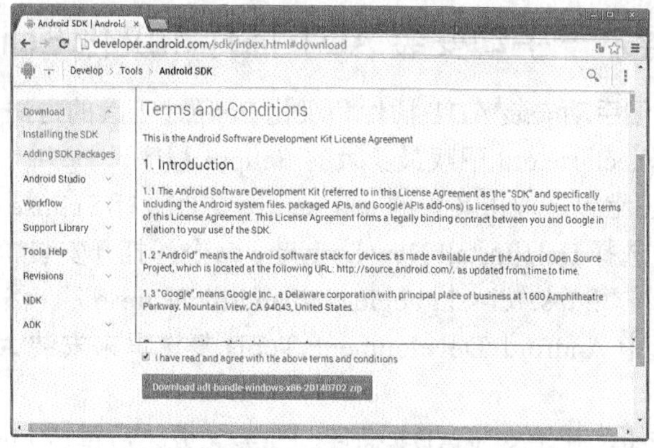

图 2-10 开始下载

在弹出的下载对话框中单击“保存”按钮下载到本地硬盘。解压下载的文件会看到一个 eclipse 目录、一个 sdk 目录和一个 SDK Manager 程序，如图 2-11 所示。

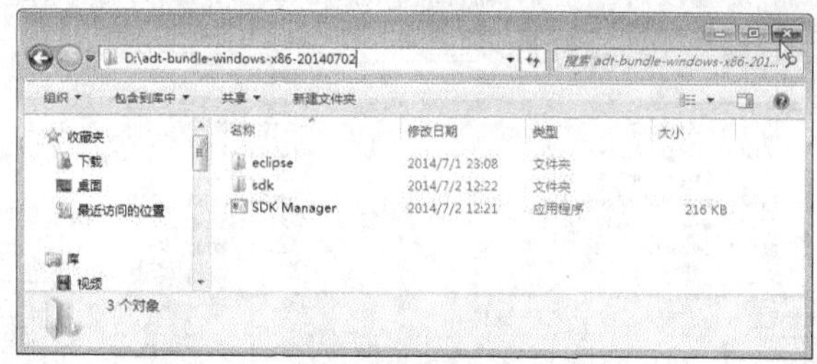

图 2-11 解压后的目录内容

进入 Eclipse 目录，双击 eclipse.exe 即可启动 Android 应用程序开发工具——ADT。启动后可将该图标的快捷方式发送至桌面方便以后使用。启用之后在菜单中选择 Help | About ADT 命令可以查看当前 ADT 的版本和说明信息，如图 2-12 所示。

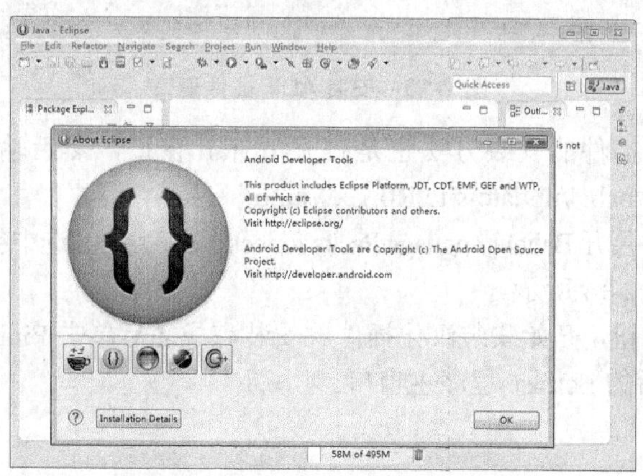

图 2-12 About Eclipse 窗口

提示：为了在命令行窗口调用 Android SDK 提供的各种工具，建议将 Android SDK 下的 tools 目录和 platform-tools 目录添加到系统的 Path 环境变量中。

2.1.4 实验指导——手动安装 ADT 插件和汉化 Eclipse 工具

本次实验指导介绍手动安装 ADT 插件和汉化 Eclipse 工具的方法。具体步骤如下。

(1) 从 http://www.eclipse.org 下载最新版的 Eclipse 程序。

(2) 解压下载的压缩包，双击其中的 eclipse.exe 文件运行 Eclipse 程序

(3) 在 Eclipse 中选择 Help|Install New Software 命令，打开安装新插件窗口。

(4) 在窗口中输入“https://dl-ssl.google.com/android/eclipse”，然后从插件列表中展开 Developer Tools，选中 Android Development Tools 复选框来安装 ADT 插件，如图 2-13 所示。

(5) 单击 Next 按钮，开始安装 ADT 插件。安装完成之后单击 Finish 按钮关闭窗口。

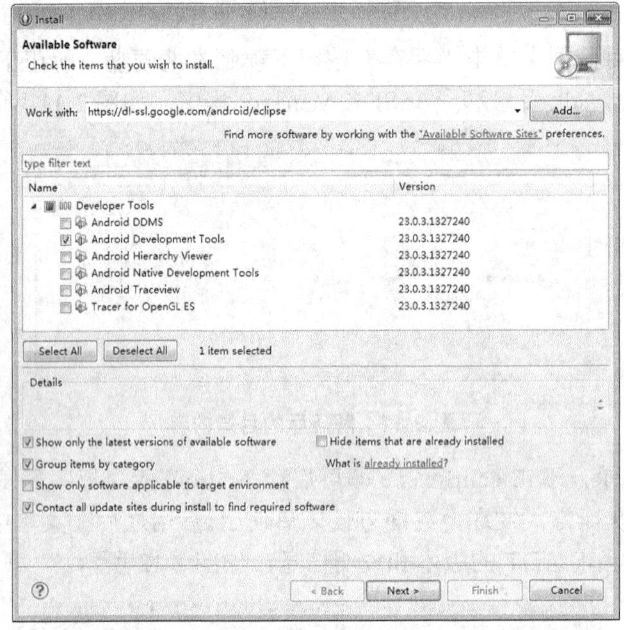

图 2-13 安装 ADT 插件窗口

(6) Eclipse 汉化插件的安装方法也是打开 Install 窗口，然后输入“http://download.eclipse.org/technology/babel/update-site/R0.12.0/juno”。

(7) 从插件列表中展开 Babel Language Packs for eclipse 节点，并选中包含 Chinese(Simplified) 字符的复选框，如图 2-14 所示。

(8) 单击 Next 按钮，开始安装汉化插件。安装完成之后单击 Finish 按钮关闭窗口。如图 2-15 所示为汉化后的 Eclipse 程序主窗口。

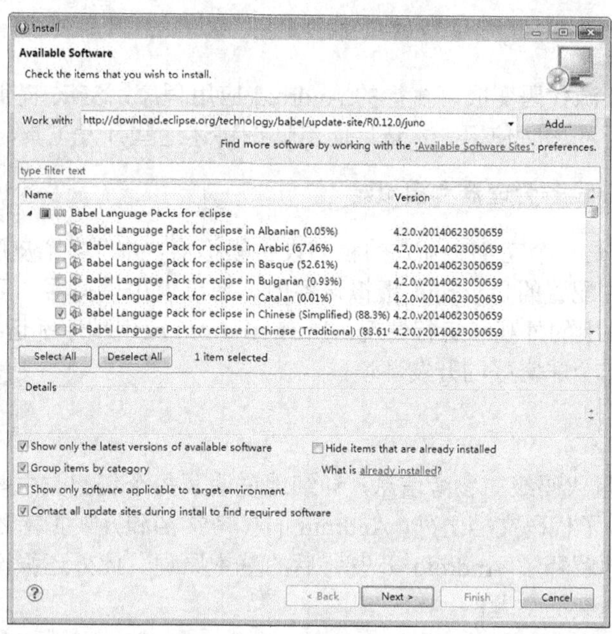

图 2-14　安装汉化插件窗口

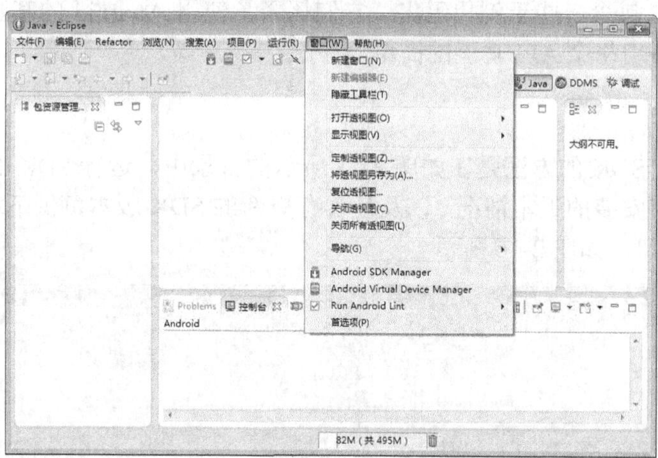

图 2-15　汉化后的 Eclipse 窗口

2.2　安装 Android SDK 工具包

Android SDK(Software Development Kit，软件开发包)包含开发、测试和调试 Android 应用程序需要的所有东西。其中主要部分如下。

1. Android API

SDK 的核心是 Android API 库，它为开发人员提供了对 Android 栈进行访问的方法。Google 也是使用相同的库来开发原生的 Android 应用程序。

2. 开发工具

为了让 Android 源代码变成可执行的 Android 应用程序，SDK 提供了多个开发工具供用户编译和调试应用程序时使用。本章后面将详细讲述这些开发工具，在此暂不叙述。

3. Android 虚拟设备管理器和模拟器

Android 模拟器是一个完全交互式的移动设备模拟器，并有多个皮肤可供选择。模拟器运行在模拟设备硬件配置的 Android 虚拟设备中。通过使用模拟器，可以了解应用程序在实际的 Android 设备上的外观和运行情况。所有 Android 应用程序都运行在 Dalvik VM 中，所以软件模拟器是一个非常好的开发环境。

4. 完整的文档

SDK 中包含大量代码级的参考信息，详细地说明了每个包和类中都包含哪些内容，以及如何使用它们。除了代码文档之外，Android 的参考文档和开发指南还解释了如何着手进行开发，尤其详细地解释了 Android 开发背后的基本原理。此外还强调了最佳开发实践，并深入阐述了关于框架的主题。

5. 示例代码

Android SDK 包含一些示例代码集，它们解释了使用 Android 的某些可能性，以及一些用来强调如何使用每个 API 功能的简单程序。

【范例 5】

安装 Android SDK 的方法是在如图 2-11 所示的目录中，运行 SDK Manager 程序。程序将自动检测当前安装的版本情况，以及是否有更新的 SDK 版本可供下载。完成检测后进入 SDK 管理器窗口，如图 2-16 所示。

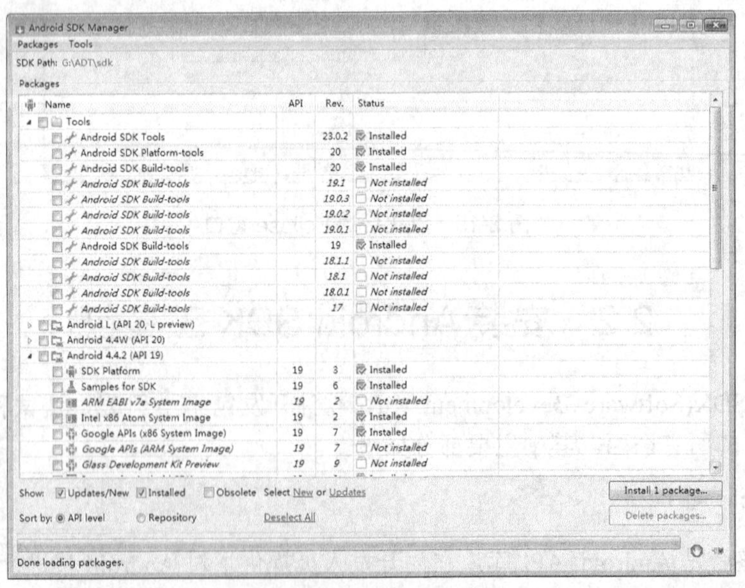

图 2-16　SDK 管理器窗口

提示：　在 ADT 中也可以选择 Window | Android SDK Manager 命令打开 SDK 管理器。

图 2-16 中罗列了所有 Android 的 SDK 版本、Android 开发的工具以及扩展包。选中相应版本前面的复选框，或展开节点选择具体的某一项，单击窗口右下角的 Install 按钮，打开 Choose Packages to Install 窗口，如图 2-17 所示。

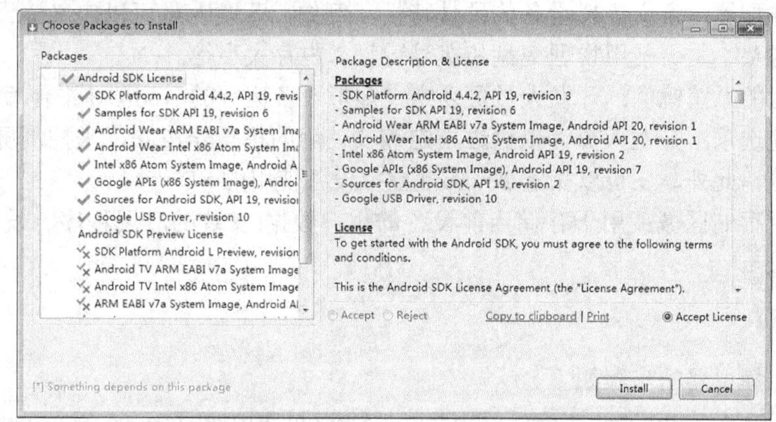

图 2-17　Choose Packages to Install 窗口

在这里可以阅读每个要安装软件包的许可协议，选中 Accept License 单选按钮，即可批量同意所有协议。然后单击 Install 按钮，开始安装指定的 SDK 版本，本书中使用的是 Android 4.4.2 SDK，即 API 19。所有安装包更新完毕之后，单击 Done 按钮关闭窗口。

在安装的过程中需要从 Google 服务器上下载 Android SDK 文件，若限于带宽和节点问题无法更新，可打开 C:\windows\System32\drivers\etc\hosts 文件，在文件最后添加以下内容：

```
203.208.46.146  www.google.com
203.208.46.146  dl.google.com
203.208.46.146  dl-ssl.google.com
```

2.3　使用 Android 模拟器

经过上面的步骤，Android 开发所需的 Java 环境、开发工具和 SDK 都已准备就绪。接下来将介绍如何在本地通过虚拟器 Android Virtual Device(AVD)模拟 Android 系统。有了 Android 模拟器，开发人员不必使用真实物理设备就可以开发、测试 Android 应用程序。

2.3.1　创建模拟器

除了不能拨打真实电话之外，Android 模拟器可以模拟真实设备的所有硬件和软件特性。模拟器提供了多种导航和控制键，开发人员通过单击鼠标或者键盘可以为应用程序生成事件。它还提供了一个屏幕来显示开发的应用程序以及其他正在运行的 Android 应用。

为了简化模拟和测试应用程序，模拟器使用 Android 虚拟设备(AVD)配置。AVD 允许用户设置模拟手机的特定硬件属性(例如 RAM 的大小)，并且允许用户创建多个配置，以便在不同的 Android 平台和硬件组合下进行测试。一旦应用程序在模拟器上运行，它可以使

用 Android 平台的服务来启动其他应用、访问网络、播放声音和视频、存储和检索数据、通知用户以及渲染图形渐变和主题。

Android 虚拟设备是模拟器的一种配置。开发人员通过定义需要的硬件和软件选项，可使用 Android 模拟器模拟真实的设备。

一个 Android 虚拟设备由以下几部分组成。

- 硬件配置：定义虚拟设备的硬件特性。例如，开发人员可以定义该设备是否包含摄像头、是否使用物理键盘和拨号键盘、内存大小等。
- 映射的系统镜像：开发人员可以定义虚拟设备运行的 Android 平台版本。
- 其他选项：开发人员可以通过指定需要使用的模拟器皮肤，来控制屏幕尺寸、外观等。此外，还可以指定 Android 虚拟设备使用的 SD 卡。
- 专用存储区域：用于存储当前设备的用户数据(安装的应用程序、设置等)和模拟 SD 卡。

【范例 6】

创建一个模拟器的步骤如下。

(1) 从 ADT 启动 Eclipse，执行 Window | Android Virtual Device Manager 命令打开模拟器管理窗口。

(2) 在图 2-18 所示的 Android Virtual Devices 选项卡下显示了可用的所有模拟器。当前界面为空是因为还没有创建模拟器。

(3) 单击 Create 按钮，在弹出的对话框中设置模拟器的名称、设备类型、模拟器采用的 SDK 版本、键盘类型、设备皮肤、是否使用摄像头、内存大小及 SD 卡的大小等，如图 2-19 所示。

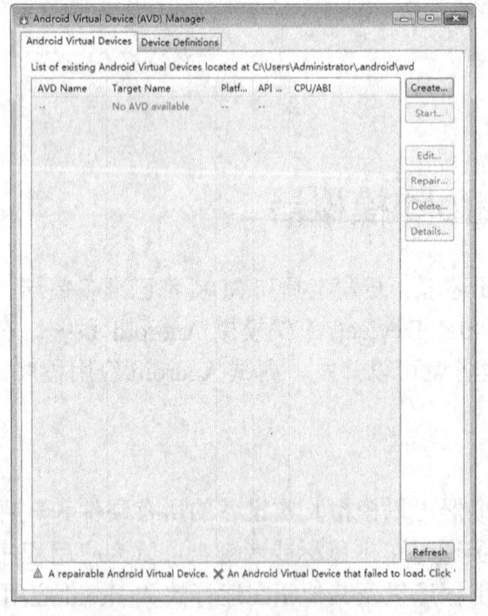

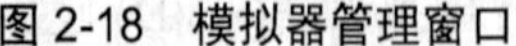

图 2-18　模拟器管理窗口

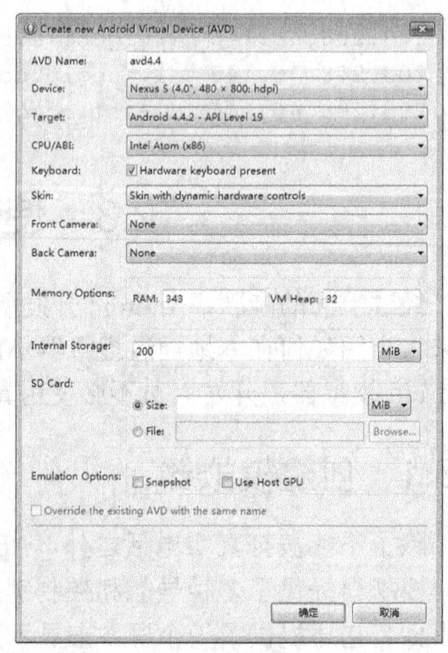

图 2-19　新建模拟器对话框

(4) 设置完成后单击 OK 按钮，关闭该对话框。此时新建的模拟器名称将出现在图 2-18

所示的窗口列表中。

切换到图 2-18 所示的 Device Definitions 选项卡，可以看到默认提供的 Android 设备类型，如图 2-20 所示。单击 Create Device 按钮，可在图 2-21 所示的对话框中新建一个 Android 设备。

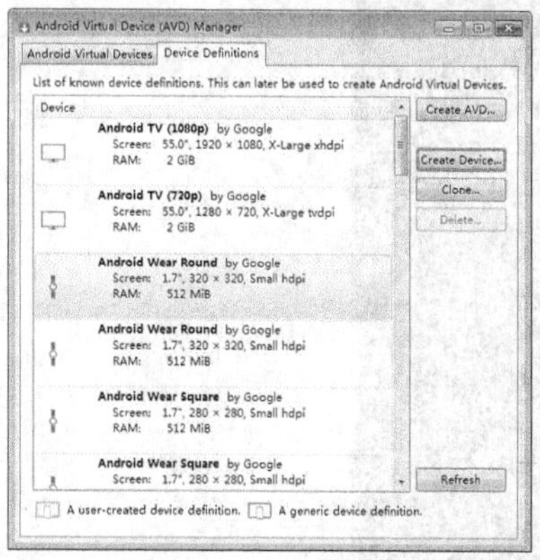

图 2-20　可用 Android 设备列表

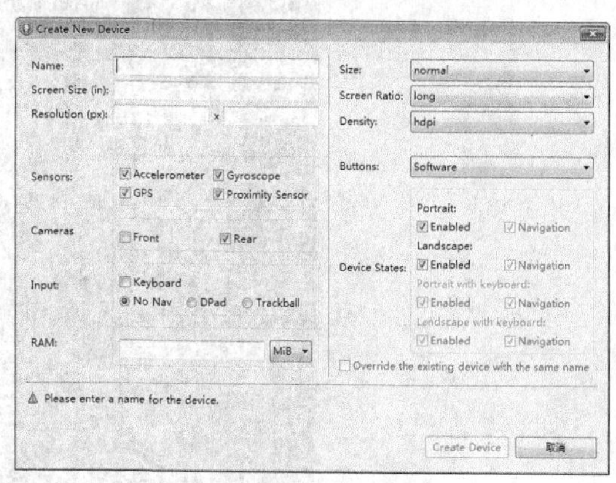

图 2-21　新建 Android 设备对话框

2.3.2　启动模拟器

要启动 Android 模拟器，最简单的方式是使用 AVD 管理工具，也可以使用 Emulator 工具(本章第 2.5 节有介绍)。本节将使用 AVD 管理工具，启动在上一节中创建的名为 avd4.4 的模拟器，具体操作方法如下。

【范例 7】

启动模拟器的操作如下。

(1) 打开 AVD 管理器，从列表中选择名称为 avd4.4 的模拟器，然后单击 Start 按钮，打开启动选项对话框，如图 2-22 所示。

(2) 单击 Launch 按钮确认运行，之后会弹出如图 2-23 所示的模拟器加载进度对话框。

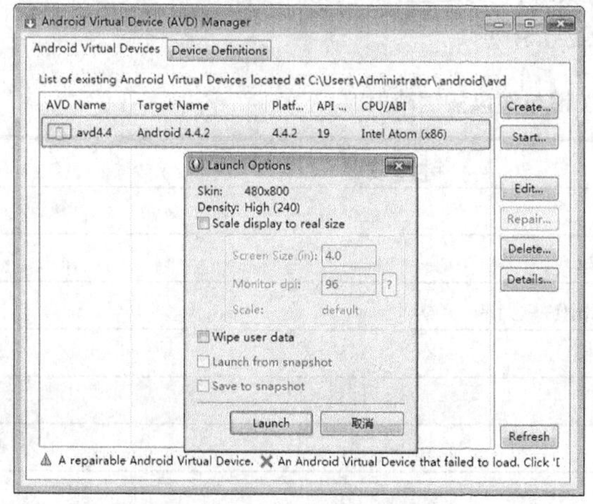

图 2-22　启动模拟器对话框

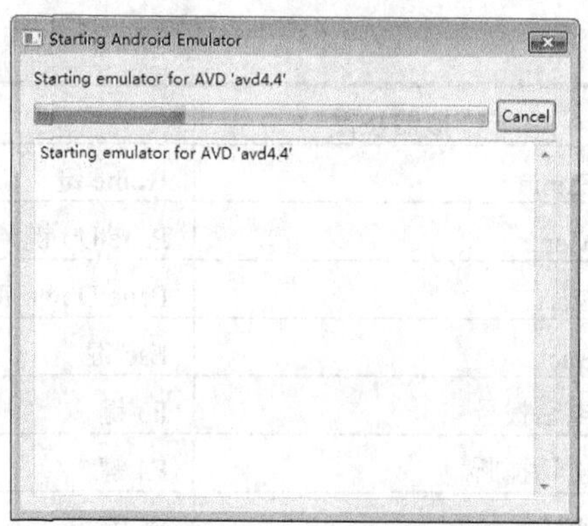

图 2-23　加载模拟器对话框

(3) 待模拟器加载完成之后会弹出一个显示有模拟器名称的窗口。稍待片刻，如果看到如图 2-24 所示的欢迎界面，则说明 Android 系统启动成功。

图 2-24　模拟器欢迎界面

(4) 根据屏幕提示进行解锁，即可进入 Android 模拟器的操作界面，其右侧为一些物理按键。

提示：　如果需要停止模拟器，只需将模拟器窗口关闭即可。

2.3.3　控制模拟器

当模拟器运行时，用户可以像使用真实的移动设备那样使用模拟移动设备。所不同的是，模拟器的使用需要用鼠标来“触摸”触摸屏，用键盘来“按下”按键。

模拟器按键与键盘按键的对应关系如表 2-1 所示。

表 2-1　模拟器按键与键盘按键映射

模拟器按键	键盘按键
Home	Home 键
Menu	Page Up 键或 F2 键
Start	Page Down 键或 Shift+F2 键
Back	Esc 键
电话拨号	F3 键
电话挂断	F4 键
查询	F5 键
锁屏幕	F7 键

续表

模拟器按键	键盘按键
音量放大	+键(台式机数字键盘)或 Ctrl+F5 键(笔记本)
音量缩小	–键(台式机数字键盘)或 Ctrl+F6 键(笔记本)
全屏幕切换	Alt+Enter 键
轨道球模式	F6 键
横竖屏切换	7 键(台式机数字键盘)或 Ctrl+F11 键(笔记本) 9 键(台式机数字键盘)或 Ctrl+F12 键(笔记本)

在运行游戏时，可将 Android 模拟器切换到横屏模式，其显示效果如图 2-25 所示。

图 2-25　横屏显示的模拟器

2.3.4　使用模拟器控制台

每个运行中的模拟器实例都含有一个控制台，通过控制台可以查询和控制模拟器设备的运行环境。连接到模拟器实例控制台的命令如下：

```
telnet localhost <port>
```

例如，第一个模拟器实例的控制台如果使用的端口是 5554，那么用户连接到模拟器 5554 上的命令就要写为

```
telnet localhost 5554
```

连接上控制台后，用户可以输入“help [command]”来查看命令列表和某一命令的帮助文档。离开控制台时使用 quit 和 exit 命令即可。

下面介绍一些常用的控制台命令。

1. 端口重定向命令

使用以下命令可以在模拟器运行期间重看、添加或删除重定向。

(1) redir <list>

说明：redir list 列出了当前的重定向，其最小值为 150，最大值为 550。

(2) redir add <protocol> : <host-port> : <guest-port>

说明：此命令用于添加新的端口重定向。 <protocol>必须是 TCP 或 UDP，<host-port>

是主机上打开的端口号，<guest-port>是向模拟器/设备发送数据的端口号。

(3) redir del <protocol> : <host-port>

说明：此命令用于删除端口重定向，<protocol>和<host-port>的含义同上。

2．网络状况查询命令

使用以下命令可以检测模拟器运行的网络状态。

```
network status
```

执行后的输出结果类似如下：

```
Current network status:
download speed:        0 bits/s (0.0 KB/s)
upload speed:          0 bits/s (0.0 KB/s)
minimum latency:  0 ms
maximum latency:  0 ms
```

3．电话功能模拟命令

与电话相关的是 gsm 命令，该命令有以下 3 种格式。

(1) gsm call <phonenumber>

说明：该命令用于模拟来自电话号码为<phonenumber>的呼叫。

(2) gsm voice <state>

说明：该命令用于修改 GPRS 语音连接的状态为<state>。State 的可选值有：unregistered 为无可用网络；home 为处于本地网，无漫游；roaming 为处于漫游网；searching 为查找网络；denied 为仅能用紧急呼叫；off 同 unregistered；on 同 home。

(3) gsm data <state>

说明：该命令用于修改 GPRS 数据连接的状态为<state>，可选值与 Voice 相同，此处不再介绍。

2.4 Android 工具

在 Android SDK 中提供了一个名为 Android 的工具，该工具可用来查看 Android 的版本信息，以及创建、删除和查看 AVD 设备。

2.4.1 查看 Android 版本的 ID 信息

为了对 Android 程序进行全面的测试，在开发时用户通常会安装多个 Android 版本。每个 Android 版本都有一个唯一的 ID 标识。

【范例 8】

要查看所有 Android 版本的 ID 信息，可使用如下命令：

```
android list targets
```

执行后将看到每个 Android 版本的 ID 信息、API 版本、名称、类型和适用屏幕等，如图 2-26 所示。

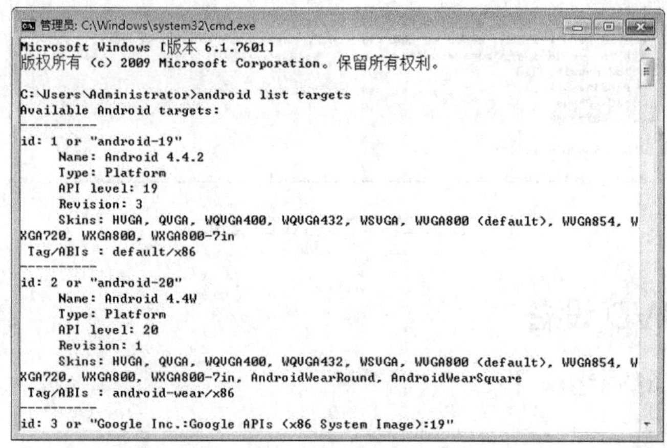

图 2-26　查看 Android 版本的 ID 信息

2.4.2　创建 AVD 设备

AVD 表示一种 Android 设备的配置信息，例如一个 AVD 可以表示一个运行 2.0 版本 SDK，且使用 512MB 作为 SD 卡的 Android 设备。AVD 的使用理念是，首先创建将要支持的 AVD，然后在开发和测试应用程序时，将模拟器指向其中一个 AVD。

默认情况下，所有的 AVD 都存储在 HOME\.android\AVD 目录中。要创建一个 AVD 设备可以使用 android 命令的 create avd 选项，其语法格式如下：

```
android create avd <option>
```

其中，option 参数有如下几个选项。

- -t：新 AVD 设备的 ID，可通过 android list targets 查看，必选项。
- -c：指向一个共享 SD 卡的路径或者指定一个新的 SD 卡。
- -p：指定 AVD 设备的存储路径。
- -n：指定 AVD 设备的名称，必选项。
- -f：此选项表示覆盖已存在的同名 AVD。
- -s：指定 AVD 设备使用的皮肤。

【范例 9】

创建一个名为 testAvd 的 AVD 设备，要求 SD 卡容量为 1024MB，并将其保存在 G:\AVD 目录下。其实现语句如下：

```
android create avd -n testAvd -t 1 -c 1024M -p G:\AVD\
```

语句中-t 后面的 1 表示使用的是列表中编号为 1 的 Android 版本。执行该语句后会看到输出的信息，如图 2-27 所示。

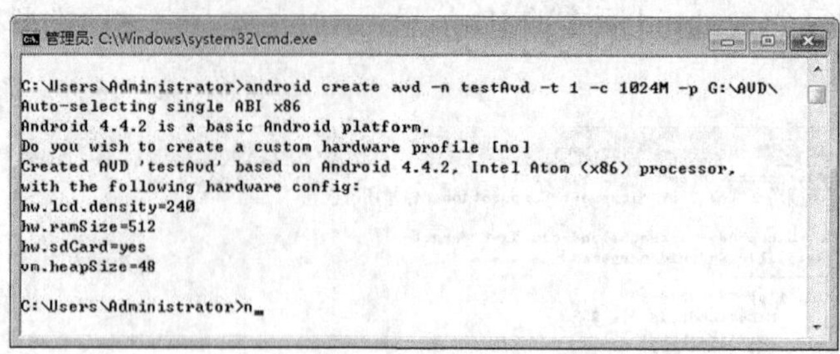

图 2-27　创建 AVD 设备

2.4.3　删除 AVD 设备

删除 AVD 设备的语法如下：

```
android delete avd -n <avd_name>
```

其中 avd_name 表示要删除的 AVD 设备的名称。

【范例 10】

在删除之前可以先运行如下命令，查看当前所有的 AVD 设备信息，包含名称、存储路径、SD 卡容量以及使用的皮肤等。

```
android list avds
```

如图 2-28 所示为运行结果，从中可以看出当前所包含的 AVD 设备有 avd 4.4、myAvd、testAvd。

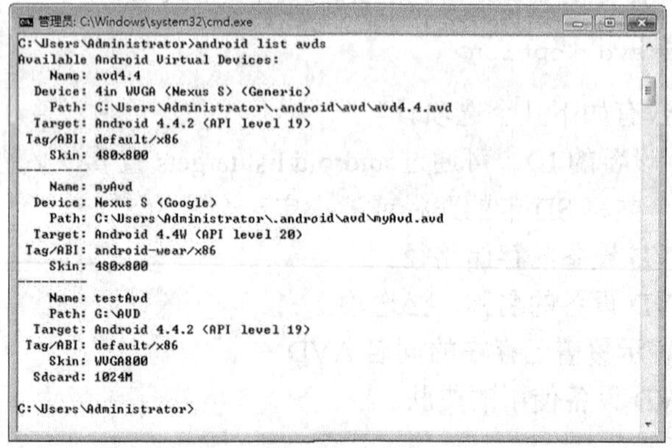

图 2-28　查看所有 AVD 设备

【范例 11】

假设要删除名为 testAvd 的 AVD 设备，可用以下语句：

```
android delete avd -n testAvd
```

执行该语句后再次使用 android list avds 命令，即可看到 testAvd 没有出现在列表中，如图 2-29 所示。

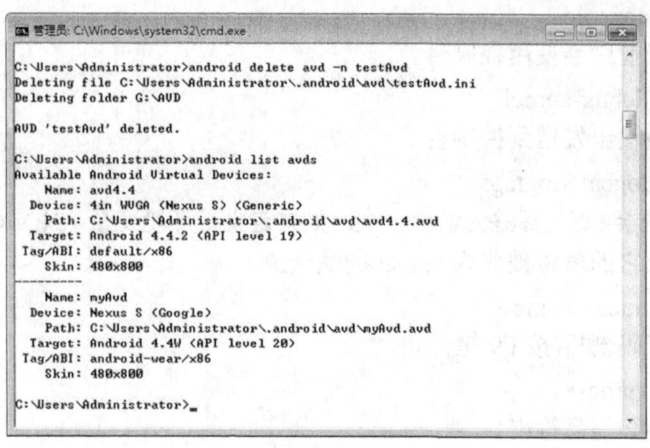

图 2-29　删除 AVD 设备

2.5　Emulator 工具

Emulator 是一款命令行的模拟器管理工具，它可以控制模拟器实例的所有参数，例如是否允许使用视/音频、接收数据、使用调试和屏幕信息等。

Emulator 的语法格式如下：

```
emulator [option] [-qemu args]
```

其中，option 表示选项，args 是选项的具体参数。

Emulator 为 Android 模拟器工具提供了很多启动选项，可以在启动模拟器时指定，控制其外观和行为。下面从六个方面介绍 Emulator 工具的命令格式。

1．数据命令选项

数据命令选项主要有四个，下面分别介绍。

(1) emulator -data <file>

说明：使用<file>当作用户数据的磁盘镜像，如果没有-data，模拟器会在~/.android (Linux/Mac)或 c:\Documents and Settings\<user>\Local Settings\Android(Windows)中查找文件名为 userdata.img 的文件。如果使用了-data<file>但<file>不存在，模拟器会创建一个文件。

(2) emulator -ramdisk <file>

说明：使用<file>作为 RAM 镜像，默认值为<system>/ramdisk.img。

(3) emulator -sdcard<file>

说明：使用<file>作为 SD 卡镜像，默认值为<system>/sdcard.img。

(4) emulator -wipe-data

说明：启动前清除用户磁盘镜像中的所有数据。

2．调试命令选项

调试命令选项主要有五个，下面分别介绍。

(1) emulator -console

说明：允许当前中断使用控制台。

(2) emulator -debug-kernel

说明：将内核输出发送到控制台。

(3) emulator -logcat <logtags>

说明：允许根据给定的标签为输出分类。如果定义了环境变量 ANDROID_LOG_TAGS，并且不为空，那么它的值将被作为 logcat 的默认值。

(4) emulator -trace <name>

说明：允许代码剖析(按 F9 键开始)。

(5) emulator -verbose

说明：允许详细信息输出。

3．媒体命令选项

媒体命令选项主要有四个，下面分别介绍。

(1) emulator -mic <device or file>

说明：使用设备或者 WAV 文件作为音频输出。

(2) emulator -noaudio

说明：禁用 Android 的音频支持，默认禁用。

(3) emulator -radio <device>

说明：将无线调制解调器接口重定向到主机特征设备。

(4) emulator -useaudio

说明：启用 Android 音频支持，默认不启用。

4．网络命令选项

网络命令选项主要有两个，分别是-netdelay 和-netspeed。

(1) emulator -netdelay <delay>

说明：设置网络延迟模拟的延迟时间为<delay>，默认值是 none。具体参数说明如下。

- gprs：min 150, max 550。
- edge：min 80, max 400。
- umts：min35, max 200。
- none：无延迟。
- <num>：模拟一个准确的延迟(毫秒)。
- <min>:<max>：模拟一个指定的延迟范围(毫秒)。

(2) emulator -netspeed <speed>

说明：设置网速模拟的加速值为<speed>，默认值为 full。具体参数说明如下。

- gsm：up : 14.4, down 14.4。
- hscsd：up : 14.4, down : 43.2。
- gprs：up : 40.0, down : 80.0。
- edge：up :118.4, down : 236.8。

- umts：up : 128.0, down : 1920.0。
- hsdpa：up : 348.0, down : 14400.0。
- full：无限。
- <num>：设置一个上行和下行公用的准确速度。
- <up> : <down>：分别为上行和下行设置准确的速度。

5. 系统命令选项

系统命令选项主要有五个，下面分别介绍。

(1) emulator -image <file>
说明：使用<file>作为系统镜像。

(2) emulator -kernel <file>
说明：使用<file>作为模拟器内核。

(3) emulator -qemu
说明：传递 qemu 参数。

(4) emulator -qemu -h
说明：显示 qemu 帮助信息。

(5) emulator -system <dir>
说明：在<dir>目录下查找系统、RAM 和用户数据镜像。

6. 界面命令选项

界面命令选项主要有六个，下面分别介绍。

(1) emulator -flashkeys
说明：在设备皮肤上闪烁按下的键。

(2) emulator -noskin
说明：不使用任何模拟器皮肤。

(3) emulator -onion <image>
说明：在屏幕上使用覆盖图，不支持 JPEG 格式图片，仅支持 PNG 格式。

(4) emulator -onion-alpha <percent>
说明：指定 onion 皮肤的半透明值，默认值为 50，单位为%。

(5) emulator -skin <skinID>
说明：指定皮肤启动模拟器，SDK 提供了以下四个可选皮肤。

- QVGA-L(320*240，风景)默认。
- QVGA-P(240*320，肖像)。
- HVGA-L(480*320，风景)。
- HVGA-P(320*480，肖像)。

(6) emulator -skindir <dir>
说明：在<dir>目录下查找皮肤。

2.6　实验指导——管理 SD 卡

在 Android 模拟器实例上测试程序时经常需要使用 SD 卡。为此 Android SDK 提供了 SD 卡创建工具——Mksdcard，它位于 Tools 目录中。

Mksdcard 工具的语法格式如下：

```
mksdcard [-l label] <size> <file>
```

语法中各个参数的含义如下：

- -l：指定 SD 卡的卷标，可选参数。
- size：指定 SD 卡的容量大小，默认单位是 bytes，也可以使用 K 或者 M 作为单位。
- file：指定 SD 卡镜像文件的路径。

【范例 12】

创建一个卷标为 myCard，大小为 100MB 的 SD 卡，将文件保存为 D:\data\myCard.img。其语句如下：

```
mksdcard -l myCard 100MB d:\data\myCard.img
```

该语句执行成功后没有输出结果。此时打开 D:\data 会看到 myCard.img 镜像文件，如图 2-30 所示。

如果要管理 myCard 里面的内容，可通过以下步骤实现。

(1) 使用 AVD Manager 或者 Emulator 工具加载 myCard 的镜像文件 myCard.img。Emulator 工具的加载命令如下：

```
emulator -sdcard D:\data\myCard.img
```

(2) 使用 ADB push 上传文件或者目录，也可以使用 ADT 的 File Explorer 工具管理。

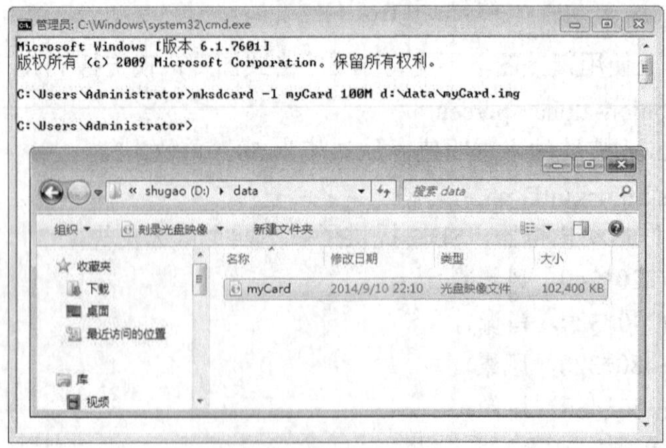

图 2-30　创建 SD 卡镜像文件

2.7　Keytool 工具和 Jarsigner 工具

要使编写的 Android 应用程序能在真实的 Android 设备上运行，必须对 Android 应用程序的 APK 文件进行签名。APK 是 Android Package 的缩写，它可以直接在 Android 系统上运行，类似 Windows 系统下的 EXE 文件。

Android SDK 提供了两个命令行工具对 APK 文件进行签名：keytool.exe 和 jarsigner.exe。其中 Keytool 用于生成一个 Android 程序使用的密钥文件(Private Key)；Jarsigner 则根据该密钥文件对 Android 程序进行打包并设置签名。

Keytool 工具的语法如下：

```
keytool -genkey -v -keystore androidguy-release.keystore -alias androidguy
-keyalg RSA -validity 3000
```

其中，各个参数的说明如下。

- androidguy-realse.keystore：表示要生成的密钥文件名，可以是任意合法的文件名。
- androidguy：表示密钥的别名，在签名时会用到。
- RSA：表示密钥使用的算法。
- 3000：表示签名的有效时间，以“天”为单位。

进入命令行按照上述格式执行 Keytool 命令时，会要求用户输入一系列与密钥有关的信息，如图 2-31 所示。

在输入完密钥信息后，按回车键会自动创建指定的密钥文件，并设置签名信息。运行成功后会出现图 2-32 所示界面，提示已经创建密钥文件到当前目录中。

假设要对 C:\MyApp.apk 文件进行签名，则使用 Jarsigner 命令的语法格式如下：

```
jarsigner -verbose -keystore androidguy-release.keystore C:\MyApp.apk
androidguy
```

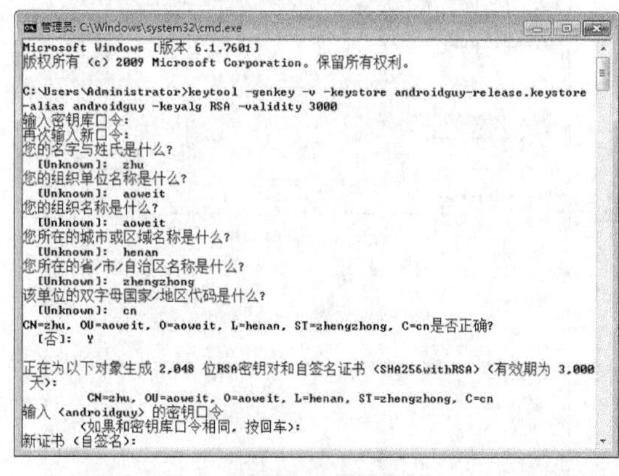

图 2-31　输入密钥信息

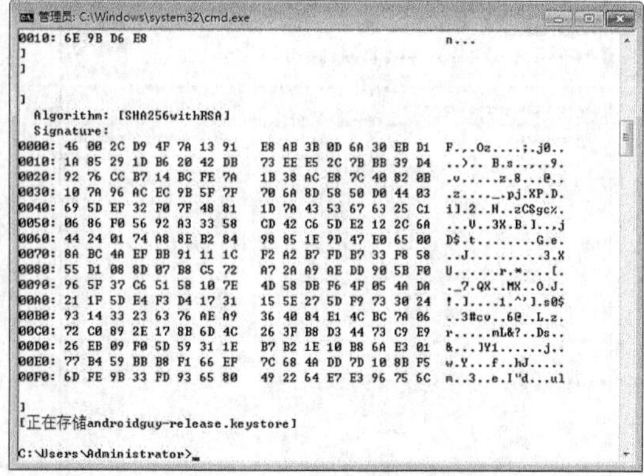

图 2-32　生成密钥文件

上述命令将指定的密钥文件 androidguy-release.keystore 对 Android 程序的 APK 文件 MyApp.apk 进行签名，执行后还需要输入密钥的密码，执行成功后的输出如图 2-33 所示。经过签名后的 APK 文件占用的内存会比原始文件大。

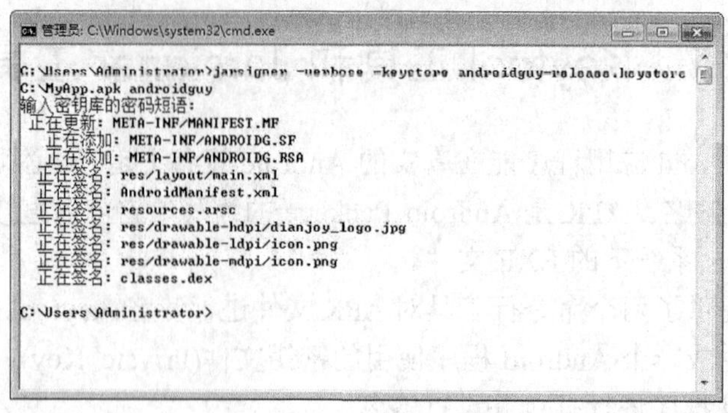

图 2-33　对 APK 进行签名

2.8　实验指导——使用 ADT 签名程序

在使用命令对 APK 文件进行签名时，通常需要熟记各个命令参数，比较麻烦。为此 ADT 工具提供了一个图形化向导进行签名。向导的打开方法是：在 ADT 中右击项目名称，在弹出的菜单中选择 Android Tools|Export Signed Application Package 命令，具体操作步骤如下。

(1) 在打开的窗口中输入或选择要签名的项目名称，如图 2-34 所示。

(2) 单击“下一步”按钮，在打开的 Keystore selection 界面中选择 Create new keystore 选项创建一个新的密钥文件，并指定密钥文件的名称和输入密码，如图 2-35 所示。

(3) 单击“下一步”按钮，在进入的界面中输入密钥和签名信息，如图 2-36 所示。

(4) 单击“下一步”按钮，指定生成后 APK 文件的名称和位置，如图 2-37 所示。

(5) 单击“完成”按钮完成设置。打开目标位置，会看到除了生成的 APK 文件之外，还包括一个密钥文件。该密钥文件在给以后的程序签名时仍然可以继续使用。

图 2-34　选择项目

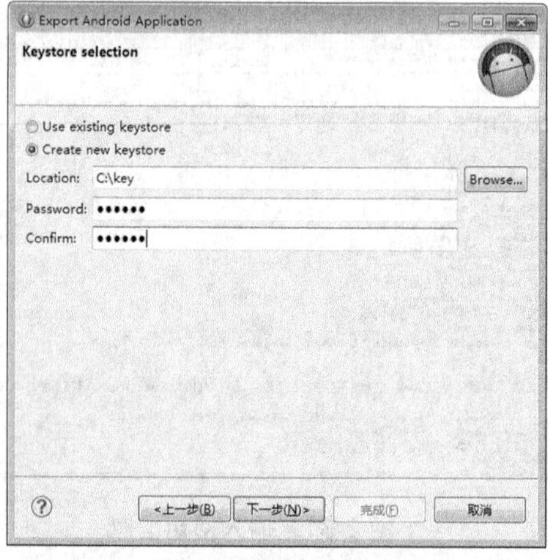

图 2-35　指定密钥文件和密码

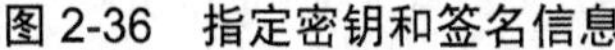
图 2-36　指定密钥和签名信息

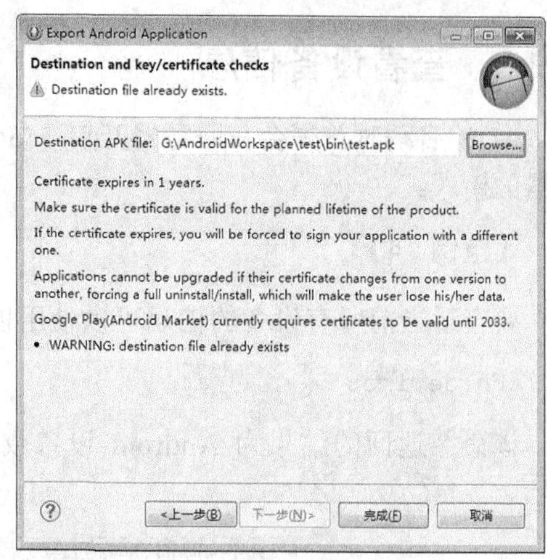

图 2-37　指定要生成的 APK 文件

2.9　ADB 工具

ADB(Android Debug Bridge)实际上是一个“客户端—服务器端”程序，默认情况下它会监听 TCP 5554 端口，让客户端与服务器端通信。其中，客户端就是用来操作的计算机，服务器端是目标设备，例如 Android 设备、实体手机或虚拟机。

ADB 是 Android SDK 中最常用的调试工具之一，下面详细介绍该工具的具体应用情况。

2.9.1　查看 ADB 版本

ADB 工具位于 Android SDK 的 platform-tools 目录下，它的主要功能如下。

(1) 运行设备的 shell 命令行。

(2) 管理模拟或设备的端口映射。

(3) 在计算机与设备之间上传和下载文件。

(4) 将本地 APK 软件安装到模拟器或设备上，使应用或者系统升级。

【范例 13】

假设要查看 ADB 的版本，则可运行以下命令：

```
adb version
```

执行后的结果如图 2-38 所示，从中可以看到当前版本为 1.0.31。

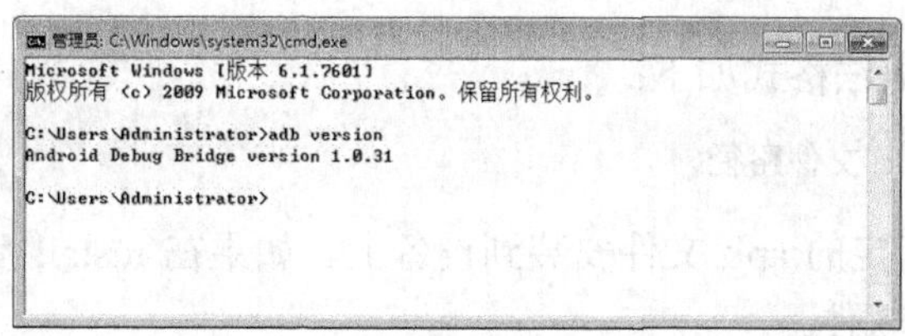

图 2-38　查看 ADB 版本

2.9.2 查看设备信息

ADB 启动时首先会在服务器开启 5554～5585 端口，等待客户端 Android 设备或者模拟器的接入。

【范例 14】

要查看当前所有设备的信息可以使用以下命令：

```
adb devices
```

该命令返回的结果为 Android 设备或模拟器的序列号及其状态，运行效果如图 2-39 所示。

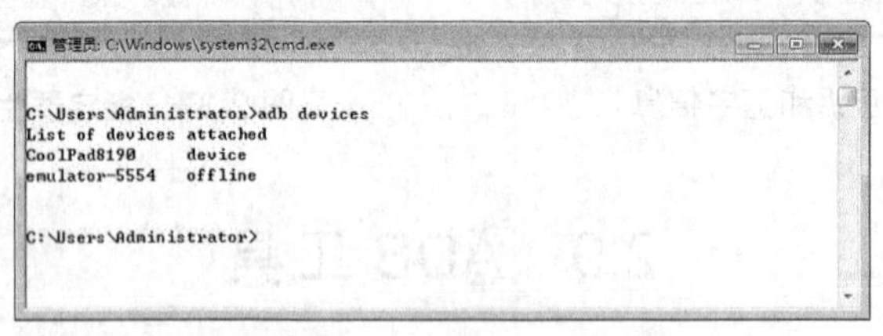

```
C:\Users\Administrator>adb devices
List of devices attached
CoolPad8190      device
emulator-5554    offline

C:\Users\Administrator>
```

图 2-39 查看设备信息

从输出结果中可以看出，当前 ADB 监听了两个端口的设备，它们的序列号分别是 CoolPad8190 和 emulator-5554。其中，前者是一台真实的 Android 设备，后者是模拟器实例(5554 表示 ADB 为该实例分配的端口号)。返回结果的第二列表示当前设备的状态，它有如下两个值。

- offline：设备没有连接到 ADB 或者实例没有响应。
- device：设备已经连接到 ADB，并处于在线状态。

注意： device 状态并不表示当前 Android 设备可用。因为当 Android 设备处于启动阶段时，若连接成功也会返回该状态。

2.9.3 管理软件

在使用 ADB 连接到 Android 设备之后便可以进行各种操作了。最常见的操作是在 Android 设备中安装新的软件，或者卸载已有的软件。在这里需要注意的是，Android 设备中的软件都以.apk 为扩展名。

1. 安装软件

ADB 安装软件的语法格式如下：

```
adb install <apk 文件路径>
```

命令执行后会将指定的 apk 文件安装到设备上。如果在 install 后面添加了-r 选项，则表示重新(覆盖)安装此软件。

【范例 15】

假设要安装 d:\apk\popogame.apk 软件包，安装命令如下。

```
adb install d:\apk\popogame.apk
```

命令执行后如果在窗口中出现 Success 字样，则说明安装成功，如图 2-40 所示。如图 2-41 所示为软件安装后，打开的运行效果。

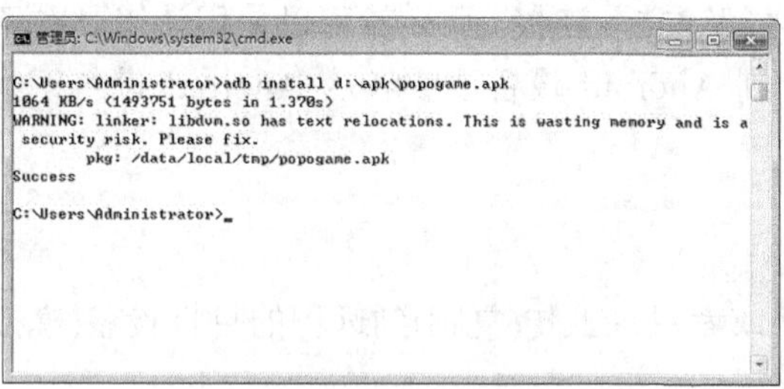

图 2-40　安装软件成功窗口

图 2-41　Popogame 软件运行效果

假设该软件出现问题无法正常打开，则可以用如下命令进行修复安装。

```
adb install -r d:\apk\popogame.apk
```

2. 卸载软件

如果不需要该软件了，还可以使用 ADB 命令卸载，语法格式如下：

```
adb uninstall <软件名>
```

上述命令执行后将卸载指定的软件。卸载时需要指定完整的软件包名称，而不是安装包的名称，但软件包不需要写扩展名。如果在 uninstall 后面添加-k 选项，则表示卸载软件时保留原配置和缓存文件。

【范例 16】

假设安装完 popogame.apk 包后的应用程序包有误，其名称是 com.android.popogame。若此时需要卸载该应用程序，则其卸载命令如下：

```
adb uninstall com.android.popogame
```

如果使用如下命令，则在删除该应用程序包时还可以保留原配置和缓存文件。

```
adb uninstall -k com.android.popogame
```

提示： 使用 ADB 工具进入 Shell 命令状态可以卸载软件。

【范例 17】

如果当前 ADB 有多个 Android 设备或者模拟器实例，那么就需要使用-s 选项指定目标设备的序列号。

设备序列号可通过 adb devices 命令获取。例如，要在 emulator-5554 实例上安装软件，则其命令如下：

```
adb -s emulator-5554 install -r d:\apk\popogame.apk
```

若要在 emulator-5554 实例上卸载软件，则其命令如下：

```
adb -s emulator-5554 uninstall com.android.popogame
```

2.9.4 移动文件

既然 ADB 工具在本机与 Android 设备之间建立了连接，那么就可以使用该工具在两者之间传输文件。例如，上传一个本地软件包到 Android 设备，或者从 Android 设备下载一个配置文件。

1. 上传文件

使用push命令可以把本地硬盘上的文件或者目录上传(复制)到远程的目标设备(模拟器实例)。其语法格式如下：

```
adb push <本地路径> <远程路径>
```

【范例 18】

假设将 d:\apk\popogame.apk 复制到 Android 设备的 data 目录中。其命令如下：

```
adb push d:\apk\popogame.apk /data/
```

执行结果如图 2-42 所示。

注意： 本地硬盘上的路径符号是\，而设备/模拟器上的路径符号则是/，两个路径符号所使用的斜杠的方向不同。

2. 下载文件

使用 pull 命令可以将远程文件下载(复制)到本地硬盘上，其语法格式如下：

```
adb pull <远程路径>  <本地路径>
```

【范例:19】

假设将 Android 设备中 data 目录下的 popogame.apk 文件复制到 C 盘根目录，命令如下。

```
adb pull /data/ popogame.apk c:\
```

执行结果如图 2-43 所示。

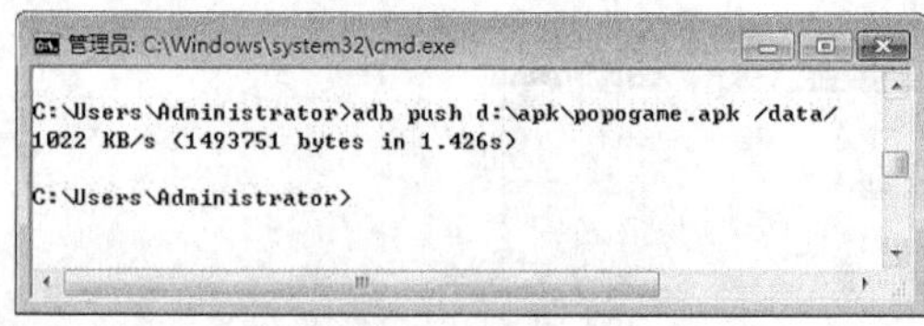

图 2-42　上传文件

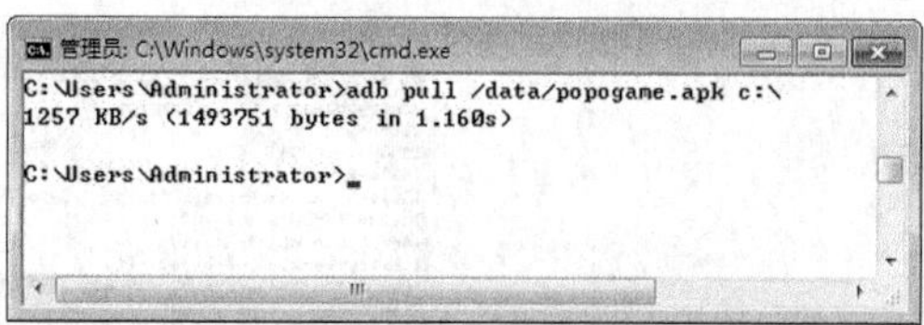

图 2-43　下载文件

提示： 在 ADT 的 DDMS 透视图中可以很方便地使用 File Explorer 来管理文件。

2.9.5　执行 Shell 命令

由于 Android 是基于 Linux 内核的操作系统，因此在 Android 上可以执行 Shell 命令。具体方法是执行如下命令进入 Shell 命令状态：

```
adb shell
```

上述命令执行后，如果窗口显示一个#符号，则说明当前是 Shell 控制台，可以执行各种 Shell 命令。例如执行 ls 命令查看所有的系统文件，执行结果如图 2-44 所示。

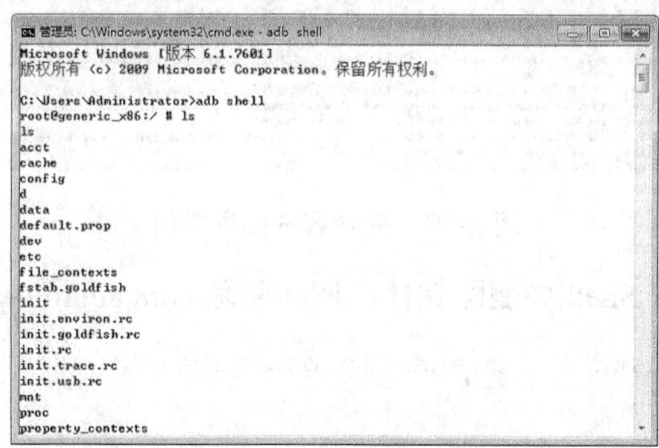

图 2-44　执行 ls 命令窗口

注意： 如果没有 Android 系统的 root 权限，Shell 控制台的提示符将是一个$符号，而不是#符号。此时若想退出 Shell 控制台，则输入“exit”命令即可。

【范例 20】

在 Shell 控制台可以查看 Android 系统和设备的全部参数信息，如硬件信息、ROM 版本信息以及系统信息等。具体方法是在 Shell 提示符下执行 getprop 命令，执行结果如图 2-45 所示。

【范例 21】

如果只想执行一条 Shell 命令，则可以使用如下语法格式：

```
adb shell <shell_command>
```

例如，执行 adb shell dmesg 语句可以查看 Android 内核的调试信息，执行结果如图 2-46

所示。

```
root@generic_x86:/ # getprop
getprop
[ARCH]: [ARCH]
[dalvik.vm.heapsize]: [64m]
[dalvik.vm.stack-trace-file]: [/data/anr/traces.txt]
[debug.force_rtl]: [0]
[dev.bootcomplete]: [1]
[gsm.current.phone-type]: [1]
[gsm.defaultpdpcontext.active]: [false]
[gsm.network.type]: [UMTS]
[gsm.operator.alpha]: [Android]
[gsm.operator.iso-country]: [us]
[gsm.operator.isroaming]: [false]
[gsm.operator.numeric]: [310260]
[gsm.sim.operator.alpha]: [Android]
[gsm.sim.operator.iso-country]: [us]
[gsm.sim.operator.numeric]: [310260]
[gsm.sim.state]: [READY]
[gsm.version.ril-impl]: [android reference-ril 1.0]
[init.svc.adbd]: [running]
[init.svc.bootanim]: [stopped]
[init.svc.console]: [running]
[init.svc.debuggerd]: [running]
[init.svc.drm]: [running]
[init.svc.goldfish-logcat]: [stopped]
```

图 2-45　执行 getprop 命令后的效果图

```
quest } for pid=1687 comm="iptables" kmod="ipt_MARK" scontext=u:r:netd:s0 tcont
ext=u:r:kernel:s0 tclass=system
<3>[   87.492451] init: sys_prop: permission denied uid:1003  name:service.boota
nim.exit
<4>[   90.321548] audit_printk_skb: 6 callbacks suppressed
<5>[   90.321548] type=1400 audit(1410421354.311:712): avc:  denied  { module_re
quest } for pid=1697 comm="iptables" kmod="ipt_MARK" scontext=u:r:netd:s0 tcont
ext=u:r:kernel:s0 tclass=system
<5>[   90.321548] type=1400 audit(1410421354.311:713): avc:  denied  { module_re
quest } for pid=1697 comm="iptables" kmod="ipt_MARK" scontext=u:r:netd:s0 tcont
ext=u:r:kernel:s0 tclass=system
<5>[   90.321548] type=1400 audit(1410421354.311:714): avc:  denied  { module_re
quest } for pid=1697 comm="iptables" kmod="ipt_MARK" scontext=u:r:netd:s0 tcont
ext=u:r:kernel:s0 tclass=system
<5>[   90.321548] type=1400 audit(1410421354.311:715): avc:  denied  { module_re
quest } for pid=1697 comm="iptables" kmod="ipt_MARK" scontext=u:r:netd:s0 tcont
ext=u:r:kernel:s0 tclass=system
<5>[   90.363494] type=1400 audit(1410421354.351:716): avc:  denied  { module_re
quest } for pid=1697 comm="iptables" kmod="ipt_MARK" scontext=u:r:netd:s0 tcont
ext=u:r:kernel:s0 tclass=system
<5>[   90.751551] type=1400 audit(1410421354.741:717): avc:  denied  { search }
for pid=1702 comm="zygote" name="cpuctl" dev="tmpfs" ino=2342 scontext=u:r:zygo
te:s0 tcontext=u:object_r:cpuctl_device:s0 tclass=dir
<5>[   90.802011] type=1400 audit(1410421354.791:718): avc:  denied  { module_re
quest } for pid=1700 comm="iptables" kmod="
```

图 2-46　查看调试信息窗口

执行 pm 命令可以在 Shell 中删除软件，例如删除 com.android.popogame 的命令如下：

```
adb shell pm uninstall com.android.popogame
```

2.9.6　查看 Bug 报告

在命令提示符中输入“adb bugreport”可以显示当前 Android 系统的运行状态，例如内存状态、CPU 状态、内核输出信息、调试信息以及错误信息等。由于该命令返回的输出结果有很多，图 2-47 中仅显示了部分信息。

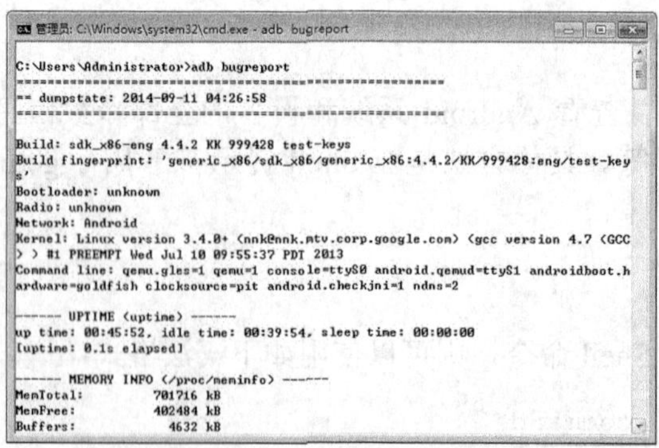

图 2-47　查看 bug 报告

2.9.7　转发端口

使用 forward 命令可以进行任意端口的转发，即将一个模拟器/设备实例的某一特定主机端口，向另一个不同端口转发。

【范例 19】

以下语句演示了如何建立从主机端口 7100 到模拟器/设备端口 8100 的转发。

```
adb forward tcp:7100 tcp:8100
```

同样地，可以使用 ADB 来建立抽象的 UNIX 域套接口，其语句如下：

```
adb forward tcp:7100 local:logd
```

2.9.8　启动和关闭 ADB 服务

若添加新的设备或者移除设备时，ADB 服务没有立即生效；或者 ADB 服务运行时间过长产生了异常。出现这些类似情况时，就需要关闭当前的 ADB 服务，并重新启动。

关闭 ADB 服务的命令如下：

```
adb kill-server
```

启动 ADB 服务的命令如下：

```
adb start-server
```

执行启动命令的效果如图 2-48 所示。

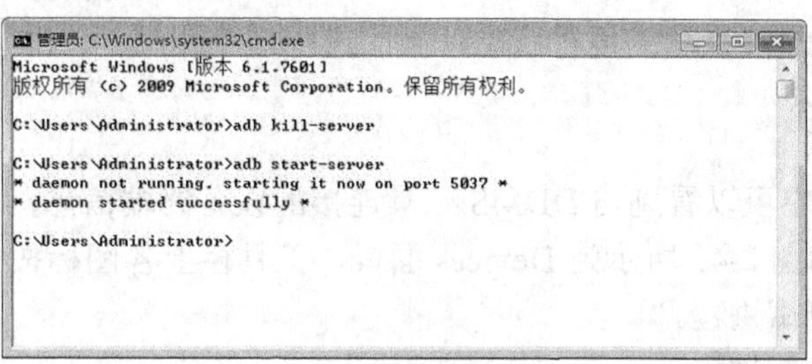

图 2-48　管理 ADB 服务

2.10　AAPT 工具

在开发 Android 应用时，该应用中可能会包含很多资源文件，例如图片、音频和素材等。而当用户需要发布 Android 应用时，就必须将这些资源文件包含进去，打包为 APK 文件。

Android SDK 中的 AAPT 工具可以实现对资源的打包。AAPT 工具的英文全称是 Android Asset Packaging Tool，它支持很多子命令，常用的有以下几种。

- aapt list：列出资源包中的内容。
- aapt dump：查看 APK 包内指定的内容。

- aapt package：打包生成资源压缩包。
- aapt remove：从压缩包中删除指定文件。
- aapt add：向压缩包中添加指定文件。
- aapt version：查看 aapt 工具版本。

用于打包资源的 aapt package 命令的语法格式如下：

```
aapt package -A <附件资源路径> -S <资源路径> -M <Android应用清单文件> -I <额外包> -F 目标文件路径
```

以下是 AAPT 工具的使用示例：

```
aapt package -A assets -S res -M AndroidManifest.xml -I
D:\adt\platforms\android.jar -F bin\res.ap_
```

上述命令将当前目录下的 assets 目录、res 目录、AndroidManfiest.xml 文件都打包到了 bin\res.ap_资源包中。

2.11 DDMS 工具

DDMS 的英文全称是 Dalvik Debug Monitor Service，其主要功能是监控 Android 应用程序的运行并输出日志，同时还可以模拟电话的拨打、接听以及模拟短信的接收和地理位置等。借助 DDMS 工具，开发人员可以对 Android 应用程序进行调试和测试，从而大大降低程序的开发成本。

打开 DDMS 工具的方法是：在 ADT 中选择 Window | Open Perspective | DDMS 命令，此时将进入 DDMS 工具的工作视图。在 DDMS 的工作视图中会看到很多面板，可用于调试、监视和查看 Android 系统的运行状态，下面进行详细介绍。

1. Devices 面板

在 Devices 面板中可以看到与 DDMS 工具连接的设备终端信息，以及在该设备终端上运行的应用程序。如图 2-49 所示为 Devices 面板，工具栏上各图标按钮的作用描述如下。

- ：用于调试进程。
- ：用于更新堆栈。
- ：用于转存 HPROF 文件。
- ：用于执行垃圾回收。
- ：用于更新线程。
- ：用于启动开发方法执行分布图。
- ：用于停止进程。
- ：用于屏幕截图。

2. Threads 面板

从 Devices 面板的列表中选择一项应用程序，单击按钮即可在 Threads 面板中查看该应用程序调用线程的信息。Threads 面板如图 2-50 所示，单击 Refresh 按钮可以实时刷新面板。

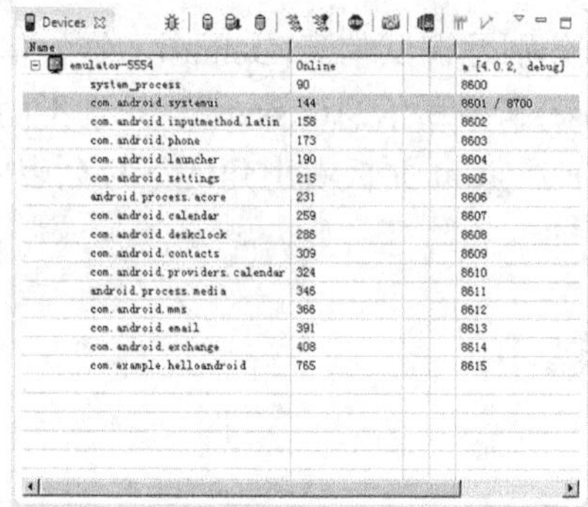

图 2-49 Devices 面板

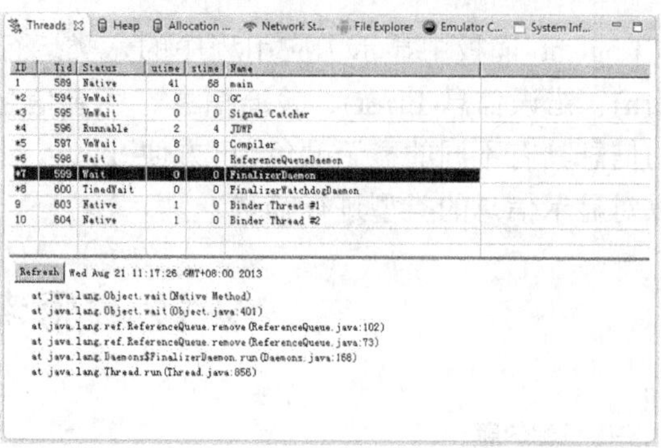

图 2-50 Threads 面板

3．File Explorer 面板

File Explorer 面板是一个文件浏览器，用于管理 DDMS 工具连接的 Android 设备上的文件，如图 2-51 所示。单击 File Explorer 面板上的按钮可以将 Android 设备上的文件复制到本地单击按钮可以将本地文件上传到 Android 设备，单击按钮可以删除文件，单击按钮可以创建目录。

4．Emulator Control 面板

Emulator Control(设备控制)面板用于管理 Android 设备上的硬件，如图 2-52 所示。它可以模拟真实 Android 设备具有的电话拨打和接听、短信的收送和地理位置识别功能。

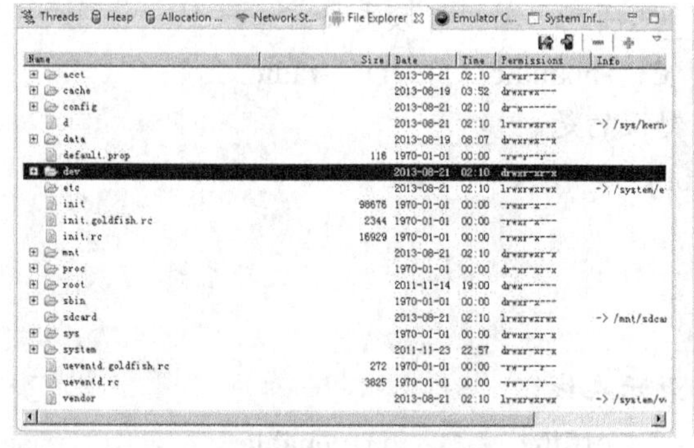

图 2-51 File Explorer 面板

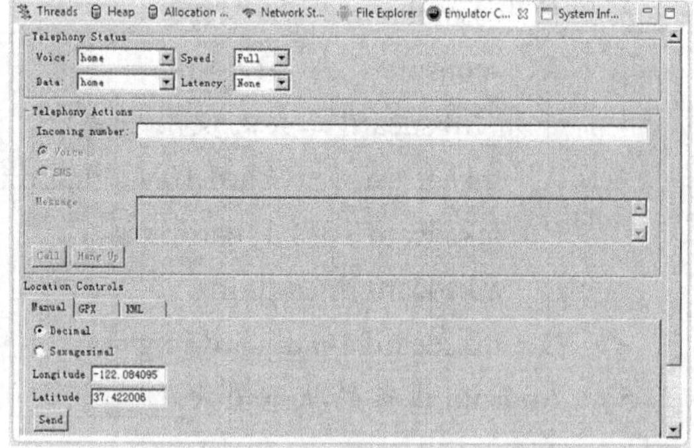

图 2-52 Emulator Control 面板

5．LogCat 面板

LogCat 面板是 DDMS 工具视图中最常用的面板，也是 Android 应用程序开发和调试过程中作用最大的面板，如图 2-53 所示。

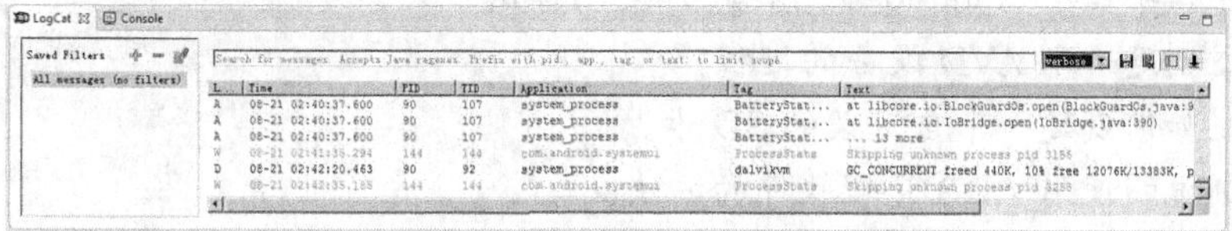

图 2-53 LogCat 面板

LogCat 面板中显示了应用程序的六类运行信息，分别是调试信息(Debug)、警告信息(Warn)、错误信息(Error)、普通信息、冗余信息(Verbose)和中断信息(Assert)，并且不同类型的信息具有不同的显示颜色，可方便开发人员观察。在 LogCat 面板右上角的下拉列表中，可以对显示信息的类型进行筛选。

2.12 思考与练习

一、填空题

1. 安装好 JDK 后，还需要将它的 BIN 目录添加到__________环境变量中。
2. 在 Android 模拟器中按下__________键可以锁定屏幕。
3. ADB 在默认情况下监听的是__________端口的 Android 设备或者模拟器实例连接。
4. 假设要将 C:\qq.apk 安装到 Android 模拟器，可以使用命令__________。

二、选择题

1. Android SDK 中包含__________。

   A. Android API　　B. 硬件管理

   C. 开发工具　　D. Android 虚拟设备管理器
2. 以下操作在 Android 模拟器中受限制的是__________。

   A. 访问网络　　B. USB 连接　　C. 播放声音　　D. 通知用户
3. 使用 Emulator 工具时指定__________选项可以禁用音频支持。

   A．-console　　B．-mic　　C．-noaudio　　D．-radio
4. 下列 Mksdcard 工具的使用方法中，错误的是__________。

   A．mksdcard -l myCard 10M d:\card.img

   B．mksdcard 10M d:\card.img

   C．mksdcard d:\card.img

   D．mksdcard 1G d:\card.img
5. Android 设备的状态值为__________表示在线。

   A．online　　B．device　　C．offline　　D．enable
6. 下列 ADB 工具的使用方法中，错误的是__________。

   A．adb –v　　B．adb version　　C．adb devices　　D．adb bugreport

三、简答题

1. 列举搭建 Android 开发环境需要的软件。
2. 简述模拟器对 Android 应用程序开发的作用。
3. 简述创建一个 AVD 设备的过程。
4. 简述如何创建一个自定义的 SD 卡。
5. 举例说明使用 ADB 管理软件的方法。

第 3 章　Android 应用程序剖析

本章将正式创建一个 Android 应用程序，并对该程序的各个目录结构进行剖析，让开发者了解 Android 应用程序的构成。除了 Android 应用程序的目录组成结构外，还会介绍应用程序的运行和调试。

学习要点

- 掌握创建 Android 应用程序的步骤。
- 熟悉 Android 应用程序的目录结构。
- 掌握 AndroidManifest.xml 文件。
- 熟悉应用程序的权限和设置。
- 熟悉图形界面的设置。
- 掌握 Android 应用程序的运行和调试。
- 掌握倒计时计数功能的实现。

3.1　创建 Android 应用程序

使用 Eclipse 开发 Android 应用程序十分方便，因为 Eclipse 会为用户自动完成许多工作。使用 Eclipse 开发 Android 应用程序的大致步骤如下。

(1) 创建一个 Android 项目。

(2) 在 XML 布局文件中定义应用程序的用户界面。

(3) 在 Java 代码中编写业务实现。

下面将通过具体范例进行详细介绍。

【范例 1】

利用 Eclipse 工具开发名称为 FirstTest 的 Android 应用程序，步骤如下。

(1) 打开 Eclipse 工具，在菜单栏中选择“文件”|“新建”|“其他”命令弹出“新建”对话框，如图 3-1 所示。

(2) 选中图 3-1 中的 Android Application Project 选项，然后单击“下一步”按钮弹出 New Android Application 对话框，如图 3-2 所示。

图 3-2 中各项的功能如下。

- Application name：应用程序名，这里需输入“FirstTest”。
- Project Name：项目目录名和显示在 Eclipse 中的项目文件名。
- Package Name：程序包的命名空间，与 Java 或 C#类似。Android 应用程序的命名非常重要，它可以作为 Android 应用的唯一标识。

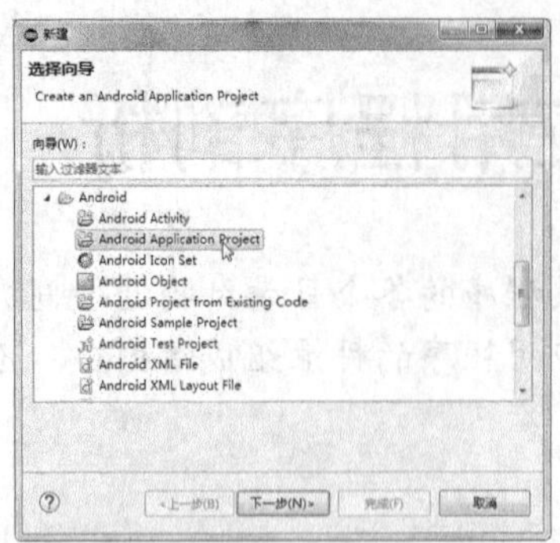

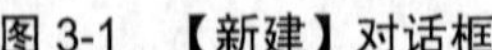
图 3-1　【新建】对话框

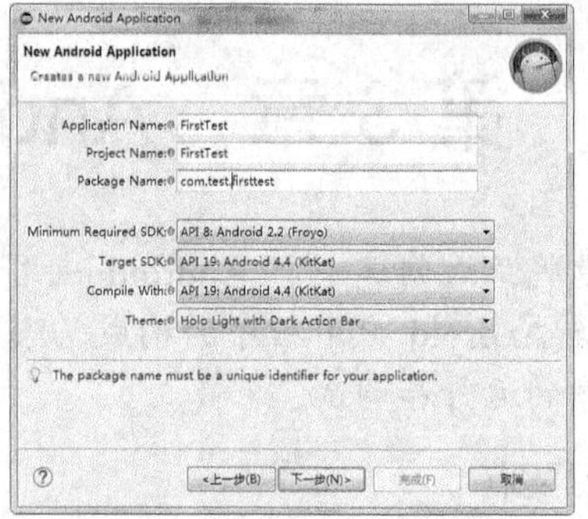

图 3-2　创建 Android 项目

- Minimum Required SDK：程序支持的 Android 系统的最小版本。如果开发人员想要支持更多的 Android 设备，需要将该参数设置得相对低一些。有些功能在低版本上不支持，但可以在高版本上启动该功能。本书使用默认设置。
- Target SDK：指当前版本，也是最高版本。当有更高的版本出来时，应该重新在新的版本上测试程序，并修改此参数。
- Compile With：编译程序时使用的版本。建议使用最新版本，可以通过 SDK Manager 下载。新版本中有一些新的特性，并且会根据用户的使用体验做一些改进。
- Theme：指 Android UI 样式，本书使用默认设置，即 Help Light with Dark Action Bar。

(3) 单击图 3-2 中的"下一步"按钮，弹出如图 3-3 所示的对话框。如果没有选中 Create custom laucher icon 复选框，那么程序将采用 Android SDK 默认提供的图标；如果选中 Create custom laucher icon 复选框，并单击"下一步"按钮，则会弹出如图 3-4 所示的对话框。

图 3-3　设置图标选项

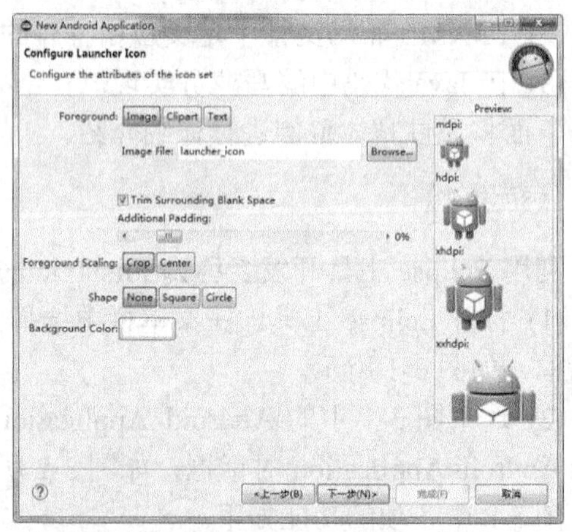

图 3-4　自定义图标

(4) 在图 3-4 中，开发人员可以单击 Brower 按钮自定义图标，选择完成后单击"下一步"按钮，弹出如图 3-5 所示的对话框。其中，Create Activity 复选框表示确定是否需要创建 Activity，如果需要则选中。在 Create Activity 复选框下的列表框中可以指定使用哪种 Activity 模板。

(5) 在图 3-5 中，如果不选中 Create Activity 复选框，则其界面效果如图 3-6 所示。此

时只需单击“完成”按钮即可完成 Android 项目的创建。

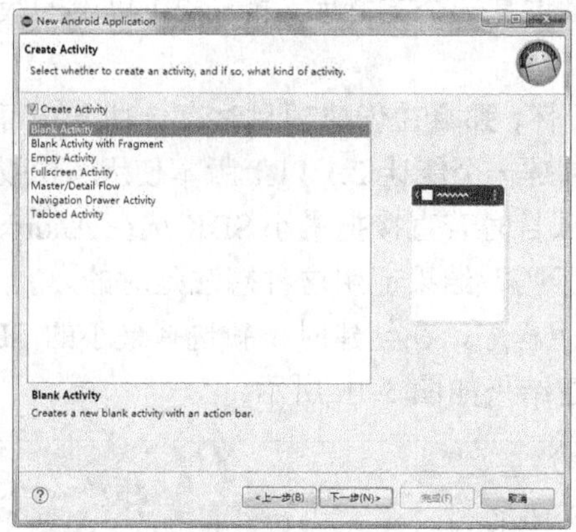

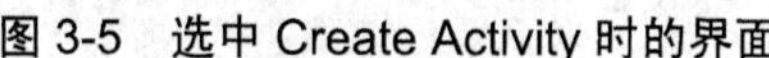
图 3-5　选中 Create Activity 时的界面

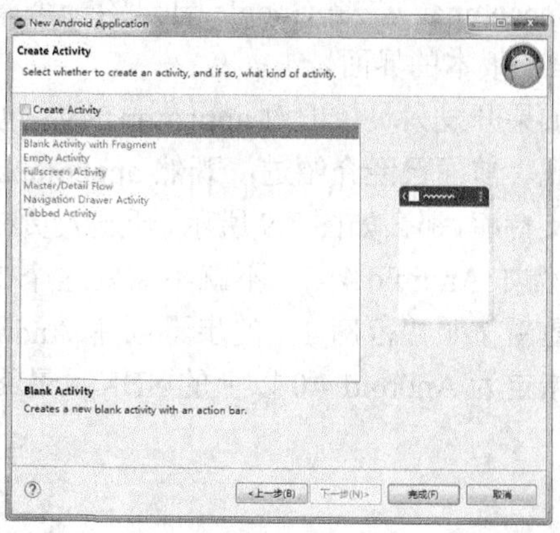

图 3-6　未选中 Create Activity 时的界面

(6) 如果选中 Create Activity 复选框，则需要单击图 3-5 中的“下一步”按钮执行下一步操作，如图 3-7 所示。在图 3-7 中，需要为创建的 Activity 设置信息，Activity Name 表示 Activity 的类名，Layout Name 表示 Activity 对应的布局文件。

(7) 所有的设置输入后单击“完成”按钮，即可创建一个 Android 项目，如图 3-8 所示。

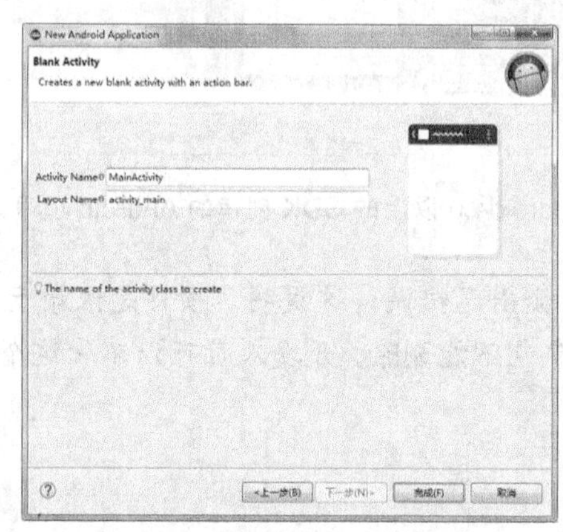

图 3-7　为创建的 Activity 设置信息

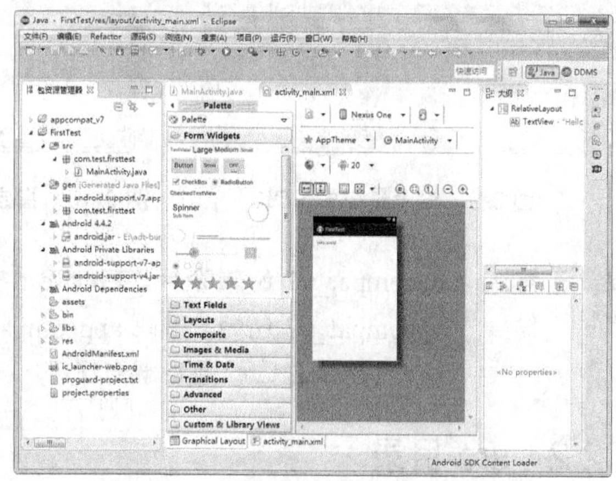

图 3-8　创建 Android 项目完成窗口

3.2　程序目录解析

上一节通过一个完整的例子创建了 Android 应用程序，本节将介绍如何对该应用程序的主要结构进行剖析。

3.2.1　appcompat_v7 包

细心的用户会发现，当开发人员依照“范例 1”的步骤创建 Android 应用程序时会出现 appcompat_v7 项目，为什么会这样呢？这是因为在 ADT 更新到 22.6.0 版本之后，无论是

创建新的安卓项目，还是创建一个新的内容，都会出现 appcompat_v7 的内容。

appcompat_v7 是 Google 自己的一个兼容包，这是一个支持库，能让 2.1 以上的版本全使用 4.0 版本的界面。

如果开发人员依旧对 appcompat_v7 包耿耿于怀，那么在创建项目时有一种方法可使其不出现。前面已经介绍过，既然 appcompat_v7 包是一个能让 2.1 以上版本使用 4.0 版本界面的支持库，那么如图 3-9 所示，开发人员在创建项目时若直接把最小 SDK 选在 Android 4.0 以上(例如 Android 4.4)，不就不需要这个支持库了吗？结果证明这种想法是对的。

重新按照“范例 1”的步骤创建 Android 应用程序，在创建时重新选择最小的 SDK，将其指定为 Android 4.0 以上的 SDK，最终的创建结果如图 3-10 所示。

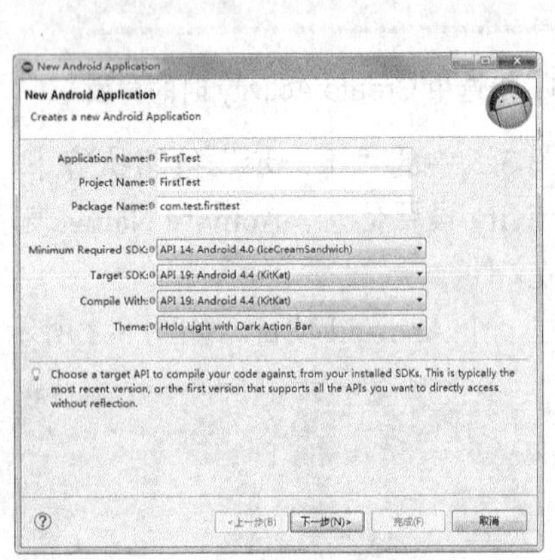

图 3-9　设置最小的 SDK

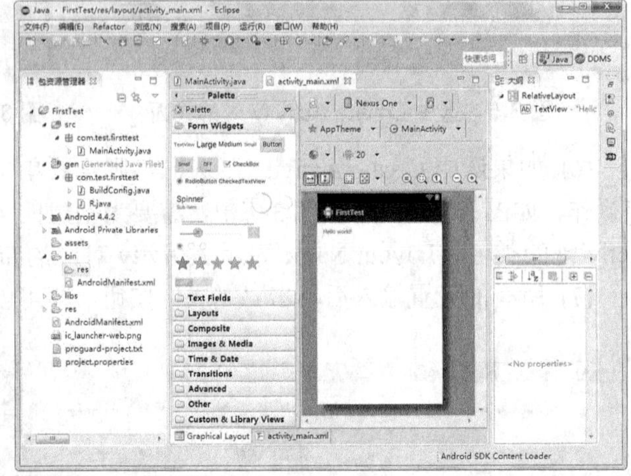

图 3-10　指定 Android4.0 以上的 SDK 创建的 Android 项目

注意： appcompat_v7 包删除后，FirstTest 项目会出现错误，这说明该项目是依赖于 appcompat_v7 包的，因此 appcompat_v7 包不能删除。开发人员可以不管这个包，直接做自己的项目就行了。

3.2.2　src 目录

顾名思义，src 目录是用来存放项目源代码的，例如 Java 文件和 AIDL 文件等。从图 3-10 中可以看出，新建一个项目时，系统为开发人员在 src 目录的 com.test.firsttest 包中自动生成了 MainActivity.java 文件。其中，com.test.firsttest 包和 MainActivity.java 文件是在创建时指定的。

MainActivity.java 文件中的完整代码如下：

```
package com.test.firsttest;
import android.app.Activity;
import android.os.Bundle;
import android.view.Menu;
import android.view.MenuItem;
public class MainActivity extends Activity {
    @Override
```

```
    protected void onCreate(Bundle savedInstanceState) {
        super.onCreate(savedInstanceState);
        setContentView(R.layout.activity_main);
    }
    @Override
    public boolean onCreateOptionsMenu(Menu menu) {
        // Inflate the menu; this adds items to the action bar if it is present.
        getMenuInflater().inflate(R.menu.main, menu);
        return true;
    }
    @Override
    public boolean onOptionsItemSelected(MenuItem item) {
        // Handle action bar item clicks here. The action bar will
        // automatically handle clicks on the Home/Up button, so long
        // as you specify a parent activity in AndroidManifest.xml.
        int id = item.getItemId();
        if (id == R.id.action_settings) {
            return true;
        }
        return super.onOptionsItemSelected(item);
    }
}
```

从上述代码可以看到，MainActivity 类继承了 Activity 类，并重写了该类中的方法。另外，在该类中通过 import 导入了四个包。下面详细介绍它们的作用。

1．android.app.Activity 包

因为几乎所有的活动都是与用户交互的，所以 Activity 类可用于创建窗口，开发人员可以用方法 setContentView(View)将自己的 UI 放到 Activity 类中。活动既可以以全屏的方式展示给用户，也可以以浮动窗口展示或嵌入在另外一个活动中。以下两种方法几乎可被所有的 Activity 子类都可以实现。

(1) onCreate(Bundle)方法：用于初始化用户的活动，例如完成一些图形的绘制。最重要的是，在这个方法里通常用布局资源(layout resource)调用 setContentView(int)方法定义 UI，以及使用 findViewById(int)在 UI 中检索需要编程地交互的小部件(widgets)。setContentView 用于指定由哪个文件指定布局(main.xml)，可以将这个界面显示出来，然后使用用户进行相关操作。用户的操作会被包装成一个动作，然后这个动作由相关的 Activity 进行处理。

(2) onPause()方法：处理当开发人员离开活动时要做的事情。最重要的是，用户做的所有改变都应该在这里提交(通常 ContentProvider 保存数据)。

2．android.os.Bundle 包

android.os.Bundle 包用于从字符串值映射各种可打包的(Parcelable)类型，例如 Bundle 类提供了公有方法——public boolean containKey(String key)，如果给定的 key 包含在 Bundle 的映射中返回 true，否则返回 false。Bundle 实现了 Parceable 和 Cloneable 接口，所以它具有这两者的特性。

3. android.view.Menu 和 android.view.MenuItem 包

android.view 提供基础的用户界面接口框架，重写 onCreateOptionsMenu()方法时初始化菜单，其中 menu 参数就是即将要显示的 Menu 实例。Android 一共有 3 种形式的菜单，即选项菜单(optinosMenu)、上下文菜单(ContextMenu)和子菜单(subMenu)。其中，最常用的就是选项菜单(optionsMenu)，在单击该菜单的 menu 按钮后会在对应的 Activity 底部显示出来。

在重写 onOptionsItemSelected(MenuItem item)方法时会用到 MenuItem，该方法在菜单项被单击时调用，也就是菜单项的监听方法。只要菜单中的菜单项被单击，都会触发 onOptionsItemSelected()方法。其中 item 参数即为被单击的菜单项，那么需要在此方法内判断哪个 item 被单击了，从而实现不同的操作。

3.2.3 gen 目录

在 gen 目录中，包含的是 ADT 生成的 Java 文件。从图 3-10 中可以看出，该目录的 com.test.firsttest 包下有两个文件，即 BuildConfig.java 和 R.java。

BuildConfig.java 是调试(Debug)时用的，一般不用修改。

R.java 文件中定义了名称为 R 的类，R 类中包含许多静态类，且静态类的名字都与 res 中的文件名对应，即 R 类定义该项目所有资源的索引。R.java 文件中的代码如下：

```
package com.test.firsttest;
/* AUTO-GENERATED FILE.  DO NOT MODIFY.
 *
 * This class was automatically generated by the
 * aapt tool from the resource data it found.  It
 * should not be modified by hand.
 */
public final class R {
    public static final class attr {
    }
    public static final class dimen {
        public static final int activity_horizontal_margin=0x7f040000;
        public static final int activity_vertical_margin=0x7f040001;
    }
    public static final class drawable {
        public static final int ic_launcher=0x7f020000;
    }
    public static final class id {
        public static final int action_settings=0x7f080000;
    }
    public static final class layout {
        public static final int activity_main=0x7f030000;
    }
    public static final class menu {
        public static final int main=0x7f070000;
    }
    public static final class string {
        public static final int action_settings=0x7f050002;
        public static final int app_name=0x7f050000;
```

```
        public static final int hello_world=0x7f050001;
    }
    public static final class style {
        public static final int AppTheme=0x7f060001;
    }
}
```

通过R.java文件，开发人员可以很快地查找到需要的资源。另外，编译器也会检查R.java列表中的资源是否被使用到，没有被使用到的资源不会被编译进软件，这可减少应用在手机中占用的空间。

从最顶层的注释代码可以看出，R.java 文件是由 AAPT 工具根据应用中的资源文件来自动生成的，因此可以把R.java文件理解成Android应用的资源字典。AAPT工具生成R.java文件时需要遵循以下两条规则。

(1) 每类资源对应 R 类的一个内部类。例如所有界面布局资源对应于 Layout 内部类；所有字符串资源对应于 String 内部类；所有标识符资源对应于 ID 内部类。

(2) 每个具体的资源项对应于内部类的一个 public static final int 类型的字段。例如，假设在布局文件中用到 OK 和 Show 标识符，那么 R.id 类中就会包含这两个 Field。由于 drawable-xxxx 文件里包含 icon.png 图片，因此 R.drawable 类会包含 icon Field。

注意： R.java 文件不能手动修改。当 res 包中的资源发生变化时，R.java 文件会自动修改。

3.2.4 res 目录

Android 应用中的 res 目录是一个特殊的项目，在该项目中存放了 Android 应用所用的全部资源，包括图片资源、字符串资源、颜色资源和尺寸资源等。这些资源将会在后面章节详细介绍，本节只是简单提及。

1. res 目录的结构

当 res 目录中的文件发生变化时，R.java 文件的内容会自动修改。图 3-11 所示为 res 目录的结构。

对图 3-11 中的部分结构说明如下。

1) drawable 子包

drawable 子包通常用来保存图片资源。由于 Android 设备多种多样，其屏幕的大小也不尽相同，为了保证良好的用户体验，会为不同的屏幕分辨率提供不同的图片，分别存放在不同的文件夹中。在默认情况下，ADT 插件会自动创建 drawable-xxhdpi(超超高)、drawable-xhdpi(超高)、drawable-hdpi(高)、drawable-mdpi(中)和 drawable-ldpi(低)五个文件夹，分别用于存放超超高分辨率图片、超高分辨率图片、高分辨率图片、中分辨率图片和低分辨率图片。

2) layout 子包

layout 子包通常用来保存应用布局文件。ADT 插件提供了可视化工具来辅助用户开发布局文件，如图 3-12 所示。

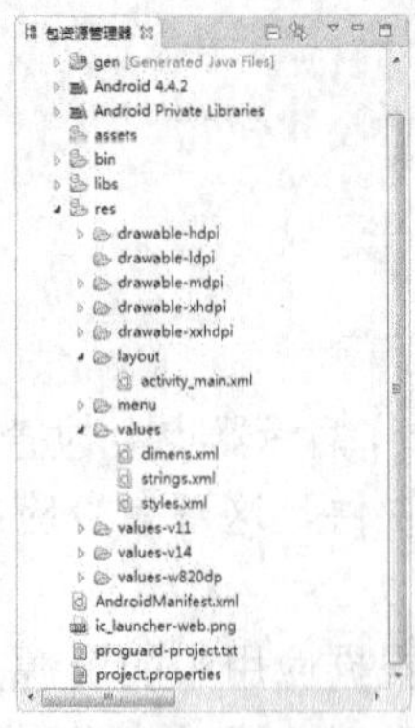

图 3-11 res 目录的结构

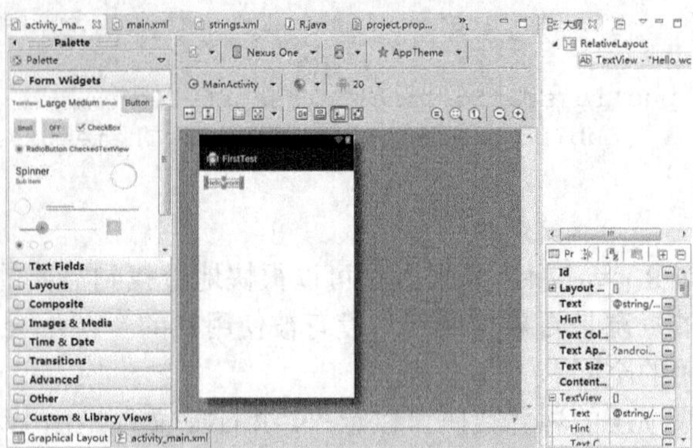

图 3-12 布局编辑器

3) menu 子包

menu 子包用于存放菜单资源文件。该文件必须以<menu>和</menu>作为根节点的开始标记和结束标记。在根节点中，可以使用 item 元素设置菜单项，使用 group 元素设置分组。menu 子包下包含 main.xml 文件，代码如下：

```
<menu xmlns:android="http://schemas.android.com/apk/res/android"
   xmlns:tools="http://schemas.android.com/tools"
   tools:context="com.test.firsttest.MainActivity" >
   <item
      android:id="@+id/action_settings"
      android:orderInCategory="100"
      android:showAsAction="never"
      android:title="@string/action_settings"/>
</menu>
```

其中 id 表示菜单项的资源 ID。orderInCategory 指定 Action Bar 里每个 item 的优先级，其值越大，则优先级越低。该值不一定从 0 开始计算，但必须大于等于 0，数值小的位于前面；如果数值一样，则按顺序摆放。title 表示菜单项标题，即菜单项显示的文本。showAsAction 控制菜单项，取值为 never 时表示菜单项永远都不出现在 Action Bar 上，除此之外，取值还有 always、ifRoom 和 withText。

- Always：使菜单项一直显示在 Action Bar 上。
- ifRoom：如果有足够的空间，该值就会使菜单项显示在 Action Bar 上。
- withText：使菜单项及其图标一起显示。

4) Values 子包

从图 3-11 中可以看出，values 子包通常用于保存应用中使用的字符串。在开发国际化程序时，这种方式尤其重要。values 子包中含有 dimens.xml、strings.xml 和 styles.xml 文件。以 strings.xml 文件为例，其代码如下：

```
<?xml version="1.0" encoding="utf-8"?>
<resources>
   <string name="app_name">FirstTest</string>
   <string name="hello_world">Hello world!</string>
   <string name="action_settings">Settings</string>
</resources>
```

与 values 子包有关的文件还有 values-v11、values-v14 和 values-w820dp 这 3 个目录。values-v11 代表在 API 11+(代码 Android 3.0+)的设备上，用该目录下的 styles.xml 文件代替 res/values/styles.xml 文件；values-v14 代表在 API 14+(代码 Android 4.0+)的设备上，用该目录下的 styles.xml 文件代替 res/values/styles.xml 文件；values-w820dp 用来存放通用的字体，使用时直接在 XML 里面引用@dimes/text_size 就行了。

2．使用资源

AAPT 工具会为 Android 项目自动生成 R.java 文件，R 类里为每份资源分别定义了一个内部类，其中每个资源项对应于内部类里一个 int 类型的 Field。例如 strings.xml 文件中的<resources>资源文件夹中的最后一个字符串资源文件对应的 R.java 中的代码如下：

```
public static final class id {
   public static final int action_settings=0x7f080000;
}
```

借助于 AAPT 可以自动生成 R 类的帮助，在 Java 代码中可以通过 R.string.app_name 引用 FirstTest 字符串常量。

开发人员既可以在 Java 代码中使用资源清单项，也可以在 Java 代码中访问实际资源。当然，还可以更加简单地在 XML 文件中使用资源。下面用两个范例简单介绍其使用情况，具体的语法将在后面章节中进行介绍。

【范例 2】

例如，如果开发人员要访问字符串资源文件中定义的 FirstTest 字符串常量，那么可以使用以下形式：

```
@string/app_name
```

虽然使用上述方法可在 XML 文件中访问资源，但是有一种情况是例外的，即当开发人员在 XML 文件中使用标识符时——这些标识符无须使用专门的资源进行定义。在 XML 文档中使用以下格式定义资源：

```
@+id/<标识符代号>
```

【范例 3】

以下代码可以为一个组件分配标识符：

```
android:id="@+id/ok"
```

如果需要在 Java 代码中获取该组件，那么可以调用 Activity 的 findViewById()方法来实现。如果希望在 XML 文件中获取该组件，那么可以通过资源引用的方式进行引用。其引用语法如下：

```
@id/<标识符代号>
```

提示： 用户将 R.java 文件与 res 包中的内容进行对比，就可以了解两者之间的关系。例如，R.java 文件中的内部类 String 对应 value 包中的 strings.xml 文件。

3.2.5 其他目录

除了上述介绍的 src 目录、gen 目录和 res 目录外，从图 3-11 中可以看出，生成的 Android 程序还包含有多个目录，下面简单介绍一下。

1. Android 4.4.2 目录

Android 4.4.2 目录下含有 android.jar 文件，这是一个 Java 归档文件，其中包含构建应用程序需要的所有 Android SDK 库(如 Views 和 Controls)和 APIs。通过 android.jar 可以将应用程序绑定到 Android SDK 和 Android Emulator，从而允许开发人员使用 Android 的所有库和包，且可以在适当的环境中调试应用程序。例如上面的 MainActivity.java 源文件中的导入代码：

```
import android.app.Activity;
import android.os.Bundle;
```

以上两行代码就是从 android.jar 中导入的包。

提示： 如果在创建 Android 程序时选择的 Android SDK 不同，那么生成的目录名也会不相同。

2. libs 目录

libs 中放置的是第三方 jar 包，但是最新版本的 ADT 会将这些第三方包配置到 Android Private Library 中。

3. assets 目录

assets 目录目前是空的，因为开发人员没有放进去任何东西。assets 包用于保存原始资源文件，该文件夹中的文件会被编译到.apk 中，并且原文件名会被保留。用户可以使用 URI 来定位该文件夹中的文件，然后使用 AssetManager 类以流的方式读取文件内容。该目录通常用于保存文本、游戏数据等内容。

assets 目录与 res 目录有所不同，res 会被编译器所编译，而 assets 则不会。也就是说，应用程序在运行时，res 中的内容会在启动的时候载入，asset 只有在被用到的时候才会载入，因此一般将一些不经常使用的大资源文件存放在该目录下。

4. bin 目录

bin 包用于存放二进制文件，即编译后的文件，运行应用之后才在\bin\dexedLibs 文件夹下生成可执行文件。

3.2.6 AndroidManifest.xml 文件

AndroidManifest.xml 文件是项目的总配置文件，记录应用中所使用的各种组件，并列出了应用程序所提供的功能。在这个文件中，开发人员可以指定应用程序使用的服务(如电话服务、互联网 服务、短信服务、GPS 服务等)。另外当开发人员新添加一个 Activity 时，

也需要在这个文件中进行相应配置，只有配置好后，才能调用此 Activity。

通常来说，AndroidManifest.xml 文件可包含以下信息。

(1) 应用程序的包名，该包名将会作为该应用的唯一标识。

(2) 应用程序所包含的组件，例如 Activity、Service、BroadcastReceiver 和 Content Provider 等。

(3) 应用程序兼容的最低版本。

(4) 应用程序使用系统所需的权限声明。

(5) 其他程序访问该程序所需的权限声明。

每个 Android 应用程序必须包含一个 AndroidManifest.xml 文件，它位于根目录中。在这个文件内，需要标明 Application Permissions、Activities、Intent Filters 以及 Service 等信息。

【范例 4】

打开 FirstTest 项目下的 AndroidManifest.xml 文件，内容如下：

```
<?xml version="1.0" encoding="utf-8"?>
<manifest xmlns:android="http://schemas.android.com/apk/res/android"
   package="com.test.firsttest"
   android:versionCode="1"
   android:versionName="1.0" >
   <uses-sdk
      android:minSdkVersion="14"
      android:targetSdkVersion="19" />
   <application
      android:allowBackup="true"
      android:icon="@drawable/ic_launcher"
      android:label="@string/app_name"
      android:theme="@style/AppTheme" >
      <activity
         android:name=".MainActivity"
         android:label="@string/app_name" >
         <intent-filter>
            <action android:name="android.intent.action.MAIN" />
            <category android:name="android.intent.category.LAUNCHER" />
         </intent-filter>
      </activity>
   </application>
</manifest>
```

AndroidManifest.xml 也是一个 XML 文件，该文件的标记说明如下。

- <manifest></manifest>：这是一个主标记，每个文件只有一个，这是定义应用程序属性的主入口，包含应用程序的一切信息。例如，上述代码定义了 xml 的命名空间，以及这个应用程序的包名和版本信息等。
- <application></application>：用于定义应用程序属性的标记，理论上可以有多个，但多个没有意义。一般情况下，一个应用程序只会有一个。在这个标记里可以定

义图标，应用程序显示出来的名称等。<application></application>标记定义的属性一般也只是辅助性的。

- <activity></activity>：用于定义界面交互的信息，这一标记里的属性定义会决定应用程序可显示的效果。例如，在启动界中的显示的名称，使用的图标等。
- <intent-filter></intent-filter>：这一标记用来控制应用程序的能力。例如，该图形界面可以完成什么样的功能。在上述代码中对该标记的处理比较简单，只是能够让这个应用程序可以被单击执行。

提示： 不管是 Eclipse 的 ADT 工具还是 android.bat 命令，它们所创建的 Android 项目都有一个 AndroidManifest.xml 文件。但是随着开发不断地深入进行，可能需要对 AndroidManifest.xml 清单文件进行适当的修改。

3.2.7 project.properties 文件

project.properties 文件中包含项目属性，也可以说是记录项目所需要的环境信息，例如 build target 和 Android 的版本等。如果需要修改项目属性，在 Eclipse 中右击项目，选择属性即可。

【范例 5】

打开 FirstTest 项目下的 project.properties 文件，内容如下：

```
# This file is automatically generated by Android Tools.
# Do not modify this file -- YOUR CHANGES WILL BE ERASED!
#
# This file must be checked in Version Control Systems.
#
# To customize properties used by the Ant build system edit
# "ant.properties", and override values to adapt the script to your
# project structure.
#
# To enable ProGuard to shrink and obfuscate your code, uncomment this (available
properties: sdk.dir, user.home):
#proguard.config=${sdk.dir}/tools/proguard/proguard-android.txt:proguard
-project.txt

# Project target.
target=android-19
```

上述代码中的注释已经把 project.properties 文件解释得非常清楚了，因此这里不再详细介绍。

3.3 应用程序权限说明

在 Android 系统的安全模型中，应用程序在默认情况下不可以执行任何会对其他应用程序、系统或者用户带来负面影响的操作。如果应用程序需要执行某些操作，就需要声明

使用这个操作的对象权限。本节将简单介绍 Android 应用程序的常用权限，以及如何声明和调用权限。

3.3.1　系统的常用权限

Android 系统提供了大量的权限，这些权限都位于 Manifest.permission 类中。表 3-1 所示为 Android 系统的常用权限及其说明。

表 3-1　Android 系统的应用权限

权　限	说　明
ACCESS_NETWORK_STATE	允许应用程序获取网络信息的权限
ACCESS_WIFI_STATE	允许应用程序获取 Wi-Fi 网络状态信息的权限
BATTERY_STATS	允许应用程序获取电池状态信息的权限
BLUETOOTH	允许应用程序连接匹配的蓝牙设备的权限
BLUETOOTH_ADMIN	允许应用程序发现匹配的蓝牙设备的权限
BROADCAST_SMS	允许应用程序广播收到短信提醒的权限
CALL_PHONE	允许应用程序拨打电话的权限
CAMERA	允许应用程序使用照相机的权限
CHANGE_NETWORK_STATE	允许应用程序改变网络状态的权限
CHANGE_WIFI_STATE	允许应用程序改变 Wi-Fi 网络连接状态的权限
DELETE_CACHE_FILES	允许应用程序删除缓存文件的权限
DELETE_PACKAGES	允许应用程序删除安装包的权限
FLASHLIGHT	允许应用程序访问闪光灯的权限
INTERNET	允许应用程序打开网络 Socket 的权限
MODIFY_AUDIO_SETTINGS	允许应用程序修改全局声音设置的权限
MODIFY_PHONE_STATE	允许修改话机状态，如电源和人机接口等
MODIFY_FORMAT_FILESYSTEMS	允许格式化可移除的存储仓库的文件系统的权限
PROCESS_OUTGOING_CALLS	允许应用程序监听、控制、取消呼出电话的权限
READ_CALENDAR	允许应用程序读取用户日历数据的权限
READ_CONTACTS	允许应用程序读取用户的联系人数据的权限
READ_FRAME_BUFFER	允许程序屏幕波和更多常规的访问帧缓冲数据的权限
READ_HISTORY_BOOKMARKS	允许应用程序读取历史书签的权限
READ_OWNER_DATA	允许应用程序读取用户数据的权限
READ_PHONE_STATE	允许应用程序读取电话的权限
READ_PHONE_SMS	允许应用程序读取短信的权限
READ_INPUT_STATE	允许程序返回当前按键状态
READ_LOGS	允许程序读取底层系统日志文件

续表

权 限	说 明
REBOOT	允许应用程序重启系统的权限
RECEIVE_MMS	允许应用程序接收、监控、处理彩信的权限
RECEIVE_SMS	允许应用程序接收、监控、处理短信的权限
RECORD_AUDIO	允许应用程序录音的权限
SEND_SMS	允许应用程序发送短信的权限
SET_ORIENTATION	允许应用程序旋转屏幕的权限
SET_TIME	允许应用程序设置时间的权限
SET_TIME_ZONE	允许应用程序设置时区的权限
SET_WALLPAPER	允许应用程序设置桌面壁纸的权限
VIBRATE	允许应用程序控制振动器的权限
WRITE_CONTACTS	允许应用程序写入用户联系人的权限
WRITE_HISTORY_BOOKMARKS	允许应用程序写历史书签的权限
WRITE_OWNER_DATA	允许应用程序写用户数据的权限
WRITE_SMS	允许应用程序写短信的权限

3.3.2 声明和调用权限

Android 的清单文件 AndroidManifest.xml 中有四个标记与权限有关，分别是<permission>、<permission-group>、<permission-tree>和<uses-permission>。当开发人员需要获取某个权限时必须在文件中声明<uses-permission>。除了<uses-permission>标记外，有时也会用到<permission>标记，其他两个标记不经常使用，因此这里不再介绍。

1. <uses-permission>标记

为了保证应用程序的正常运行，需要系统授予应用的权限声明，而这个权限是在用户安装应用的时候授予的。<uses-permission />标记的基本语法如下：

```
<uses-permission android:name="string" />
```

其中，android:name 的值可以是其他应用通过<permission>声明的，也可以是表 3-1 列出的系统权限名称。android:name 的值是指定权限的唯一标识，一般都是使用类名加权限名。

开发人员通过为<manifest></manifest>标记添加子标记<uses-permission/>，即可为程序本身声明权限。

【范例 6】

打开 AndroidManifest.xml 文件，在<manifest></manifest>根节点中添加<uses-permission />子标记。代码如下：

```
<!-- 应用本身需要拨打电话的权限 -->
```

```
<uses-permission android:name="android.permission.CALL_PHONE" />
```

试一试： 通过为应用的各组件元素添加子标记<uses-permission />，可以声明调用该程序所需要的权限。

2. <permission>标记

<permission>标记就是自定义权限的声明，可以用来限制应用中的特殊权限。<permission>标记的语法如下：

```
<permission android:description="string resource"
        android:icon="drawable resource"
        android:label="string resource"
        android:name="string"
        android:permissionGroup="string"
        android:protectionLevel=["normal" | "dangerous" |
                        "signature" | "signatureOrSystem"] />
```

上述语法中的参数说明如下。

- android:label：对权限的一个简短描述。
- android:description：对权限的描述，一般是两句话，第一句话描述这个权限所针对的操作，第二句话告诉用户授予应用这个权限会带来的后果。其值可以通过 res 文件获取，而不能直接写字符串值。
- android:name：表示权限的唯一标识，必须填写。
- android:protectionLevel：表示权限的等级，一般有四个等级。normal 是最低的等级，声明此权限的应用，系统会默认授予此权限，不会提示用户。dangerous 权限对应的操作有安全风险，系统在安装声明此类权限的应用时会提示用户。signature 权限表明的操作只针对使用同一个证书签名的应用开放。signatureOrSystem 与 signature 类似，只是增加了自带的应用声明。
- android:icon：用于描述使用的图标。
- android:permissionGroup：用于分派该 permission 到一个指定的 permission group 中。该处的值必须是<permission-group>元素声明的 group 的名称。如果该属性不设置，则该 permission 不属于任何 permission group。

【范例 7】

使用<permission>标记自定义权限的代码如下：

```
<permission
      android:name="com.android.launcher.permission.INSTALL_SHORTCUT"
      android:permissionGroup="android.permission-group.SYSTEM_TOOLS"
      android:protectionLevel="normal"
      android:label="@string/permlab_install_shortcut"
      android:description="@string/permdesc_install_shortcut" />
```

使用<permission>标记调用系统的权限的代码如下：

```
<receiver
   android:name="com.android.launcher2.InstallShortcutReceiver"

android:permission="com.android.launcher.permission.INSTALL_SHORTCUT" >
   <intent-filter>
      <action
android:name="com.android.launcher.action.INSTALL_SHORTCUT" />
   </intent-filter>
</receiver>
```

从上述代码中可以发现，InstallShortcutReceiver 用到了前面定义的 INSTALL_SHORTCUT 权限。

3.4 设计图形界面

Android 应用程序少不了 UI 图形界面，UI 也是基于 XML 的，是通过一种布局的资源引入系统中的。在介绍 res 目录时已经提到过布局子包，该包通常用来保存应用布局文件。

3.4.1 打开界面文件

在本章创建的 FirstTest 程序中，用户会得到图形界面文件 res/layout/activity_main.xml，打开该文件的图形界面如图 3-12 所示。单击图 3-12 左下角的 activity_main.xml 标签，可以看到以下的文件内容：

```
<RelativeLayout xmlns:android="http://schemas.android.com/apk/res/android"
   xmlns:tools="http://schemas.android.com/tools"
   android:layout_width="match_parent"
   android:layout_height="match_parent"
   android:paddingBottom="@dimen/activity_vertical_margin"
   android:paddingLeft="@dimen/activity_horizontal_margin"
   android:paddingRight="@dimen/activity_horizontal_margin"
   android:paddingTop="@dimen/activity_vertical_margin"
   tools:context="com.test.firsttest.MainActivity" >
   <TextView
      android:layout_width="wrap_content"
      android:layout_height="wrap_content"
      android:text="@string/hello_world" />
</RelativeLayout>
```

从上述内容可以发现，该文件含有<RelativeLayout></RelativeLayout>根标记，在该标记中还含有一个<TextView></TextView>标记。其中，<LinearLayout>标记会决定应用程序如何在界面里摆放相应的控件；<TextView>标记则用于显示字符串的图形控件。

3.4.2　设计图形界面

使用 XML 结构构成的 UI 界面是 MVC 设计的附属产品，其优点在于，在有了标准化的 XML 结构之后，它就可以创建用来设计界面的 IDE 工具。创建 FirstTest 项目后，直接打开 res/layout/activity_main.xml 文件会自动弹出如图 3-12 所示的 IDE 工具。

在图 3-12 所示的 IDE 工具中，左侧是控件列表，中间是进行绘制的工作区，右边是控件的一些微调窗口。一般情况下，开发人员可以从左边控件列表中选择合适的控件，将其拖动到中间的工作区来组织界面。中间区域上方还有用于控制显示属性的选择项，在工作区域里可以进一步对界面进行微调，也可以选择控件单击，通过上下文菜单来操作控件的属性。右边窗格的上半部分是整个界面构成的树形结构，而下半部分则是当用户选择了某个界面元素时，显示的是上下文属性。最后，还可以单击底部的 Graphic Layout 与 activity_main.xml 标签切换图形操作界面与源代码编辑界面。

【范例 8】

在 IDE 工具中设计图形界面，该界面含有一个 TextView 控件、一个 EditView 控件和一个 Button 控件，设计效果如图 3-13 所示。

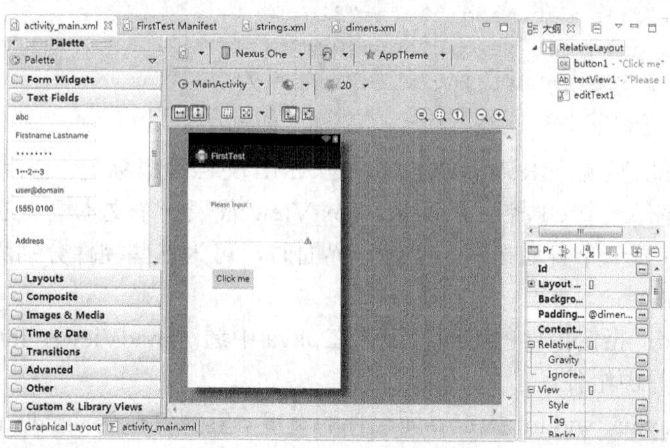

图 3-13　图形界面效果

单击图 3-13 底部的 activity_main.xml 标签查看生成的 XML 代码，内容如下：

```
<RelativeLayout xmlns:android="http://schemas.android.com/apk/res/android"
    xmlns:tools="http://schemas.android.com/tools"
    android:layout_width="match_parent"
    android:layout_height="match_parent"
    android:paddingBottom="@dimen/activity_vertical_margin"
    android:paddingLeft="@dimen/activity_horizontal_margin"
    android:paddingRight="@dimen/activity_horizontal_margin"
    android:paddingTop="@dimen/activity_vertical_margin"
    tools:context="com.test.firsttest.MainActivity" >
    <TextView
        android:id="@+id/textView1"
```

```
        android:layout_width="wrap_content"
        android:layout_height="wrap_content"
        android:layout_alignLeft="@+id/button1"
        android:layout_alignParentTop="true"
        android:layout_marginTop="52dp"
        android:text="@string/showtext" />
    <EditText
        android:id="@+id/editText1"
        android:layout_width="wrap_content"
        android:layout_height="wrap_content"
        android:layout_alignLeft="@+id/textView1"
        android:layout_below="@+id/textView1"
        android:layout_marginTop="38dp"
        android:ems="10" />
    <Button
        android:id="@+id/button1"
        android:layout_width="wrap_content"
        android:layout_height="wrap_content"
        android:layout_alignParentLeft="true"
        android:layout_below="@+id/editText1"
        android:layout_marginLeft="32dp"
        android:layout_marginTop="49dp"
        android:text="@string/clicktext" />
</RelativeLayout>
```

从上述代码可以发现，<RelativeLayout>是 XML 文档的根标记，它代表一个相对布局，在该界面布局里含有三个 UI 控件。其中，TextView 代表一个文本框；EditView 代表一个输入框；Button 代表一个普通按钮。在设计界面时，可为这些控件分别添加不同的属性，常见的有以下几种。

- android:id：指定控件的唯一标识，在 Java 中通过 findViewById()方法获取指定的 Android 界面组件。
- android:layout_width：指定界面组件的宽度。其属性值为 match_parent 时，说明组件与父容器具有相同的宽度；其属性值为 wrap_content 时，说明组件的宽度取决于它的内容——能包裹内容即可。
- android:layout_height：指定界面组件的高度。其属性值为 match_parent 时，说明组件与父容器具有相同的高度；其属性值为 wrap_content 时，说明组件的高度取决于它的内容——能包裹内容即可。
- android:layout_alignParentLeft：其取值为 true 时，表示子视图的左边与其父视图的左边重合，即子视图在父视图中居左显示。
- android:layout_marginLeft：表示组件距离左侧设置的间距。

提示： 本节简单介绍了如何设计图形界面，关于图形界面和控件更详细的内容，将在下一章进行介绍。

3.4 运行应用程序

Android 应用程序设计完成之后需要运行，具体步骤如下。

(1) 选中“包资源管理器”中要运行的应用程序，然后右击该程序，在弹出的菜单中选择“运行” | Android Application 命令。

(2) 程序开始运行后会显示模拟器的启动画面。启动完毕后，会显示屏幕锁定的模拟器，将屏幕右侧的锁头拖曳到圆圈外就可以解锁，解锁后的效果如图 3-14 所示。

(3) 单击图 3-14 底部的按钮可以打开主菜单，此时效果如图 3-15 所示。

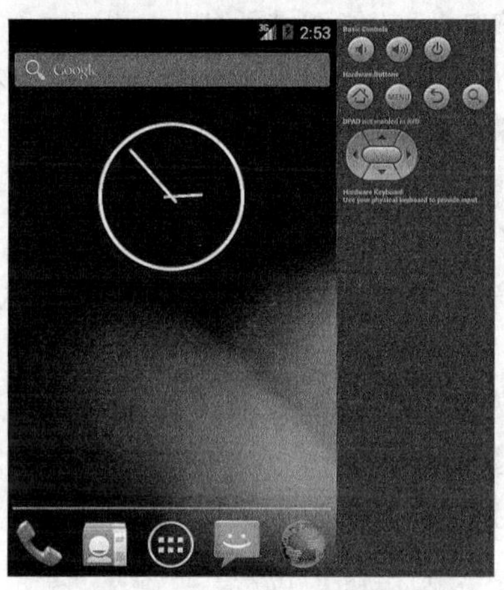

图 3-14 解锁之后的界面效果

图 3-15 主菜单

(4) 在图 3-15 中单击创建的 FirstTest 图标可打开该程序，如图 3-16 所示。

(5) 打开程序后在输入框中输入“hello”，如图 3-17 所示。由于没有为 Button 控件添加 Click 事件，因此单击按钮时不会显示或弹出 hello 任何内容。

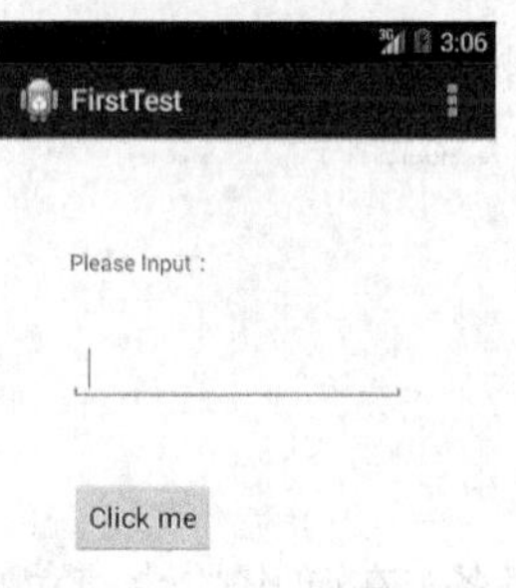

图 3-16 FirstTest 程序界面

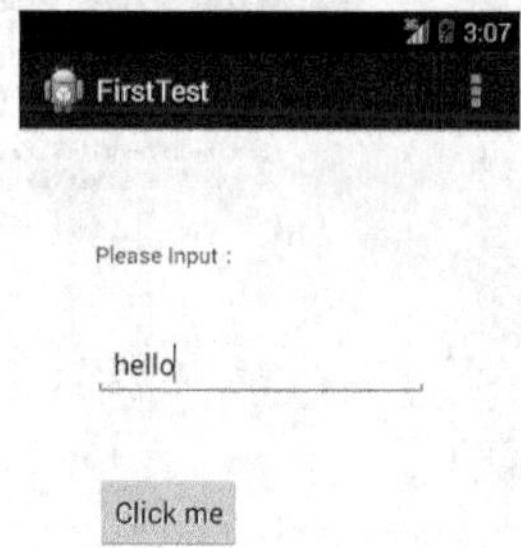

图 3-17 在输入框中输入内容

3.5 调试应用程序

在开发过程中，肯定会遇到各种各样的问题，这就需要开发人员耐心地进行调试。ADT中强大的调试工具可以帮助用户隔离代码中的错误，建立最佳的应用程序。

3.5.1 设置断点

断点是一个信号，用来通知调试器在某个需要中断程序的地方暂时将程序中断挂起。当程序在某个断点处被挂起时，我们称这种程序处于中断模式。进入中断模式并不会终止或者结束程序的执行，程序可以在需要执行的任何时候都能继续执行。

中断模式可被看作是一种超时，所有元素(如函数、变量和对象)都保留在内存中，但它们的移动和活动被挂起。在中断模式下，可以检查它们的位置和状态，以查看是否存在冲突或者 Bug，并对程序进行调整。例如，可以更改变量的值、可以移动执行点等，但是这样会改变程序恢复执行后将要执行的下一条语句。

Android 应用程序可以像其他的 Java 程序一样进行调试，调试的第一步就是设置断点。Eclipse 中共有以下三种添加断点的方式。

- 选择要设置的代码行，双击代码编辑器左侧的竖条，在双击的位置会显示一个蓝色的小圆点，表示添加了一个断点，如图 3-18 所示。从图 3-18 中可以发现，我们为 onCreate()中的 Object object1 = null;行的代码添加了断点。

```
package com.example.android05;

import android.app.Activity;

public class Acc extends Activity {

    @Override
    protected void onCreate(Bundle savedInstanceState) {
        super.onCreate(savedInstanceState);
        setContentView(R.layout.activity_main);

        final Button buttonup = (Button) findViewById(R.id.button1);
        // 通过Id来获取布局文件中的按钮
        buttonup.setOnClickListener(new View.OnClickListener() {
            @Override
            public void onClick(View v) {
                // Log.v("LoginApp", "按钮1被按下");

                final TextView textView2 = (TextView) findViewById(R.id.textView2);
                textView2.setText("按钮1被按下");

            }

        });
    }
```

图 3-18 双击设置断点

- 选择要设置的代码行，右击代码编辑器左侧的竖条，在弹出的快捷菜单中选择“切换断点”命令即可添加断点。同样，使用这种操作也可以取消程序断点，如图 3-19 所示。
- 将光标停留在某一行代码之前，然后按 Ctrl+Shift+B 组合键，这时会在光标停留的这一行添加一个程序断点。同样，使用这种操作也可以取消断点。

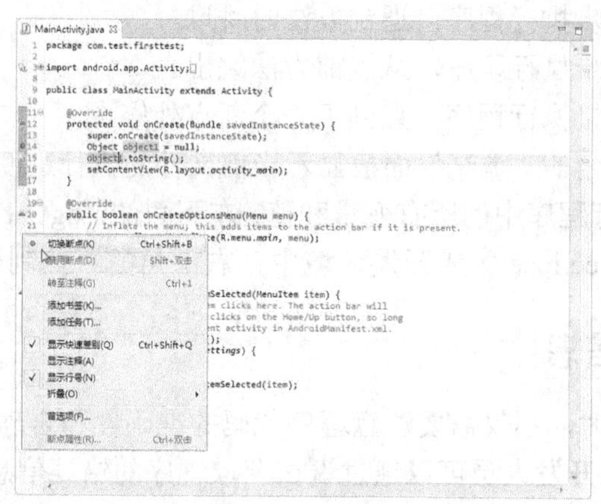

图 3-19　使用命令设置断点

3.5.2　调试程序

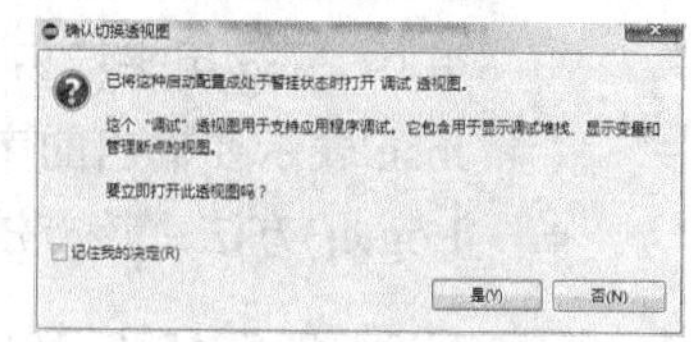

图 3-20　调试确认窗口

开发人员要想用 Eclipse 调试 Android 程序，必须以调试模式运行程序(并不需要关闭模拟器)。以调试模式运行程序的方法是右击项目，在弹出的菜单列表中选择“调试”|Android Application 命令，第一次运行调试模式 Eclipse 会弹出对话框提示，如图 3-20 所示。

单击“是”按钮进入调试状态，如果选中“记住我的决定”复选框，那么下次运行时就不会再弹出如图 3-20 所示的对话框，而是直接进入如图 3-21 所示的调试界面。

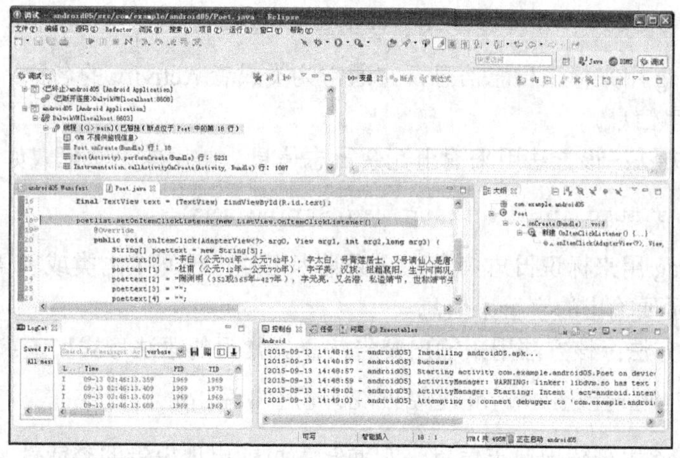

图 3-21　调试界面

当程序运行到开发人员设置的断点时就会停下来，这时单击“调试”面板头部的按钮可执行下一句代码，单击按钮可返回执行上一句代码，单击按钮可继续执行程序，单击按钮可停止执行程序。当然，用户也可以使用下面的功能键按需求进行调试。

- F5 快捷键：单步执行程序，遇到方法时进入。

- F6 快捷键：单步执行程序，遇到方法时跳过。
- F7 快捷键：单步执行程序，从当前方法跳出。
- F8 快捷键：直接执行程序，直到下一个断点处停止。

在图 3-20 中，左上角的“调试”面板显示当前文件的执行进度和状态；右上角的“变量”面板显示当前已执行程序中的所有变量和值；左下角的 LogCat 面板用来获取系统日志信息，并且可以显示在 eclipse 集成开发环境中；右下角的“控制台”面板输出信息。

3.5.3 输出日志信息

开发 Android 程序时，不仅需要注意程序代码的准确性和合理性，还要注意处理程序中可能出现的异常情况。开发人员可以通过调试获取程序的错误信息，同时还可通过 LogCat 面板查看程序运行的日志信息和错误日志。此外，Android 中还提供了 Log 类获取程序的日志信息。Log 是位于 android.util 下的一个类，该类的五个常用方法如下。

- Log.d()方法：该方法用来输出故障日志信息。常用的语法形式如下：

  ```
  public static int d(String tag,String msg)
  ```

  其中，tag 用来标识日志信息，它通常为可能出现故障的类或者 Activity 的名称；msg 表示要输出的字符串信息。
- Log.e()方法：该方法用来输出错误日志信息。常用的语法形式如下：

  ```
  public static int e(String tag,String msg)
  ```

  其中，tag 用来标识日志信息，它通常为可能出现错误的类或者 Activity 的名称；msg 表示要输出的字符串信息。
- Log.i()方法：该方法输出程序日志信息。常用的语法形式如下：

  ```
  public static int i(String tag,String msg)
  ```

  其中，tag 用来标识日志信息，它通常为类或者 Activity 的名称；msg 表示要输出的字符串信息。
- Log.v()方法：该方法用来输出冗余日志信息。常用的语法形式如下：

  ```
  public static int v(String tag,String msg)
  ```

  其中，tag 用来标识日志信息，它通常为可能出现冗余的类或者 Activity 的名称；msg 表示要输出的字符串信息。
- Log.w()方法：该方法用来输出警告信息。常用的语法形式如下：

  ```
  public static int w(String tag,String msg)
  ```

  其中，tag 用来标识日志信息，它通常为可能出现警告的类或者 Activity 的名称；msg 表示要输出的字符串信息。

【范例 9】

在 res/layout 目录下创建一个新的布局文件，在该文件中添加 Button 控件。在 src 目录下默认生成的 MainActivity 类中添加代码，重写 onCreate()方法，代码如下：

```
@Override
protected void onCreate(Bundle savedInstanceState) {
    super.onCreate(savedInstanceState);
    setContentView(R.layout.activity_main);
    Button btn = (Button) findViewById(R.id.btn);
    btn.setOnClickListener(new OnClickListener() {
        @Override
        public void onClick(View v) {
            String tag = "FirstHello";
            Log.d(tag, "Debug日志信息");
            Log.e(tag, "Error日志信息");
            Log.i(tag, "程序日志信息");
            Log.v(tag, "Verbose日志信息");
            Log.w(tag, "Warn日志信息");
        }
    });
}
```

上述代码调用 Log 类的不同方法向 LogCat 面板输出调试信息。再次运行项目，单击“调试”按钮进行测试，LogCat 面板的输出效果如图 3-22 所示。

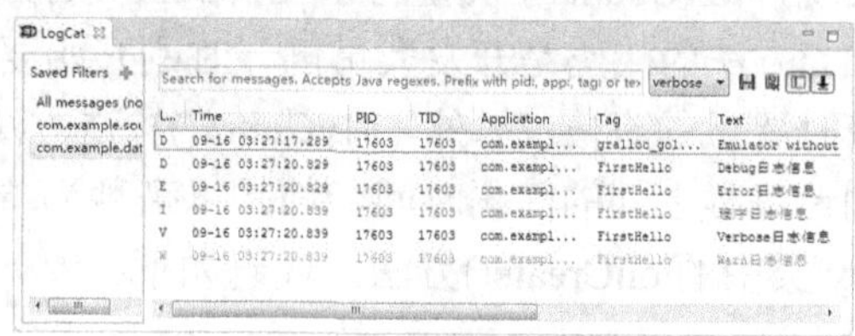

图 3-22 LogCat 面板输出的信息

3.6 实验指导——倒计时计数功能的实现

本章着重剖析了 Android 应用程序的目录结构，本节将通过实现一个功能完整的 Android 应用程序来巩固所学内容。倒计时计数功能的实现步骤如下。

(1) 根据“范例 1”的创建步骤创建名称为 My 的 Android 应用程序。在创建时，Activity Name 和 Layout Name 的值都是默认值，即 Activity Name 的值为 MainActivity，Layout Name 的值为 activity_main.xml。

(2) 打开 src 目录下的 MainActivity.java 文件，首先导入以下几个包：

```
import android.app.Activity;
import android.os.Bundle;
import android.os.CountDownTimer;
import android.util.Log;
import android.view.Menu;
import android.view.MenuItem;
import android.widget.TextView;
import android.widget.Toast;
```

(3) 在 MainActivity 类中定义一个 MyCount 类，该类继承自 CountDownTimer 类。从名称就可以看出来，CountDownTimer 记录下载时间。MyCount 类将后台线程的创建和 Handler 队列封装成了一个方便的类调用。代码如下：

```
class MyCount extends CountDownTimer {                //定义一个倒计时的内部类
    public MyCount(long millisInFuture, long countDownInterval) {
        super(millisInFuture, countDownInterval);
    }
    @Override
    public void onFinish() {
        tv.setText("finish");
    }
    @Override
    public void onTick(long millisUntilFinished) {
        tv.setText("请等待 30 秒(" + millisUntilFinished / 1000 + ")...");
        Toast.makeText(MainActivity.this, millisUntilFinished / 1000 + "",
                Toast.LENGTH_LONG).show();          // toast 有显示时间延迟
    }
}
```

从上述代码中可以发现，MyCount 子类重写了 CountDownTimer 类中的 onTick()方法和 onFinsh()方法。onTick()方法的代码是开发人员倒计时刚开始要做的事情，onFinish()方法中的代码是计时器结束时要做的事情。另外，MyCount()构造方法的两个参数中，前者是倒计的时间数，后者是倒计每秒之间的间隔时间，都是以毫秒为单位。

(4) 重写 MainActivity 类中的 onCreate()方法，代码如下：

```
public class MainActivity extends Activity {
    private MyCount mc;
    private TextView tv;
    @Override
    protected void onCreate(Bundle savedInstanceState) {
        super.onCreate(savedInstanceState);
        setContentView(R.layout.activity_main);
        tv = (TextView) findViewById(R.id.show);
        mc = new MyCount(30000, 1000);          //倒计时为 30 秒，两秒之间间隔 1 秒
        mc.start();
    }
}
```

(5) 打开 res/layout/activity_main.xml 文件的代码，更改或添加 TextView 控件的 id 属性，将其设置为 show。内容如下：

```
<TextView
        android:id="@+id/show"
        android:layout_width="wrap_content"
        android:layout_height="wrap_content"
        android:text="@string/hello_world" />
```

(6) 运行 My 应用程序，成功后会在模拟器的主菜单中看到安装的 My 应用程序，单击进入查看，效果如图 3-23 所示，计时结束后的效果如图 3-24 所示。

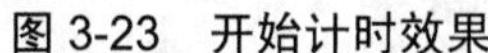
图 3-23　开始计时效果

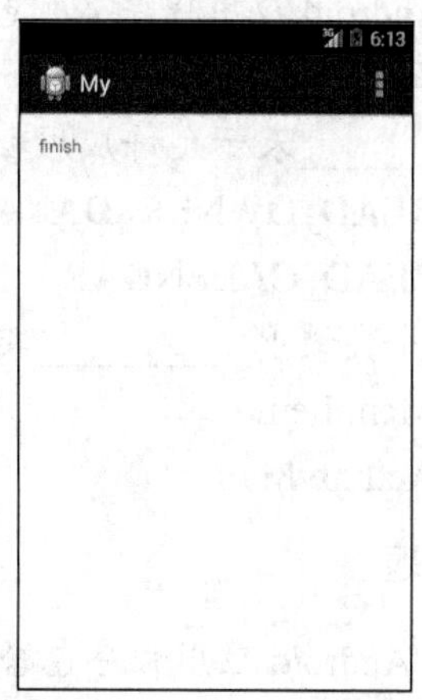

图 3-24　计时结束效果

3.7　思考与练习

一、填空题

1.　__________是 Google 自己的一个兼容包，能让 2.1 以上的版本全部使用 4.0 版本的界面。

2.　Android 应用程序所用的全部资源都存放在__________目录中。

3.　gen 目录生成的两个文件分别是 BuildConfig.java 和__________。

4.　在调试 Android 应用程序时，通过快捷键__________可以单步执行程序，从当前方法跳出。

二、选择题

1.　在创建 Android 应用程序时，__________表示 Android 应用程序包的命名空间。

　A．Application Name　　B．Project Name
　C．Package Name　　D．Activity Name

2.　Android 应用程序生成的 R.java 文件存放在__________目录中。

　A．src　　B．gen　　C．res　　D．libs

3.　默认情况下，ADT 自动创建的文件夹__________用于存放超高分辨率的图片。

　A．drawable-xxhdpi　　B．drawable-xhdpi
　C．drawable-hdpi　　D．drawable-mdpi

4.　关于 AndroidManifest.xml 文件，下面说法正确的是__________。

　A．AndroidManifest.xml 文件的内容只能查看，不能修改
　B．AndroidManifest.xml 文件可以包含应用程序的包名，但是不能包含应用程序兼容的最低版本

C. Android 应用程序可以不包含 AndroidManifest.xml 文件，也可以包含一个或多个 AndroidManifest.xml 文件

D. Android 应用程序必须包含一个 AndroidManifest.xml 文件，而且该文件位于根目录中

5. ＿＿＿＿＿＿表示允许应用程序读取用户数据的权限。

A．READ_OWNER_DATA　　B．READ_CONTACTS

C．READ_CALENDAR　　D．READ_PHONE_STATE

6. 当某个类继承＿＿＿＿＿＿类以后，可以重写该类的 onCreate()方法。

A．MenuItem　　B．CountDownTimer

C．ActivityMain　　D．Activity

三、简答题

1. 一个 Android 应用程序包含的目录都有哪些？(至少说出四个)
2. 常用的 Android 系统权限有哪些？如何进行调用？
3. 简述为 Android 应用程序设置断点的方法。

第 4 章 用户界面设计

对于网站开发人员来说，网站结构和界面设计是影响浏览用户的第一视觉因素。而对于 Android 应用开发来说，除了功能强大之外，用户界面效果也是影响程序质量的重要元素。因此，在设计用户界面之前，一定要先对用户界面进行布局。

本章首先介绍 Android 系统中设计用户界面的几种方法，然后详细介绍 Android 中提供的各种用于控制程序界面的布局管理器，以及它们管理子元素的方法。

学习要点

- 理解 Android 中组件与容器的关系。
- 掌握设计程序布局的几种方法。
- 理解线性布局的布局规则。
- 了解表格布局、帧布局和绝对布局的使用。
- 理解相对布局的布局规则。
- 掌握网格布局的使用。

4.1 界面编程与视图组件

Android 应用是运行在手机系统上的程序，这种程序给用户的第一印象就是用户界面。从市场的角度来看，所有开发者都应充分重视 Android 应用的用户界面。Android 提供了非常丰富的用户界面组件，借助于这些用户界面组件，开发者可以非常方便地进行用户界面开发，而且可以开发出非常优秀的用户界面。

4.1.1 视图组件与容器组件

在 Android 中，绝大部分的 UI 组件都位于 android.widget 包及其子包，还有 android.view 包及其子包中。另外 Android 中的所有 UI 组件都继承了 View 类，该类类似于 Java Swing 中的 JPanel。

View 类还有一个重要的子类：ViewGroup，但 ViewGroup 通常作为其他组件的容器来使用，例如后面介绍的布局管理器都继承自该类。

Android 的所有 UI 组件都建立在 View 类和 ViewGroup 组件之上，而且 Android 采用了“组合器”设计模式来设计 View 和 ViewGroup，即 ViewGroup 是 View 的子类，因此 ViewGroup 也可以作为 View 来使用。在设计 Android 应用程序的界面时，ViewGroup 通常作为容器来存放其他组件，而 ViewGroup 里除了可以包含普通的 View 组件之外，还可以包含 ViewGroup 组件，即嵌套使用。

对于应用程序的界面设计，Android 推荐使用 XML 布局来定义，而不是 Java 代码来开发。因此，所有组件都提供了以下两种方式来控制组件的行为。

- 在 XML 布局文件中通过 XML 属性进行控制。

- 在 Java 代码中通过调用方法进行控制。

实际上不管使用哪种方式，它们控制 Android 用户界面行为的本质是完全相同的。大部分时候，控制 UI 组件的 XML 属性也会对应 Java 方法。

对于 View 类而言，它是所有 UI 组件的基类，因此它包含的 XML 属性和方法是所有组件都可以使用的。如表 4-1 列出了 View 类常用的 XML 属性、相关方法及其说明。

表 4-1　View 类常用的 XML 属性、相关方法及说明

XML 属性名称	方法名称	说　明
android:background	setBackGround()	用于设置背景色或者背景图片，有两种方法可将背景设置为透明："@android:color/transparent"和"@null"
android:clickable	setClickable()	是否响应单击事件
android:contentDescription	setContentDescription()	作为一种辅助功能为一些没有文字描述的 View 提供说明，例如 ImageButton
android:drawingCacheQuality	setDrawingCacheQuality()	设置绘图时半透明质量。可选值有 auto(默认)、high(高质量)和 low(低质量)
android:duplicateParentState	setDuplicateParentState()	如果设置此属性，将直接从父容器中获取绘图状态
android:fadingEdge	setFadingEdge()	用于设置拉动滚动条时，边框渐变的方向。可选值有 none(边框颜色不变)、horizontal(水平方向颜色变淡)和 vertical(垂直方向颜色变淡)
android:fadingEdgeLength	setFadingEdgeLength()	用于设置边框渐变的长度
android:fitsSystemWindows	setFitsSystemWindows()	用于设置布局调整时是否考虑系统窗口(如状态栏)
android:focusable	setFocusable()	用于设置是否获得焦点。若有 requestFocus()方法被调用时，后者优先处理
android:focusableInTouchMode	setFocusableInTouchMode()	用于设置在 Touch 模式下的 View 类是否能取得焦点
android:id	setId()	用于为当前 View 类设置一个唯一编号，可以通过调用 View.findViewById()方法或 Activity.findViewById()方法根据这个编号查找到对应的 View 类。其格式为@+id/btnName
android:isScrollContainer	setScrollContainer()	用于设置当前 View 类为滚动容器
android:keepScreenOn	setKeepScreenOn()	用于设置 View 类在可见的情况下是否保持唤醒状态

续表

XML 属性名称	方法名称	说　明
android:longClickable	setLongClickable()	用于设置是否响应长按事件
android:minHeight	setMinHeight()	用于设置视图最小高度
android:minWidth	setMinWidth()	用于设置视图最小宽度
android:onClick		用于设置单击时要调用的方法名称
android:padding	setPadding()	设置上下左右的边距，以像素为单位填充空白
android:paddingBottom	setPaddingBottom()	用于设置底部的边距，以像素为单位填充空白
android:paddingLeft	setPaddingLeft()	用于设置左边的边距，以像素为单位填充空白
android:paddingRight	setPaddingRight()	用于设置右边的边距，以像素为单位填充空白
android:paddingTop	setPaddingTop()	用于设置上方的边距，以像素为单位填充空白
android:saveEnabled	setSaveEnabled()	用于设置是否在窗口冻结时(如旋转屏幕)保存 View 类的数据，默认值为 true
android:scrollX		用于设置以像素为单位的水平方向滚动的偏移值
android:scrollY		用于设置以像素为单位的垂直方向滚动的偏移值
android:scrollbarFadeDuration	setScrollBarFadeDuration()	用于设置滚动条淡出效果时间，以毫秒为单位
android:scrollbarSize	setScrollBarSize()	用于设置滚动条的宽度
android:scrollbarStyle	setScrollBarStyle()	用于设置滚动条的风格和位置。可选值有 insideOverlay、insideInset、outsideOverlay 和 outsideInset
android:scrollbars		用于设置滚动条显示。可选值有 none(隐藏)、horizontal(水平)和 vertical(垂直)
android:soundEffectsEnabled	setSoundEffectsEnabled()	用于设置单击或触摸时是否有声音效果
android:tag		用于设置一个文本标签。可以通过 View.getTag() 方法或 View.findViewWithTag()方法检索含有该标签字符串的 View 类
android:visibility	setVisibility()	用于设置是否显示 View 类。可选值有 visible(默认值，显示)、invisible(不显示，但是仍然占用空间)和 none(不显示，不占用空间)

ViewGroup 继承了 View 类，当然也可以当作普通的 View 类来使用，但 ViewGroup 主要还是作为容器来使用。由于 ViewGroup 是一个抽象类，因此在实际使用过程中通常用 ViewGroup 类的子类作为容器，例如本章介绍的布局管理器。

ViewGroup 容器在控制其子组件的分布时依赖于 ViewGroup.LayoutParams 和 ViewGroup.MarginLayoutParams 两个内部类。这两个内部类都提供了一些 XML 属性，ViewGroup 容器的子组件可以指定这些 XML 属性。

(1) ViewGroup.LayoutParams 的常用属性有 android:layout_width 和 android:layout_height，分别用于设置组件的宽度和高度。除了使用实际的尺寸值之外，还可以使用以下 3 个值。

- fill_parent：表示能填满父容器的最大尺寸。
- match_parent：该值的作用与 fill_parent 属性完全相同，从 Android 2.2 开始推荐使用此值代替 fill_parent。
- wrap_content：表示仅包裹内容的最小尺寸。

(2) ViewGroup.MarginParams 用于控制子组件周围的页边距，支持以下 XML 属性。

- android:layout_marginBottom：指定该组件下面的页边距。
- android:layout_marginLeft：指定该组件上面的页边距。
- android:layout_marginRight：指定该组件右面的页边距。
- android:layout_marginTop：指定该组件左面的页边距。

此外用户这可以通过 setMargin(int,int,int,int)方法设置四周的页边距。以上 4 个参数的作用方向分别是上、右、下和左。

4.1.2 使用 XML 布局界面

Android 应用推荐使用 XML 布局设计程序界面，因为这种方法不仅简单、明了，而且还可以将应用程序的视图逻辑从 Java 代码中分离开来，放入 XML 文件中控制，从而更好地体现 MVC 原则。

在创建一个新的 Android 项目时，会在\res\layout 目录下生成一个 XML 文件，该文件就是 Android 应用程序的 XML 布局文件，它的默认文件名是 activity_main.xml。同时，在 R.java 中会自动收录该布局文件中的资源。

在 Activity 中使用如下 Java 代码可以显示 XML 文件中的布局内容。

```
setContentView(R.layout.activity_main);
```

当在布局文件中添加多个 UI 组件时，可以为组件添加 android:id 属性，该属性表示组件的唯一标识。然后在 Java 代码中通过如下代码来访问该组件：

```
findViewById(组件的 android:id 属性值);
```

在程序中获取了组件的引用之后，便可以通过代码来控制组件的外观和行为，例如设置组件的宽度、背景色和绑定事件监听器等。

【范例 1】

为了方便开发人员使用 XML 进行 Android 应用程序的界面设计，ADT 在创建一个 Android 项目之后会自动为该项目生成一个简单的界面。如图 4-1 所示为图形视图下的界面设计效果。

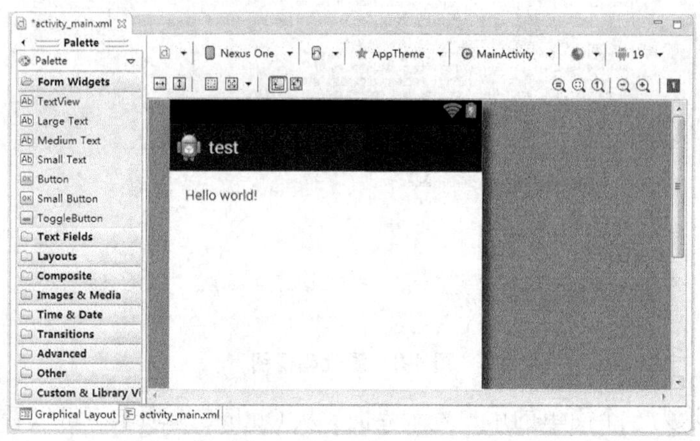

图 4-1 界面设计效果

ADT 提供了一种“所见即所得”的设计模式来使用组件布局界面。在图 4-1 中，左侧的 Palette 窗格提供了各种分类的界面设计组件，例如表单类组件、布局类组件、时间和过渡组件等。

在设计界面时，首先要从 Palette 窗格中找出一些相应的组件，拖曳到主编辑区中进行布局和设计，然后再对各个组件进行相应的调整。

ADT 提供了设置组件属性的选项卡——Outline。在 Outline 选项卡左侧会按照所有组件之间的包容关系，以树状结构形式显示出来。当选择一个具体的组件时，就可以在属性面板中设计该组件的各种属性，从而改变当前组件的显示内容和具体样式。如图 4-2 所示为 txtView1 组件的属性设置。

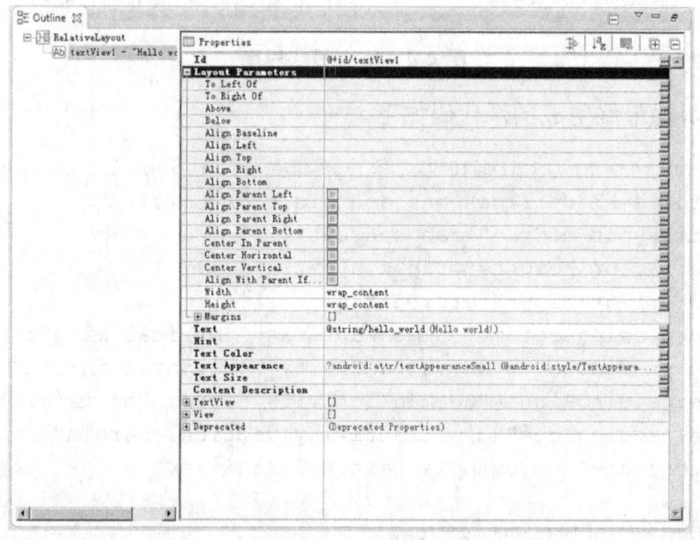

图 4-2 设计属性

除了图形化界面的设计视图，还可以单击底部的 activity_main.xml 标签进入源代码开发视图，如图 4-3 所示。

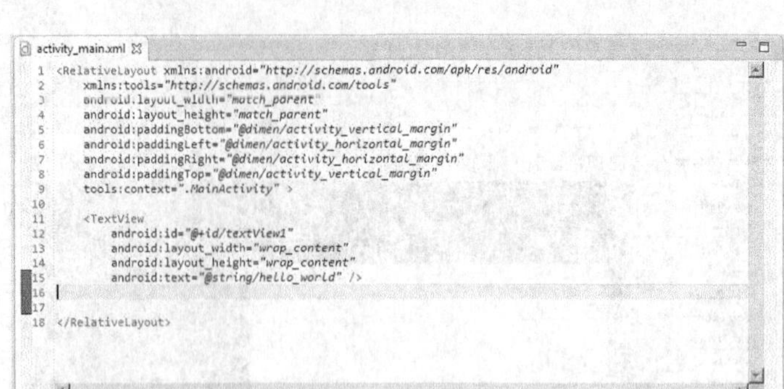

图 4-3　源代码视图

如图 4-4 所示为一个简单的用户登录界面。从 Outline 选项卡下可以看到，当前界面共包含 5 个组件，分别是 2 个 TextView 组件、2 个 EditText 组件和 1 个 Button 组件。

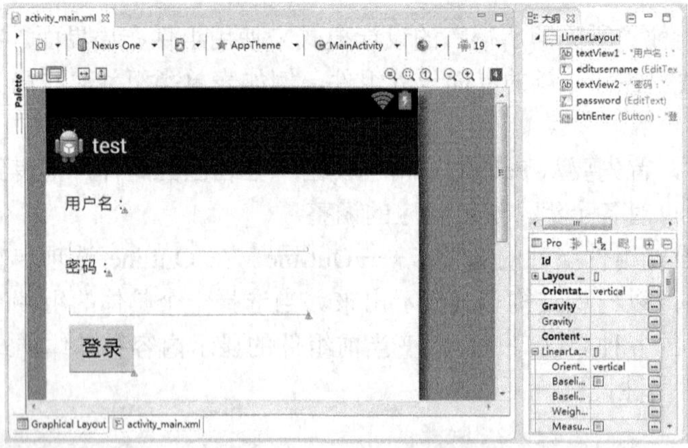

图 4-4　实例最终界面

图 4-4 所示界面最终生成的源代码如下。

```
<LinearLayout xmlns:android="http://schemas.android.com/apk/res/android"
    xmlns:tools="http://schemas.android.com/tools"
    android:layout_width="wrap_content"
    android:layout_height="wrap_content"
    android:orientation="vertical"
    android:paddingBottom="@dimen/activity_vertical_margin"
    android:paddingLeft="@dimen/activity_horizontal_margin"
    android:paddingRight="@dimen/activity_horizontal_margin"
    android:paddingTop="@dimen/activity_vertical_margin"
    tools:context="com.example.test.MainActivity" >
    <TextView
        android:id="@+id/textView1"
        android:layout_width="wrap_content"
        android:layout_height="wrap_content"
        android:text="用户名： " />
    <EditText
```

```
        android:id="@+id/editusername"
        android:layout_width="wrap_content"
        android:layout_height="wrap_content"
        android:ems="10"
        android:inputType="text" />
    <TextView
        android:id="@+id/textView2"
        android:layout_width="wrap_content"
        android:layout_height="wrap_content"
        android:text="密码：" />
    <EditText
        android:id="@+id/password"
        android:layout_width="wrap_content"
        android:layout_height="wrap_content"
        android:ems="10"
        android:inputType="text" />
    <Button
        android:id="@+id/btnEnter"
        android:layout_width="wrap_content"
        android:layout_height="wrap_content"
        android:text="登录" />
</LinearLayout>
```

从上述代码中可以看到，在图形视图模式下对界面的设计、添加和修改操作最终都将生成相应的 XML 标记和属性。这种方式的优点是，可以将界面的设计代码和逻辑控制的 Java 控件分离开，使程序的结构更加清晰、明了。

4.1.3　使用代码布局界面

除了可以使用 XML 标记设计界面外，Android 还支持像 Java Swing 一样完全通过代码来设计界面的功能。也就是所有界面显示的组件都需要使用 new 进行创建，然后将这些组件添加到布局管理器，最终实现程序界面。

使用这种方式需要完成以下 3 个关键步骤。

(1) 创建布局管理器，可以是任何一种布局类型，例如表格布局、线性布局、相对布局和帧布局等；然后设置布局管理器的属性，例如对齐方式、背景图片和宽高等。

(2) 创建具体的组件，可以是任何一种支持的类型，例如 TextView、Button、EditText 和 ImageView 等；然后为组件设置布局和显示属性，例如字体大小、显示的文本和 ID 等。

(3) 将创建的组件添加到布局管理器中。

【范例 2】

使用 Java 代码的方式，实现与图 4-4 相同的界面，步骤如下。

(1) 在 Android 项目中的 src 目录下打开 MainActivity.java 文件。

(2) 在文件中找到 onCreate()方法，然后将默认生成的语句删除。删除语句如下：

```
setContentView(R.layout.activity_main);
```

(3) 删除以上语句之后将不会使用 XML 文件中的布局。因此用户需要创建自己的布局管理器。这里使用线性布局管理器，代码如下。

```
LinearLayout linearLayout=new LinearLayout(this);  //创建线性布局管理器
linearLayout.setOrientation(1);
setContentView(linearLayout);                      //将管理器添加到界面
```

LinearLayout 是线性布局管理器的实例类，将在 4.6 节详细介绍它的使用情况。

(4) 创建一个 TextView 组件 txtView1 提示输入用户名，代码如下。

```
TextView txtView1=new TextView(this);
txtView1.setText("用户名: ");
linearLayout.addView(txtView1);
```

(5) 创建一个 EditText 组件用于输入用户名，代码如下。

```
EditText edituser=new EditText(this);
linearLayout.addView(edituser);
```

(6) 创建一个 TextView 组件 txtView2 提示输入密码，代码如下。

```
TextView txtView2=new TextView(this);
txtView2.setText("密码: ");
linearLayout.addView(txtView2);
```

(7) 创建一个 EditText 组件用于输入密码，代码如下。

```
EditText editpass=new EditText(this);
linearLayout.addView(editpass);
```

(8) 创建一个 Button 组件用于单击进行登录，代码如下。

```
Button btnEenter=new Button(this);
btnEenter.setText("登录");
linearLayout.addView(btnEenter);
```

以上代码都是在 onCreate()方法中编写的，因此要注意无论创建哪种组件都需要传入一个 this 参数。该参数表示创建组件时的一个 Context 对象，Context 代表访问 Android 应用环境的全局信息的 API。有了 Context 对象，组件才可以访问 Android 应用环境的全局信息。

提示： Context 本身是一个抽象类，Android 中的 Activity 和 Service 都继承自该类，因此 Activity 和 Service 都可以直接当作 Context 使用。

从上面的代码中不难看出，完全在代码中控制 UI 界面不仅不利于高层次的解耦，而且由于通过 new 关键字来创建 UI 组件，需要调用方法来设置 UI 组件的外观和行为，因此显得代码十分臃肿，不建议读者使用这种方法来创建 UI 界面。相反，如果通过 XML 文件来组建 UI 界面，开发者只需在 XML 布局文件中使用标签即可创建 UI 组件，而且只需简单地配置属性即可对组件进行调整，与代码方式相比要简单得多。

4.1.4 使用混合方式

前面已经提到，使用 XML 标记方式布局程序界面，这种方法比较方便快捷，但是有

失灵活；而完全通过 Java 代码控制程序界面虽然比较灵活，但是开发过程比较烦琐。鉴于这两种方法各有其优缺点，ADT 还允许用另一种方式控制程序布局，即使用 XML 标记和 Java 代码的混合方式。

在使用混合方式控制时，习惯上把变化小、行为比较固定的组件放在 XML 标记中进行实现；而把变化较多、行为控制比较复杂的组件交给 Java 来管理。

【范例 3】

下面通过制作一个简单的相册功能来演示混合布局方式的使用。

(1) 创建一个 Android 应用程序项目，然后将默认界面布局用<LinearLayout>标记设置为线性布局，并指定一个 id 值，具体代码如下。

```
<LinearLayout xmlns:android="http://schemas.android.com/apk/res/android"
    xmlns:tools="http://schemas.android.com/tools"
    android:id="@+id/main"
    android:layout_width="match_parent"
    android:layout_height="match_parent"
    android:orientation="vertical"
    android:paddingBottom="@dimen/activity_vertical_margin"
    android:paddingLeft="@dimen/activity_horizontal_margin"
    android:paddingRight="@dimen/activity_horizontal_margin"
    android:paddingTop="@dimen/activity_vertical_margin"
    tools:context="com.example.test1.MainActivity" >
</LinearLayout>
```

上述代码定义了一个线性的空布局。下面通过代码方式在界面上添加一个标签和一个图片，并实现只要单击图片，就能进行切换的功能。

(2) 打开 MainActivity.java 文件在 onCreate()方法上方添加如下代码：

```
//创建相册中包含的图片数组
int[] imgList = new int[] { R.drawable.p1, R.drawable.p2,
R.drawable.p3,R.drawable.p4, R.drawable.p5 };
//起始索引
int index = 0;
//标签组件
TextView txtView1;
```

(3) 在 onCreate()方法中编写实现相册功能的核心代码，如下所示：

```
protected void onCreate(Bundle savedInstanceState) {
    super.onCreate(savedInstanceState);
    setContentView(R.layout.activity_main);

    //获取 XML 中的线性布局
    LinearLayout main = (LinearLayout) findViewById(R.id.main);
    txtView1 = new TextView(this);
    txtView1.setTextSize(TypedValue.COMPLEX_UNIT_SP, 18);
    main.addView(txtView1);                          //添加一个标签组件
    final ImageView image = new ImageView(this);
```

```
        main.addView(image);                         //添加一个图片组件
        image.setImageResource(imgList[0]);          //设置默认显示索引 0 的图片
        txtView1.setText("1/" + imgList.length);    //显示导航
        image.setOnClickListener(new OnClickListener() {         //图片的单击事件
            @Override
            public void onClick(View v) {
                int i = ++index % imgList.length;   //计算图片索引
                txtView1.setText((i + 1) + "/" + imgList.length);  //更新导航
                image.setImageResource(imgList[i]);//更新图片
            }
        });
    }
```

上述代码中使用 main 变量获取 XML 文件中 id 为 R.id.main 的组件，即线性布局容器；然后在其中添加了一个 TextView 组件显示导航，一个 ImageView 组件显示图片。

(4) 运行程序默认显示第一张图片。单击图片可以在相册中进行切换，运行效果如图 4-5 所示。

图 4-5　相册运行效果

4.1.5　开发自定义视图

在本节最开始时提到，View 组件没有任何内容，其他 UI 组件都继承自该组件，并提供组件的外观。基于这个 UI 组件实现原理，开发者完全可以开发出自己的组件，即通过继承 View 来派生自定义组件。

开发一个自定义组件的第一步就是定义一个继承 View 基类的子类，然后重写 View 类的一个或者多个方法。通常被重写的方法如下。

- View 类构造方法：重写构造方法是定制组件的最基本方式，当 Java 代码创建一个 View 实例或者根据 XML 布局文件加载并构建界面时都需要调用构造方法。
- onFinishInflate()：这是一个回调方法，当应用从 XML 布局文件加载组件并利用它

来构建界面之后，该方法将会被回调。

- onMeasure(int,int)：调用该方法来检测 View 组件以及它所包含的所有子组件的大小。
- onLayout(boolean,int,int,int,int)：当该组件需要分配其子组件的位置、大小时该方法会被回调。
- onSizeChanged(int,int,int,int)：当该组件的大小被改变时回调该方法。
- onDraw(Canvas)：当该组件将要绘制它的内容时回调该方法进行绘制。
- onKeyDown(int,KeyEvent)：当某个键被按下时触发该方法。
- onKeyUp(int ,KeyEvent)：当某个键被松开时触发该方法。
- onTrackballEvent(MotionEvent)：当发生轨迹球事件时触发该方法。
- onTouchEvent(MotionEvent)：当发生触摸事件时触发该方法。
- onWindowFocusChanged(boolean)：当该组件得到或者失去焦点时触发该方法。
- onAttachedToWindow()：当把该组件放入某个窗口时触发该方法。
- onDetachedFromWindow()：当把该组件从某个容器上分离时触发该方法。
- onWindowVisibilityChanged(int)：当包含该组件的窗口的可见性发生改变时触发该方法。

在实际开发自定义的 View 组件时，开发者并不需要重写上面列出的所有方法，只需要根据业务需求重写相应的方法即可。

4.2 Android 界面布局类

Android 提供了一组 View 类，可以作为容器存放其他界面元素。这些容器类称为布局管理器，每一种布局管理器实现一种管理其子元素大小和位置的特定策略。例如，LinearLayout 类可以水平或者垂直地排列元素。所有布局管理器都派生自 View 类，而且可以互相嵌套。

Android 应用程序的界面由布局管理器类和 ViewGroup 类构建。

- 布局管理器类：它是 Android 平台上表示用户界面的基本单元。它的布局显示方式直接影响用户界面，每一种布局指定一种界面元素布局方案。
- ViewGroup 类：它是布局(layout)和视图容器(View container)的基类。此类定义了 ViewGroup.LayoutParams 类的实现，它作为布局参数的基类，会告诉父视图其中的子视图将如何显示。

Android 提供了如表 4-2 所示的 6 种布局。随着 Android 版本的更新，其中的绝对布局(AbsoluteLayout)因满足不了现在不同分辨率的 Android 设备已经过时，该种布局只适合对界面元素进行精确定位。在 Android 4.0 的版本中新增加了两种布局：Space 和 Gridlayout。

表 4-2　Android 布局管理器

布局类型	说　明
LinearLayout	表示水平或垂直控制其子组件
RelativeLayout	表示以与其他子组件或者父组件相对应的形式控制子组件的位置
TableLayout	表示以表格的形式组织控制子组件的位置
FrameLayout	表示支持在布局中动态更改组件
GridLayout 和 Space	表示把布局以行和列进行分割
AbsoluteLayout	表示使用坐标控制子组件的布局

除了 GridLayout 布局和 Space 布局，其他布局都扩展了 ViewGroup 类，因此这些布局可以包含其他的界面组件，并可以控制其他组件的位置关系。关于布局管理器及其子类的相关属性，既可以在布局 XML 文件中进行设置，也可以通过成员方法在代码中动态设置。

4.3　线 性 布 局

线性布局是 Android 的所有布局类型中最简单的布局，它将放入其中的组件按照垂直或者水平方向进行排列。在线性布局中，每一行(垂直排列)或者每一列(水平排列)中只能存放一个组件，并且这些组件不会换行。也就是说，当组件一个挨一个排列到父窗口的边缘时，剩下的组件是显示不出来的。

在 Android 中，既可以在 XML 布局文件中定义线性布局管理器，也可以使用 Java 代码来创建。推荐初学者使用 XML 布局文件来定义线性布局管理器，具体方法是使用 <LinearLayout>标记，语法格式如下：

```
<LinearLayout
   属性列表 >
</LinearLayout>
```

对于线性布局，常用属性有 android:orientation、android:gravity、android:layout_width、android:layout_height、android:id 和 android:background。其中，前两个是线性布局的私有属性，其他 4 个是所有布局均可使用的公有属性。各属性的含义如下。

- android:orientation 属性：该属性用于设置线性布局内组件的排列方式，其值有 vertical(垂直)和 horizontal(水平)，默认值为 vertical。
- android:gravity 属性：该属性用于设置线性布局内组件的对齐方式，该属性的可选值和说明如表 4-3 所示。

表 4-3　gravity 属性可选值和说明

属 性 值	说　明
top	表示不改变组件大小，对齐到容器顶部
bottom	表示不改变组件大小，对齐到容器底部
left	表示不改变组件大小，对齐到容器左侧

续表

属 性 值	说 明
right	表示不改变组件大小，对齐到容器右侧
center_vertical	表示不改变组件大小，对齐到容器纵向中央位置
fill_vertical	表示纵向拉伸，以填满容器
center_horizontal	表示不改变组件大小，对齐到容器横向中央位置
fill_horizontal	表示横向拉伸，以填满容器
center	表示不改变组件大小，对齐到容器中央位置
fill	表示纵向横向同时拉伸，以填满容器

当需要为 gravity 设置多个值时要使用 | 进行分隔。例如，要指定组件的对齐方式为右下角对齐，可以使用属性值 right|bottom。

- android:layout_width 属性：该属性用于设置线性布局的宽度，可选值有 fill_parent、match_parent 和 wrap_content。
- android:layout_height 属性：该属性用于设置线性布局的高度，可选值与 android:layout_width 属性相同。
- android:id 属性：该属性用于为当前的线性布局设置一个 id，该 id 可以在 Java 代码中进行引用。当指定 id 属性之后，在 R.java 文件中会自动派生一个对应的属性，在 Java 代码中可以通过 findViewById()方法来获取。
- android:background 属性：该属性用于设置线性布局的背景，可以是背景图片，也可以是背景颜色。指定背景图片的语法格式如下：

```
android:background="@drawable/background"
```

指定背景色的语法格式如下：

```
android:background="#FFF000 "
```

【范例 4】

下面通过一个范例介绍如何使用线性布局来垂直和水平排列组件，具体步骤如下。

(1) 创建一个名为 ch0401 的 Android 项目，打开默认的布局文件 res/layout/activity_main.xml。

(2) 对文件进行修改，使用<LinearLayout>标记使界面采用线性布局，并设置线性布局的相关属性。这部分代码如下：

```
<LinearLayout xmlns:android="http://schemas.android.com/apk/res/android"
    xmlns:tools="http://schemas.android.com/tools"
    android:layout_width="fill_parent"
    android:layout_height="fill_parent"
    android:orientation="vertical"
    android:gravity="top|center"
    android:background="@drawable/p6"
```

```
    android:paddingBottom="@dimen/activity_vertical_margin"
    android:paddingLeft="@dimen/activity_horizontal_margin"
    android:paddingRight="@dimen/activity_horizontal_margin"
    android:paddingTop="@dimen/activity_vertical_margin"
    tools:context="com.example.ch0401.MainActivity"
     >
    <!-- 这里是线性布局的内容  -->
</LinearLayout>
```

在上述代码中，android:layout_width 属性和 android:layout_height 属性的值都为 fill_parent 时，表示界面的宽度和高度填满整个屏幕；android:orientation 属性的值为 vertical 时，表示采用垂直线性布局；android:gravity 属性的值为 top|center 时，表示顶部居中对齐。android:background 属性为界面设置了一个背景图片。

(3) 在布局中添加 3 个按钮，并将每个按钮的 android:layout_width 属性设置为 match_parent，将 android:layout_height 属性设置为 wrap_content。代码如下：

```
<Button
    android:id="@+id/button1"
    android:layout_width="match_parent"
    android:layout_height="wrap_content"
    android:text="进入系统" />
<Button
    android:id="@+id/button2"
    android:layout_width="match_parent"
    android:layout_height="wrap_content"
    android:text="网络配置" />
<Button
    android:id="@+id/button3"
    android:layout_width="match_parent"
    android:layout_height="wrap_content"
    android:text="退出系统" />
```

(4) 运行程序，此时将看到如图 4-6 所示的运行效果。

(5) 如果将本示例第 2 步中的 android:orientation 属性值修改为 horizontal，则表示采用水平线性布局。在使用水平布局时，即使组件排列到屏幕之外组件也会显示出来。为了让所有按钮都显示在界面上，需要将 3 个按钮的 android:layout_width 属性值和 android:layout_height 属性值互换。即换成如下代码：

```
android:layout_width="wrap_content"
android:layout_height="match_parent"
```

(6) 再次运行程序。此时界面上的 3 个按钮将呈水平方向从左到右依次显示，如图 4-7 所示。

图 4-6　垂直线性布局效果

图 4-7　水平线性布局效果

4.4　表格布局

表格布局与常见的表格类似，以行和列的方式对布局进行分割。表格布局使用<TableLayout>标记进行定义，表中的行使用<TableRow>标记进行定义。<TableRow>标记是一个容器，因此可以在该标记中添加子组件，每添加一个子组件记为一列。

在表格布局中并不会为每一行、每一列或每个单元格绘制边框，每一行可以有零个或多个单元格，每个单元格为一个 View 对象。TableLayout 中可以有空的单元格，单元格也可以像 HTML 中那样跨越多个列。

在表格布局中，一个列的宽度由该列中最宽的那个单元格指定，而表格的宽度则由父容器指定。表格布局支持以下 3 种列属性。

- Shrinkable：表示列的宽度可以进行收缩，以使表格能够适应其父容器的大小。
- Stretchable：表示列的宽度可以进行拉伸，以使列填满表格中空余的空间。
- Collapsed：表示列会被隐藏。

注意： 一个列可以同时具有 Shrinkable 属性和 Stretchable 属性，在这种情况下该列的宽度将任意拉伸或者收缩以适应父容器。

在 XML 布局中定义表格布局的语法格式如下：

```
<TableLayout    属性列表>
    <TableRow 属性列表> 需要显示的组件</TableRow>
    …
</TableLayout>
```

TableLayout 类标记继承自 LinearLayout 类，除了继承来自父类的属性和方法外，TableLayout 类中还有表格布局所特有的属性和方法，如表 4-4 所示。

表 4-4 表格布局属性

属性名称	说 明
android:collapseColumns	用于设置指定序号的列为 Collapsed，序号从 0 开始计算
android:shrinkColumns	用于设置指定序号的列为 Shrinkable，序号从 0 开始计算
android:stretchColumns	用于设置指定序号的列为 Stretchable，序号从 0 开始计算

【范例 5】

下面以制作一个手机电量使用表来介绍表格布局的使用，具体步骤如下。

(1) 创建一个名为 ch0402 的 Android 项目，打开默认的布局文件 res/layout/activity_main.xml。

(2) 对文件进行修改，使用<TableLayout>标记使界面采用表格布局，并设置表格布局的相关属性。这部分代码如下：

```
<TableLayout xmlns:android="http://schemas.android.com/apk/res/android"
    xmlns:tools="http://schemas.android.com/tools"
    android:layout_width="fill_parent"
    android:layout_height="fill_parent"
    android:background="@drawable/p6"
    android:paddingBottom="@dimen/activity_vertical_margin"
    android:paddingLeft="@dimen/activity_horizontal_margin"
    android:paddingRight="@dimen/activity_horizontal_margin"
    android:paddingTop="@dimen/activity_vertical_margin"
    android:stretchColumns="1"
    tools:context="com.example.ch0402.MainActivity" >
    <!-- 这里是表格布局的内容  -->
</TableLayout>
```

(3) 在<TableLayout>标记内添加一个<TableRow>标记表示表格的第一行。然后在<TableRow>标记内添加 3 个<TextView>标记表示单元格，代码如下：

```
<TableRow android:background="#FF909090" >
    <TextView
        android:padding="3dip"
        android:text="1" />
    <TextView
        android:padding="3dip"
        android:text="手机待机" />
    <TextView
        android:gravity="right"
        android:padding="3dip"
        android:text="40%" />
</TableRow>
```

上述代码中的 android:background="#FF909090"表示为该行指定一个背景颜色。

(4) 重复上面的步骤用<TableRow>标记为表格添加 6 行，此处省略重复代码。

(5) 上面创建的每行中都有 3 个组件，即每行 3 个单元格。如果要向某个单元格添加内容可以使用 android:layout_column 属性，该属性值默认为 0，表示第 1 个单元格。使用以下代码可向第 2 个单元格添加内容：

```
<TableRow>
    <TextView
        android:layout_column="1"
        android:gravity="right"
        android:text="电池已使用 2 天 4 小时 12 分钟 50 秒"
        android:textColor="#FF0000" />
</TableRow>
```

(6) 运行程序，将看到一个 6 行 3 列的表格界面，其中最后一行居中显示，如图 4-8 所示。

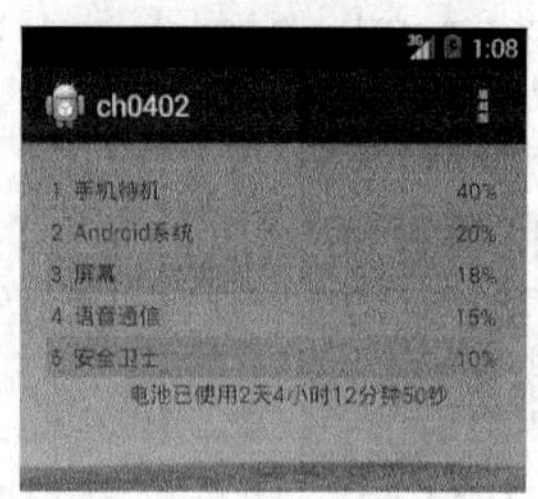

图 4-8　电量使用界面

4.5　帧　布　局

在帧布局中，每加入一个组件都将创建一个空白区域，通常称为一帧。这些帧都要被对齐到屏幕的左上角，不能单独为子组件指定位置。第一个添加到帧布局中的子组件显示在最底层，最后一个添加的子组件位于最顶层，上一层的子组件会覆盖下一层的子组件，这种显示方式类似于堆栈。栈顶的元素显示在最顶层，而栈底的元素显示在最底层，因此帧布局又称为堆栈布局。

帧布局的大小由子组件中尺寸最大的子组件来决定。如果所有子组件一样大，那么同一时刻只能看到最上面的子组件。

在 XML 布局中定义帧布局的语法格式如下：

```
<FrameLayout  属性列表>
</FrameLayout>
```

FrameLayout 类继承自 ViewGroup 类，除了继承自父类的属性和方法外，FrameLayout 类中还含有自己特有的属性和方法，如表 4-5 所示。

表 4-5　帧布局属性

属性名称	说　明
android:foreground	用于设置绘制在子组件上面的内容
android:foregroundGravity	用于设置绘制在所有子组件上面的内容的 gravity 属性

【范例 6】

下面创建一个使用帧布局实现块层叠效果的范例，具体步骤如下。

(1) 创建一个名为 ch0403 的 Android 项目，打开默认的布局文件 res/layout/activity_main.xml。

(2) 对文件进行修改，使用<FrameLayout>标记使界面采用帧布局，并设置帧布局的相关属性。这部分代码如下：

```
<FrameLayout xmlns:android="http://schemas.android.com/apk/res/android"
    xmlns:tools="http://schemas.android.com/tools"
    android:layout_width="match_parent"
    android:layout_height="match_parent"
    android:background="@drawable/p6"
    android:paddingBottom="@dimen/activity_vertical_margin"
    android:paddingLeft="@dimen/activity_horizontal_margin"
    android:paddingRight="@dimen/activity_horizontal_margin"
    android:paddingTop="@dimen/activity_vertical_margin"
    tools:context="com.example.ch0403.MainActivity" >
    <!-- 这里是帧布局的内容  -->
</FrameLayout>
```

(3) 在<FrameLayout>标记内添加 4 个<TextView>标记，并通过 android:layout_width 属性和 android:layout_height 属性设置宽度和高度。具体代码如下：

```
    <TextView
        android:id="@+id/textView1"
        android:background="#FFD700"
        android:text="第一行"
        android:gravity="bottom"
        android:layout_width="300dp"
        android:layout_height="300dp"
        android:textSize="12pt" />
    <TextView
        android:id="@+id/textView2"
        android:layout_width="260dp"
        android:layout_height="260dp"
        android:background="#FFA07A"
        android:text="第二行"
        android:gravity="bottom"
        android:textSize="14pt" />
    <TextView
        android:id="@+id/textView3"
```

```
        android:layout_width="220dp"
        android:layout_height="220dp"
        android:background="#FF00FF"
        android:gravity="bottom"
        android:text="第三行"
        android:textSize="16pt" />
    <TextView
        android:id="@+id/textView4"
        android:layout_width="180dp"
        android:layout_height="180dp"
        android:background="#FF0000"
        android:text="第四行"
        android:gravity="bottom"
        android:textSize="18pt" />
```

由于帧布局的特性，最先添加的<TextView>标记会显示在最底层。所以，<TextView>标记的宽度和高度依次递减。

(4) 现在运行程序会看到 4 个从小到大的层叠的块，如图 4-9 所示。

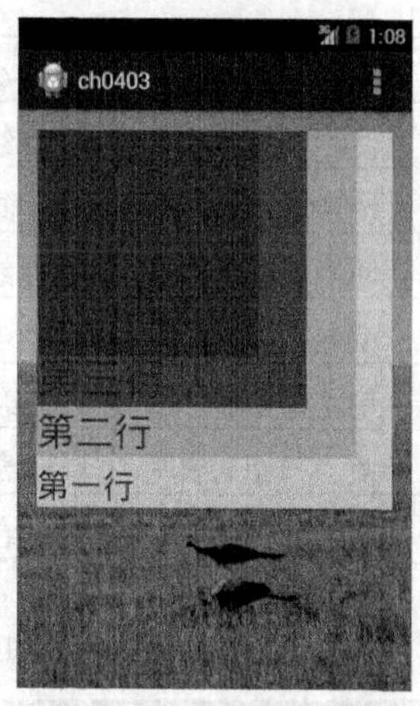

图 4-9　帧布局运行效果

4.6 相对布局

在相对布局中，子组件的位置是由相对兄弟组件或者父容器来决定的。出于性能考虑，在设计相对布局时，要按照组件之间的依赖关系排列。例如，View A 的位置要由 View B 来决定，则需要保证在布局文件代码中的 View B 在 View A 的前面。

在 XML 布局中定义相对布局的语法格式如下：

```
<RelativeLayout 属性列表>
</ RelativeLayout>
```

在使用<RelativeLayout>标记进行相对布局时会用到许多属性，其中只取 false 或 true 两个值的属性如表 4-6 所示；可以取组件 id 值的属性如表 4-7 所示；用于控制组件像素的

属性如表 4-8 所示。

表 4-6　取值为 true 或 false 的属性

属性名称	说　明
android:layout_centerHorizontal	当前组件是否位于父组件的横向中间位置
android:layout_centerVertical	当前组件是否位于父组件的纵向中间位置
android:layout_centerInParent	当前组件是否位于父组件的中央位置
android:layout_alignParentBottom	当前组件底端是否与父组件底端对齐
android:layout_alignParentLeft	当前组件左侧是否与父组件左侧对齐
android:layout_alignParentRight	当前组件右侧是否与父组件右侧对齐
android:layout_alignParentTop	当前组件顶端是否与父组件顶端对齐
android:layout_alignWithParentIfMissing	参照组件不存在或不可见时是否要参照父组件

表 4-7　取值为其他组件 id 的属性

属性名称	说　明
android:layout_toRightOf	使当前组件位于给出 id 组件的右侧
android:layout_toLeftOf	使当前组件位于给出 id 组件的左侧
android:layout_above	使当前组件位于给出 id 组件的上方
android:layout_below	使当前组件位于给出 id 组件的下方
android:layout_alignTop	使当前组件的上边界与给出 id 组件的上边界对齐
android:layout_alignBottom	使当前组件的下边界与给出 id 组件的下边界对齐
android:layout_alignLeft	使当前组件的左边界与给出 id 组件的左边界对齐
android:layout_alignRight	使当前组件的右边界与给出 id 组件的右边界对齐

表 4-8　使用像素为单位的属性

属性名称	说　明
android:layout_marginLeft	当前组件距左侧的距离
android:layout_marginRight	当前组件距右侧的距离
android:layout_marginTop	当前组件距上方的距离
android:layout_marginBottom	当前组件距下方的距离

注意： 布局时要避免出现循环依赖。例如，若设置相对布局在父容器中的排列方式为 wrap_content，就不能再将相对布局的子组件设置为 android:layout_alignParentBottom。因为这样会造成子组件和父组件相互依赖和参照的错误。

【范例 7】

使用相对布局的特性，创建一个 Android 程序，实现在界面中显示一个十字方向盘，具体步骤如下。

(1) 创建一个名为 ch0404 的 Android 项目，打开默认的布局文件 res/layout/activity_main.xml。

(2) 对文件进行修改，使用<RelativeLayout>标记使界面采用相对布局，并设置相对布局的相关属性。这部分代码如下：

```
<RelativeLayout xmlns:android="http://schemas.android.com/apk/res/android"
    xmlns:tools="http://schemas.android.com/tools"
    android:layout_width="match_parent"
    android:layout_height="match_parent"
    tools:context="com.example.ch0404.MainActivity" >
    <!-- 这里是相对布局的内容  -->
</RelativeLayout>
```

(3) 在<RelativeLayout>标记内使用<ImageView>标记创建一个图片组件，并设置图片位于屏幕的中心位置。代码如下：

```
    <ImageView
        android:id="@+id/imageView1"
        android:layout_width="50dp"
        android:layout_height="50dp"
        android:layout_centerInParent="true"
        android:src="@drawable/center" />
```

(4) 以上面的 imageView1 图片为标准，分别在其上边和下边添加一个图片。代码如下：

```
    <!-- 定义显示在 imageView1 上边的图片 -->
    <ImageView
        android:id="@+id/imageView2"
        android:layout_width="50dp"
        android:layout_height="80dp"
        android:layout_above="@+id/imageView1"
        android:layout_alignRight="@+id/imageView1"
        android:layout_centerHorizontal="true"
        android:src="@drawable/up" />
    <!-- 定义显示在 imageView1 下边的图片 -->
    <ImageView
        android:id="@+id/imageView5"
        android:layout_width="50dp"
        android:layout_height="80dp"
        android:layout_below="@+id/imageView1"
        android:layout_centerHorizontal="true"
        android:src="@drawable/down" />
```

(5) 以 imageView1 图片为标准，分别在其左边和右边添加一个图片。代码如下：

```
    <!-- 定义显示在 imageView1 左边的图片 -->
    <ImageView
        android:id="@+id/imageView3"
        android:layout_width="80dp"
```

```
        android:layout_height="50dp"
        android:layout_toLeftOf="@+id/imageView1"
        android:layout_alignTop="@+id/imageView1"
        android:src="@drawable/left" />
    <!-- 定义显示在 imageView1 右边的图片 -->
    <ImageView
        android:id="@+id/ImageView01"
        android:layout_width="80dp"
        android:layout_height="50dp"
        android:layout_toRightOf="@+id/imageView1"
        android:layout_alignTop="@+id/imageView1"
        android:src="@drawable/right" />
```

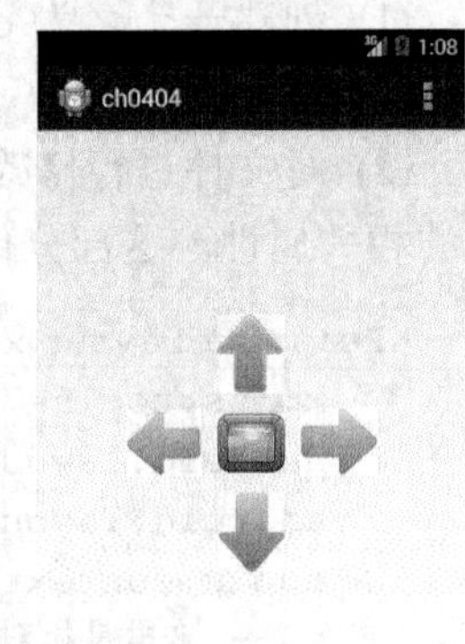

图 4-10　相对布局运行效果

(6) 经过以上步骤，程序中一共包括 5 张图片，分别是一张主图和其周围的 4 张图片，运行效果如图 4-10 所示。

4.7 绝对布局

绝对布局是一种用起来比较费时的布局管理器，但是，对于页面的布局管理十分精准。在绝对布局中，屏幕上的所有组件都由开发人员通过设置坐标来指定，容器不再负责管理其子组件的位置。由于子组件的位置和布局都是通过坐标来制定的，因此 AbsoluteLayout 类中没有特有的属性和方法。

在 XML 布局中定义绝对布局的语法格式如下：

```
< AbsoluteLayout 属性列表>
</AbsoluteLayout>
```

在使用绝对布局时，每个子组件都必须通过以下两个属性定义位置。

- android:layout_x：用于指定组件的 X 坐标。
- android:layout_y：用于指定组件的 Y 坐标。

【范例 8】

绝对布局从 Android 4.0 版本以后便不再推荐使用。下面通过一个简单的用户登录界面演示绝对布局的使用，步骤如下。

(1) 创建一个名为 ch0405 的 Android 项目，打开默认的布局文件 res/layout/activity_main.xml。

(2) 对文件进行修改，使用<AbsoluteLayout>标记使界面采用绝对布局，并设置绝对布局的相关属性。这部分代码如下：

```
<AbsoluteLayout xmlns:android="http://schemas.android.com/apk/res/android"
    xmlns:tools="http://schemas.android.com/tools"
    android:layout_width="match_parent"
    android:layout_height="match_parent"
    tools:context="com.example.ch0405.MainActivity" >
    <!-- 这里是绝对布局的内容  -->
</AbsoluteLayout>
```

(3) 由于绝对布局使用坐标来定位组件，因此组件的位置与添加的先后顺序没有关系。如下所示为界面中使用的组件代码：

```
<EditText
    android:id="@+id/EditText01"
    android:layout_width="wrap_content"
    android:layout_height="wrap_content"
    android:layout_x="86dp"
    android:layout_y="160dp"
    android:ems="10" />
<TextView
    android:id="@+id/textView1"
    android:layout_width="wrap_content"
    android:layout_height="wrap_content"
    android:layout_x="24dp"
    android:layout_y="172dp"
    android:text="密    码：" />
<TextView
    android:layout_width="wrap_content"
    android:layout_height="wrap_content"
    android:layout_x="21dp"
    android:layout_y="126dp"
    android:text="用户名：" />
<EditText
    android:id="@+id/editText1"
    android:layout_width="wrap_content"
    android:layout_height="wrap_content"
    android:layout_x="82dp"
    android:layout_y="116dp"
    android:ems="10" />
<ImageView
    android:id="@+id/imageView1"
    android:layout_width="wrap_content"
    android:layout_height="wrap_content"
    android:layout_x="94dp"
    android:layout_y="10dp"
    android:src="@drawable/login" />
<Button
    android:id="@+id/button1"
    android:layout_width="wrap_content"
    android:layout_height="wrap_content"
    android:layout_x="53dp"
    android:layout_y="218dp"
    android:text="登录" />
<Button
    android:id="@+id/Button01"
    android:layout_width="wrap_content"
    android:layout_height="wrap_content"
    android:layout_x="162dp"
```

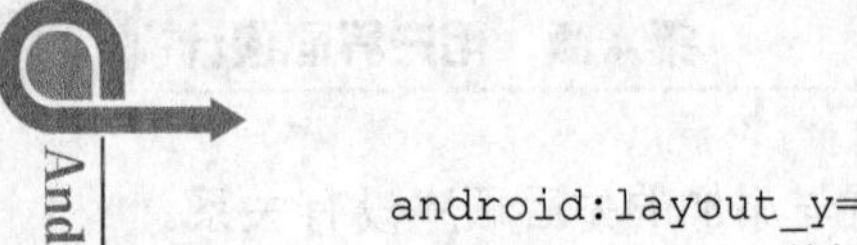


```
        android:layout_y="217dp"
        android:text="关闭" />
```

(4) 上一步的代码会显示两个按钮、两个标签、两个文本框和一张图片，运行效果如图 4-11 所示。

图 4-11　用户登录效果

4.8 网 格 布 局

网格布局是指将界面设计成由无数虚细线分割成的单元格组成的可视区域。贯穿整个界面的网格线通过网格索引数来指定。一个 N 列的网格包含 0 到 N 的 N+1 个索引，不管怎么配置网格布局，网格索引 0 始终是网格容器的前边距，风格索引 N 是容器的后边距。

网格布局由 Android 4 中的 Space 组件和 GridLayout 组件实现。GridLayout 组件的常用属性如表 4-9 所示。

表 4-9　GridLayout 组件的常用属性

属性名称	说　明
android:alignmentMode	该属性用来设置视图与边界的校准方式。当设置为 alignMargins 时，可使视图的外边界之间进行校准，定义其边距；当设置为 alignBounds 时，可使视图的边界之间进行校准；其默认设置为 alignMargins
android:columnCount	自动定位子视图时创建的最大列数
android:columnOrderPreserved	设置为 true 时，列边界显示的顺序和列索引的顺序相同。默认值是 true
android:orientation	Orientation 属性在布局时不被使用，只在子视图布局参数没有指定的时候分配行和列，GridLayout 在这种情况下和 LinearLayout 的使用方法一样，根据标识的值将所有组件放在单个行或者放在单个列中。在水平情况下，当一行的所有列都填充满时，columnCount 属性会额外创建新行；在垂直情况下，rowCount 属性有相同的作用，默认是水平的
android:rowCount	自动定位子视图时创建的最大行数
android:rowOrderPreserved	设置为 true 时，行边界显示的顺序和行索引的顺序相同。默认值是 true
android:useDefaultMargins	当没有指定视图的布局参数时设置为 true，告诉 GridLayout 使用默认的边距。默认值是 false

为了控制 GridLayout 组件中各子组件的布局分布，GridLayout 提供了一个内部类 GridLayout.LayoutParams，该类提供了大量的属性来控制网格布局中子组件的分布情况。如表 4-10 列出了该类的常用属性。

表 4-10 LayoutParams 类的常用属性

属性名称	说 明
android:layout_column	用于设置该子组件在网格布局中的第几列
android:layout_columnSpan	用于设置该子组件在网格布局中合并几列
android:layout_gravity	用于设置该子组件采用何种方式占据该网格的空间
android:layout_row	用于设置该子组件在网格布局中的第几行
android:layout_rowSpan	用于设置该子组件在网格布局中合并几行

除了上述属性之外，GridLayout 还提供了一些常用的公共方法来设置页面布局，如表 4-11 所示。

表 4-11 GridLayout 中常用的方法

方法名称	说 明
GridLayout.LayoutParams generate LayoutParams (AttributeSet attrs)	在提供的属性集基础上返回一个新的布局参数设置
int getAlignmentMode()	返回对齐方式
int getColumnCount()	返回当前的列数，即通过 setColumnCount(int)方法最后一次设置的值，如果没有这样的值被设置，返回在 columnSpec 定义中的每一个上限的最大值
int getOrientation()	返回当前方向
int getRowCount()	返回当前的行数，即通过 setRowCount(int)方法最后一次设置的值，如果没有这样的值被设置，返回在 rowSpec 定义中的每一个上限的最大值
boolean getUseDefaultMargins()	在 GridLayout 分配时，返回是否有默认边距
boolean isColumnOrderPreserved()	返回是否通过表格索引顺序定制列边界
boolean isRowOrderPreserved()	返回是否通过表格索引顺序定制行边界
void requestLayout()	当无效的视图布局发生变化时调用它，可通过视图树进行布局传递
void setAlignmentMode (int alignment Mode)	设置该容器中所有子视图之间的对齐方式的默认值是 ALIGN_MARGINS
void setColumnCount (int column Count)	当没有任何布局参数指定列数时，生成默认的列/行索引
void setColumnOrderPreserved (boolean columnOrderPreserved)	当此属性为 true 时，GridLayout 视图中以升序顺序放置列的边界；当此属性是 false 时，GridLayout 以最适合的约束放置列的边界。此属性的默认值是 true

续表

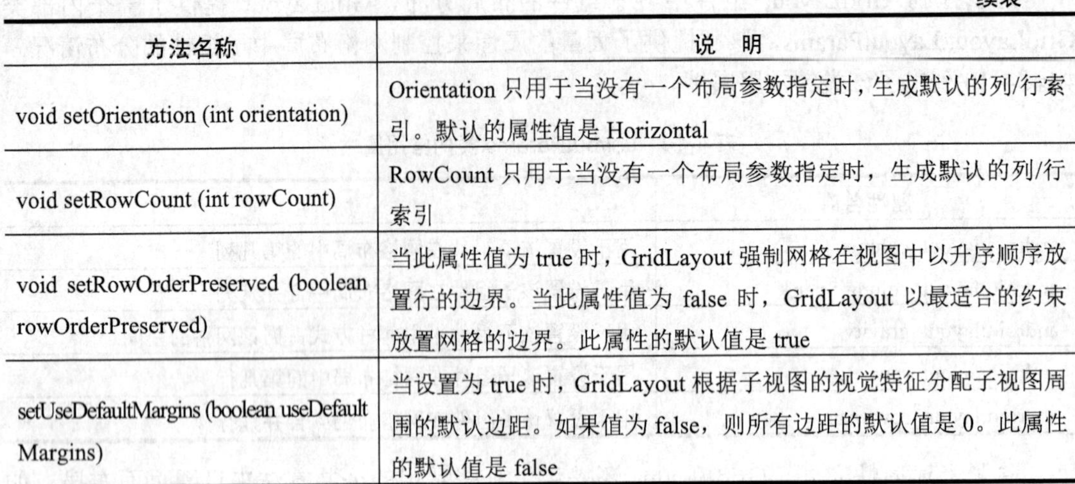

方法名称	说　明
void setOrientation (int orientation)	Orientation 只用于当没有一个布局参数指定时，生成默认的列/行索引。默认的属性值是 Horizontal
void setRowCount (int rowCount)	RowCount 只用于当没有一个布局参数指定时，生成默认的列/行索引
void setRowOrderPreserved (boolean rowOrderPreserved)	当此属性值为 true 时，GridLayout 强制网格在视图中以升序顺序放置行的边界。当此属性值为 false 时，GridLayout 以最适合的约束放置网格的边界。此属性的默认值是 true
setUseDefaultMargins (boolean useDefaultMargins)	当设置为 true 时，GridLayout 根据子视图的视觉特征分配子视图周围的默认边距。如果值为 false，则所有边距的默认值是 0。此属性的默认值是 false

【范例 9】

下面通过创建一个用户登录界面来演示网格布局的使用，步骤如下。

(1) 创建一个名为 ch0406 的 Android 项目，打开默认的布局文件 res/layout/activity_main.xml。

(2) 对文件进行修改，使用<GridLayout>标记使界面采用网格布局，并设置网格布局的相关属性。这部分代码如下：

```
<GridLayout xmlns:android="http://schemas.android.com/apk/res/android"
    xmlns:tools="http://schemas.android.com/tools"
    android:layout_width="match_parent"
    android:layout_height="match_parent"
    android:background="@drawable/p5"
    android:columnCount="4"
    android:paddingBottom="@dimen/activity_vertical_margin"
    android:paddingLeft="@dimen/activity_horizontal_margin"
    android:paddingRight="@dimen/activity_horizontal_margin"
    android:paddingTop="@dimen/activity_vertical_margin"
    android:rowOrderPreserved="false"
    tools:context="com.example.ch0406.MainActivity" >
    <!-- 这里是网格布局的内容 -->
</GridLayout>
```

上述代码中的 android:columnCount="4"将界面划分为每行 4 列。

(3) 在第一行创建一个合并 3 列的单元格，在单元格中显示一个标题。代码如下：

```
<TextView
    android:layout_columnSpan="3"
    android:layout_row="2"
    android:text="欢迎进入游戏系统"
    android:textSize="32dip" />
```

上述代码中，android:layout_row 属性指定组件显示在网格的第二行，android:layout_columnSpan 属性表示组件要合并网格中的 3 个列，即该组件占用 3 个单元格的空间。

(4) 在第二行添加用户名和输入文本框，代码如下：

```
<TextView
    android:layout_column="1"
    android:layout_gravity="right"
    android:layout_row="2"
    android:text="用户名：" />
<EditText
    android:layout_column="2"
    android:layout_row="2"
    android:background="@android:drawable/edit_text"
    android:ems="10" />
```

(5) 在第三行添加密码和输入文本框，代码如下：

```
<TextView
    android:layout_column="1"
    android:layout_gravity="right"
    android:layout_row="3"
    android:text="密码：" />
<EditText
    android:layout_column="2"
    android:layout_row="3"
    android:background="@android:drawable/edit_text"
    android:ems="10" />
```

(6) 在第四行分别显示找回密码、登录和退出文字，代码如下：

```
<TextView
    android:layout_column="1"
    android:layout_gravity="left|top"
    android:layout_marginTop="20dp"
    android:layout_row="4"
    android:text="找回密码" />
<Button
    android:layout_column="2"
    android:layout_gravity="center_horizontal|top"
    android:layout_row="4"
    android:text="登录" />
<Button
    android:layout_column="2"
    android:layout_gravity="right|top"
    android:layout_row="4"
    android:text="退出" />
```

(7) 此时程序运行的显示效果如图 4-12 所示。

【范例 10】

下面使用网格布局的嵌套方式实现一个电话拨号盘，最终显示效果如图 4-13 所示。分

析图 4-13 所示界面，总体上是一个 3 列多行的网格。其中，号码输入框占 3 列，拨号按钮占 2 列，数字按钮是一个 4 行 3 列的网格。具体实现步骤如下。

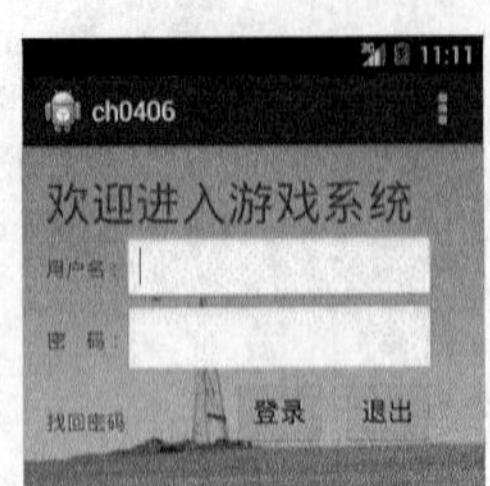

图 4-12　用户登录界面

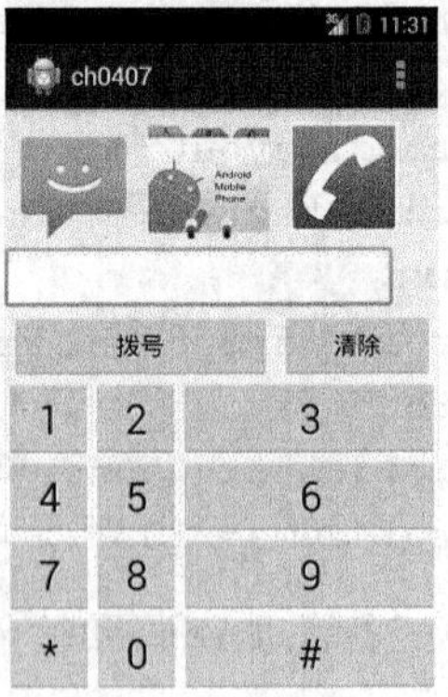

图 4-13　拨号盘效果

(1) 创建一个名为 ch0407 的 Android 项目，打开默认的布局文件 res/layout/activity_main.xml。

(2) 对文件进行修改，使用<GridLayout>标记使界面采用网格布局，并设置网格布局的相关属性。这部分代码如下：

```
<GridLayout xmlns:android="http://schemas.android.com/apk/res/android"
    xmlns:tools="http://schemas.android.com/tools"
    android:layout_width="match_parent"
    android:layout_height="match_parent"
    android:columnCount="3"
    tools:context="com.example.ch0407.MainActivity" >
    <!-- 这里是网格布局的内容  -->
</GridLayout>
```

上述代码中的 android:columnCount="3"语句将界面划分为每行 3 列的网格布局。

(3) 创建一行，并在 3 个单元格中分别用 ImageView 组件显示一张图片，代码如下：

```
<ImageView
    android:id="@+id/imageView1"
    android:layout_width="100dp"
    android:layout_height="100dp"
    android:layout_row="0"
    android:layout_column="0"
    android:layout_gravity="left|top"
    android:scaleType="centerInside"
    android:src="@drawable/messages" />
<ImageView
    android:id="@+id/imageView3"
    android:layout_width="100dp"
    android:layout_height="100dp"
    android:layout_column="1"
    android:layout_row="0"
```

```
        android:layout_gravity="center_horizontal|top"
        android:scaleType="centerInside"
        android:src="@drawable/contacts" />
    <ImageView
        android:id="@+id/imageView2"
        android:layout_width="100dp"
        android:layout_height="100dp"
        android:layout_column="2"
        android:layout_row="0"
        android:layout_gravity="left|top"
        android:scaleType="centerInside"
        android:src="@drawable/phone" />
```

上述代码中，android:layout_row 属性指定组件显示在网格的第 1 行，android:layout_column 属性表示组件在行中的第几列。

(4) 在第二行创建一个占用 3 个单元格位置的 EditText，代码如下：

```
    <EditText
        android:layout_width="286dp"
        android:layout_columnSpan="3"
        android:layout_row="1"
        android:layout_gravity="left|top"
        android:background="@android:drawable/edit_text"
        android:ems="10" >
    </EditText>
```

(5) 创建第三行并添加“拨号”和“清除”两个按钮，其中“拨号”按钮占用两个单元格空间。代码如下：

```
    <Button
        android:id="@+id/button2"
        android:layout_column="0"
        android:layout_columnSpan="2"
        android:layout_width="191dp"
        android:layout_gravity="center_horizontal|top"
        android:layout_row="3"
        android:text="拨号" />
    <Button
        android:id="@+id/button1"
        android:layout_column="2"
        android:layout_width="114dp"
        android:layout_gravity="center_horizontal|top"
        android:layout_row="3"
        android:text="清除" />
```

(6) 从运行效果中可以看出，数字按钮是一个规则的 4 行 3 列网格，因此这里使用 Java 代码来动态生成。首先需要添加一个网格组件并设置 id、列数和显示位置，代码如下：

```
<GridLayout
    android:id="@+id/main"
```

```
    android:layout_gravity="center_horizontal|top"
    android:layout_width="match_parent"
    android:layout_height="wrap_content"
    android:layout_column="0"
    android:layout_columnSpan="3"
    android:layout_row="4"
    android:columnCount="3">
</GridLayout>
```

上述代码创建的网格布局 id 为 main(该 id 将在 Java 代码中使用)，显示在整个界面中的第 5 行(android:layout_row 属性)，占用 3 个单元格空间(android:layout_columnSpan 属性)，内部组件每行包含 3 列(android:columnCount 属性)。

(7) 打开 MainActivity.java 文件，在 onCreate()方法中编写代码，实现循环添加数字按钮。具体代码如下：

```
protected void onCreate(Bundle savedInstanceState) {
        super.onCreate(savedInstanceState);
        setContentView(R.layout.activity_main);
        //数字按钮
        String[] numbers = new String[] { "1", "2", "3", "4", "5", "6", "7",
"8", "9", "*", "0", "#" };
        GridLayout girdlayout = (GridLayout) findViewById(R.id.main);
        for (int i = 0; i < numbers.length; i++) {
            Button btn = new Button(this);      //创建一个按钮
            btn.setText(numbers[i]);            //设置按钮上的文本
            btn.setTextSize(30);                //设置字体大小
            //指定组件所在的行
            GridLayout.Spec rowSpec = GridLayout.spec(i/3+2);
            //指定组件所在的列
            GridLayout.Spec colSpec = GridLayout.spec(i%3);
            GridLayout.LayoutParams params = new
GridLayout.LayoutParams(rowSpec, colSpec);
            params.setGravity(Gravity.FILL);    //使组件占满父容器
            girdlayout.addView(btn, params);
        }
    }
```

上述代码中通过循环指定了组件的行号和列号，并指定了这些组件将会自动填充单元格的所有空间，从而避免单元格中出现大量的空白。

4.9　思考与练习

一、填空题

1. Android 中的__________布局是通过栈来绘制子组件的。
2. 如果要使组件与父容器具有相同宽度，应该设置 android:layout_width 属性的值为__________。

3. 如果要实现背景透明，可以将组件的 android:background 属性设置为@android:color/transparent 或者__________。

4. ViewGroup 容器控制其子组件的分布依赖于__________类和 ViewGroup.MarginLayoutParams 类。

5. 假设要显示 id 为 home 的 XML 布局文件，可以使用代码__________。

二、选择题

1. 下列关于 Android 组件的描述错误的是__________。

   A．所有 UI 组件都继承了 View 类

   B．ViewGroup 类继承了 View 类

   C．ViewGroup 组件中可以嵌套 ViewGroup 组件

   D．所有 UI 组件都位于 android.widget 包

2. 下列不属于 Android 中可用布局的是__________。

   A．BoxLayout　　B．RelativeLayout

   C．TableLayout　　D．GridLayout

3. 当为属性 gravity 设置多个值时要使用__________进行分隔。

   A．|　　B．,　　C．\　　D．&&

4. 在表格布局中当一个列被标识为__________时，则该列会被隐藏。

   A．Collapsed　　B．Shrinkable　　C．Stretchable　　D．TableRow

5. 在布局的过程中需要依据组件之间的依赖关系排列的是__________。

   A．线性布局　　B．相对布局　　C．帧布局　　D．网格布局

三、简答题

1. 简述 Android 中组件与容器的关系。
2. 设计程序界面有哪些方法？
3. Android 支持哪些布局管理器？它们的特点各是什么？
4. 如何理解水平和垂直线性布局？
5. 解释为什么不推荐使用绝对布局。
6. 简述用网格布局控制组件位置的方法。

第 5 章　Android 基础组件详解

Android 中的布局文件定义了需要在屏幕上显示的内容，这些内容由组件构成。不同类型的组件实现了人机互动的需求，几乎所有的 Android 都会涉及组件技术。常见的组件有文本框、编辑框、按钮、图片等，本章将详细介绍 Android 中的这些基础组件。

学习要点

- 熟悉添加组件的 3 种方式。
- 掌握获取组件的方法。
- 掌握获取组件属性值的方法。
- 掌握修改组件属性值的方法。
- 掌握文本框和编辑框的使用。
- 掌握按钮类组件的使用。
- 掌握列表类组件的使用。
- 掌握其他常用组件的使用。

5.1　文本类组件

文本类组件通常用来处理程序中的文字，有供用户输入数据的编辑框，有为用户显示数据的文本框。

5.1.1　文本框

文本框(TextView)是一种以文字为内容的组件，屏幕中的文字都需要通过文本框来显示。在屏幕窗口的布局文件中添加文本框，为文本框设置文字内容，即可将文字显示给用户。

Android 中的布局文件是 XML 格式的文件，一个组件就是 XML 文档中的一个标记。在屏幕中添加组件有以下 3 种方式。

1. 在布局文件中添加组件标记

在布局文件中用<TextView>标记来表示文本框，其语法格式如下：

```
<TextView
     android:id="@+id/textView1"
     android:layout_width="wrap_content"
     android:layout_height="wrap_content"
     android:text="/hello world" />
```

上面的代码设置了文本框的属性，这些属性是文本框的基本属性，如果缺失将会使文本框失去意义。各属性含义如下。

- android:id 属性：表示定义 TextView 的变量名称为 textView1，会自动写进 R.java

文件，在 R.java 文件中会生成内部类 id，可在主程序中调用 R.id.textView1 来获取这个组件变量实体。

- android:layout_width 属性和 android:layout_height 属性：分别表示 TextView 的宽度和高度。如果将它们设置为 wrap_content，则表示将完整显示其内部的文本，布局元素将根据内容更改大小。
- android:text 属性：表示要显示的文本的内容。

除了上述属性以外，还有多种可选的属性来设置文本框的字体颜色、字体大小等性质，如表 5-1 所示。

表 5-1　TextView 支持的 XML 属性

属性名称	说　明
android:autoLink	用于设置是否当文本为 URL 链接/邮箱/电话号码/map 时，文本显示为可点击的链接。可选值有 none、web、email、phone、map、all
android:digits	用于设置允许输入哪些字符，例如 1234567890.+-*/%\n()
android:drawableBottom	用于在文本框内文本的底端绘制指定图像。该图像可以是放在 res\drawable-x 目录下的图片，通过“@drawable/文件名”设置
android:drawableLeft	用于在文本框内文本的左侧绘制指定图像。该图像可以是放在 res\drawable-x 目录下的图片，通过“@drawable/文件名”设置
android:drawablePadding	用于设置 text 与 drawable(图片)的间隔，与 drawableLeft、drawableRight、drawableTop、drawableBottom 一起使用，可设置为负数，单独使用没有效果
android:drawableRight	用于在文本框内文本的右侧绘制指定图像。该图像可以是放在 res\drawable-x 目录下的图片，通过“@drawable/文件名”设置
android:drawableTop	用于在文本框内文本的顶部绘制指定图像。该图像可以是放在 res\drawable-x 目录下的图片，通过“@drawable/文件名”设置
android:gravity	用于设置文本框内文本的对齐方式，可选值有 top、bottom、left、right、fill 等。这些属性也可以同时指定，各个属性之间用竖线隔开。例如，要指定组件靠右下角对齐，可以使用属性值 right|bottom
android:hint	用于控制提示文字，当 Text 为空时，它会显示提示文字，通过 textColorHint 可设置提示文字的颜色
android:inputType	用于设置文本的类型，用于帮助输入法显示合适的键盘类型
android:linksClickable	用于设置链接是否可以点击
android:marqueeRepeatLimit	在 Ellipsize 指定 marquee 的情况下，设置重复滚动的次数，当设置为 marquee_forever 时表示无限次
android:maxLength	用于限制显示的文本长度，超出部分不显示
android:lines	用于设置文本的行数，设置两行就显示两行，即使第二行没有数据
android:maxLines	用于设置文本的最大显示行数，与 width 或者 layout_width 结合使用，超出部分自动换行，超出行数将不显示
android:minLines	用于设置文本的最小行数，与 lines 类似
android:lineSpacingExtra	用于设置行间距

续表

属性名称	说　明
android:lineSpacingMultiplier	用于设置行间距的倍数
android:numeric	如果被设置，则该 TextView 会有一个数字输入法
android:password	以小点.显示文本
android:phoneNumber	用于设置为电话号码的输入方式
android:privateImeOptions	用于设置输入法选项
android:scrollHorizontally	用于设置文本超出 TextView 的宽度的情况下，是否出现滚动条
android:selectAllOnFocus	如果文本是可选择的，让它获取焦点而不是将光标移至文本的开始位置或者末尾位置
android:shadowColor	用于指定文本阴影的颜色，需要与 shadowRadius 一起使用
android:shadowDx	用于设置阴影横向坐标的开始位置
android:shadowDy	用于设置阴影纵向坐标的开始位置
android:shadowRadius	用于设置阴影的半径。设置为 0.1 时就变成字体的颜色了，一般设置为 3.0 时效果较好
android:singleLine	用于设置单行显示。如果和 layout_width 一起使用，当文本不能全部显示时，后面用…来表示。如果不设置 singleLine 或者将其值设置为 false，则文本将自动换行
android:text	用于设置显示文本
android:textAppearance	用于设置文字外观
android:textColor	用于设置文本颜色
android:textColorHighlight	用于设置被选中文字的底色，默认为蓝色
android:textColorHint	用于设置提示信息文字的颜色，默认为灰色。与 hint 一起使用
android:textColorLink	用于设置文字链接的颜色
android:textScaleX	用于设置文字之间间隔，默认为 1.0f
android:textSize	用于设置文字大小，推荐度量单位 sp
android:textStyle	用于设置字形，例如 bold(粗体)、italic(斜体)、bolditalic(粗斜体)，可以设置一个或多个，用 | 隔开
android:typeface	用于设置文本字体，必须是以下常量值之一：normal、sans、serif 或者 monospace
android:height	用于设置文本区域的高度，支持度量单位 dp/sp/in/mm(毫米)
android:maxHeight	用于设置文本区域的最大高度
android:minHeight	用于设置文本区域的最小高度
android:width	用于设置文本区域的宽度，支持度量单位 dp/sp/in/mm(毫米)
android:maxWidth	用于设置文本区域的最大宽度
android:minWidth	用于设置文本区域的最小宽度

2. 利用 Eclipse 工具在界面中添加组件

利用 Eclipse 工具同样可以在屏幕上添加组件，如图 5-1 所示。每一个新建的 Android 应用程序都有一个默认的 Activity(MainActivity.java)及其布局文件(activity_main.xml)。打开布局文件，可在界面的下方选择以 Graphical Layout 编辑器的形式，或者以 activity_main.xml

形式来显示屏幕。

如图 5-1 所示，选择 Graphical Layout 编辑器的形式来显示屏幕，当前屏幕只有一个内容为 Hello world!的 TextView。而在其左侧不但有可以拖动的文本类型组件，还有多种类型的文本框和编辑框可以选择。

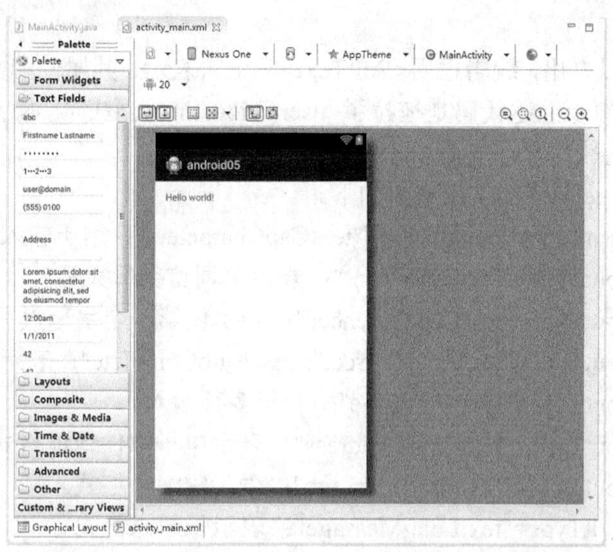

图 5-1　使用 Graphical Layout 编辑器设计屏幕窗口

3．通过 new 关键字创建组件

所有的可视化组件都有对应的 Java 类，例如 TextView 组件对应的是 android.widget.TextView 类。因此，使用 Java 代码中的 new 关键字也可以创建一个 TextView 组件。代码如下：

```
TextView txtView1=new TextView(this);
txtView1.setText("Welcome to Android World!");
txtView1.setTextSize(TypedValue.COMPLEX_UNIT_SP,18);
```

5.1.2　编辑框

编辑框(EditText)是用来供用户提交信息的文本输入框，例如用户查询时用来输入关键字的编辑框，登录时用来输入用户名、密码的编辑框等。

文本框通常供系统向用户显示信息，编辑框则用来供用户向系统传递信息。编辑框可以指定单行或多行，还可以指定输入格式，例如电话号码、邮箱地址等。从图 5-1 中可以看出，系统提供了多种格式的编辑框，若向窗口中添加 user@domain，则在布局文件中会自动添加以下代码：

```
<EditText
    android:id="@+id/editText1"
    android:layout_width="wrap_content"
    android:layout_height="wrap_content"
```

```
    android:layout_below="@+id/textView1"
    android:layout_marginTop="62dp"
    android:layout_toRightOf="@+id/textView1"
    android:ems="10"
    android:inputType="textEmailAddress" >
</EditText>
```

从上述代码可以看出，编辑框用<EditText>标记来表示，其属性和文本框属性一样，这里不做详细说明。由于上述代码是拖拉了 user@domain 类型的文本字段，因此默认添加 android:inputType 属性为 textEmailAddress。

android:inputType 属性的常用取值如下。

- android:inputType="none"|"text"|"textCapCharacters"：用于输入普通字符。
- android:inputType="textCapWords"：表示单词首字母大写。
- android:inputType="textCapSentences"：表示仅第一个字母大写。
- android:inputType="textAutoCorrect"|"textAutoComplete"：表示自动完成。
- android:inputType="textMultiLine"：表示多行输入。
- android:inputType="textEmailAddress"：表示电子邮件地址格式。
- android:inputType="textShortMessage"：表示短消息格式。
- android:inputType="textLongMessage"：表示长消息格式。
- android:inputType="textPersonName"：表示人名格式。
- android:inputType="textPostalAddress"：表示邮政格式。
- android:inputType="textPassword"：表示密码格式。
- android:inputType="textVisiblePassword"：表示密码可见格式。
- android:inputType="textWebEditText"：作为网页表单的文本格式。
- android:inputType="number"：作为数字格式。
- android:inputType="numberSigned"：作为有符号数字格式。
- android:inputType="numberDecimal"：作为可以带小数点的浮点格式。
- android:inputType="phone"：表示拨号键盘。
- android:inputType="datetime"：作为日期+时间格式。
- android:inputType="date"：表示日期键盘。
- android:inputType="time"：表示时间键盘。

5.2 按钮类组件

按钮是用户向系统传达命令的工具，通常若用户对系统有请求，都通过单击按钮来实现。按钮包括普通按钮、图片按钮、单选按钮和复选按钮等，本节将详细介绍各类按钮的使用情况。

5.2.1 普通按钮

普通按钮(Button)是最常见的按钮，用于触发一个指定的事件。按钮的属性和添加方式

与文本框一样，这里不再详细说明。但是按钮有着文本框没有的功能：在单击时触发事件并执行相应代码。

Android 提供了以下两种为按钮添加单击事件监听器的方法。

第一种：在 Activity 的 Java 代码中重写 onCreate()方法，在该方法中定义按钮的 setOnClickListener 事件。

第二种：在 Activity 的 Java 代码中写一个包含 View 类型参数的方法，之后在布局文件中通过添加 android:onClick="loginClick"语句来为按钮添加单击事件监听器。

【范例 1】

创建 Android 应用程序，向布局文件中添加两个按钮和一个文本框。分别使用不同的方式为两个按钮添加单击事件监听器，单击后修改文本框的内容，步骤如下。

(1) 首先创建 Android 应用程序，在布局文件中添加两个按钮和一个文本框，代码如下：

```
<AbsoluteLayout
xmlns:android="http://schemas.android.com/apk/res/android"
   android:layout_width="fill_parent"
   android:layout_height="fill_parent"
   android:background="@drawable/back" >
<!--  这里省略两个 TextView 的代码 -->
   <Button
      android:id="@+id/button1"
      android:layout_width="wrap_content"
      android:layout_height="wrap_content"
      android:layout_marginTop="26dp"
      android:layout_x="36dp"
      android:layout_y="139dp"
      android:text="按钮 1" />
   <Button
      android:id="@+id/button2"
      android:layout_width="wrap_content"
      android:layout_height="wrap_content"
      android:layout_marginLeft="62dp"
      android:layout_x="179dp"
      android:layout_y="140dp"
      android:text="按钮 2" />
   <TextView
      android:id="@+id/text"
      android:layout_width="244dp"
      android:layout_height="50dp"
      android:layout_marginTop="44dp"
      android:layout_x="36dp"
      android:layout_y="244dp"
      android:text="被按下的按钮："
      android:textSize="25sp" />
</AbsoluteLayout>
```

(2) 使用第一种方法定义“按钮 1”的单击事件。首先通过 id 获取布局文件中的按钮，

接着定义按钮的 setOnClickListener 事件，在该事件中获取布局文件中的文本框并修改文本框的文字内容。在窗口的 onCreate 事件中添加以下代码：

```
// 通过 id 获取布局文件中的按钮
final Button buttonup = (Button) findViewById(R.id.button1);
buttonup.setOnClickListener(new View.OnClickListener() {
    @Override
    public void onClick(View v) {
        //通过 id 获取文本框
        final TextView text = (TextView) findViewById(R.id.text);
        //修改文本框内容
        text.setText("按钮 1 被按下");
    }
});
```

(3) 使用第二种方法定义“按钮 2”的单击事件。首先在页面中写一个包含 View 类型参数的方法，方法的名称可以自由定义。该方法不需要放在窗口的 onCreate 事件中，但需要放在 Activity 类中。定义名为 downClick 的方法，代码如下：

```
public void downClick(View v) {
    final TextView text= (TextView) findViewById(R.id.text);
    text.setText("按钮 2 被按下");
}
```

(4) 为“按钮 2”添加单击事件属性，即在布局文件中“按钮 2”的标记内添加下列属性语句：

```
android:onClick="downClick"
```

(5) 运行该应用程序并单击“按钮 1”，其效果如图 5-2 所示。再单击“按钮 2”，其效果如图 5-3 所示。经测试，以上两种为按钮添加单击事件监听器的方法都能正常使用。

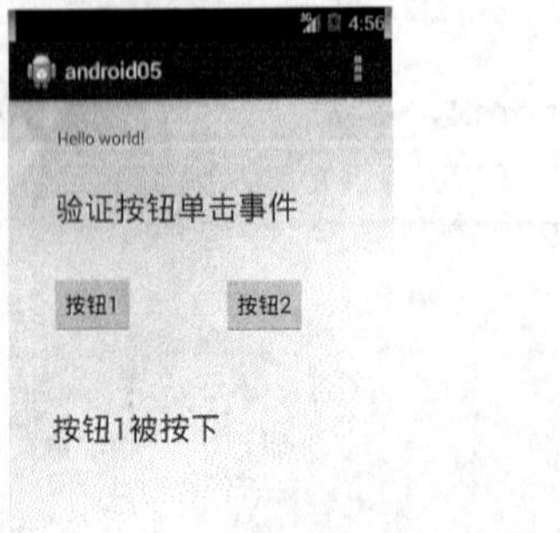

图 5-2 “按钮 1”事件

图 5-3 “按钮 2”事件

5.2.2 图片按钮

图片按钮(ImageButton)与普通按钮的功能一样，但图片按钮可以使用指定的图片来显示。图片按钮用<ImageButton>标记来表示，其属性也与普通按钮一样，这里不再详细说明。

例如，将“范例 1”中的“按钮 2”改成图片按钮，代码如下：

```
<ImageButton
    android:id="@+id/imageButton1"
    android:layout_width="wrap_content"
    android:layout_height="wrap_content"
    android:layout_x="157dp"
    android:layout_y="138dp"
    android:onClick="downClick"
    android:src="@drawable/buttonb" />
```

由于“按钮 2”使用的是自定义单击事件，并在布局文件中以添加 android:onClick 属性的方式来实现单击事件监听器，因此只需要在图片按钮中添加 android:onClick="downClick"语句即可实现“按钮 2”的单击事件。运行该应用程序，其效果如图 5-4 所示。单击图片按钮，其效果如图 5-5 所示。

图 5-4 添加图片按钮

图 5-5 图片按钮事件

若修改的是“按钮 1”，则需要根据图片按钮的 id 获取组件，并设置按钮的 setOnClickListener 事件，与普通按钮的用法一样，只是需要使用 ImageButton 替代 Button，代码如下：

```
final ImageButton buttonup = (ImageButton) findViewById(R.id.button1);
buttonup.setOnClickListener(new View.OnClickListener() {
    @Override
    public void onClick(View v) {
        final TextView text = (TextView) findViewById(R.id.text);
        text.setText("按钮 1 被按下");
    }
});
```

5.2.3 单选按钮

单选按钮在屏幕中显示为一个空心圆圈，通常是一组一组地出现。通常情况下一组中的单选按钮，若有按钮被选中，再选择其他按钮时，先前选中的按钮将被取消选中状态。

单选按钮用 RadioButton 类表示，RadioButton 类是 Button 的子类，所以单选按钮支持

Button 所支持的属性。要在屏幕上添加单选按钮，可以在布局文件中使用<RadioButton>标记添加。例如添加一个内容是“已婚”的单选按钮，代码如下：

```
<RadioButton
    android:id="@+id/radioButton1"
    android:layout_width="wrap_content"
    android:layout_height="wrap_content"
    android:text="已婚" />
```

RadioButton 组件还可以使用 android:checked 属性，来设置按钮的初始状态是否是选中状态：true 表示该单选按钮处于选中状态，false 表示取消选中，其默认值为 false。

上述代码是一个独立的 RadioButton 代码，若窗口中放置多个 RadioButton，那么这些 RadioButton 都是相互独立的，可以同时被选中，而不能实现“单选”的效果。因此需要将这些 RadioButton 放在一个组里面，这个组用 RadioGroup 组件来实现。

首先向窗口中添加 RadioGroup 组件，接着在组件的标记下添加 RadioButton，那么同一个 RadioGroup 组件下的 RadioButton 就归属于同一个组，这个组里面的 RadioButton 只能有一个被选中。例如在 RadioGroup 标记下添加已婚、未婚 RadioButton，代码如下：

```
<RadioGroup
    android:id="@+id/radioGroup"
    android:layout_width="wrap_content"
    android:layout_height="wrap_content"
    android:layout_x="70dp"
    android:layout_y="200dp" >
    <RadioButton
        android:id="@+id/radioButton1"
        android:layout_width="wrap_content"
        android:layout_height="wrap_content"
        android:text="已婚" />
    <RadioButton
        android:id="@+id/radioButton2"
        android:layout_width="wrap_content"
        android:layout_height="wrap_content"
        android:text="未婚" />
</RadioGroup>
```

RadioGroup 组件的 android:orientation 属性可以设置其内部单选按钮的排列方式，其默认方式是垂直排列(属性值为 vertical)，使用 horizontal 属性值可将其修改为水平排列。

【范例 2】

创建婚姻登记窗口，有姓名编辑框和已婚、未婚、离异和丧偶几个单选按钮，添加一个提交按钮上传用户的输入信息，使用文本框显示用户的输入信息，步骤如下。

(1) 首先向布局文件中添加指定的编辑框、文本框、单选按钮组和按钮，单选按钮组可参考上述代码，步骤省略。

(2) 获取窗口中的编辑框、按钮和文本框，定义按钮的 setOnClickListener()事件，循环验证单选按钮组中的单选按钮是否被选中，获取选中的单选按钮的值和编辑框的值并在文

本框中显示，代码如下：

```
//获取姓名 EditText 组件
final EditText name = (EditText) findViewById(R.id.editname);
final Button button = (Button) findViewById(R.id.button1);
final TextView text = (TextView) findViewById(R.id.text);
button.setOnClickListener(new View.OnClickListener() {
    @Override
    public void onClick(View v) {
        //获取单选按钮组
        RadioGroup rg = (RadioGroup) findViewById(R.id.radioGroup);
        //定义字符串用来获取单选按钮的选项
        String textset = "";
        for (int i = 0; i < rg.getChildCount(); i++) {
            RadioButton rb = (RadioButton) rg.getChildAt(i);
            if (rb.isChecked()) {
                //当单选按钮处于选中状态时获取单选按钮的值
                textset = rb.getText().toString();
                break;
            }
        }
        //判断姓名是否为空或长度是否为 0
        if (name.getText().toString() == null
                || name.getText().toString().length() == 0) {
            text.setText("登记信息：" + textset);
        } else {
            //当姓名不为空并且长度不为 0 时获取姓名的值并显示
            text.setText("登记信息：" + name.getText().toString() + ";"+
textset);
        }
    }
});
```

(3) 运行上述应用程序，其效果如图 5-6 所示，此时选中了“已婚”单选按钮。填写姓名并选中“未婚”单选按钮，单击“提交”按钮后其效果如图 5-7 所示。

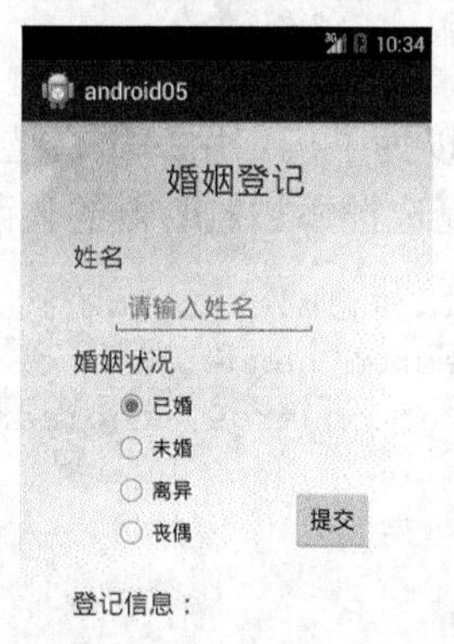

图 5-6　选中“已婚”单选按钮

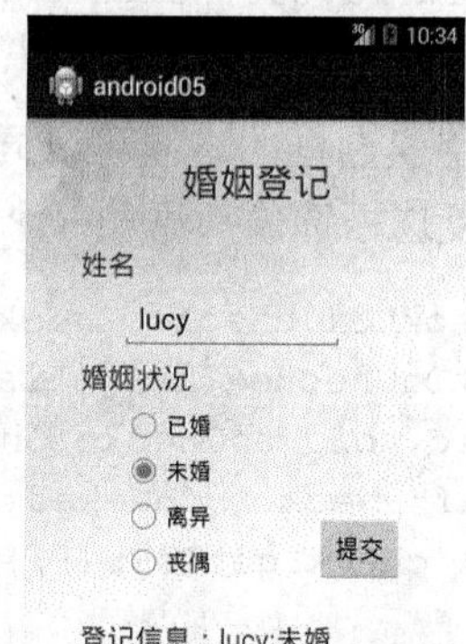

图 5-7　选中“未婚”单选按钮

如图 5-7 所示，之前选中的“已婚”按钮被取消选择，“提交”按钮的单击事件获取了姓名和婚姻状况信息并显示了出来。

在“范例 2”中，单选按钮的选中状态和选中的值在单击按钮时会被获取，除此之外还可以为单选按钮或单选按钮组添加事件监听器。例如，当单选按钮组的值被改变时可使用事件监听器获取单选按钮组选中的值，代码如下：

```
RadioGroup radioGroup = (RadioGroup) findViewById(R.id.radioGroup);
radioGroup.setOnCheckedChangeListener(new
RadioGroup.OnCheckedChangeListener() {
    public void onCheckedChanged(RadioGroup group, int checkedId) {
        RadioButton radioButton = (RadioButton) findViewById(checkedId);
        radioButton.getText();                          //获取被选中的单选按钮的值
    }
});
```

上述代码首先通过单选按钮组的 id 来获取单选按钮组，然后为其添加 OnChecked ChangeListener 监听器，并在 onCheckedChanged()方法中根据参数 checkedId 获取被选中的单选按钮，最后通过 getText()方法获取该单选按钮对应的值。

5.2.4　复选框

复选框在屏幕中显示为一个空心方块，与单选按钮的用法相似。复选框也是一组一组地出现，但每一组可以有多个复选框被选中。

由于复选框不需要限制只有一个被选中，因此不需要分组，而通常以独立的个体来使用。复选框用 CheckBox 类表示，CheckBox 类是 Button 的子类，所以支持 Button 所支持的属性。若在屏幕上添加复选框，可以在布局文件中用<CheckBox>标记添加。例如添加一个内容是“音乐”的复选框，代码如下：

```
<CheckBox
    android:id="@+id/checkBox1"
    android:layout_width="wrap_content"
    android:layout_height="wrap_content"
    android:text="音乐" />
```

由于在使用复选框的时候可以同时选中多项，所以为了确定用户是否选中了该项，则需要给每一个复选框选项都添加一个事件监听器。为复选框添加监听器的代码如下：

```
final CheckBox check=(CheckBox)findViewById(R.id.checkBox);
check.setOnCheckedChangeListener(new OnCheckedChangeListener(){
    public void onCheckedChanged(CompoundButton arg0, boolean arg1){
        if(check.isChecked())
        { check.getText();}
    }
});
```

在上述代码中，首先通过复选框的 id 来获取复选按钮对象，然后为其添加 OnChecked ChangeListener 监听器，并在 onCheckedChanged()方法中根据方法 isChecked()来获取该复选

框是否被选中。如果被选中，则通过 getText()方法获取该复选框所对应的值。

除了使用上述监听器外，还可以使用其他按钮获取复选框的选中状态，与使用普通按钮获取单选按钮的选中状态的方法一样。

【范例 3】

创建“我的爱好”应用程序，列举 4 个与爱好相关的复选框和 6 个“提交”按钮。为按钮添加单击事件，获取复选框的选中状态和选中的值，用文本框来显示。本例为“旅游”复选框添加监听器，当该项被选中时文本框的内容为“您选择了旅游，是否考虑一下我们旅行社？”

步骤如下。

(1) 创建应用程序并添加组件，以“音乐”复选框为例，其代码如下：

```
<CheckBox
    android:id="@+id/checkBox1"
    android:layout_width="wrap_content"
    android:layout_height="wrap_content"
    android:layout_x="80dp"
    android:layout_y="210dp"
    android:text="音乐" />
```

(2) 获取窗口中的组件，编写“旅游”复选框的监听器，当该复选框被选中时会改变文本框中的内容，代码如下：

```
public class Hobby extends Activity {
    protected void onCreate(Bundle savedInstanceState) {
        super.onCreate(savedInstanceState);
        setContentView(R.layout.hobby);
        final Button button = (Button) findViewById(R.id.button1);
        final EditText name = (EditText) findViewById(R.id.editname);
        final TextView text = (TextView) findViewById(R.id.text);
        final CheckBox check1 = (CheckBox) findViewById(R.id.checkBox1);
        final CheckBox check2 = (CheckBox) findViewById(R.id.checkBox2);
        final CheckBox check3 = (CheckBox) findViewById(R.id.checkBox3);
        final CheckBox check4 = (CheckBox) findViewById(R.id.checkBox4);
        //复选框监听器
        check4.setOnCheckedChangeListener(new OnCheckedChangeListener() {
            public void onCheckedChanged(CompoundButton arg0, boolean arg1)
{
                if (check4.isChecked()) {
                    text.setText("您选择了旅游，是否考虑一下我们的旅行社？ ");
                }
            }
        });
    }
}
```

(3) 定义“提交”按钮的 setOnClickListener 事件，以此判断复选框是否被选中，若选

中则获取复选框的值并添加到指定字符串中，修改文本框的值显示用户选择的爱好，代码如下：

```
button.setOnClickListener(new View.OnClickListener() {
    @Override
    public void onClick(View v) {
        String hobbytext = "";  //记录用户选择的爱好
        if (check1.isChecked()) {
            hobbytext = hobbytext + check1.getText().toString() + " ";
        }
        if (check2.isChecked()) {
            hobbytext = hobbytext + check2.getText().toString() + " ";
        }
        if (check3.isChecked()) {
            hobbytext = hobbytext + check3.getText().toString() + " ";
        }
        if (check4.isChecked()) {
            hobbytext = hobbytext + check4.getText().toString() + " ";
        }
        text.setText("您的爱好： " + hobbytext);
    }
});
```

(4) 运行该应用程序，分别选择“音乐”和“美食”复选框，单击“提交”按钮，其效果如图 5-8 所示。之后选中“旅游”复选框，其效果如图 5-9 所示，文本框中的内容被改变。此时再单击“提交”按钮，其效果如图 5-10 所示，按钮在单击事件中获取了被选择的 3 个复选框并显示了出来。由此可见，普通按钮的监听器与复选框的监听器互不影响，可正常执行。

图 5-8　首次获取爱好

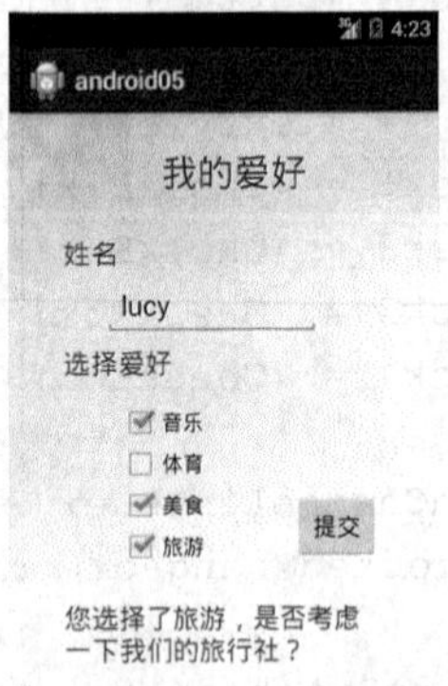

图 5-9　“旅游”选项事件

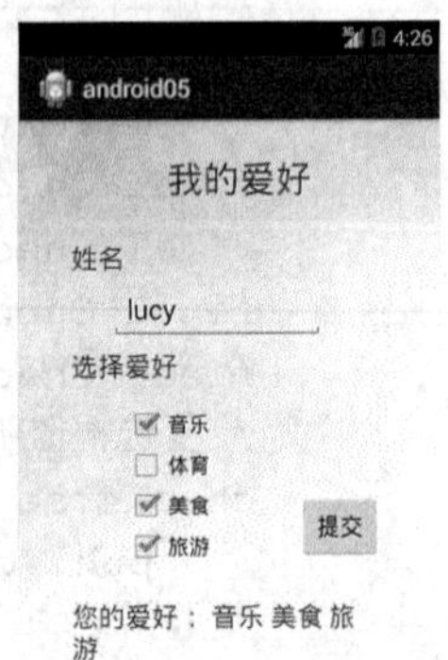

图 5-10　重新获取爱好

5.3　图 像 视 图

图像视图(ImageView)组件可以在屏幕中显示图形对象，通常用来显示图片。在使用

ImageView 组件为程序加载图片时，是通过在 XML 布局文件中添加<ImageView>标记来实现的。

在使用 ImageView 组件显示图像时，通常要先将图片放置在 res/drawable 目录下，然后再将其显示在布局管理器中，其基本语法如下：

```
<ImageView
   android:layout_width="wrap_content"
   android:layout_height="wrap_content"
   android:src="@drawable/logo"
   android:id="@+id/imageView01""/>
```

在上述代码中，android:src="@drawable/logo"表示 ImageView 所显示的 Drawable 对象的 ID 为 logo。

ImageView 常用的 XML 属性如表 5-2 所示。

表 5-2 ImageView 支持的 XML 属性

属性名称	说 明
android:adjustViewBounds	用于设置 ImageView 是否调整自己的边界，保持所需显示的图片的长度变化
android:baseline	表示在视图中的偏移
android:baselineAlignBottom	如果其值为 true，则表明图像视图的基线将基于其底部边缘对齐
android:cropToPadding	如果设置为 true，图像将被裁剪，以适合其填充需要
android:maxHeight	用于设置 ImageView 的最大高度(只有当 android:adjustViewBounds 属性的值为 true 时才会起作用)
android:maxWidth	用于设置 ImageView 的最大宽度(只有当 android:adjustViewBounds 属性的值为 true 时才会起作用)
android:scaleType	用于设置所显示的图片如何缩放或移动，以适应 ImageView 的大小
android:src	用于设置 ImageView 所显示的 Drawable 对象的 ID
android:tint	用于设置图像着色的颜色

将图片放置在 res/drawable 目录下，可以直接使用 android:src="@drawable/图片名称"来获取，但这种方法有时并不能顺利地获取图片，因为图片没有被定义为资源。

当图片被定义为资源后，将默认为图片创建不同大小的副本，系统会根据程序所需要的图片大小获取相应的图片。例如，如果要将该图片设置为图标，则需要将图片缩小。

系统在创建图片资源时，会将图片转换为 5 种不同的大小规格，且分别放在不同的目录中。将图片定义为资源的步骤如下。

(1) 新建一个应用程序，在 Graphical Layout 编辑器下向窗口中添加图片，将弹出如图 5-11 所示的对话框，该对话框用于选择要显示的资源。应用程序中默认有一个资源(ic-launcher)可供选择，图 5-11 中有用户自定义添加的两个资源。单击 Create New Icon 按钮可进入如图 5-12 所示的对话框创建新的资源。

(2) 在图 5-12 所示的对话框中的编辑框中输入新建资源的名字，单击“下一步”按钮可进入如图 5-13 所示的对话框设置要添加的资源。

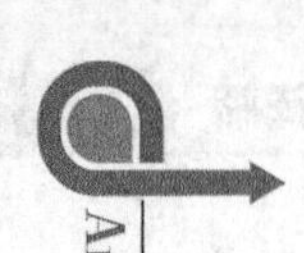

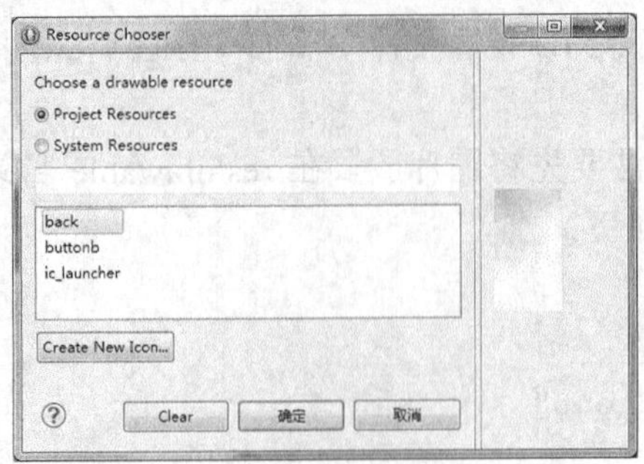

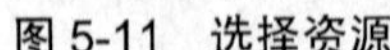

图 5-11　选择资源

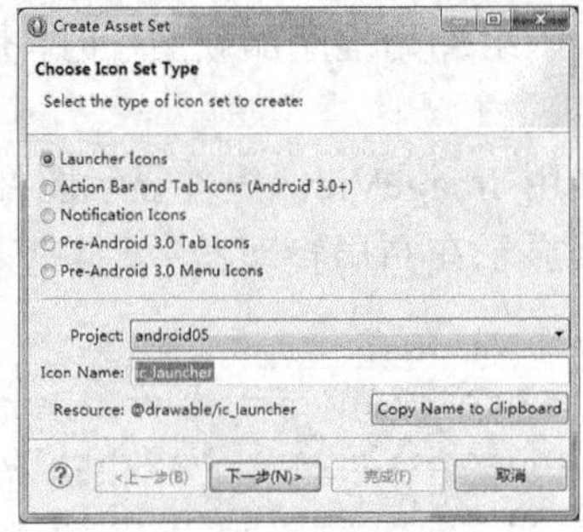

图 5-12　创建资源

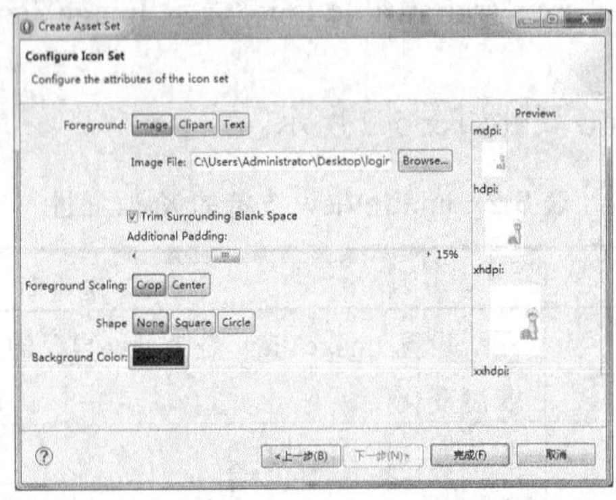

图 5-13　设置资源

(3) 如图 5-13 所示，Foreground 的右侧有 Image 按钮、Clipart 按钮和 Text 按钮，分别用来获取图片、系统自带的剪贴画和艺术字体。

单击 Clipart 按钮，图 5-13 中 Image File 编辑框的位置处会出现一个 Choose 按钮。单击 Choose 按钮可打开选择剪贴画的对话框，如图 5-14 所示。选择需要的剪贴画即可返回到图 5-13 所示的对话框。

单击 Text 按钮，图 5-13 中 Image File 编辑框的位置处会出现一个 Text 框和一个 Font 类型的按钮。该按钮的默认值是 Arial Bold，单击它可打开如图 5-15 所示的字体对话框选择字体，选择完成后单击“确定”按钮可回到图 5-13 所示对话框。另外需要说明的是，Text 框显示的是艺术字体。

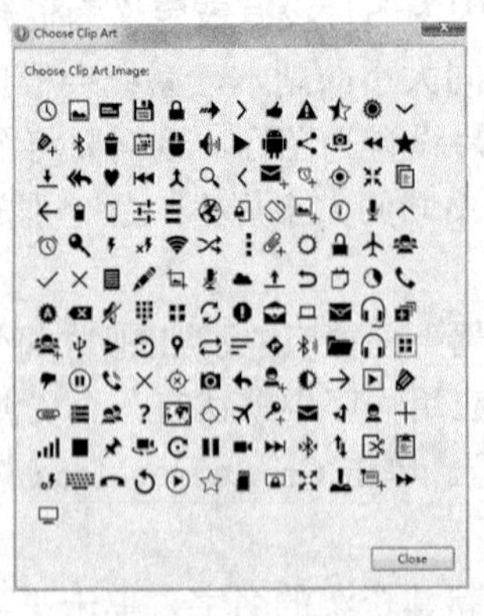

图 5-14　剪贴画对话框

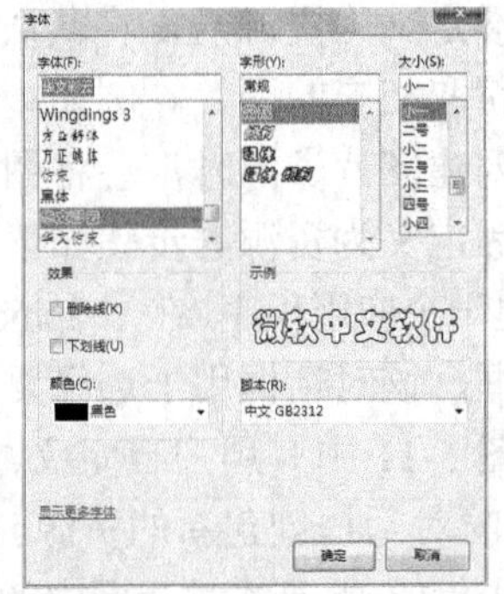

图 5-15　“字体”对话框

单击图 5-13 中的 Browse 按钮，可浏览计算机中的图片资源，并选择图片。其下方的几个按钮可以设置图片的缩放、形状和背景色，用户可尝试使用这些按钮，查看操作效果。设置完成后单击“完成”按钮，可将指定的图片或艺术字添加为图片资源。例如，使用名为 logb 的图片资源作为图像视图组件，其 XML 代码如下：

```
<ImageView
    android:id="@+id/imageView1"
    android:layout_width="278dp"
    android:layout_height="319dp"
    android:src="@drawable/logb" />
```

5.4 列表类组件

本章 5.2.3 和 5.2.4 两节介绍的单选按钮和复选按钮都可以列举选项供用户选择，但这种列举方式过多地占用了窗口的空间。本节所要介绍的列表类组件同样可以列举选项供用户选择，但却大大节省了空间的占用，常见的有列表框、列表视图等。

5.4.1 列表框

列表框(Spinner)是一个外观类似于编辑框的组件，其右下角有一个黑色三角，单击可向下延伸，显示剩余的选项供用户选择。因此，列表框会事先将定义好的选项隐藏，仅显示默认的选项。

列表框用<Spinner>标记来表示，其基本语法如下：

```
<Spinner
    android:entries="@array/fruit "
    android:layout_width="wrap_content"
    android:layout_height="wrap_content"
    android:id="@+id/spinner"/>
```

在上述代码中，entries 为可选属性，用于指定列表项。通常是在项目下的 res/values 中新建一个 XML 文件，用于添加列表项的数组资源文件。该文本不需要在布局文件中引用，而是直接引用文件中的数组资源名称，其数组格式如下：

```
<?xml version="1.0" encoding="utf-8"?>
<resources>
    <string-array name="fruit">
        <item>苹果</item>
        <item>香蕉</item>
        <item>橘子</item>
    </string-array>
    <string-array name="appliance">
        <item>冰箱</item>
        <item>空调</item>
        <item>洗衣机</item>
    </string-array>
</resources>
```

上述代码添加了两个数组，其中 string-array name="fruit"表示该数组资源名称，也是 Spinner 中 entries 属性所引用的内容。如果 entries 属性没有指定数组资源，可以在 Java 代码中通过为其指定适配器的方式来指定数组资源。

提示： 通常情况下，如果列表框中要显示的列表项是已知的，那么可以将其内容保存在数组资源中，然后通过数组资源来为列表框指定列表项。

列表框带有选择列表项事件的监听器，在列表框有选择项或改变选择项的时候执行监听。但由于列表框在应用程序启动时就有选择项，因此在应用程序执行时可能就已经执行了列表框的选择列表项事件。

列表框的选择列表项事件监听器的定义格式如下：

```
final Spinner spinner = (Spinner) findViewById(R.id.spinnermarry);
    //获取列表框
spinner.setOnItemSelectedListener(new OnItemSelectedListener() {
    @Override
    public void onItemSelected(AdapterView<?> arg0, View arg1,int arg2, long
arg3) {
    //根据方法中的int类型参数获取选择项
    String marryed = spinner.getItemAtPosition(arg2).toString();
    }
    public void onNothingSelected(AdapterView<?> arg0) {
    }
});
```

若想在其他地方获取列表框的选择项，可使用列表框的 Spinner.getSelectedItem()方法。

【范例 4】

将“范例 2”和“范例 3”中的单选按钮和复选按钮修改为列表框，获取用户选择的信息并显示。当用户选择“旅游”时，显示“您喜欢旅游，是否加入我们驴友？”。操作步骤如下。

(1) 在项目下的 res/values 中新建一个 XML 文件，用于添加列表项的数组资源文件。这里定义了 marry 和 hobbys 两个数组，代码如下：

```
<?xml version="1.0" encoding="utf-8"?>
<resources>
     <string-array name="marry">
       <item>已婚</item>
       <item>未婚</item>
       <item>离异</item>
       <item>丧偶</item>
   </string-array>
        <string-array name="hobbys">
       <item>音乐</item>
       <item>美食</item>
       <item>影视</item>
       <item>体育</item>
       <item>旅游</item>
```

```
    </string-array>
</resources>
```

(2) 创建应用程序并添加按钮、文本框和列表框，其中列表框获取上述数组资源，代码如下：

```
<Spinner
    android:id="@+id/spinnermarry"
    android:layout_width="wrap_content"
    android:layout_height="40dp"
    android:layout_x="70dp"
    android:layout_y="210dp"
    android:entries="@array/marry" />
<Spinner
    android:id="@+id/spinnerhobby"
    android:layout_width="wrap_content"
    android:layout_height="40dp"
    android:layout_x="70dp"
    android:layout_y="300dp"
    android:entries="@array/hobbys" />
```

(3) 获取页面中的组件，定义按钮的单击事件以获取两个列表框的内容，代码如下：

```
final Spinner hobby = (Spinner) findViewById(R.id.spinnerhobby);
final Spinner marry = (Spinner) findViewById(R.id.spinnermarry);
final Button button = (Button) findViewById(R.id.button1);
final TextView text = (TextView) findViewById(R.id.text);
button.setOnClickListener(new View.OnClickListener() {
    public void onClick(View v) {
        String hobbys =hobby.getSelectedItem().toString();
        String married =marry.getSelectedItem().toString();
        text.setText("您的信息：\n 婚姻:"+married+"；  爱好："+hobbys);
    }
});
```

(4) 定义 hobby 列表框的选择列表项事件监听器，当选择“旅游”时显示“您喜欢旅游，是否加入我们驴友？”，代码如下：

```
hobby.setOnItemSelectedListener(new OnItemSelectedListener() {
    @Override
    public void onItemSelected(AdapterView<?> arg0, View arg1,int arg2, long
arg3) {
        String hobbys =hobby.getItemAtPosition(arg2).toString();
        if(hobbys.equalsIgnoreCase("旅游"))
        {text.setText("您喜欢旅游，是否加入我们驴友？");}
    }
    public void onNothingSelected(AdapterView<?> arg0) {
    }
});
```

(5) 运行上述应用程序，其效果如图 5-16 所示。单击列表框可以看到向下延伸的选项列表，列表内容即为数组中定义的内容，如图 5-16 所示，而默认值是数组定义中的第一项。

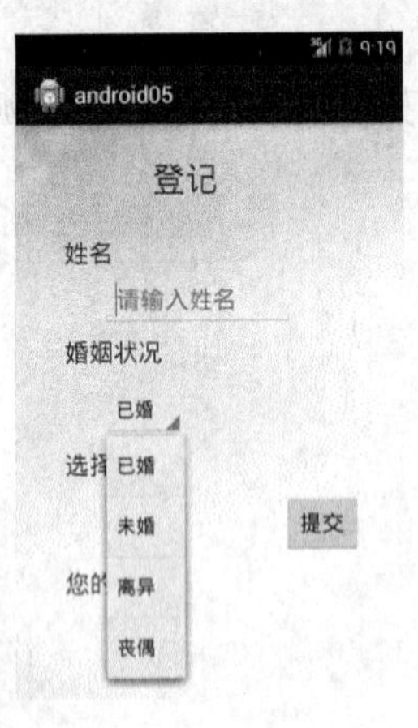

图 5-16　登记窗口

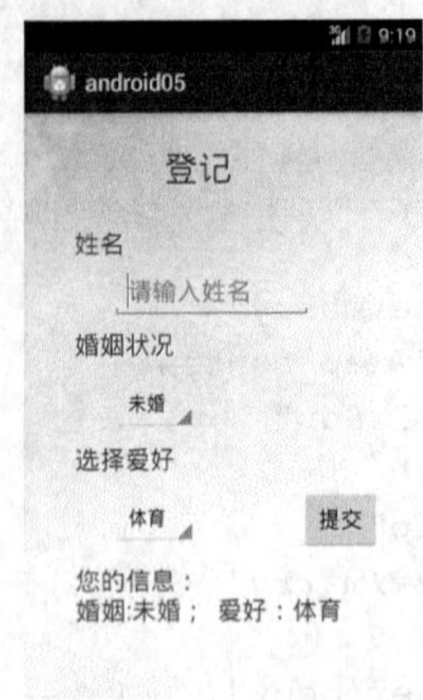

图 5-17　显示信息

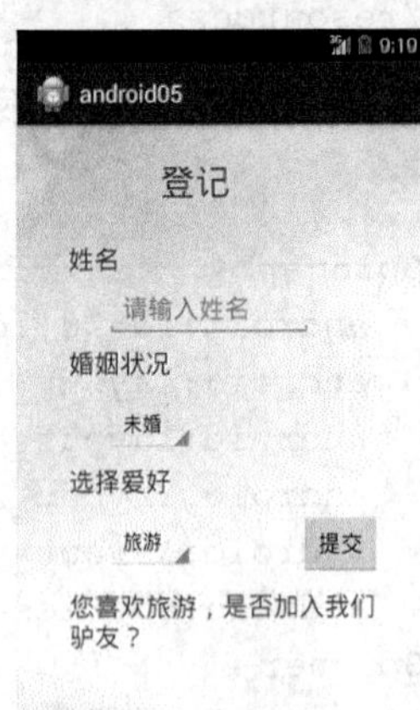

图 5-18　选择旅游

(6) 分别选择“未婚”和“体育”选项，单击“提交”按钮，其效果如图 5-17 所示，按钮在事件中成功获取列表框选择项。

(7) 在爱好列表框中选择“旅游”选项，其效果如图 5-18 所示，列表框获取了选择项并判断成功，显示“您喜欢旅游，是否加入我们驴友？”语句。

5.4.2　列表视图

在 Android 中，列表视图(ListView)以垂直列表的形式列出需要显示的列表项。它与列表框的区别有以下几点。

- 列表框隐藏了除默认选项以外的选项，而列表视图列举出了所有选项。
- 列表框选项的内容通常是文字，而列表视图中的选项通常是文字或一组组件。
- 列表框通过在下拉的列表中选择选项，而列表视图通过单击选项来选择。
- 列表框中选中的选项可通过按钮获取，而列表视图中选中的选项是不能获取的，只能够触发列表视图的事件监听器。

在 XML 布局文件中添加<ListView>标记可以创建列表视图，这与其他组件的配置基本相同，其语法格式如下。

```
<ListView
    android:entries="@array/type"
    android:layout_width="match_parent"
    android:layout_height="wrap_content"
    android:id="@+id/listView"/>
```

与列表选择框的语法格式一样，在上述代码中，entries 为可选属性，用于指定列表项，也可以不设置该属性。在 Java 代码中，则通过为其指定适配器的方式来指定数组资源。

ListView 支持的 XML 属性如表 5-3 所示。

表 5-3 ListView 支持的 XML 属性

属性名称	说 明
android:divider	用于为列表视图设置分隔条，既可以用颜色分割，也可以用 Drawable 资源分离
android:dividerHeight	用于设置分隔条的高度
android:entries	用于通过数组资源为 ListView 指定列表项
android:footerDividersEnabled	用于设置是否在 footer View 之前绘制分隔条。其默认值为 true，当设置为 false 时，表示不绘制。使用该属性时，需要通过 ListView 组件提供的 addFooterView()方法为 ListView 设置 footer View
android:headerDividersEnabled	用于设置是否在 footer View 之后绘制分隔条。其默认值为 true。当设置为 false 时，表示不绘制。使用该属性时，需要通过 ListView 组件提供的 addHeaderView()方法为 ListView 设置 header View

ListView 指定的外观形式通常有以下几个。

- simple_list_item_1：表示每个列表项都是一个普通的文本。
- simple_list_item_2：表示每个列表项都是一个普通的文本(字体略大)。
- simple_list_item_checked：表示每个列表项都有一个选中的列表项。
- simple_list_item_multiple_choice：表示每个列表项都是带复选按钮的文本。
- simple_list_item_single_choice：表示每个列表项都是带单选按钮的文本。

与列表选择框一样，在使用列表视图时，如果没有在布局文件中为 ListView 指定要显示的内容，则可以通过为其设置 Adapter 来指定需要显示的列表项。

ListView 的事件监听器是选项的单击事件，格式如下：

```
final ListView list = (ListView) findViewById(R.id.listView);
list.setOnItemClickListener(new ListView.OnItemClickListener() {
    @Override
    public void onItemClick(AdapterView<?> arg0, View arg1, int arg2,long
arg3) {
        //获取当前 ListView 中选中项的值
        String text=arg0.getItemAtPosition(arg2).toString();
    }
});
```

在上述代码的 onItemClick()方法中，4 个参数依次表示当前的 ListView、单击的那一项对应的 view、单击的是 ListView 的第几项和 id 值。

【范例 5】

创建一个显示诗人列表的应用程序，使用 ListView 显示诗人姓名，当单击 ListView 选项时，要求能显示并对应诗人的简介，步骤如下。

(1) 在项目下的 res\values 中新建一个 XML 文件，用于添加列表项的数组资源文件，代码如下：

```
<string-array name="poets">
    <item>李白</item>
    <item>杜甫</item>
```

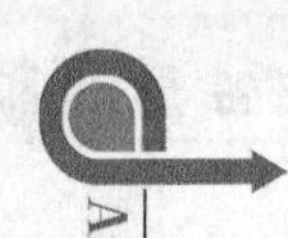


```
    <item>陶渊明</item>
    <item>苏轼</item>
    <item>李清照</item>
</string-array>
```

(2) 在窗体文件中添加一个 ListView 和一个文本框，其中 ListView 的代码如下：

```
<ListView
    android:id="@+id/listView"
    android:layout_width="match_parent"
    android:layout_height="250dp"
    android:entries="@array/poets" />
```

(3) 定义 ListView 的选项单击事件，创建一个有 5 个成员的数组，分别描述诗人的简介。当单击某个诗人选项时，用文本框显示该诗人的简介，代码如下：

```
final ListView poetlist = (ListView) findViewById(R.id.listView);
final TextView text = (TextView) findViewById(R.id.text);
poetlist.setOnItemClickListener(new ListView.OnItemClickListener() {
    @Override
    public void onItemClick(AdapterView<?> arg0, View arg1, int arg2,long
arg3) {
        String[] poettext = new String[5];
        poettext[0] = "李白(公元 701 年一公元 762 年)，字太白，号青莲居士，又号谪仙
人，是唐代伟大的浪漫主义诗人，被后人誉为诗仙。其人爽朗大方，爱好饮酒作诗，爱交好友，曾
获得过皇上和贵妃的赏识。";
        poettext[1] = "杜甫(公元 712 年一公元 770 年)，字子美，汉族，祖籍襄阳，生于
河南巩县。自号少陵野老，是唐代伟大的现实主义诗人，";
        //省略其他数组成员
        //根据当前选择的选项索引，获取数组中对应的数据
        text.setText("诗人：\n"+poettext[arg2]);    }
});
```

(4) 运行该应用程序，其效果如图 5-19 所示。在内容为诗人的文本框上方，用细线分割开的选项便是 ListView 的选项。单击“杜甫”选项，文本框的内容被改变，显示为诗人数组中对应的内容，其效果如图 5-20 所示。

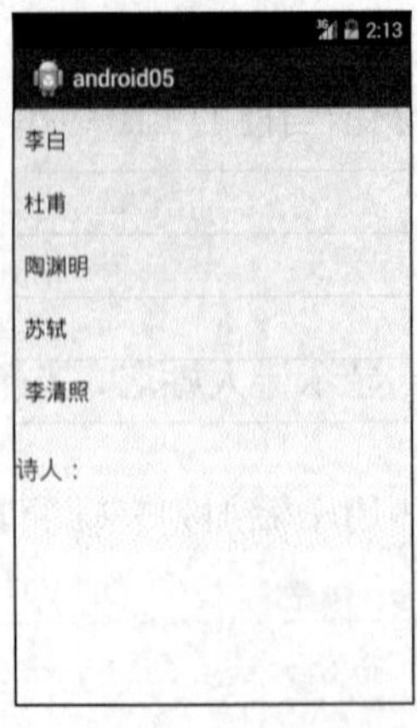

图 5-19　ListView 样式

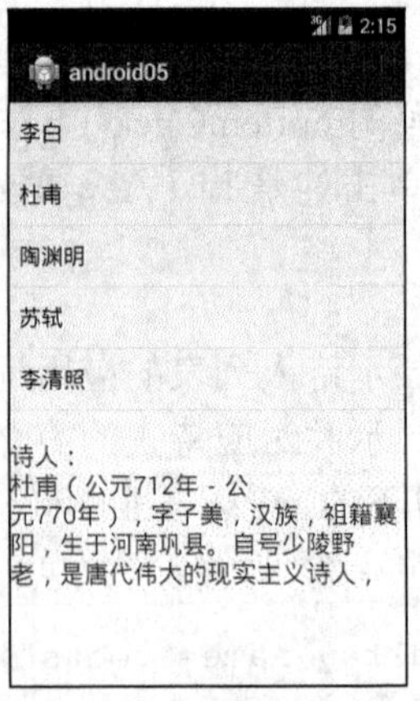

图 5-20　ListView 效果

5.4.3　列表视图高级应用

ListView 的选项不但可以是文字，还可以是组件。但是组件又包括显示类型的(如文本框和图片)和可操作类型的(如按钮、列表框等)两种。

对于显示类型的组件，可自定义 Adapter 适配器，使用 Activity 或继承了 ListActivity 的 Activity 来显示。ListActivity 和普通的 Activity 没有太大的差别，只是对显示 ListView 做了许多优化。

而对于可操作类型的组件(除了 ListView 指定形式的单选按钮和复选按钮)，是无法映射的，因此不能通过适配器来响应。此时必须重写一个类继承 BaseAdapter。

【范例 6】

创建一个应用程序继承 ListActivity，要求窗口中显示含有图片和文字的列表视图，步骤如下。

(1) 创建一个名为 onepiece 的布局文件，用于显示窗口，文件中含有图片和文字，部分代码如下：

```
<LinearLayout
    android:layout_width="fill_parent"
    android:layout_height="wrap_content"
    android:layout_x="0dp"
    android:layout_y="60dp"
    android:orientation="horizontal" >
    <ImageView
        android:id="@+id/imageView1"
        android:layout_width="wrap_content"
        android:layout_height="wrap_content"
        android:src="@drawable/lufei" />
    <TextView
        android:id="@+id/text"
        android:layout_width="wrap_content"
        android:layout_height="wrap_content"
        android:text="路飞"
        android:textSize="15sp" />
    <TextView
        android:id="@+id/textspace"
        android:layout_width="wrap_content"
        android:layout_height="wrap_content"
        android:text="     "
        android:textSize="15sp" />
    <TextView
        android:id="@+id/title"
        android:layout_width="wrap_content"
        android:layout_height="wrap_content"
        android:text="     "
        android:textSize="15sp" />
</LinearLayout>
```

从上述代码可以看出，布局文件中只有图片组件和文本框组件，而没有列表视图。

(2) 创建继承了 ListActivity 的 Activity，定义添加列表项的方法名为 getData，代码如下：

```
private List<Map<String, Object>> getData() {
    List<Map<String, Object>> list = new ArrayList<Map<String, Object>>();
    Map<String, Object> map = new HashMap<String, Object>();
    map.put("img", R.drawable.lufei);
    map.put("text", "路飞");
    map.put("space", "    ");
    map.put("title", "海贼船长，梦想成为海贼王");
    list.add(map);
    map = new HashMap<String, Object>();
    map.put("img", R.drawable.qiaoba);
    map.put("text", "乔巴");
    map.put("space", "    ");
    map.put("title","船医，梦想继承海贼精神，成为什么都能治的医生");
    list.add(map);
    //这里省略一个列表项的添加
    return list;
}
```

(3) 定义 Activity 的 onCreate()方法，创建适配器，代码如下：

```
    public void onCreate(Bundle savedInstanceState) {
        super.onCreate(savedInstanceState);
        SimpleAdapter adapter = new SimpleAdapter(this,
getData(),R.layout.onepiece,newString[]{"img","text","space","title"},
new int[] { R.id.imageView1, R.id.text,R.id.textspace, R.id.title });
        setListAdapter(adapter);
    }
```

(4) 运行该应用程序，其效果如图 5-21 所示。

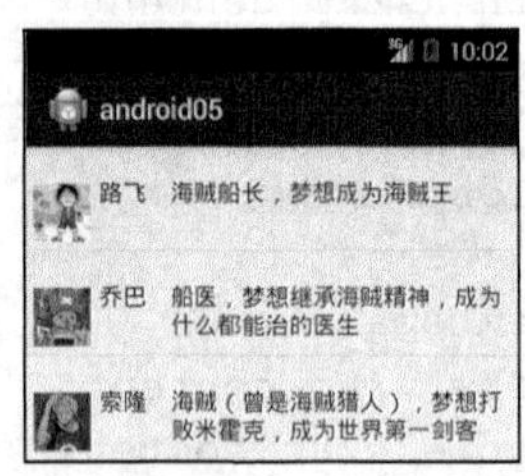

图 5-21　含图片的列表视图

5.5　日期与时间组件

日期与时间组件也是应用程序中的常用组件，例如备忘录、闹钟等组件都需要用到时间和日期。除此之外还有一个与时间相关的组件——计时器，本节也将详细介绍。

5.5.1 日期选择器

为了能让用户自己设置日期和时间，Android 提供了日期、时间选择器，即 DatePicker 和 TimePicker 组件。这两个组件的使用比较简单，可以在 Eclipse 的可视化界面设计器中选择将组件放在布局文件中。下面详细介绍这两个组件。

在使用 DatePicker 组件显示日期时，通常使用<DatePicker>标记在 XML 布局文件中配置，其基本语法如下。

```
<DatePicker
    android:id="@+id/datePicker"
    android:layout_width="wrap_content"
    android:layout_height="wrap_content"/>
```

为了可以在程序中获取用户选择的日期，需要为 DatePicker 组件添加事件监听器 OnDateChangedListener。监听器配置的主要代码如下。

```
DatePicker date = (DatePicker) findViewById(R.id.datePicker);
date.init(year, month, day, new dateOnDateChangetdListener());.
//省略部分代码
class dateOnDateChangetdListener implements OnDateChangedListener{
    public void onDateChanged(DatePicker view, int year, int monthOfYear,
int dayOfMonth) {
        MainActivity.this.year = year;
        MainActivity.this.month = monthOfYear;
        MainActivity.this.day = dayOfMonth;
    }
}
```

注意： *在使用 DatePicker 对象获取月份 month 时，需要将 month 加 1 才是真正的月份。*

5.5.2 时间选择器

日期选择器供用户选择年、月、日；而时间选择器供用户选择小时和分钟。在使用 TimePicker 组件显示时间时，通常使用<TimePicker>标记在 XML 布局文件中配置，其基本语法如下。

```
<TimePicker
    android:id="@+id/timePicker"
    android:layout_width="wrap_content"
    android:layout_height="wrap_content"/>
```

与日期选择器一样，使用时间选择器时也要添加事件监听器，TimePicker 组件的事件监听器是 OnTimeChangedListener，实现的主要代码如下。

```
TimePicker time = (TimePicker) findViewById(R.id.timePicker);
time.setOnTimeChangedListener(new timeOnTimeChangedListener());
//省略部分代码
class  timeOnTimeChangedListener implements OnTimeChangedListener{
```

```
        public void onTimeChanged(TimePicker view, int hourOfDay, int minute) {
            MainActivity.this.hour = hourOfDay;
            MainActivity.this.minute = minute;
        }
    }
```

5.5.3 计时器

计时器(Chronometer)组件可以显示从某个起始时间开始，一共过去了多长时间。由于该组件继承 TextView，所以它以文本的形式显示内容。一般在使用该组件的时候，会调用以下几个方法。

- setBase(long base)方法：用于设置计时器计时的基准(开始)时间。
- setFormat(String format)方法：用于设置显示字符串的格式，计时器将使用 MM:SS 或 H:MM:SS 形式的值替换格式化字符串中的第一个%s。
- setOnChronometerTickListener(OnChronometerTickListener listener)方法：用于设置计时器变化时调用的监听器。
- start()方法：用于开始计时。该操作不会影响用 setBase(long)方法设置的基准(开始)时间，仅影响显示的视图。
- stop()方法：用于停止计时。该操作不会影响用 setBase(long)方法设置的基准(开始)时间，只影响显示的视图。

在使用计时器组件时，需要在 XML 布局文件中添加<Chronometer>标记，其主要代码如下。

```
<Chronometer
    android:layout_width="wrap_content"
    android:layout_height="wrap_content"
    android:id="@+id/chronometer"
  />
```

【范例 7】

创建应用程序定义一个计时器，添加 Chronometer 组件和 3 个按钮，要求按钮要分别能实现开始计时、停止计时和重置，步骤如下。

(1) 创建应用程序并添加组件，其中 Chronometer 组件的布局代码如下：

```
<Chronometer
    android:id="@+id/chronometer1"
    android:layout_width="136dp"
    android:layout_height="34dp"
    android:textSize="25sp" />
```

(2) 重写 onCreate()方法，获取计时器和按钮，设置计时器在应用程序开始时启动；分别为 3 个按钮添加计时器的开始、停止和重置操作，代码如下：

```
protected void onCreate(Bundle savedInstanceState) {
    super.onCreate(savedInstanceState);
```

```
    setContentView(R.layout.mytime);
    //获取计时器
    final Chronometer cher1 = (Chronometer) findViewById(R.id.chronometer1);
    //设置计时器的开始时间
    cher1.setBase(SystemClock.elapsedRealtime());
    //设置计时器的显示样式为开始计时文字和时间
    cher1.setFormat("计时开始：%s");
    //启动计时器
    cher1.start();
    //获取 3 个按钮
    final Button cstart = (Button) findViewById(R.id.onstart);
    final Button cstop = (Button) findViewById(R.id.onstop);
    final Button cnewtime = (Button) findViewById(R.id.onnew);
    //定义开始按钮的单击事件，在事件中启动计时器
    cstart.setOnClickListener(new View.OnClickListener() {
        @Override
        public void onClick(View v) {
            cher1.start();
        }
    });
    //定义停止按钮的单击事件，停止计时
    cstop.setOnClickListener(new View.OnClickListener() {
        @Override
        public void onClick(View v) {
            cher1.stop();
        }
    });
    //定义重置按钮的单击事件，累计用时修改为 0
    cnewtime.setOnClickListener(new View.OnClickListener() {
        @Override
        public void onClick(View v) {
            cher1.setBase(SystemClock.elapsedRealtime());
        }
    });
}
```

5.6　实验指导——时间和日期处理

创建一个 Android 项目，在屏幕中添加日期和时间选择器，在改变日期和时间时，能够得到改变后的日期和时间，步骤如下：

(1) 在项目中的 res/layout 目录下修改 activity_main.xml 文件，然后添加一个 TextView 组件、一个 DatePicker 组件和一个 TimePicker 组件，代码如下：

```
<LinearLayout xmlns:android="http://schemas.android.com/apk/res/android"
    android:layout_width="match_parent"
    android:layout_height="match_parent"
    android:orientation="vertical" >
```

```
    <TextView
        android:id="@+id/text"
        android:layout_width="wrap_content"
        android:layout_height="wrap_content"/>
    <DatePicker
        android:id="@+id/datePicker"
        android:layout_width="wrap_content"
        android:layout_height="wrap_content"/>
    <TimePicker
        android:id="@+id/timePicker"
        android:layout_width="wrap_content"
        android:layout_height="wrap_content"/>
</LinearLayout>
```

在上述代码中，TextView 用来显示日期和时间。

(2) 在 com.android.activity 包中的 MainActivity.java 文件中，为 DatePicker 组件和 TimePicker 组件添加事件监听器，以此来获取用户选择的日期和时间，其主要代码如下：

```
private int year = -1;
private int month = -1;
private int day = -1;
private int hour = -1;
private int minute = -1;
private TextView text = null;
protected void onCreate(Bundle savedInstanceState) {
super.onCreate(savedInstanceState);
setContentView(R.layout.activity_main);
DatePicker date = (DatePicker) findViewById(R.id.datePicker);
//获取日期选择器组件
TimePicker time = (TimePicker) findViewById(R.id.timePicker);
//获取时间选择器组件
text = (TextView) findViewById(R.id.text);
time.setIs24HourView(true);                          //设置时间为 24 小时制式
Calendar calendar = Calendar.getInstance();          //创建日历对象
year = calendar.get(Calendar.YEAR);                  //获取当前年份
month = calendar.get(Calendar.MONTH);                //获取当前月份
day = calendar.get(Calendar.DAY_OF_MONTH);           //获取当前日
hour = calendar.get(Calendar.HOUR_OF_DAY);           //获取当前小时
minute = calendar.get(Calendar.MINUTE);              //获取当前分钟
date.init(year, month, day, new dateOnDateChangetdListener());
//为日期添加监听器
time.setOnTimeChangedListener(new timeOnTimeChangedListener());
//为时间添加监听器
text.setText("现在是: "+year+"年"+(month+1)+"月"+day+"日"+hour+"时"+minute
+"分");                                               //设置文本框内容
}
class dateOnDateChangetdListener implements OnDateChangedListener{
    public void onDateChanged(DatePicker view, int year, int monthOfYear,
int dayOfMonth) {
```

```
        MainActivity.this.year = year;                  //改变 year 的值
        MainActivity.this.month = monthOfYear;          //改变 month 的值
        MainActivity.this.day = dayOfMonth;             //改变 day 的值
        show(year, month, day, hour, minute);           //在文本框内显示日期和时间
    }
}
class timeOnTimeChangedListener implements OnTimeChangedListener{
    public void onTimeChanged(TimePicker view, int hourOfDay, int minute)
{
        MainActivity.this.hour = hourOfDay;             //改变 hour 的值
        MainActivity.this.minute = minute;              //改变 minute 的值
        show(year, month, day, hour, minute);           //在文本框内显示日期和时间
    }
}
private void show(int year,int month,int day,int hour,int minute){
//用于获取选择的日期和时间
    text.setText("您选择的日期是："+year+"年"+(month+1)+"月"+day+"日"+hour+"
时"+minute +"分");
}
```

5.7　思考与练习

一、填空题

1. 编辑框的 android:__________属性能够设置指定输入格式。

2. 在 Android 的布局中，android:__________是编辑框为空时，以文字的形式显示提示信息的属性。

3. RadioGroup 组件的 android:__________属性可以设置其内部单选按钮的排列方式。

4. 为按钮添加单击事件监听器有两种方法，其方法之一是在 Activity 的 Java 代码中写一个包含__________类型的参数，之后在布局文件中通过给按钮属性赋值来为按钮添加单击事件监听器。

5. 按钮的 android:__________属性可以设置自定义的单击事件监听器。

二、选择题

1. 系统在创建图片资源的时候，将图片转换为 5 种大小不同的资源，分别放在 5 个目录下。下列不属于图片资源存放地址的是__________。

   A. res 目录下的 drawable-xhdpi 文件夹
   B. res 目录下的 drawable-xxhdpi 文件夹
   C. res 目录下的 drawable-xxxhdpi 文件夹
   D. 项目根目录

2. 下列关于单选按钮和复选框说法错误的是__________。

   A. 单选按钮通常需要放在 RadioGroup 组件中作为一个组，使该组件内的单选按钮只有一个被选中

B. 复选框通常需要放在 CheckGroup 组件中作为一个组，以方便获取组件内所有被选中的复选框的值

C. RadioGroup 组件的 android:orientation 属性可以设置其内部单选按钮的排列方式，默认是垂直排列

D. 因为每一个复选框都有选中和未选中两种情况，因此复选框没有组这个概念

3. 在使用 DatePicker 对象获取月份 month 时，需要将 month__________才能得到真正的月份。

A. 减 1　　B. 加 1　　C. 不操作　　D. 加 2

4. 关于列表框和列表视图，下列说法错误的是__________。

A. 列表框隐藏了除默认选项以外的选项，而列表视图列举出了所有选项

B. 列表框选项的内容通常是文字，而列表视图中的选项通常是文字或一组组件

C. 列表框和列表视图都可以设置默认选项

D. 列表框中选中的选项可通过按钮获取，而列表视图中选中的选项是不能够获取的，只能够触发列表视图的事件监听器

三、简答题

1. 总结文本框和编辑框的区别。
2. 总结单选按钮和复选框的区别。
3. 总结列表框和列表视图的区别。
4. 简述含有组件(非单选按钮和复选框)的列表视图的用法。

第 6 章　应用程序与 Activity

Activity 的中文意思是活动，它是 Android 程序中最基础的模块，为用户提供交互的可视化界面。

一个 Android 程序中至少有一个 Activity 实例，每一个 Activity 都被给予一个默认的窗口进行设计，但一个 Activity 可以不止拥有一个窗口。例如 Activity 运行时弹出的对话框窗口与程序的默认窗口可以归属于一个 Activity。

本章将介绍应用程序与 Activity，包括 Activity 的基础知识；Activity 的创建、配置、启动和关闭；Activity 数据交换等内容。

学习要点

- 了解 Activity 的概念和应用。
- 理解 Activity 的生命周期。
- 理解 Activity 的常用属性。
- 掌握 Activity 的创建。
- 掌握 Activity 的配置。
- 掌握 Activity 与布局文件的结合。
- 掌握 Activity 的启动和关闭。
- 掌握 Activity 的切换和数据传递。
- 理解 Fragment 的作用。
- 掌握 Fragment 的操作。

6.1　Activity 简介

Activity 是 Android 系统中的四大组件之一，可以用于显示 View。本节对 Activity 的基础知识进行简单的介绍，包括 Activity 概述、Activity 声明周期和属性等。

6.1.1　Activity 概述

Activity 窗口显示的内容由一系列视图构成，这些视图都继承自 View 基类。每个视图均控制着窗口中一块特定的矩形空间，父级视图包含并组织其子视图的布局，而底层视图则在它们控制的区域内进行内容设置，并对用户操作做出回应。

在 Android 中不同的 Activity 实例可能运行在一个进程中，也可能运行在不同的进程中。Android 提供了特别的机制帮助人们在 Activity 之间传递消息。

在深入了解 Activity 之前，需要了解一下 MVC 设计模式。在 Java EE 中 MVC 设计模式已经很经典了，而且其分类也比较清晰，但是在 Android 开发中，好多人对 MVC 的应用不是很清楚。下面先来介绍一下 MVC 在 Android 开发中的应用。

View 视图应用程序中负责生成用户界面的部分，也是在整个 MVC 架构中用户唯一可

以看到的一层，即接收用户输入，显示处理结果；在 Android 应用中一般采用 XML 文件进行界面的描述，使用的时候可以非常方便地引入，当然也可以使用 JavaScript+Html 等方式作为 View。

Android 控制层的重任由 Activity 承担，这里建议用户不要在 Activity 中写太多的代码，尽量将 Activity 交给 Model 业务逻辑层处理。

Android 中 Activity 主要是用来做控制的，它可以选择要显示的 View，也可以从 View 中获取数据，然后把数据传递给 Model 层进行处理，最后再来显示出处理结果。

在 Android 应用中可以有多个 Activity，这些 Activity 组成了 Activity 栈(Stack)，当前活动的 Activity 位于栈顶，之前的 Activity 被压入下面，成为非活动的 Activity，等待是否可能被恢复为活动状态。

在 Activity 的生命周期中，有 4 个重要状态。

(1) 活动状态(Active/Runing)。一个新 Activity 启动入栈后，它在屏幕最前端，也处于栈的最顶端，此时它处于可见，并可以和用户交互的激活状态。

(2) 暂停状态(Paused)。当 Activity 被另一个透明或者 Dialog 样式的 Activity 覆盖时的状态。此时它依然与窗口管理器保持连接，系统继续维护其内部状态，所以它仍然可见，但它已经失去了焦点，故不可与用户交互。

(3) 停止状态(Stoped)。当 Activity 被另外一个 Activity 覆盖、失去焦点且不可见时，Activity 将处于停止状态。此时 Activity 将继续保留内存中的状态和成员信息，当系统需要内存时，它是被回收对象的主要候选。当 Activity 处于停止状态时，一定要保存当前数据和 UI 状态，否则一旦 Activity 退出将丢失数据。

(4) 销毁状态(Killed)。Activity 被系统回收或者没有被启动时，处于销毁状态。此时 Activity 已被移除堆栈。

当一个 Activity 实例被创建、销毁或者启动另外一个 Activity 时，它在这 4 种状态之间进行转换，这种转换的发生依赖于用户程序的动作。

手动情况下用户可以控制一个 Activity 的“生”，但不能决定它的“死”。也就是说可以手动启动一个 Activity，但是却不能手动的“结束”一个 Activity。

当调用 Activity.finish()方法时，其结果和用户按下 Back 键一样：告诉 Activity Manager，这个 Activity 实例完成了相应的工作，可以被“回收”了。随后 Activity Manager 激活处于栈第二层的 Activity 并重新入栈，同时原 Activity 被压入到栈的第二层，从 Active 状态转到 Paused 状态。

例如，从 Activity1 中启动了 Activity2，则当前处于栈顶端的是 Activity2，第二层是 Activity1。当我们调用 Activity2.finish()方法时，Activity Manager 重新激活 Activity1 并入栈，Activity2 从 Active 状态转换 Stoped 状态，Activity1.onActivityResult()方法被执行，Activity2 返回的数据通过 data 参数返回给 Activity1。

Android 是通过一种 Activity 栈的方式来管理 Activity 的。一个 Activity 实例的状态决定它在栈中的位置。处于前台的 Activity 总是在栈的顶端，当前台的 Activity 因为异常或其他原因被销毁时，处于栈第二层的 Activity 将被激活，上浮到栈顶。当新的 Activity 启动入栈时，原 Activity 会被压入到栈的第二层。一个 Activity 在栈中的位置变化反映了它在不同状态间的转换。

除了最顶层即处在 Active 状态的 Activity 外，其他的 Activity 都有可能在系统内存因不足被回收。一个 Activity 的实例越是处在栈的底层，它被系统回收的可能性越大。系统负责管理栈中 Activity 的实例，它根据 Activity 所处的状态来改变其在栈中的位置。

6.1.2 Activity 的生命周期

在 android.app.Activity 类中，Android 定义了一系列与生命周期相关的方法。而在 Activity 中只是根据需要重写需要的方法，Java 的多态性会保证用户自己的方法被虚拟机调用，这一点与 Java ME 中的 MIDlet 类似。

Activity 生命周期包含以下几个方法：

```
public class OurActivity extends Activity {
    protected void onCreate(Bundle savedInstanceState);
    protected void onStart();
    protected void onRestart ();
    protected void onResume();
    protected void onPause();
    protected void onStop();
    protected void onDestroy();
}
```

上述方法说明如下：

- onCreate()：一个 Activity 的实例被启动时调用的第一个方法。一般情况下，都覆盖该方法作为应用程序的一个入口点，在这里做一些初始化数据、设置用户界面等工作。大多数情况下，开发人员都要通过该方法从 XML 中加载设计好的用户界面。例如：

  ```
  setContentView(R.layout.main);
  ```

  当然，也可从 savedInstanceState 中读取保存到存储设备中的数据，但是需要判断 savedInstanceState 的值是否为 null，因为 Activity 第一次启动时并没有数据被存储在设备中：

  ```
  if(savedInstanceState!=null){
      savedInstanceState.get("Key");
  }
  ```

- onStart()：该方法在 onCreate()方法之后被调用，或者在 Activity 从 Stoped 状态转换为 Active 状态时被调用。
- onRestart()：重新启动 Activity 时被调用。该方法总是在 onStart()方法之后执行。
- onResume()：在 Activity 从 Paused 状态转换到 Active 状态时被调用。调用该方法时，该 Activity 位于 Activity 栈的栈顶。该方法总是在 onPause()方法之后执行。
- onPause()：暂停 Activity 时被回调。该方法需要被非常快速地运行，因为直到该方法执行完毕之后，下一个 Activity 才能被恢复，在该方法中通常用于持久保存数据。
- onStop()：在 Activity 从 Active 状态转换到 Stoped 状态时被调用。
- onDestroy()：在 Active 结束时被调用，它是被结束时调用的最后一个方法，在这里一般做些释放资源，清理内存等的工作。

6.1.3 Activity 的属性

Activity 作为一个对象存在，它与其他 Android 对象一样有着 XML 属性。常见的 Activity 属性如表 6-1 所示。

表 6-1 常见的 Activity 属性

属性名称	说 明
android:allowTaskReparenting	用于确定是否允许 Activity 更换从属的任务。例如，从短信息任务切换到浏览器任务，取值为 true、false
android:alwaysRetainTaskState	用于确定是否保留状态不变，可取值 true、false
android:background	用于设置背景
android:clearTaskOnLaunch	在 Activity 触发另一个 Activity 并返回 Home 时是否启动被触发的 Activity，可取值有 true、false
android:configChanges	用于确定当配置发生修改时，是否调用 onConfigurationChanged()方法，可取值有 mcc、mnc、locale、touchscreen、keyboard、keyboardHidden、navigation、orientation、fontScale
android:enabled	用于确定 Activity 是否可以被实例化，可取值有 true、false
android:excludeFromRecents	用于确定对象是否可被显示在最近打开的 Activity 列表里，可取值有 true、false
android:exported	用于确定是否允许 Activity 被其它程序调用，可取值有 true、false
android:finishOnTaskLaunch	用于确定是否关闭已打开的 Activity 当用户重新启动这个任务的时候，可取值有 true、false
android:icon	表示图标
android:label	表示标签
android:launchMode	表示 Activity 启动方式，可取值有 standard、singleTop、singleTask、singleInstance，其中前两个为一组，后两个为一组
android:multiprocess	可取值有 true、false
android:name	表示该 Activity 实现的类名
android:noHistory	可取值有 true、false，用于确定当用户切换到其他屏幕时是否需要移除这个 Activity
android:process	Activity 运行时所在的进程名，所有程序组件运行在应用程序默认的进程中，这个进程名跟应用程序的包名一致；<application>中的元素 process 属性能够为所有组件设定一个新的默认值。但是任何组件都可以覆盖这个默认值；如果这个属性被分配的名字以:开头，当这个 Activity 运行时，一个新的专属于这个程序的进程将会被创建；如果这个进程名以小写字母开头，这个 Activity 将会运行在全局的进程中

续表

属性名称	说 明
android:screenOrientation	用于设置 Activity 的显示模式。 默认值 unspecified 表示无模式； Landscape 表示风景画模式，宽度比高度大一些； Portrait 表示肖像模式，高度比宽度大； User 表示用户的设置； 其可取值有 behind、sensor、nosensor
android:stateNotNeeded	用于确定 Activity 被销毁和成功重启时是否处于不保存状态
android:theme	用于设置 Activity 的样式主题。如果没有设置，则 Activity 的主题样式从属于应用程序
android:windowSoftInputMode	用于确定 Activity 主窗口与软键盘的交互模式，可取值有 stateUnspecified、stateUnchanged、stateHidden、stateAlwaysHidden

6.2 Activity 的创建和启动

Android 在创建项目时会创建一个默认的 Activity，它为用户提供了交互的可视化界面。但一个 Android 应用程序可以有多个 Activity，Activity 之间可以相互切换和交换数据。本节将介绍 Activity 的创建和启动，包括 Activity 的创建、配置、启动和关闭。

6.2.1 创建 Activity

创建 Activity 相当于创建一个 Activity 类文件和一个 XML 类型的窗口文件，并将这两个文件结合在一起。

Android 中的窗口都是一个 Java 文件和一个 XML 文件的结合。XML 文件用于设计窗口内容，添加控件；Java 文件用户设计窗口所实现的用户交互。下面通过范例来展示 Activity 的创建。

【范例 1】

创建一个 Android 应用程序并额外添加一个 Activity，步骤如下。

(1) 首先创建一个 Android 应用程序 Android5，步骤省略。接下来要添加一个 Activity，需要在项目名称处右击，在弹出的菜单中选择“新建”|“类”命令，如图 6-1 所示。

(2) 选择之后将打开“新建 Java 类”对话框，如图 6-2 所示。为 Activity 选择包，最好选择当前项目，这样容易实现 Activity 之间的切换。

(3) 为 Activity 选择超类，在如图 6-2 所示的对话框中，单击超类后面的“浏览”按钮打开如图 6-3 所示的对话框。在选择类型中填写 activity 将获取相关的匹配项列表，选择 Activity-android.app 匹配项，并单击“确定”按钮返回到如图 6-2 所示的界面。单击“完成”按钮，即完成 Activity 的创建。

每一个 Activity 都可以拥有窗口 XML 文件。为 Activity 添加 XML 文件，需要在项目根目录的 res 目录下的 layout 文件夹下，添加一个 Android XML File，步骤如下。

(1) 首先找到项目的 layout 节点右击，弹出如图 6-1 所示的对话框。

(2) 选择“新建”|Android XML File 选项，打开如图 6-4 所示的对话框。为新建的 XML 文档命名，并在 Root Element 中选择 XML 文档的根元素，单击“完成”按钮，即可创建新的窗口文档。

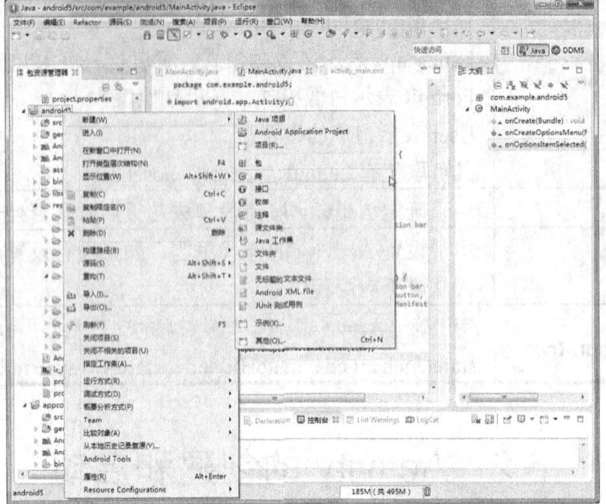

图 6-1　项目选项

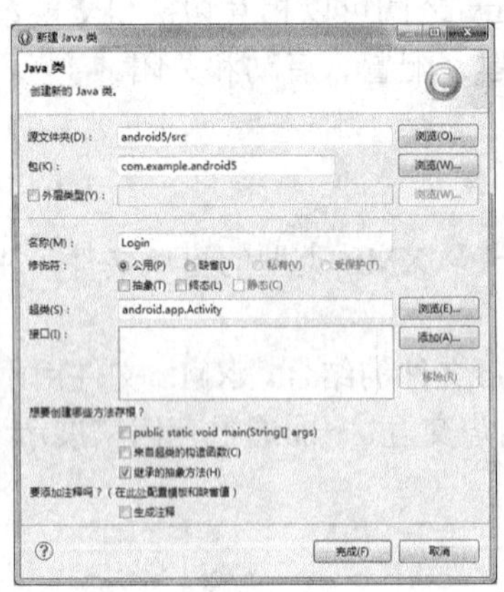

图 6-2　新建 Java 类

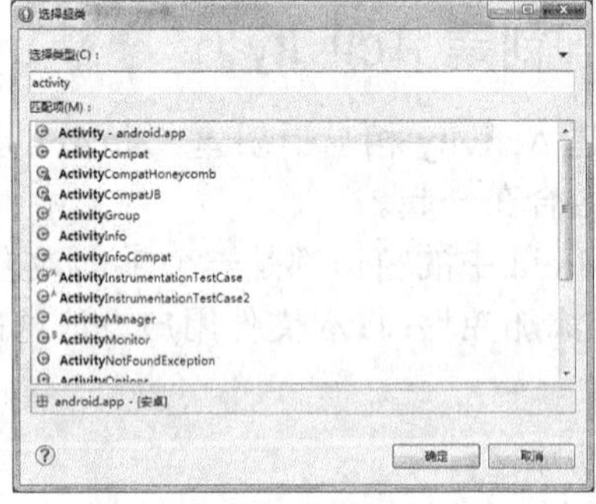

图 6-3　选择超类

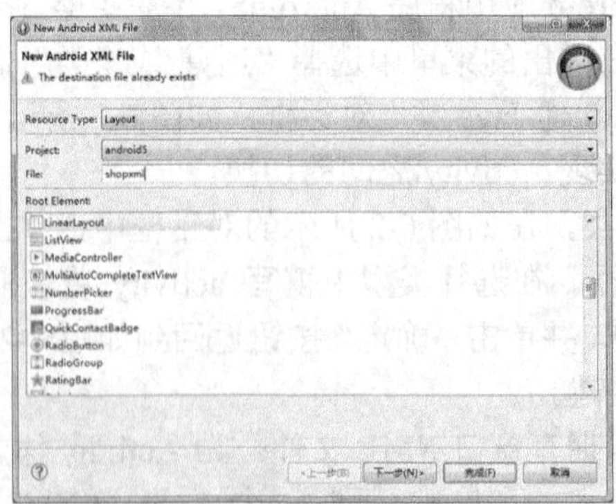

图 6-4　添加 Android XML File

(3) 创建后的 XML 文档与 Activity 文件是相互独立的。接下来需要将 XML 文档与 Activity 结合在一起。Activity 文件创建之后需要重写 onCreate()方法，并添加对应的 XML 文档。例如添加 layout 文件夹下的 XML 文件，其名称为 login.xml。在 Activity 文档的类中重写 onCreate()方法代码如下：

```
protected void onCreate(Bundle savedInstanceState) {
    super.onCreate(savedInstanceState);
    setContentView(R.layout.login);
}
```

警告： 若 Activity 中添加的 XML 文件不在 layout 文件夹下，或其内容不属于 Android XML File 格式，则不能够被系统所识别。

6.2.2　配置 Activity

Activity 创建之后需要配置才能够启动和关闭，否则在程序中启动时将抛出异常。Activity 创建后需要在 AndroidMainifest.xml 文件中进行配置，具体操作是在<application></application>标记下添加<activity></activity>标记。<activity>标记的基本格式如下：

```
<activity
    android:name="实现类"
    android:label="说明性文字"
    android:icon="@drawable 图标文件名称"
    android:theme="要应用的主题"
    …
>
…
</activity>
```

上述代码的说明如下。

- android:name 属性：用于指定对应的 Activity 实现类。
- android:label 属性：用于为该 Activity 指定标签。
- android:icon 属性：用于为 Activity 指定对应的图标，其中的图标文件名不包含扩展名。
- android:theme 属性：用于设置要应用的主题。

提示： 如果该 Activity 类在<manifest>标记指定的包中，则 android:name 的属性值可以直接写类名，也可以加一个点号.；如果该 Activity 类在<manifest>标记指定包的子包中，则属性值需要设置为".子包序列.类名"，或者是完整的类名(包含包路径)。

【范例 2】

在 AndroidManifest.xml 文件中配置名称为 Shop_activity 的 Activity 类。该类保存在<manifest>标记指定的包中，关键代码如下。

```
<activity
   android:name=".Shop_activity"
</activity>
```

AndroidManifest.xml 文件中除了可以配置新添加的 Activity，还可以设置程序启动时默认启动的 Activity。其方法是将下列几行代码放在<activity></activity>标记中：

```
<intent-filter>
   <action android:name="android.intent.action.MAIN" />
   <category android:name="android.intent.category.LAUNCHER" />
</intent-filter>
```

注意： 一个 Android 应用程序只能够设置一个默认 Activity。

6.2.3 启动和关闭 Activity

Activity 的启动相当于打开窗口的操作。如果一个 Android 项目应用中只有一个 Activity，那么只需要在 AndroidManifest.xml 文件中对其进行配置，将其设置为程序入口，即可在程序运行时启动。否则，需要使用 startActivity()方法来启动。startActivity()方法的语法格式如下：

```
public void startActivity(Intent intent)
```

该方法没有返回值，只有一个 Intent 类型的入口参数。Intent 是 Android 应用程序里各组件之间的通信方式，一个 Activity 通过 Intent 来表达自己的“意图”。在创建 Intent 对象时，需要指定想要被启动的 Activity。例如，要启动一个名称为 Mainatv 的 Activity，可以使用如下代码。

```
startActivity(Mainatv);
```

Activity 的关闭即关闭当前窗口，可使用 finish()方法。finish()方法的语法格式如下。

```
public void finish()
```

该方法的使用比较简单，既没有参数，也没有返回值，只需要在 Activity 中相应的事件中调用该方法即可。

提示： 如果当前 Activity 不是主活动，那么执行 finish()方法之后，将返回到调用它的那个 Activity；否则，将返回到主屏幕。

6.3 多个 Activity 的使用

一个 Android 应用程序可以拥有多个 Activity，那么如何使程序在多个 Activity 之间进行切换和数据传递呢？这正是本节要介绍的内容。

6.3.1 Activity 的切换

Activity 的切换实质是通过在一个 Activity 窗口中执行操作来打开另一个 Activity，Activity 可以实现自身的关闭。下面将以一个小例子来介绍 Activity 之间的切换。

【范例 3】

创建两个 Activity，一个用于用户登录，有用户名和密码编辑器，有登录按钮。一个用于在用户名或密码没有输入完整的情况下，提示用户输入完整。

省略两个 Activity 页面的布局，在用户登录 Activity 中重写 onCreate()方法，获取按钮和编辑器；判断用户名和密码是否为空，若为空则打开名为 Nulllog 的 Activity，代码如下：

```
final Button buttonup = (Button) findViewById(R.id.button1);   //获取按钮
final EditText name = (EditText) findViewById(R.id.editname);
//获取用户名编辑器
final EditText pas = (EditText) findViewById(R.id.editpas);
buttonup.setOnClickListener(new View.OnClickListener() {
    @Override
    public void onClick(View v) {
        //判断用户名和密码是否为空或长度为 0
        if (name.getText().toString() == null
                || name.getText().toString().length() == 0
                || pas.getText().toString() == null
                || pas.getText().toString().length() == 0) {
            Intent nologin = new Intent(Login.this, Nulllog.class);
            startActivity(nologin);
        }
    }
});
```

执行上述代码，会出现默认的 Activity，如图 6-5 所示。不输入用户名和密码，直接单击“登录”按钮，可打开提示 Activity，如图 6-6 所示。

图 6-5 登录 Activity

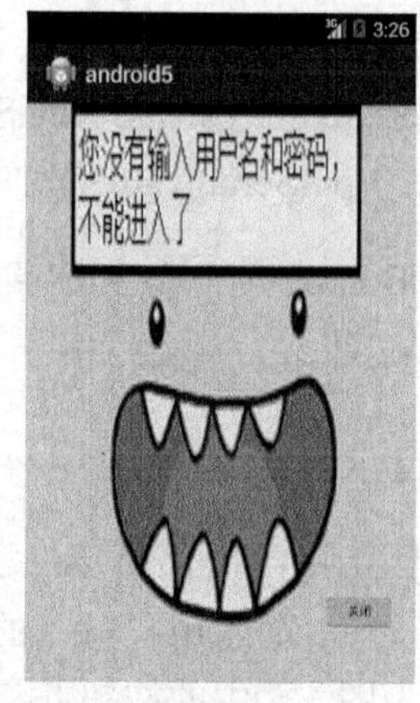

图 6-6 提示 Activity

此时登录 Activity 虽然不是主活动 Activity，但它也不是处于关闭状态。为提示 Activity 中的按钮，可编写关闭事件代码如下：

```
protected void onCreate(Bundle savedInstanceState) {
    super.onCreate(savedInstanceState);
    setContentView(R.layout.nullxml);
    final Button buttonup = (Button) findViewById(R.id.button1);
    buttonup.setOnClickListener(new View.OnClickListener() {
        @Override
        public void onClick(View v) {
            finish();
        }
    });
}
```

单击图 6-6 中的“关闭”按钮，可关闭提示 Activity。此时登录 Activity 切换成了主活动 Activity。

6.3.2 Activity 数据传递

Activity 之间还可以进行数据传递，这是因为在 Activity 之间存在一个媒介：Intent。当两个 Activity 之间需要传递数据时，可将数据保存在 Bundle 对象中，再使用 Intent 提供的方法，将数据保存到 Intent 中。需要接收数据的 Activity 同样使用 Bundle 和 Intent 来获取数据。

Intent 提供了多个重载方法来携带数据和取出数据，如下所示。

- putExtras(Bundle data)：用于向 Intent 中放入一个携带数据的 Bundle 对象。
- getExtras(Bundle data)：用于从 Bundle 中取出数据，与 putExtras()方法对应。
- putXXX(String key，XXX data)：用于向 Bundle 放入 Int，Long 等各种类型的数据(XXX 指各种数据类型的名称)。
- getXXX(String key)：用于从 Bundle 取出 Int，Long 等各种数据类型的数据，与 putXXX()方法对应。
- putSerializable(String key，Serializable data)：用于向 Bundle 中放入一个可以序列化的对象，此对象只需实现 java.util.io 中的 Serializable 接口即可。
- getSerializable(String Key,Serializable data)：用于从 Bundle 取出一个可序列化的对象，与 putSerializable()对应。

注意： Bundle 是一个字符串值到各种 Parcelable 类型的映射，用于保存要携带的数据包。

【范例 4】

在“范例 3”的基础上，为登录按钮补充能完整输入用户名和密码的情况。此时将切换到显示 Activity，显示用户输入的用户名和密码，步骤如下。

(1) 首先为图 6-5 中的按钮补充代码，为 If 语句添加 else 子句，创建 Bundle 对象并在其中放入 CharSequence 类型数据，代码如下：

```
Bundle bun = new Bundle();                                    //创建 Bundle
bun.putCharSequence("name", name.getText().toString());      //保存用户名信息
```

```
bun.putCharSequence("pas", pas.getText().toString());      //保存密码信息
                                        //创建 Intent 并切换到名为 Loginto 的 Activity
Intent login = new Intent(Login.this, Loginto.class);
login.putExtras(bun);              //向 Intent 中放入一个携带数据的 Bundle
startActivity(login);              //启动新的 Activity
```

(2) 接着需要创建显示 Activity 及其布局文件，省略文件的创建步骤。其中布局文件有 id 为 nametext 和 pastext 的两个 TextView，分别用于显示用户输入的用户名和密码。

(3) 重写显示 Activity 的 onCreate()方法，获取 Intent 和 Bundle 中的数据，代码如下：

```
protected void onCreate(Bundle savedInstanceState) {
        super.onCreate(savedInstanceState);
        setContentView(R.layout.logto);
        Intent intent=getIntent();
        Bundle bun=intent.getExtras();
}
```

(4) 使用上述步骤获取的数据，为 ID 为 nametext 和 pastext 的两个 TextView 赋值，代码如下：

```
final TextView name = (TextView) findViewById(R.id.nametext);
name.setText(bun.getString("name"));
final TextView pas= (TextView) findViewById(R.id.pastext);
pas.setText(bun.getString("pas"));
```

(5) 最后实现显示 Activity 中的“关闭”按钮，代码如下：

```
final Button buttonup = (Button) findViewById(R.id.button1);
buttonup.setOnClickListener(new View.OnClickListener() {
    @Override
    public void onClick(View v) {
        finish();
    }
});
```

(6) 运行该应用程序，其显示效果如图 6-5 所示。向页面中填入数据如图 6-7 所示。单击“登录”按钮，打开显示 Activity 如图 6-8 所示。图 6-8 中的 Activity 成功获取了图 6-7 中的数据。

图 6-7　填入数据

图 6-8　显示数据

6.4 使用 Fragment

Fragment 是在 Android 3.0 之后增加的一个概念，它与 Activity 十分相似，用来在一个 Activity 中描述一些行为或一部分用户界面。使用 Fragment 可以在一个单独的 Activity 中建立多个 UI 面板，也可以在多个 Activity 中重用 Fragment。本节将介绍 Fragment 的使用。

6.4.1 Fragment 简介

Fragment 作为 Activity 界面的一部分组成出现，一个 Activity 中可以同时出现多个 Fragment，一个 Fragment 亦可在多个 Activity 中使用。

Fragment 必须被嵌入到一个 Activity 中，它的生命周期直接受其所属的宿主 Activity 的生命周期的影响。例如，当 Activity 被暂停时，其中所有的 Fragment 也被暂停；当 Activity 被销毁时，所有属于它的 Fragment 也被销毁。然而，当一个 Activity 处于 resumed 状态(正在运行)时，可以单独地对每一个 Fragment 进行操作，例如添加或删除操作等。

在 Activity 运行过程中，可以添加、移除或者替换 Fragment，而不需要切换 Activity。Fragment 在管理 UI 面板时非常有用。Fragments 的主要目的是用在大屏幕设备上支持更加动态和灵活的 UI 设计，这些组件之间可以有更好的交互。

Fragment 在应用中是一个模块化和可重用的组件，它定义了自己的布局，以及通过使用它自己的生命周期回调方法，定义了它自己的行为。Fragment 有着多种子类，来实现不同类型的 UI 面板，如下所示。

- DialogFragment 类：用于显示一个浮动的对话框。用这个类来创建一个对话框，是使用在 Activity 类的对话框工具方法之外的一个好的选择。它可以将一个 Fragmen 对话框合并到 Activity 管理的 Fragmen back stack 中，并允许用户返回到一个之前曾被摒弃的 Fragmen。
- ListFragment 类：用于显示一个由 adapter(例如 SimpleCursorAdapter)管理项目的列表，类似于 ListActivity。它提供一些方法来管理一个 list view，并使用 onListItemClick 回调来处理点击事件。
- PreferenceFragment 类：用于显示一个 Preference 对象的层次结构的列表，类似于 PreferenceActivity。

6.4.2 创建 Fragment

Fragment 有自己的类和布局文件，而且 Fragment 只有在创建之后才能够被 Activity 操作(例如在 Activity 中添加 Fragment)。

要创建一个 Fragment，必须创建一个 Fragment 的子类(或者继承自一个已存在的它的子类)。创建的 Fragment 子类也可以继承 DialogFragment、ListFragment 或 PreferenceFragment 类。

Fragment 类的代码与 Activity 很像。它包含了和 Activity 类似的回调方法，例如 onCreate()方法、onStart()方法、onPause()方法以及 onStop()方法。事实上，如果要将一个现成的 Android 应用转换到 Fragment，可能只需简单地将代码从 Activity 的回调方法移动到

Fragment 的回调方法即可。

Fragment 类有着自己的生命周期，其所拥有的方法根据在生命周期中的调用顺序排列如下。

(1) onCreate()方法。当创建 Fragment 时，系统调用该方法。在实现代码中，应当初始化要在 Fragment 中保持的必要组件，当 Fragment 被暂停或者停止后可以恢复。

(2) onCreateView()方法。Fragment 第一次绘制它的用户界面的时候，系统会调用此方法。为了绘制 Fragment 的 UI，此方法必须返回一个 View，这个 View 是 Fragment 布局的根 View。如果 Fragment 不提供 UI，可以返回一个 null。

(3) onPause()方法。用户将要离开 Fragment 时，系统调用这个方法作为第一个指示(然而它不总是意味着 Fragment 将被销毁)。在当前用户会话结束之前，通常应当在这里提交任何应该持久化的变化。

【范例 5】

创建一个 Fragment，步骤如下。

(1) 首先需要在项目名称处右击，在弹出的菜单中选择“新建”|“类”命令，如图 6-1 所示。接着在打开的“新建 Java 类”对话框，填写包、Fragment 类名，并选择超类。

(2) 如图 6-9 所示，打开“选择超类”对话框输入“Fragment”或 Fragment 的子类(DialogFragment、ListFragment、PreferenceFragment)，选择超类单击“确定”按钮就创建了继承 DialogFragment 的 Fragment 子类。

(3) 在弹出的如图 6-10 所示的对话框中，单击“完成”按钮，即可创建 Fragment，但此时该类并没有对应的布局文件。

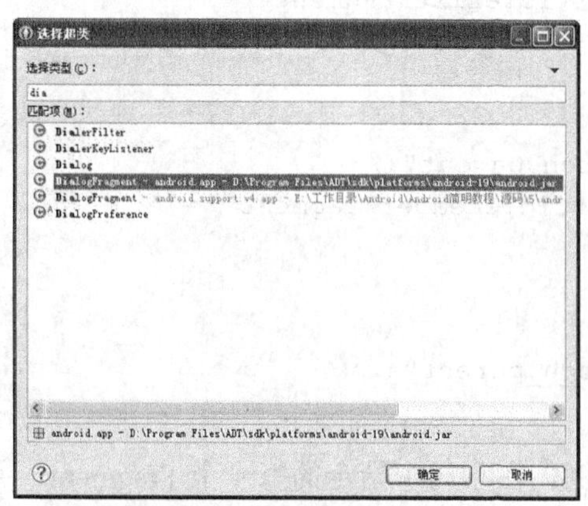

图 6-9　选择 Fragment 超类

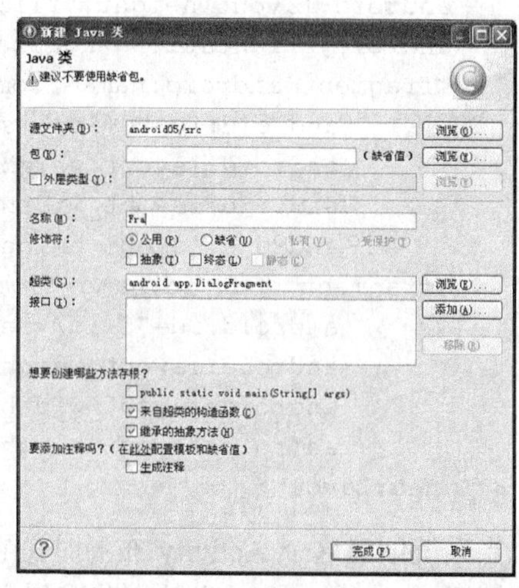

图 6-10　新建 Fragment 类

(4) 为 Fragment 添加布局文件的方法与为 Activity 添加布局文件的方法一样。首先添加一个 Android XML File 文件，接着重写 onCreateView()方法关联 Fragment 与布局文件。重写 onCreateView()方法可以使用如下代码：

```
public class MyFragment extends Fragment{
    public View onCreateView(LayoutInflater inflater,ViewGroup container,
```

```
        Bundle saveInstanceState) {
    //从布局文件 activityx_main.xml 加载一个布局文件
    View v = inflater.inflate(R.layout.activity_main, container, true);
    return v;
  }
}
```

提示： 当系统首次调用 Fragment 时，如果想要绘制一个 UI 界面，那么在 Fragment 中，必须重写 onCreateView()方法返回一个 View，否则，如果 Fragment 没有 UI 界面，可以返回一个 null。

6.4.3 在 Activity 中添加 Fragment

向 Activity 中添加 Fragment 的方法有两种：一种是直接在布局文件中添加，将 Fragment 作为 Activity 整个布局的一部分；另一种是当 Activity 运行时，将 Fragment 放入在 Activity 布局中。

1. 直接在布局文件中添加 Fragment

如果要直接在布局文件中添加 Fragment，可以通过使用<fragment>标记来实现。例如，需要在一个布局文件中添加两个 Fragment，可以使用如下代码。

```
<?xml version="1.0" encoding="utf-8"?>
<LinearLayout xmlns:android="http://schemas.android.com/apk/res/android"
   android:layout_width="fill_parent"
   android:layout_height="fill_parent"
   android:orientation="horizontal" >
   <fragment android:name="com.cs.ArticleListFragment"
         android:id="@+id/list"
         android:layout_weight="1"
         android:layout_width="0dp"
         android:layout_height="match_parent" />
   <fragment android:name="com.cs.ArticleReaderFragment"
         android:id="@+id/viewer"
         android:layout_weight="2"
         android:layout_width="0dp"
         android:layout_height="match_parent" />
</LinearLayout>
```

当系统创建这个 Activity 布局时，它将实例化在布局中指定的每一个 Fragment，并且分别调用 onCreateView()方法来获取每个 Fragment 的布局。然后系统会在 Activity 布局中插入在<fragment>元素中通过声明直接返回的视图。

提示： 在<fragment>元素中的android:name属性指定了在布局中要实例化的Fragment。

每个 Fragment 需要一个唯一的标识，这样才能够在 Activity 被重启时系统使用这个 ID 来恢复 Fragment(并且用户能够使用这个 ID 获取执行事务的 Fragment，例如删除操作)。给 Fragment 提供 ID 的方法有以下 3 种。

(1) 使用 android:id 属性来设置唯一 ID。

(2) 使用 android:tag 属性来设置唯一的字符串。

(3) 如果没有设置前面两个属性，系统会使用容器视图的 ID。

2．当 Activity 运行时添加 Fragment

当 Activity 运行时，也可以将 Fragment 添加到 Activity 的布局中，实现方法是获取一个 FragmentTransaction 的实例，然后使用 add()方法添加一个 Fragment。为了使改变生效，还必须调用 commit()方法提交事务。

6.4.4　操作 Fragment

Fragment 的大多操作都需要使用 FragmentTransaction 实例来实现，Android 中操作 Fragment 常用的类有以下 3 个。

- android.app.Fragment 类：主要用于定义 Fragment。
- android.app.FragmentManager 类：主要用于在 Activity 中操作 Fragment。
- android.app.FragmentTransaction 类：保证一系列 Fragment 操作的原子性。

add()方法和 commit()方法都是 FragmentTransaction 中的方法，FragmentTransaction 的其他常用方法及其说明如表 6-2 所示。

表 6-2　FragmentTransaction 常用方法及其说明

方法名称	说　明
getFragmentManager()	用于获取 Fragment
benginTransatcion()	用于开启一个事务
add()	用于往 Activity 中添加一个 Fragment
remove()	用于从 Activity 中移除一个 Fragment，如果被移除的 Fragment 没有添加到回退栈，则这个 Fragment 实例将会被销毁
replace()	表示用另一个 Fragment 替换当前的字符串，实际上就是先使用 remove()方法再使用 add()方法
hide()	用于隐藏当前的 Fragment，仅仅是设为不可见，并不会销毁
show()	用于显示之前隐藏的 Fragment
detach()	用于将此 Fragment 从 Activity 中分离，会销毁其布局，但不会销毁该实例
attach()	用于将从 Activity 中分离的 Fragment 重新关联到该 Activity 中，重新创建其视图层次
commit()	用于提交一个事务

经常使用 Fragment 可能会遇到 Activity 状态不一致的错误，主要是因为 commit()方法一定要在 Activity.onSaveInstance()方法之前调用。

【范例 6】

创建名为 Fra 的 DialogFragment 类，并为其加载 fra.xml 布局文件；在“范例 4”中的

登录窗口修改“登录”按钮的单击事件，当用户名和密码不完整时添加 Fra，步骤如下。

(1) 首先创建名为 Fra 的 DialogFragment 类，和 fra.xml 布局文件(步骤省略)。为 Fra 加载 fra.xml 布局文件，代码如下：

```
public class Fra extends DialogFragment {
    public View onCreateView(LayoutInflater inflater,ViewGroup container,
            Bundle saveInstanceState) {
        View v = inflater.inflate(R.layout.fra, container, false);
        return v;
    }
}
```

(2) 修改登录按钮的单击事件，当用户名或密码不完整时加载 Fra，代码如下：

```
//创建 Fra 实例
Fra df = new Fra();
//获取 Fragment 并开启事务
FragmentTransaction ft = getFragmentManager().beginTransaction();
ft.replace(android.R.id.content, df);
ft.addToBackStack(null);
ft.commit();
```

(3) 在如图 6-5 所示的窗口中单击“登录”按钮，其显示效果如图 6-11 所示。

图 6-11　动态添加 Fragment 效果图

(4) 如图 6-11 所示，Fragment 被动态添加到窗口中。Fragment 同样可以有控件和布局，图 6-11 中的 Fragment 中就有两个 TextView 和一个按钮。但 Fragment 获取按钮和为按钮添加单击事件的方法与 Activity 不同，代码如下：

```
//获取按钮
final Button button = (Button) v.findViewById(R.id.button1);
//按钮单击事件
button.setOnClickListener(new View.OnClickListener() {
    @Override
    public void onClick(View v) {}
});
```

Activity 和 Fragment 是可以交互和切换的，在使用中有以下几个特点。

(1) 如果在 Activity 中包含自己管理的 Fragment 引用，可以通过引用直接访问所有 Fragment 的 public 方法。

(2) 如果 Activity 中未保存任何 Fragment 的引用，每个 Fragment 都有一个唯一的 Tag 或者 ID，可以通过 getFragmentManager.findFragmentByTag()方法或者 findFragmentById()方法获得任何 Fragment 实例，然后进行操作。

(3) 在 Fragment 中可以通过 getActivity 得到当前绑定的 Activity 的实例，然后进行操作。

(4) 如果在 Fragment 中需要 Context，可以通过调用 getActivity()方法来完成。如果该 Context 需要在 Activity 被销毁后还存在，则可以使用 getActivity().getApplicationContext()方法来实现。

6.5　实验指导——单选题应用程序

本章综合介绍了应用程序与 Activity 的关系，以及 Activity 和 Fragment 的使用。结合本章内容，做一个关于单选题的应用程序，包含两个 Activity：一个用来显示题目并提交答案；一个用来显示答案，并判断用户得分。

实现单选题应用程序的步骤如下。

(1) 首先创建两个 Activity 以及它们各自的布局文件。创建用来显示题目的名为 Exam 的 Activity，并为其添加布局文件 exam.xml，页面中有多个 TextView 显示题目；有 3 个 EditText 名称为 edit1、edit2、edit3 分别供用户输入 3 个题目的答案；有一个“提交”按钮。创建步骤省略。

(2) 创建用来显示答案和用户得分的名为 Key 的 Activity，为其添加布局文件 keys，页面中用 TextView 来显示用户答案、正确答案和用户得分。

(3) 为 Exam 重写 onCreate()方法，关联布局文件并获取用户答案，编写“提交”按钮的单击事件，将用户答案提交给 Intent 并切换到 Key，代码如下：

```
protected void onCreate(Bundle savedInstanceState) {
    super.onCreate(savedInstanceState);
    setContentView(R.layout.exam);

    final Button button = (Button) findViewById(R.id.button1);
    final EditText first = (EditText) findViewById(R.id.edit1);
    final EditText second = (EditText) findViewById(R.id.edit2);
    final EditText third = (EditText) findViewById(R.id.edit3);
    button.setOnClickListener(new View.OnClickListener() {
        @Override
        public void onClick(View v) {
            Bundle bun = new Bundle();
            bun.putCharSequence("one", first.getText().toString());
            bun.putCharSequence("two", second.getText().toString());
            bun.putCharSequence("three", third.getText().toString());
            Intent login = new Intent(Exam.this, Key.class);
            login.putExtras(bun);
            startActivity(login);
```

```
        }
    });
}
```

(4) 为 Key 重写 onCreate()方法，关联布局文件并获取 Intent 中的用户答案，为 Key 中的 TextView 控件赋值，显示用户答案，代码如下：

```
protected void onCreate(Bundle savedInstanceState) {
    super.onCreate(savedInstanceState);
    setContentView(R.layout.keys);
    Intent intent=getIntent();
    Bundle bun=intent.getExtras();
    int scorenum=0;
    String one=bun.getString("one");
    String two=bun.getString("two");
    String three=bun.getString("three");
    String keytext="您的答案是："+one+"、"+two+"、"+three;
}
```

(5) 比较用户答案和正确答案为用户打分，每一题 30 分总分 90 分；为 Key 中的 TextView 控件赋值，显示用户得分，代码如下：

```
final TextView key = (TextView) findViewById(R.id.userkey);
key.setText(keytext);
if(one.equalsIgnoreCase("D"))
    {scorenum=scorenum+30;}
if(two.equalsIgnoreCase("A"))
    {scorenum=scorenum+30;}
if(three.equalsIgnoreCase("D"))
    {scorenum=scorenum+30;}
final TextView score= (TextView) findViewById(R.id.score);
score.setText("您的得分是："+scorenum+"分");
```

(6) 运行该应用程序，如图 6-12 所示。向窗口中填写答案 D、B、D，单击“提交”按钮可进入图 6-13 所示的窗口。正确答案是 D、A、D，因此用户得分是 60 分。

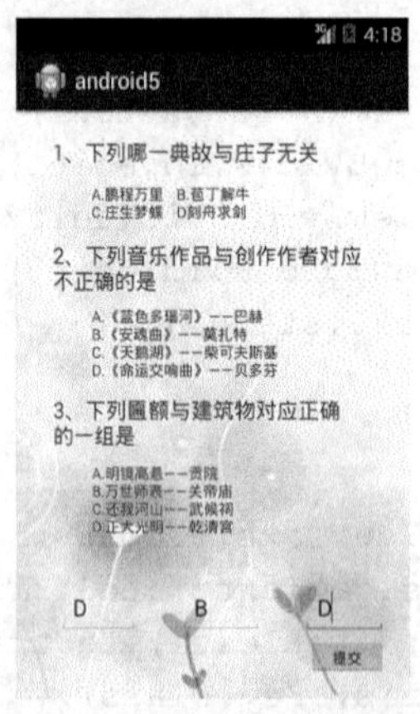

图 6-12　Exam 窗口

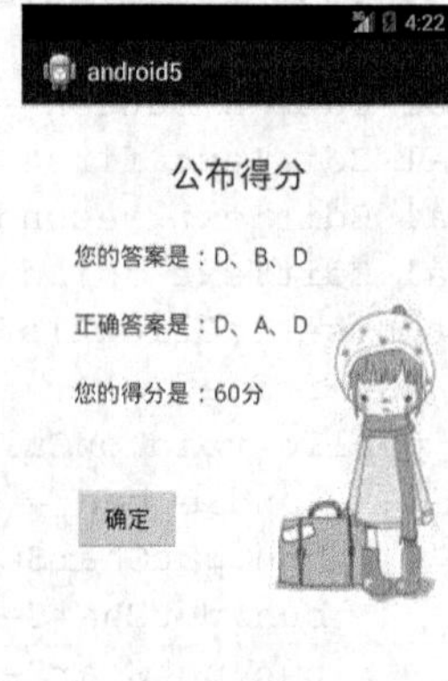

图 6-13　Key 窗口

6.6　思考与练习

一、填空题

1. 在 Android 中，Activity 的四个状态是活动状态、暂停状态、停止状态和__________。
2. 在 Android 项目中，如果需要使用多个 Activity，则应该使用__________方法来启动需要的 Activity。
3. 在 Activity 之间，数据传递的媒介是__________。
4. 使用__________可以在一个单独的 Activity 中建立多个 UI 面板。

二、选择题

1. 当 Activity 被另一个透明或者 Dialog 样式的 Activity 覆盖时，它依然与窗口管理器保持连接。这个时候，Activity 所处的状态是__________。

   A．活动状态　　B．暂停状态　　C．停止状态　　D．销毁状态
2. 下列不属于 Activity 状态的是__________。

   A．Active　　B．Runing　　C．Stoped　　D．Kill
3. 配置 Activity 时不能配置属性__________。

   A．android:icon　　B．android:id

   C．android:name　　D．android:label
4. 新创建的 Activity 文件，需要在__________文件中进行配置。

   A．MainActivity.java　　B．AndroidMainifest.xml

   C．activity_main.xml　　D．main.xml
5. 在使用 Bundle 在 Activity 之间交换数据时，__________方法表示向 Bundle 中放入一个可以序列化的对象。

   A．putSerializable()　　B．putExtras()

   C．getSerializable()　　D．onCreate()

三、简答题

1. 简述 Android 中 Activity 的几种状态。
2. 说出 Activity 几种状态之间相互转换的条件。
3. 简述启动和关闭 Activity，需要使用的方法。
4. 简述在 Activity 中添加 Fragment 的两种方法。

第 7 章 Intent 和 BroadcastReceiver 的应用

Android 中通过 Intent 对象来表示一条消息，一个 Intent 对象不仅包含有这个消息的目的地，还可以包含消息的内容。Intent 类似于一封邮件，其中不仅包含收件地址，还包含具体的内容。对于一个 Intent 对象，消息“目的地”是必备项，而内容则是可选项。

本章将详细介绍 Intent 对象的组成部分、使用 Intent 对象进行通信的方法，以及 BroadcastReceiver 广播的应用。

学习要点

- 理解 Intent 在应用程序中的作用。
- 了解 Intent 和 Activity 的关系。
- 熟悉 Intent 对象的各个组成元素。
- 掌握 Intent 传递数据的方法。
- 了解 Intent 过滤器的配置方法。
- 理解广播的执行流程。
- 熟悉发送广播和处理广播的方法。

7.1 Intent 对象简介

在本书前面介绍 Activity 时已经使用过了 Intent。当一个 Activity 需要启动另一个 Activity 时，程序并没有直接告诉系统要启动的目标 Activity，而是通过 Intent 来表达自己的意图：即需要启动的 Activity 名称。另外，Intent 的中文含义也是“意图”的意思。

在这里读者可能会产生一个疑问，为什么不直接提供一个类似 startActivity(Class ActivityClass)的方法来启动另一个 Activity 呢？这样非常简单、明了。这种方式虽然简单，却明显背离了 Android 的理念，Android 使用 Intent 来封装程序的“调用意图”。不管程序是想启动一个 Activity，还是启动一个 Service，又或者启动一个 BroadcastReceiver，Android 使用统一的 Intent 对象来封装这种“意图”，很明显使用 Intent 提供了一致的编程模型。

除此之外，使用 Intent 还有一个好处：在某些时候，应用程序只想启动具有某种特征的组件，而不想和某个具体的组件耦合。这时如果调用 StartActivity()方法来启动特定的组件，势必会造成一种硬编码耦合，这样也不利于高层次的耦合。

总之，Intent 封装 Android 应用程序需要启动某个组件的“意图”。不仅如此，Intent 还是应用程序组件之间通信的重要媒介。正如上面介绍的，两个 Activity 可以把需要交换的数据封装成 Bundle 对象，再使用 Intent 来发送该对象，这样就实现了两个以上 Activity 之间的数据交换。

提示：对于接触过 Struts 2 等 MVC 框架的读者可以很好地理解 Intent 的设计。Android 系统中的 Intent 设计有点类似于 Struts 2 框架中的逻辑视图。

Android 应用程序的三大核心组件 Activity、Service 和 BroadcastReceiver 都需要使用 Intent 来进行激活。对于不同的组件，Android 系统提供了不同的 Intent 发送、激活机制。具体内容如下。

(1) Intent 对象可以传递给 Context.startActivity()方法或 Activity.starActivityForResult()方法来启动 Activity 或者让已经存在的 Activity 去做其他任务。Intent 对象也可以作为 Activity.setResult()方法的参数，将信息返回给调用 startActivityForResult()方法的 Activity。

(2) Intent 对象可以传递给 Context.startService()方法来初始化 Service 或者发送新指令到正在运行的 Service。类似地，Intent 对象可以传递 Context.bindSerice()方法来建立调用组件和目标 Service 之间的链接。它可以有选择地初始化没有运行的服务。

(3) Intent 对象可以传递给 Context.sendBroadcast()方法、Context.sendOrderedBroadcast()方法或者 Context.sendStickyBroadcast()方法等广播方法，使其被发送给所有感兴趣的 BroadcastReceiver。

在各种情况下，Android 系统寻找最佳的 Activity、Service 和 BroadcastReceiver 来响应 Intent，并在必要时进行初始化。在这些消息系统中，并没有重叠。例如，传递给 startActivity()方法的 Intent 仅能发送给 Activity，而不会发送给 Service 或 BroadcastReceiver。

7.2 Intent 对象组成元素

在 Intent 对象中包含了接收该 Intent 的组件感兴趣的信息(例如执行的操作和操作的数据)，以及 Android 系统感兴趣的信息。一个 Intent 对象由组件名称、动作、数据、种类、额外和标记等元素组成，下面详细介绍这些元素。

7.2.1 组件名称

组件名称(Component Name)是指 Intent 目标组件的名称。它是一个 ComponentName 对象，由目标组件的完全限定类名，和组件所在应用程序配置文件中设置的包名，组合而成。组件名称的包名部分和配置文件中设置的包名，不必匹配。

组件名称可以通过调用 ComponentName 的构造方法设置，常用构造方法语法如下。

- ComponentName(String PKG, String CLS)。
- ComponentName(Context PKG, String CLS)。
- ComponentName(Context PKG, Class<?> CLS)。

上述三个构造方法的作用都是创建 PKG 包下 CLS 类对象的组件。这说明创建一个 ComponentName 需要指定包名和类名，从而来唯一地确定一个组件类，也就可以根据特定的组件来启动它。

除了 ComponentName 构造方法之外，Intent 还提供了以下 3 个方法。

- setClass(Context packageContext, Class<?> CLS)：用于设置该 Intent 将要启动组件对应的类。

- setClassName(Context packageContext, Class<?> CLS)：用于设置该 Intent 将要启动组件对应的类。
- setClassName(String packageName, String className)：用于设置该 Intent 将要启动组件对应的类名。

Android 应用的 Context 代表了访问该应用环境信息的接口，而 Android 应用的包名则作为应用的唯一标识，因此 Android 应用的 Context 对象与该应用的包名有一对一的关系。上面的方法就是指定了包名(通过 Context 或者 String 指定)和组件的实现类(分别通过 Class 指定或者 String 指定)。

指定了 Component 属性的 Intent 已经明确了它将要启动的组件，因此这种 Intent 也被称为是显式 Intent，没有指定 Component 属性的 Intent 被称为隐式 Intent。隐式 Intent 没有明确指定要启动哪个组件，应用将会根据 Intent 指定的规则去启动符合条件的组件，但具体的组件规则是未知的。

【范例 1】

下面创建一个范例演示如何通过显式 Intent 来启动另一个 Activity，并在新的 Activity 中获取组件运行包名和类名。

首先创建一个简单的 Android 应用程序，在界面中包含一个 id 为 btnGo 的按钮。单击该按钮会转到名为 OtherActivity 的界面。MainActivity.java 中的实现代码如下：

```
public class MainActivity extends Activity {
    @Override
    protected void onCreate(Bundle savedInstanceState) {
        super.onCreate(savedInstanceState);
        setContentView(R.layout.activity_main);

        Button btnGo = (Button) findViewById(R.id.btnGo);  //找到按钮
        btnGo.setOnClickListener(new OnClickListener() {
        //监听按钮单击事件
            @Override
            public void onClick(View v) {
                ComponentName comp = new ComponentName(MainActivity.this,
                        OtherActivity.class);
                        //新建一个 ComponentName 对象
                Intent it = new Intent();
                //创建一个默认的 Intent 对象
                it.setComponent(comp);              //指定要启动 Activity
                startActivity(it);
            }
        });
    }
}
```

在 onClick()方法中创建了一个名为 comp 的 ComponentName 对象，并将该对象设置成 Intent 对象的 Component 属性，这样应用程序就可以根据该 Intent 的“意图”去启动指定组件。上面的语句也可以简化成如下形式：

```
//新建一个 ComponentName 对象
Intent it = new Intent(MainActivity.this, OtherActivity.class);
```

从上面的代码可以看出，当需要为 Intent 设置 Component 属性时，实际上 Intent 已经提供了一个简化的构造方法，很方便程序直接指定要启动的组件。

提示： 当程序通过 Intent 的 Component 属性启动特定组件时，被启动组件几乎不需要使用<intent-filter>元素进行配置。

创建上面所需的 OtherActivity 界面，该界面中包含一个 id 为 result 的 TextView 组件。该组件用于显示该 Activity 对应 Intent 的 Component 属性。OtherActivity.java 中的代码如下所示：

```
public class OtherActivity extends Activity {
    @Override
    protected void onCreate(Bundle savedInstanceState) {
        super.onCreate(savedInstanceState);
        setContentView(R.layout.activity_other);

        TextView result=(TextView)findViewById(R.id.result);
        //获取该 Activity 对应 Intent 的 Component 属性
        ComponentName comp=getIntent().getComponent();
        //从 Component 属性中获取包名和类名
        result.setText("组件包名为："+comp.getPackageName()
                +"\n 组件类名为："+comp.getClassName()
        );
    }
}
```

运行上面的程序，在出现的 MainActivity 界面中，单击按钮进入 OtherActivity 界面，效果如图 7-1 所示。

图 7-1　显式 Intent 获取组件名称

7.2.2　动作

动作(Action)是一个字符串，用于表示将要执行的动作。在广播 Intent 中，Action 用来表示已经发生即将报告的动作。Intent 类定义了一系列动作常量，其目标组件包括 Activity 和 Broadcast 两类。

1. 标准 Activity 动作

当前 Intent 类中定义的用于启动 Activity 的标准动作(通常使用 Context.startActivity())如表 7-1 所示。

表 7-1 标准的 Activity 动作

常量名称	说 明
ACTION_MAIN	作为初始的 Activity 启动，没有数据输入或输出
ACTION_DIAL	使用提供的数字拨打电话
ACTION_CALL	使用提供的数据给某人拨打电话
ACTION_ANSWER	用于接听电话
ACTION_VIEW	将数据显示给用户
ACTION_EDIT	将数据显示给用户用于编辑
ACTION_ATTACH_DATA	用于指示一些数据应该附属于其他地方
ACTION_PICK	从数据中选择一项，并返回该项
ACTION_CHHOOSE	显示 Activity 选择器，允许用户在继续前按需要选择
ACTION_GET_CONTENT	允许用户选择特定类型的数据并将其返回
ACTION_SEND	向某人发送信息，接收者未指定
ACTION_SENDTO	向某人发送信息，接收者已经指定
ACTION_INSERT	在给定容器中插入空白选项
ACTION_DELETE	从容器中删除给定的数据
ACTION_RUN	无条件运行数据
ACTION_SYNC	执行数据同步
ACTION_SEARCH	执行查询
ACTION_WEB_SEARCH	执行联机查询
ACTION_PICK_ACTIVITY	挑选给定 Intent 的 Activity，返回选择的类
ACTION_FACTORY_TEST	工厂测试的主入口点

注意： 在使用这些动作时，需要将这些动作转换为对应的字符串信息，如将 ACTION_CALL 转换为 android.intent.action.CALL。

2. 标准 Broadcast 动作

当前 Intent 类中定义的用于接收广播的标准动作(通常使用 Context.registerReceiver()方法或者配置文件中的<receiver>标签)如表 7-2 所示。

表 7-2 标准 Broadcast 动作

常量名称	说 明
ACTION_TIME_TICK	每分钟通知一次当前时间改变
ACTION_TIME_CHANGED	通知时间被修改

续表

常量名称	说 明
ACTION_TIMEZONE_CHANGED	通知时区被修改
ACTION_BOOT_COMPLETED	在系统启动完成后发出一次通知
ACTION_PACKAGE_ADDED	通知新应用程序包已经安装到设备上
ACTION_PACKAGE_CHANGED	通知已经安装的应用程序包已经被修改
ACTION_PACKAGE_REMOVED	通知从设备中删除应用程序包
ACTION_PACKAGE_RESTARTED	通知用户重启应用程序包，其所有进程都被关闭
ACTION_PACKAGE_DATA_CLEARED	通知用户情况应用程序包中的数据
ACTION_UID_REMOVED	通知从系统中删除用户 ID 值
ACTION_POWER_CONNECTED	通知设备已经连接外置电源
ACTION_POWER_DISCONNECTED	通知设备已经溢出外置电源
ACTION_BATTERY_CHANGED	包含充电状态、等级和其他电池信息的广播
ACTION_SHUTDOWN	通知设备已经关闭

除了预定义的动作之外，还可以自定义动作字符串来启动应用程序中的组件。这些自定义的字符串应该包含一个应用程序包名作为前缀，如 com.cs.SHOW_TEXT。

动作决定了 Intent 其他部分的组成，特别是数据和额外部分，就像方法名称决定了参数和返回值。因此，动作名称越具体越好，并且将它与 Intent 其他部分紧密联系。也就是说，应该为组件能处理的 Intent 对象定义完整的协议，而不是单独定义一个动作。

【范例 2】

创建一个 Android 程序实现调用手机通讯录，并在选中一个联系人之后返回其姓名和电话号码。在这个程序中需要用到 Intent 的 Action 属性，具体实现步骤如下。

(1) 创建一个 Android 项目，对程序的布局进行设计，包括两个 TextView 组件、两个 EditText 组件和一个 Button 组件。具体代码如下所示：

```
<TextView
    android:layout_width="wrap_content"
    android:layout_height="wrap_content"
    android:text="联系人姓名" />
<EditText
    android:id="@+id/phonename"
    android:layout_width="wrap_content"
    android:layout_height="wrap_content"
    android:layout_weight="1"
    android:background="@android:drawable/edit_text"
    android:ems="10" >
</EditText>
<TextView
    android:layout_width="wrap_content"
    android:layout_height="wrap_content"
    android:text="电话号码" />
```

```
<EditText
    android:id="@+id/phonenumber"
    android:layout_width="wrap_content"
    android:layout_height="wrap_content"
    android:layout_weight="1"
    android:background="@android:drawable/edit_text"
    android:ems="10" >
</EditText>
<Button
    android:id="@+id/select"
    android:layout_width="wrap_content"
    android:layout_height="wrap_content"
    android:text="查看联系人" />
```

上述代码中 ID 为 phonename 的 EditText 组件用于显示联系人姓名；ID 为 phonenumber 的 EditText 组件用于显示联系人号码；ID 为 select 的 Button 组件用于单击后调用手机通信录。

(2) 在 MainActivity.java 的 onCreate()方法中监听 select 的单击事件，并进行处理。代码如下：

```
final int CONTACT = 0;
@Override
protected void onCreate(Bundle savedInstanceState) {
    super.onCreate(savedInstanceState);
    setContentView(R.layout.activity_main);
    //获取界面上的 id 为 select 的按钮
    Button btnSelect = (Button) findViewById(R.id.select);
    //监听单击事件
    btnSelect.setOnClickListener(new OnClickListener() {
        @Override
        public void onClick(View v) {
            Intent it = new Intent();                    //创建一个 Intent 对象
            it.setAction(Intent.ACTION_GET_CONTENT);//设置 Action 属性
            it.setType("vnd.android.cursor.item/phone");//设置 Type 属性
            startActivityForResult(it, CONTACT);//使用Intent对象启动Activity
        }
    });
}
```

(3) 调用 startActivityForResult()方法向 Activity 传递 Intent 对象并启动，之后返回 Activity 的结果。重写 Activity 的 onActivityResult()方法，对 startActivityForResult()方法返回的结果进行处理。

如下所示为 onActivityResult()方法的代码：

```
    @Override
   public void onActivityResult(int requestCode, int resultCode, Intent data)
{
        super.onActivityResult(requestCode, resultCode, data);

        switch (requestCode) {       //判断请求代码
            case (CONTACT):          //如果是联系人
                handleContact(requestCode, resultCode, data);
                //对请求和结果进行处理
            break;
        }
    }
```

(4) handleContact()方法是一个自定义的方法，用于对结果进行处理。该方法的具体实现代码如下：

```
private void handleContact(int requestCode, int resultCode, Intent data) {
                                                //如果选择了一个联系人
    if (resultCode == Activity.RESULT_OK) {
        Uri contactData = data.getData();       //获取返回数据
        CursorLoader curLoader = new CursorLoader(this, contactData, null,
    null, null, null);
                                                //查询联系人信息
        Cursor cur = curLoader.loadInBackground();
                                                //如果查询到指定联系人
        if (cur.moveToFirst()) {
                                                //获取编号
            String contactId =
cur.getString(cur.getColumnIndex(ContactsContract.Contacts._ID));
                                                //获取联络系人姓名
            String name = cur.getString(

    cur.getColumnIndexOrThrow(ContactsContract.Contacts.DISPLAY_NAME));
            String phoneNumber = "此联系人暂无联系电话号码。";
                                                //根据编号查询电话号码
            Cursor phones = getContentResolver().query(
                    ContactsContract.CommonDataKinds.Phone.CONTENT_URI,
                    null,
                    ContactsContract.CommonDataKinds.Phone.CONTACT_ID+ " =
" + contactId,
                    null, null);
                                                //如果查询到电话号码
            if (phones.moveToFirst()) {
                                                //获取联系人的电话号码
                phoneNumber = phones.getString(

    phones.getColumnIndex(ContactsContract.CommonDataKinds.Phone.NUMBER)
);
            }
```

```
            phones.close();                          //关闭游标
            EditText pName = (EditText) findViewById(R.id.phonename);
            pName.setText(name);                     //显示联系人姓名
            EditText pNumber = (EditText) findViewById(R.id.phonenumber);
            pNumber.setText(phoneNumber);            //显示联系人号码
        }
        cur.close();                                 //关闭游标
    }
}
```

上述代码比较长，但针对关键语句都给出了注释。在这里使用了 Android 中 ContentProvider 的知识，有关该术语将在本书后面详细介绍。

(5) 经过上面步骤，代码就编写完成了。但是在运行之前最好先向通讯录中添加一些联系人。如图 7-2 所示为查看联系人时的界面，选择一个联系之后转到的查看界面，如图 7-3 所示。

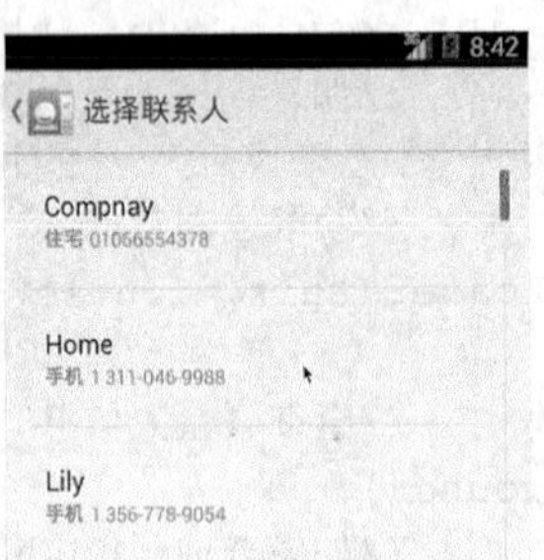

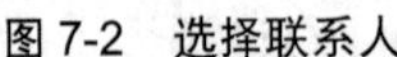

图 7-2　选择联系人

图 7-3　查看联系人

最后要注意，由于本程序需要调用 Android 系统的手机通讯录，所以需要添加读取联系人的权限。具体方式是打开 AndroidManifest.xml 文件，增加如下一行代码：

```
<uses-permission android:name="android.permission.READ_CONTACTS" />
```

7.2.3　种类

种类(Category)是一个字符串，其中一些还包含了应该处理当前 Intent 组件类型的附加信息和将要执行的 Action 的其他额外信息。在 Intent 对象中可以增加任意多个种类描述。与动作类似，在 Intent 类中也预定义了一些种类常量，如表 7-3 所示。

表 7-3　Intent 中预定义的种类常量

常量名称	说　明
CATEGORY_DEFAULT	如果 Activity 应该作为执行数据的默认动作的选项，则进行设置
CATEGORY_BROWSABLE	如果 Activity 能够安全地从浏览器中调用，则进行设置
CATEGORY_TAB	如果需要作为 TabActivity 的选项卡，则进行设置
CATEGORY_LAUNCHER	如果应该在顶层启动器中显示，则进行设置

续表

常量名称	说 明
CATEGORY_INFO	如果需要提供其所在包的信息，则进行设置
CATEGORY_ALTERNATIVE	如果 Activity 应该作为用户正在查看数据的备用动作，则进行设置
CATEGORY_SELECTED_ALTERNATIVE	如果 Activity 应该作为用户当前选择数据的备用动作，则进行设置
CATEGORY_HOME	如果是 Home Activity，则进行设置
CATEGORY_PREFERENCE	如果 Activity 是一个偏好面板，则进行设置
CATEGORY_DESK_DOCK	如果设备插入到 desk dock 时运行 Activity，则进行设置
CATEGORY_CAR_DOCK	如果设备插入到 car dock 时运行 Activity，则进行设置
CATEGORY_TEST	如果用于测试，则进行设置
CATEGORY_LE_DESK_DOCK	如果设备插入到模拟 dock(低端)时运行 Activity，则进行设置
CATEGORY_HE_DESK_DOCK	如果设备插入到数字 dock(高端)时运行 Activity，则进行设置
CATEGORY_CAR_MODE	如果 Activity 可以用于汽车环境，则进行设置
CATEGORY_APP_MARKET	如果 Activity 运行用户浏览和下载新应用，则进行设置

addCategory()方法将种类增加到 Intent 对象中；removeCategory()方法删除上次增加的种类；getCategories()方法获得当前对象中包含的全部种类。

【范例 3】

创建一个范例通过在 Intent 对象中结合 Category 属性和 Action 属性，实现返回 Android 系统桌面的功能，即实现单击按钮的效果。

范例的程序界面非常简单只包含一个按钮，这里设置 ID 为 btnHome。后台 onCreate()方法中的实现代码如下：

```
//获取界面上的按钮
Button btnHome = (Button) findViewById(R.id.btnHome);
//添加单击事件处理器
btnHome.setOnClickListener(new OnClickListener() {
    @Override
    public void onClick(View v) {
        Intent it=new Intent();                         //创建一个 Intent 对象
        it.setAction(Intent.ACTION_MAIN);               //设置 Action 属性
        it.addCategory(Intent.CATEGORY_HOME);           //设置 Category 属性
        startActivity(it);                              //启动 Activity
    }
});
```

上述代码中设置 Intent 对象的 Action 属性为 Intent.ACTION_MAIN；设置 Category 属性为 Intent.CATEGORY_HOME。满足该 Intent 对象的 Activity 其实就是 Android 系统的

Home 桌面，所以在调用 startActivity()方法时将会返回到 Home 桌面。

7.2.4 数据

数据(Data)表示操作数据的 URI 和 MIME 类型。不同动作与不同类型的数据规范匹配。例如，如果动作是 ACTION_EDIT，则数据应该是包含用于编辑的文档的 URI；如果动作是 ACTION_CALL，则数据应该是包含呼叫号码的 tel:URI。类似地，如果动作是 ACTION_VIEW 而且数据是 http:URI，接收的 Activity 用来下载和显示 URI 指向的数据。

URI 字符串总满足如下格式：

```
scheme://host:port/path
```

例如 content://com.android.contacts/contacts/就是一个合格的 URI，其中 content 是 schema 部分，com.android.contacts 是 host 部分，port 部分被省略了，/contacts/1 是 path 部分。

注意： 在将 Intent 与处理它的数据的组件匹配时，除了数据的 URI，也有必要了解其 MIME 类型。例如，能够显示图片数据的组件不应用来播放音频文件。

在多种情况下，数据类型可以从 URI 中推断，尤其是 content:URI。它表示数据存在于设备上并由 ContentProvider 控制。但是，类型信息也可以显式地设置到 Intent 对象中。setData()方法仅能指定数据的 URI，setType()方法仅能指定数据的 MIME 类型，setDataAndType()方法可以同时设置 URI 和 MIME 类型。使用 getData()方法可以读取 URI，使用 getType()方法可以读取数据类型。

在一个 Intent 对象中将 Data 属性与 Action 属性配合使用，可以使 Android 根据指定的数据类型来启动特定的应用程序，并对指定的数据进行相应的操作。

Data 属性和 Action 属性的常用组合示例如下。

- ACTION_VIEW 与 content://com.android.contacts/contacts/1 组合：用于显示标识为 1 的联系人信息。
- ACTION_EDIT 与 content://com.android.contacts/contacts/1 组合：用于编辑标识为 1 的联系人信息。
- ACTION_DIAL 与 content://com.android.contacts/contacts/1 组合：用于显示标识为 1 的联系人拨号界面。
- ACTION VIEW 与 tel:1234567 组合：用于显示号码 1234567 的拨号界面。
- ACTION_DIAL 与 tel:1234567 组合：用于显示号码 1234567 的拨号界面。
- ACTION_VIEW 与 content://contacts/people/组合：用于显示所有联系人信息。

【范例 4】

下面创建一个通过组合 Action 属性和 Data 属性，实现查看指定网址的网页、编辑指定联系人的信息，以及显示指定号码的拨号界面的范例。

(1) 创建一个 Android 程序，并在界面上添加 3 个按钮，分别设置 ID 为 btnOpenUrl、btnEditPeople 和 btnDialNumber。

(2) 将重要的实现代码放在 onCreate()方法中，监听 btnOpenUrl 按钮的单击事件实现在

浏览器中访问 http://www.itzcn.com。这部分实现代码如下：

```
Button btnOpenUrl = (Button) findViewById(R.id.btnOpenUrl); //浏览网页按钮
btnOpenUrl.setOnClickListener(new OnClickListener() {
    @Override
    public void onClick(View v) {
        Intent it=new Intent();                         //创建一个 Intent 对象
        String data="http://www.itzcn.com";             //指定网址
        Uri uri=Uri.parse(data);                        //将网址解析为 Uri
        it.setAction(Intent.ACTION_VIEW);               //指定执行浏览动作
        it.setData(uri);
        //指定动作使用 Uri 作为数据，即浏览该 Uri
        startActivity(it);
    }
});
```

(3) 监听 btnEditPeople 按钮的单击事件，实现对通讯录中编号为 1 的联系人进行编辑。这部分实现代码如下：

```
Button btnEditPeople = (Button) findViewById(R.id.btnEditPeople);
//编辑联系人按钮
btnEditPeople.setOnClickListener(new OnClickListener() {
    @Override
    public void onClick(View v) {
        Intent it=new Intent();                              //创建一个 Intent 对象
        String data="content://com.android.contacts/contacts/1";
        //指定联系人字符串
        Uri uri=Uri.parse(data);                             //将数据解析为 Uri
        it.setAction(Intent.ACTION_EDIT);                    //指定执行编辑动作
        it.setData(uri);                                     //设置数据
        startActivity(it);
    }
});
```

(4) 监听 btnDialNumber 按钮的单击事件，实现显示号码 13612345678 的拨号界面。这部分实现代码如下：

```
Button btnDialNumber = (Button) findViewById(R.id.btnDialNumber);
//进行拨号按钮
btnDialNumber.setOnClickListener(new OnClickListener() {
    @Override
    public void onClick(View v) {
        Intent it=new Intent();                              //创建一个 Intent 对象
        String data="tel://13612345678";                     //指定拨号字符串
        Uri uri=Uri.parse(data);                             //将数据解析为 Uri
        it.setAction(Intent.ACTION_DIAL);                    //指定执行拨号动作
        it.setData(uri);                                     //设置数据
        startActivity(it);
    }
});
```

(5) 运行程序，单击 btnOpenUrl 按钮后的界面效果如图 7-4 所示；单击 btnEditPeople 按钮后的界面效果如图 7-5 所示；单击 btnDialNumber 按钮后的界面效果如图 7-6 所示。

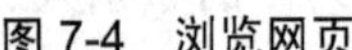

图 7-4　浏览网页

图 7-5　编辑联系人

图 7-6　拨号

7.2.5　额外

额外(Extras)是一组键值时，其中包含了应该传递给处理 Intent 的组件的额外信息(是其它所有附加信息的集合)。使用 Extras 可以为组件提供扩展信息，比如，如果要执行“发送电子邮件”这个动作，可以将电子邮件的标题、正文等保存在 Extras 里，传给电子邮件发送组件。

Intent 对象中包含了多个 putXXX()方法(例如 putExtra()方法)用来插入不同类型的额外数据，也包含了多个 getXXX()方法(例如 getDoubleExtra()方法)来读取数据。这些方法与 Bundle 对象有些类似。实际上，Extras 可以通过 putExtra()方法和 getExtra()方法进行写入和读取操作。

7.2.6　标记

标记(Flags)表示不同来源的标记。多数情况下标记用于指示 Android 系统如何启动 Activity(例如 Activity 属于哪个 Task)，以及启动后如何对待(例如它是否属于近期的 Activity 列表)。

所有标记都定义在 Intent 类中，常用标记例有以下几种。

- FLAG_ACTIVITY_BROUGHT_TO_FRONT
  使用该标记的 Activity 在下次启动时，将直接从 Activity 栈中被带到前台。假设，现在运行的是 Activity A，此时使用该标识启动 Activity B(即 Activity B 是使用该标记启动的)，然后在 Activity B 又启动了 Activity C。如果此时 Activity C 需要 Activity B，将直接从 Activity 栈中取出 Activity B 放入到前台，而不是重新启动。此时 Activity 栈中的顺序是 A→C→B。
- FLAG_ACTIVITY_CLEAR_TOP
  该标记相当于加载模式中的 singleTask。使用此标记启动的 Activity 将会把要启动的 Activity 之上的 Activity 全部弹出 Activity 栈。假设，当前 Activity 栈中包含 A、

B、C、D 这 4 个 Activity，如果采用该标记从 Activity A 跳转到 Activity C，那么此时栈中将只剩下 B 和 D。

- FLAG_ACTIVITY_NEW_TASK
  该标记为默认的启动标记，表示重新创建一个新的 Activity。
- FLAG_ACTIVITY_NO_ANIMATION
  该标记表示启动 Activity 时不使用过渡效果。
- FLAG_ACTIVITY_NO_HISTORY
  该标记表示被启动的 Activity 将不会保留在 Android 栈中。例如，Activity 栈中有 A、B 和 C 这 3 个 Activity。此时，在 Activity B 使用此标记启动了 Activity D，Activity D 又启动了 Activity E。那么，Activity 栈中将只有 A、B、C、E 这 4 个 Activity，而 Activity D 不会被保留。
- FLAG_ACTIVITY_REORDER_TO_FRONT
  该标记表示将 Activity 显示到前台。例如，现在 Activity 栈中有 A、B、C、D 这 4 个 Activity，如果使用此标记启动 Activity C，那么 Activity 栈中的顺序为 A→B→D→C。
- FLAG_ACTIVITY_SINGLE_TOP
  该标记相当于加载模式中的 singleTop。

Android 为 Intent 提供了大量的 Flag，每个 Flag 都有特定的功能，这里仅罗列了常用的 7 个，更多的 Flag 请参考 Intent 的 API 文档。

7.3 实验指导——添加联系人

使用多个 Activity 进行信息的传递，除了可以使用 Bundle 进行数据传递以外，还可以使用 Intent。通过声明一个 Intent，并将所有数据封装在 Intent 对象中进行传递。

下面将使用这种方式创建一个添加联系人的 Activity，然后使用 Intent 封装联系人信息传递到另一个 Activity 显示这些信息。具体操作步骤如下。

(1) 创建一个 Android 项目，在默认的 Activity 中设计联系人的添加界面。该界面包括输入联系人姓名、电话号码、邮箱地址以及所属分组的选择，如图 7-7 所示。

(2) 进入 MainActivity.java 的 onCreate()方法，在这里首先添加对界面上 3 个输入框组件的引用，代码如下：

```
String groupName = "普通";
@Override
protected void onCreate(Bundle savedInstanceState) {
    super.onCreate(savedInstanceState);
    setContentView(R.layout.activity_main);

    //获取姓名输入框
    final EditText phonename = (EditText) this.findViewById(R.id.phonename);
    //获取号码输入框
    final EditText phonenumber = (EditText)
this.findViewById(R.id.phonenumber);
    //获取邮箱输入框
```

```
    final EditText phoneemail = (EditText)
this.findViewById(R.id.phoneemail);
}
```

(3) 在图 7-7 中有一组 4 个单选按钮，下面编写代码监听单选按钮的选中状态，以及获取选中按钮的文本。代码如下：

```
//获取选项组
RadioGroup group = (RadioGroup) this.findViewById(R.id.radios);
group.setOnCheckedChangeListener(new OnCheckedChangeListener() {
    @Override
    public void onCheckedChanged(RadioGroup group, int checkedId) {
        //获取变更后选中项的 ID
        int radioButtonId = group.getCheckedRadioButtonId();
        //根据 ID 获取 RadioButton 的实例
        RadioButton rb = (RadioButton) findViewById(radioButtonId);
        //获取选项的文本
        groupName = (String) rb.getText();
    }
});
```

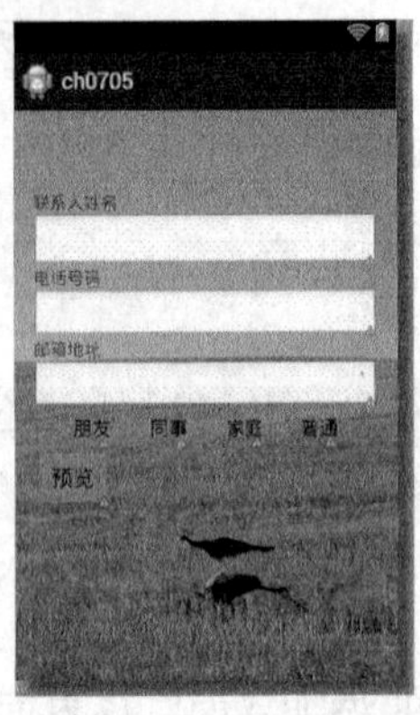

图 7-7　程序设计界面

图 7-8　输入联系人信息

图 7-9　查看联系人信息

(4) 编写代码监听“预览”按钮的单击事件，实现在 Intent 对象中封装联系人数据，并传递到名为 ShowActivity 的 Activity 中。代码如下：

```
//获取“预览”按钮
Button btnPreview = (Button) this.findViewById(R.id.btnPreview);
btnPreview.setOnClickListener(new OnClickListener() {      //为“预览”按钮添
加监听器事件
    @Override
    public void onClick(View v) {
        Intent intent = new Intent();
        //封装联系人姓名数据
        intent.putExtra("com.people.name",
phonename.getText().toString());
        //封装联系人号码数据
```

```
        intent.putExtra("com.people.number",
phonenumber.getText().toString());
        //封装联系人邮箱数据
        intent.putExtra("com.people.email",
phoneemail.getText().toString());
                                        //封装联系人分组数据
        intent.putExtra("com.people.gname", groupName);
        intent.setClass(MainActivity.this, ShowActivity.class);
        //传递 Intent 对象
        startActivity(intent);          //将 Intent 对象传递给 Activity
    }
});
```

上述代码中 intent.setClass(MainActivity.this, ShowActivity.class)方法将使 Activity 转到 ShowActivity，并传递 intent 对象。

(5) 创建名为 ShowActivity 的 Activity，在用户界面中添加 4 个 TextView 组件。

(6) 打开 ShowActivity.java，在 onCreate()方法中从 Intent 中获得传递的联系人信息，并将其在 TextView 中显示，具体代码如下：

```
    @Override
    protected void onCreate(Bundle savedInstanceState) {
        super.onCreate(savedInstanceState);
        setContentView(R.layout.activity_show);

        TextView phonename = (TextView) this.findViewById(R.id.phonename);
        TextView phonenumber = (TextView)
this.findViewById(R.id.phonenumber);
        TextView phoneemail = (TextView)
this.findViewById(R.id.phoneemail);
        TextView phonegroup = (TextView)
this.findViewById(R.id.phonegroup);

        Intent intent = getIntent();       // 获得传递过来的 Intent 对象
        String pName = intent.getStringExtra("com.people.name");
        // 获取封装的联系人姓名
        String pNumber = intent.getStringExtra("com.people.number");
        //获取封装的联系人号码
        String pEmail = intent.getStringExtra("com.people.email");
        //获取封装的联系人邮箱
        String pGname = intent.getStringExtra("com.people.gname");
        //获取封装的联系人分司

        phonename.setText("联系人姓名：\n" + pName);        // 显示到界面
        phonenumber.setText("电话号码：\n" + pNumber);
        phoneemail.setText("邮箱地址：\n" + pEmail);
        phonegroup.setText("所属分组：\n" + pGname);
    }
```

(7) 运行程序，输入要添加的联系人信息，如图 7-8 所示。单击“预览”按钮，将信息

通过 Intent 传递到预览界面，效果如图 7-9 所示。

7.4　Intent 过滤器

Intent 过滤器是一种根据 Intent 中的动作(Action)、类别(Categorie)和数据(Data)等内容，对适合接收该 Intent 的组件进行匹配和筛选的机制。

Intent 过滤器可以匹配数据类型、路径和协议，还包括可以用来确定多个匹配项顺序的优先级(Priority)。

应用程序的 Activity 组件、Service 组件和 BroadcastReceiver 都可以注册 Intent 过滤器，且这些组件在特定的数据格式上可以产生相应的动作。

注册 Intent 过滤器的基本步骤有以下 3 点。

(1) 在 AndroidManifest.xml 文件的各个组件的节点下定义<intent-filter>节点，然后在<intent-filter>节点中声明该组件所支持的动作、执行的环境和数据格式等信息。

(2) 在程序代码中动态地为组件设置 Intent 过滤器。

(3) <intent-filter>节点支持<action>标签、<category>标签和<data>标签。这 3 种标签的区别如下：

- <action>标签：用于定义 Intent 过滤器的“动作”；
- <category>标签：用于定义 Intent 过滤器的“类别”；
- <data>标签：用于定义 Intent 过滤器的“数据”。

其中<intent-filter>节点支持的标签和属性如表 7-4 所示。

表 7-4　<intent-filter>节点支持的标签和属性

标　签	属　性	说　明
<action>	android:name	指定组件所能响应的动作，用字符串表示，通常使用 Java 类名和包的完全限定名构成
<category>	android:category	指定以何种方式去服务 Intent 请求的动作
<data>	android:host	指定一个有效的主机名
	android:mimetype	指定组件能处理的数据类型
	android:path	有效的 URI 路径名
	android:port	主机的有效端口号
	android:scheme	所需要的特定的协议

注意： <category>标签用来指定 Intent 过滤器的服务方式，每个 Intent 过滤器可以定义多个<category>标签，程序开发人员可使用自定义的类别，或使用 Android 系统提供的类别。

AndroidManifest.xml 文件中的每个组件的<intent-filter>都被解析成一个 Intent 过滤器对象。当应用程序安装到 Android 系统时，所有的组件和 Intent 过滤器都会注册到 Android 系统中。这样，Android 系统便知道了如何将任意一个 Intent 请求通过 Intent 过滤器，映射到相应的组件上。

Intent 到 Intent 过滤器的映射过程被称为“Intent 解析”。Intent 解析可以在所有的组件中，找到一个可以与请求的 Intent 达成最佳匹配的 Intent 过滤器。Intent 解析的匹配规则有以下几点。

(1) Android 系统把所有应用程序包中的 Intent 过滤器集合在一起，形成一个完整的 Intent 过滤器列表。

(2) 在 Intent 与 Intent 过滤器进行匹配时，Android 系统会将列表中所有 Intent 过滤器的“动作”和“类别”与 Intent 进行匹配，任何不匹配的 Intent 过滤器都将被过滤掉。没有指定“动作”的 Intent 过滤器可以匹配任何的 Intent，但是没有指定“类别”的 Intent 过滤器只能匹配没有“类别”的 Intent。

(3) 把 Intent 数据 Uri 的每个子部与 Intent 过滤器的<data>标签中的属性进行匹配，如果<data>标签指定了协议、主机名、路径名或 MIME 类型，那么这些属性都要与 Intent 的 Uri 数据部分进行匹配，任何不匹配的 Intent 过滤器均被过滤掉。

(4) 如果 Intent 过滤器的匹配结果多于一个，则可以根据在<intent-filter>标签中定义的优先级标签来对 Intent 过滤器进行排序，优先级最高的 Intent 过滤器将被选择。

过滤器有类似于 Intent 对象的动作、数据、和分类的字段，过滤器会用这 3 个域来检测一个隐式的 Intent 对象。对于要传递给拥有过滤器的组件的 Intent 对象，必须传递所有的这 3 个要检测的字段。如果其中之一失败了，Android 系统也不会把它发送给对应的组件——至少在基于那个过滤器的基础上不会发送。但是，因为一个组件能够有多个 Intent 过滤器，即使不能通过组件的一个过滤器来传递 Intent 对象，也可以使用其他的过滤器。

下面将详细说明对这 3 个域的检测过程。

1. 动作域检测

在清单文件中的<intent-filter>元素内列出对应动作的<action>子元素。例如：

```
<intent-filter>
    <action android:name="android.intent.action.MAIN" />
    <action android:name="android.intent.action.VIEW" />
    <action android:name="com.example.project.SHOW_PENDING" />
    ...
</intent-filter>
```

如上代码所示，一个 Intent 对象就是一个命名动作，一个过滤器可以列出多个动作。这个列表不能是空的，一个过滤器必须包含至少一个<action>元素，否则它会阻塞所有的 Intent 对象。

要通过这个检测，在 Intent 对象中指定的动作必须跟这个过滤器的动作列表中动作一致匹配。如果 Intent 对象或过滤器没有指定的动作，则会产生以下结果：

(1) 如果对列表中所有动作都过滤失败，那么对于要匹配的 Intent 对象不做任何事情，而且所有的其他 Intent 检测都失败。没有 Intent 对象能够通过这个过滤器；

(2) 没有指定动作的 Intent 对象会自动的通过检测——只要这个过滤器包含至少一个动作。

2. 分类域检测

<intent-filter>元素也要列出分类作为子元素。例如：

```
<intent-filter … >
    <category android:name="android.intent.category.DEFAULT" />
    <category android:name="android.intent.category.BROWSABLE" />
    …
</intent-filter>
```

注意，对于清单文件中的动作和分类没有使用早先介绍的常量，而是使用了完整字符串值来替代。例如，上例中 android.intent.category.BROWSABLE 字符串对应本文档前面提到的 CATEGOR_BROWSABLE 常量。类似地，android.intent.action.EDIT 字符串对应 ACTION_EDIT 常量。

对于一个要通过分类检测的 Intent 对象，在 Intent 对象中每个分类都必须跟过滤器中的一个分类匹配。过滤器能够列出额外的分类，但是它不能忽略 Intent 对象中的任何分类。

因此，原则上一个没有分类的 Intent 对象应该始终通过这个检测，而不管过滤器中声明的分类。大多数情况都是这样的，但是，有一个例外，Android 处理所有传递给 startActivity()方法的隐式 Intent 对象，就像它们至少包含了一个 android.intent.category.DEFAULT(对应 CATEGORY_DEFAULT 常量)分类一样。因此接收隐式 Intent 对象的 Activity 必须在它们的 Intent 过滤器中包含 android.intent.category.DEFAULT 分类(带有 android.intent.action.MAIN 和 android.intent.category.LAUNCHER 设置的过滤器是个例外。因为它们把 Activity 标记为新任务的开始，并且代表了启动屏。它们能够在分类列表中包含 android.intent.category.DEFAULT。

3. 数据域检测

像动作分类检测一样，针对 Intent 过滤器也要包含在一个子元素中的数据规则，数据域检测跟动作和分类的情况一样，这个子元素也能够出现多次，或者不出现。例如：

```
<intent-filter>
    <data android:mimeType="video/mpeg" android:scheme="http" …/>
    <data android:mimeType="audio/mpeg" android:scheme="http" …/>
    …
</intent-filter>
```

每个<data>元素能够指定一个 URI 和一个数据类型(MIME 媒体类型)对于每个 URI 部分都会有独立的属性。URI 部分可以分为 scheme、host、port、path 部分：

```
scheme://host:port/path
```

例如下面的 URI：

```
content://com.cs.project:200/folder/subfolder/etc
```

其中，scheme 是 content，host 是 com.cs.project，port 是 200，path 是 folder/subfolder/etc。host 和 port 一起构成了 URI 授权，如果没有指定 host，那么 port 也会被忽略。

这些属性是可选的，但是，它们不是彼此独立的。例如，一个授权意味着必须指定一个 scheme；一个 path 意味着必须指定 scheme 和授权。

当 Intent 对象中的 URI 跟过滤器的一个 URI 规则比较时，它仅是与过滤器中实际提到的 URI 部分相比较。例如，如果一个过滤器仅指定了一个 scheme，那么带有这个 scheme 的所有的 URI 都会跟这个过滤器匹配；如果一个过滤器指定了一个 scheme 和授权，但是没有路径，那么带有相同 scheme 和授权的所有 URIs 的 Intent 对象都会匹配，而不用去管它们有没有路径；如果一个过滤器指定了一个 scheme、授权和路径，那么就只有相同的 scheme、授权和路径才会与 Intent 对象匹配。

<data>元素的 type 属性指定了数据的 MIME 类型。它在过滤器中比 URI。对于子类型域，Intent 对象和过滤器都能够使用*通配符——例如，text/*或 audio/*指明可以跟任意子类型匹配。

数据检测会比较 Intent 对象与过滤器中的 URI 和数据类型。其检测规则如下。

(1) 只有在过滤器没有指定任何 URI 或数据类型的情况下，即没有 URI 也没有数据类型的 Intent 对象才能通过检测。

(2) 一个包含 URI 但没有数据类型的 Intent 对象(并且不能从 URI 中推断出数据类型)只有跟过滤器中的一个 URI 匹配，并且同样跟这个过滤器没有指定数据类型时，才能通过检测。这种情况仅针对不指向实际数据的 URIs，例如 mailto:和 tel:。

(3) 一个包含了数据类型但没有 URI 的 Intent 对象，只有在过滤器也列出相同的数据类型，并没有指定 URI 的情况下，才能通过检测。

(4) 包含了 URI 和数据类型的 Intent 对象(或者是数据类型能够从 URI 中推断出来)，只有当它的类型跟过滤器中列出的某个类型匹配时，才能通过部分数据类型的检测。如果它的 URI 部分跟过滤器中的某个 URI 匹配，或者当 Intent 对象有一个 content:或 file:URI 并且过滤器没有指定 URI 时，那么 Intent 对象只能检测部分 URI。换句话说，如果过滤器仅列出了数据类型，那么一个组件将被假设为支持 content:和 file:数据。

如果一个 Intent 对象能够通过多个过滤器传递一个 Activity 或 Service，那么它就能够询问用户要激活哪个组件。如果没有找到目标，那么就会产生一个异常。

7.5 BroadcastReceiver 组件

BroadcastReceiver(广播接收器)本质上就是一种全局的监听器，用于监听系统全局广播消息。由于 BoradcastReceiver 是一种全局监听器，因此它可以非常方便地实现系统中不同组件之间的通信。

BroadcastReceiver 组件位于 android.content 包下，下面将详细介绍如何使用 Broadcast Receiver 在组件间通信，以及接收系统广播。

7.5.1 BroadcastReceiver 简介

BroadcastReceiver 用于接收程序发出的 Boradcast Intent，与应用程序启动 Activity 和 Service 一样，程序启动 BroadcastReceiver 也只需要以下两步。

(1) 创建需要启动的 BroadcastReceiver 的 Intent。

(2) 调用 Context 的 sendBroadcast()方法或者 sendOrderedBroadcast()方法来启动指定的 BoradcastReceiver。

当应用程序发出一个BroadcastcastReceiver之后，所有匹配该Intent的BroadcastReceiver都有可能被启动。

注意： 与Activity和Service具有完整的生命周期不同，BroadcastReceiver本质上只是一个系统的监听器，即专门负责监听程序所发出的不同的Broadcast。

实现一个BroadcastReceiver的方法十分简单，只需要重写BroadcastReceiver的onReceiver()方法即可。一旦实现了BroadcastReceiver，就应该指定该BoradcastReceiver能匹配的Intent，其匹配方式有以下两种。

(1) 使用代码进行指定。

这种方式是指调用BroadcastReceiver的Context的registerReceiver()方法进行指定。示例代码如下：

```
IntentFilter filter=new IntentFilter("android.provider.Telphony.SMS_RECEIVED");
IncomingSMSReceiver receiver=new IncomingSMSReceiver();
registerReceiver(receiver, filter);
```

(2) 使用配置文件指定。

这种方式是指在AndroidMainfest.xml文件中进行配置。示例代码如下：

```
<receiver android:name=".IncomingSMSRecevier">
    <intent-filter>
        <action android:name="android.provider.Telephony.SMS_RECEVIED"/>
    </intent-filter>
</receiver>
```

每次系统广播事件发生之后，系统不会创建对应的BoradcastReceiver实例，并自动触发它的onReceive()方法。onReceive()方法执行完之后，BroadcastReceiver实例也随之销毁。

提示： 与Activity组件不同，当系统通过Intent启动指定的Activity组件时，如果系统没有找到合适的Activity组件，则会导致程序异常中止；但是如果系统是通过Intent触发BroadcastReceiver的，那么即使找不到合适的BroadcastReceiver组件，程序也不会出现任何问题。

如果BroadcastReceiver的onReceive()方法在10秒内不能执行结束，那么Android系统会认为该程序无响应。所以，不要在onReceive()方法里面执行一些耗时的操作，否则会产生Application No Response(无响应)对话框。

如果确实需要执行耗时的操作，可以考虑通过Intent启动一个Service来完成该操作，而不是考虑使用新线程去完成耗时的操作。因为BroadcastReceiver本身的生命周期很短，可能出现的情况是，子线程可能还没有结束，而BroadcastReceiver就已经退出了。如果BroadcastReceiver所在的进程结束了，虽然该进程内还有用户的新线程，但由于该线程内不包含任何活动组件，那么系统可能在内存不足时优先结束该进程。这样就有可能导致BroadcastReceiver启动的线程无法执行完成。

7.5.2 发送广播

发送广播一般有3种方式，分别是使用 sendBroadcast()方法、sendOrderedBroadcast()方法和 sendStickyBroadcast()方法。其不同点如下。

(1) 使用 sendBroadcast()方法和 sendStickyBroadcast()方法发送的广播，所有满足条件的 BroadcastReceiver 都会执行其 onReceive()方法来处理响应。但若有多个满足条件的 BroadcastReceiver 时，其执行 onReceive()方法的顺序是无法保证的。

(2) 通过 sendOrderedBroadcast()方法发送出去的 Intent，会根据 BroadcastReceiver 执行的优先级顺序来执行 onReceive()方法。而相同优先级的 BroadcastReceiver 执行 onReceive()方法的顺序却是没有顺序保证的。

(3) sendStickyBroadcast()方法的主要不同是，Intent 在发送广播后一直存在，并且在以后 registerReceive 注册相匹配的 Receive 时会把这个 Intent 直接返回给新注册的 Receive。

在接收消息时，Intent 通过 IntentFilter 对象来过滤，然后交给相应的 BroadcastReceiver 对象来处理。

一般来说，实现一个广播服务接收程序的步骤有以下几个。

(1) 继承 BroadcastReceiver，并重写 onReceive()方法。

(2) 为应用程序添加适当的权限。

(3) 注册 BroadcastReceiver 对象。

(4) 等待接收广播。

Android 系统常用广播接收者 BroadcastReceiver 的常量标识如表 7-5 所示。

表 7-5 BroadcastReceiver 的常量标识

名 称	用 途
android.provider.Telephony.SMS_RECEIVED	接收到短信时的广播
Intent.ACTION_AIRPLANE_MODE_CHANGED	关闭或打开飞行模式时的广播
Intent.ACTION_BATTERY_CHANGED	充电状态，或者电池的电量发生变化
Intent.ACTION_BATTERY_LOW	表示电池电量低
Intent.ACTION_BATTERY_OKAY	表示电池电量充足，即从电池电量低变化到饱满时会发出广播
Intent.ACTION_BOOT_COMPLETED	在系统启动完成后，这个动作被广播一次(只有一次)
Intent.ACTION_CAMERA_BUTTON	按下照相时的拍照按键(硬件按键)时发出的广播
Intent.ACTION_CLOSE_SYSTEM_DIALOGS	当屏幕超时进行锁屏时,当用户按下电源按钮,长按或短按(不管有没跳出话框)，进行锁屏时，android 系统都会广播该 Action 消息
Intent.ACTION_CONFIGURATION_CHANGED	设备当前设置被改变时发出的广播
Intent.ACTION_DATE_CHANGED	设备日期发生改变时会发出该广播

续表

名 称	用 途
Intent.ACTION_DEVICE_STORAGE_LOW	设备内存不足时发出的广播,此广播只能由系统使用
Intent.ACTION_HEADSET_PLUG	在耳机口上插入耳机时发出的广播
Intent.ACTION_INPUT_METHOD_CHANGED	改变输入法时发出的广播
Intent.ACTION_LOCALE_CHANGED	设备当前区域设置已更改时发出的广播

【范例 5】

下面创建一个范例，演示如何在 Activity 中发送广播并传递数据，以及如何使用 Boradcast Receiver 接收到广播并显示数据。

在本范例中的 Activity 界面非常简单，只包含一个 ID 为 btnSendBorad 的按钮。当单击该按钮时程序会向系统发送一条广播，然后该广播由本程序接收并进行处理。如下所示为按钮的单击事件处理代码：

```
Button btnSendBroad = (Button) this.findViewById(R.id.btnSendBroad);
btnSendBroad.setOnClickListener(new OnClickListener() {
// 为“发送广播”按钮添加监听器事件
    @Override
    public void onClick(View v) {
        Intent it = new Intent();              //创建一个 Intent 对象
        it.setAction("com.android.custom.boradcast");  //设置 Action 属性
        it.putExtra("title", "95595");                 //设置要传递的数据
        it.putExtra("content",
                   "您尾号 1100 的卡于 15:33 网上消费 5.5 元，摘要：网上支付宝。立即查看
http:                                        //url.cn/ae42。[光大银行]");
        sendBroadcast(it);                     //发送广播
    }
});
```

上面的程序创建了一个 Intent 对象，然后设置了 Intent 对象的 Action 属性和要发送的数据，最后调用 sendBroadcast()方法将该 Intent 对象广播了出去。

为了接收以上程序发送的广播，需要在程序中创建一个继承 BroadcastReceiver 类的子类，并在 onReceive()方法中处理接收后的操作。本范例中创建的类名为 MyReceiver，实现代码如下：

```
public class MyReceiver extends BroadcastReceiver {             //继承
BroadcastReceiver 类
    @Override
    public void onReceive(Context context, Intent intent) {     //重写方法
        String action=intent.getAction();
        //获取广播中 Intent 对象的 Action 属性
        String title=intent.getStringExtra("title");
        //获取广播中 Intent 对象的数据
        String content=intent.getStringExtra("content");
```

```
            Toast.makeText(context, "接收到的 Intent 对象 Action 属性: "+action+
                    "\n 标题: "+title+
                    "\n 内容: "+content
                    , Toast.LENGTH_LONG).show();          //弹出显示这些数据
        }
    }
```

使用上述代码创建的 MyReceiver 类为了接收广播中传递的数据，需要重写 BroadcastReceiver 类的 onReceive()方法。在 onReceive()方法使用 Intent 获取了 Intent 对象的数据后，并将其显示了出来。

至此，程序的编码就完成了。现在运行程序并单击界面上的按钮，虽然程序不会出错，但是也看不到任何效果。这是因为程序发出的广播与接收还需要建立一个映射。

本程序中发出的广播 Action 为 com.android.custom.boradcast。该广播的接收器为本程序中的 MyReceiver 类。因此 AndroidMainfest.xml 文件中的配置信息如下：

```
<receiver android:name="com.example.ch0706.MyReceiver" >
    <intent-filter>
        <action android:name="com.android.custom.boradcast" />
    </intent-filter>
</receiver>
```

现在运行程序，单击“发送广播”按钮，将看到界面下方出现广播的提示信息，如图 7-10 所示。

图 7-10　发送和接收广播效果图

7.5.3　有序广播

在上一节中介绍的广播都是普通广播，它们可以在同一时刻被所有接收器接收到，消息传递的效果比较高。但其缺点是接收器不能将处理结果传递给下一个接收器，并且无法终止广播。

有序广播是指广播的接收器将按预先声明的优先级顺序依次进行处理。例如，A 的级别要高于 B，B 的级别高于 C，那么此时广播接收顺序为先 A，再 B，最后是 C。广播的优先级可在<intent-filter>元素内通过 android:priority 属性进行设置，数值越大表示优先越高，取值范围为-1000～1000；也可以调用 Intent 对象的 setPriority()方法进行设置。

有序广播的接收器可以终止广播的传递，一旦终止，后面的接收器就无法正常接收到广播。另外，有序广播的接收器可以将数据传递给下一个接收器。例如，A 接收广播，可以向结果对象中添加数据，此时下一个接收器 B 就可以获取 A 添加的数据。

要发送有序广播需要调用 sendOrderedBroadcast()方法，发送之后系统会根据接收器的优先级别按顺序逐个执行。对于优先执行的接收器可以调用 BroadcastReceiver 的 abortBroadcast()方法终止广播。不仅如此，优先执行的接收器还可以调用 setResultExtras()方法将处理结果放到广播中，然后传递给下一个接收器，下一个接收器通过代码 Bundle bundle=getResultExtras(true)可以获取上一个接收器存储的数据。

【范例 6】

创建一个范例，演示如何使用 sendOrderedBroadcast()方法发送有序广播，定义接收器的优先级，以及在接收器中传递和终止广播。

(1) 本范例中的 Activity 界面非常简单，只包含一个 ID 为 btnSendBorad 的按钮。当单击该按钮时程序会向系统发送一个有序广播。如下所示为按钮的单击事件处理代码：

```
Button btnSendBroad = (Button) this.findViewById(R.id.btnSendBroad);
// 为取消按钮添加监听器事件
btnSendBroad.setOnClickListener(new OnClickListener() {
    @Override
    public void onClick(View v) {
        Intent it = new Intent();                          //创建一个 Intent 对象
        it.setAction("com.android.custom.orderedboradcast");
        //设置 Action 属性
        it.putExtra("msg", "这是一个有序广播。");          //设置要传递的数据
        sendOrderedBroadcast(it, null);                    //发送有序广播
    }
});
```

上面的程序创建了个 Intent 对象，然后设置了 Intent 对象的 Action 属性和要发送的数据，最后调用 sendOrderedBroadcast()方法发送了一个有序广播。此时，它会按照优先级从高到低将信息依次传递到每个接收器。

(2) 创建第一个接收器 MyReceiver 类，具体实现代码如下：

```
public class MyReceiver extends BroadcastReceiver {
    @Override
    public void onReceive(Context context, Intent intent) {
        String action = intent.getAction();
        //获取传递 Intent 对象的 Action 属性
        String msg = intent.getStringExtra("msg");
        //获取传递 Intent 对象的 msg 信息
        Toast.makeText(
                context,
                "接收到的 Intent 对象 Action 属性：" + action + "\n 内容：" + msg ,
                Toast.LENGTH_LONG).show(); //显示对话框
        Bundle bundle=new Bundle();          //创建一个 Bundle 对象
        bundle.putString("other","这是第一个接收器中追加的数据。");
        //向 Bundle 对象添加数据
        setResultExtras(bundle);             //将数据放到当前的 Intent 对象中
        abortBroadcast();                    //调用此方法将终止接收器的广播
    }
}
```

上述是一个普通接收器的代码，其中不仅处理了接收到的消息，而且还向传递的 Intent 对象中使用 Bundle 对象追加了一个键名为 other 的数据。最后的 abortBroadcast()方法用于确定是否终止其他接收器的广播，即终止接收器的广播，不允许其他接收器接收数据(这里先不注释)。

(3) 打开项目的 AndroidMainfest.xml 配置文件，添加针对上面接收器和广播的映射关系。代码如下：

```
<receiver android:name="com.example.ch0707.MyReceiver" >
    <intent-filter android:priority="10">
        <action android:name="com.android.custom.orderedboradcast" />
    </intent-filter>
</receiver>
```

在这里要注意，上述代码中使用 android:priority="10"设置了 MyReceiver 接收器的优先级为 10。

(4) 创建第二个接收器 SecondReceiver 类，具体实现代码如下：

```
public class SecondReceiver extends BroadcastReceiver {
    @Override
    public void onReceive(Context context, Intent intent) {
        String action = intent.getAction();
        //获取传递 Intent 对象的 Action 属性
        Bundle bundle=getResultExtras(true);
        //获取 Intent 对象中的 Bundle 对象
        String msg=bundle.getString("other");
        //从 Bundle 对象中取出键名为 other 的值
        Toast.makeText(
                context,
                "接收到的 Intent 对象 Action 属性: " + action + "\n 内容: " + msg ,
                Toast.LENGTH_LONG).show(); //显示对话框
    }
}
```

在上面程序中 intent.getAction()获取了 Intent 对象的 Action 属性，getResultExtras(true)从 Intent 对象取出 Bundle 对象。如果传递正常，此时 Bundle 对象包含了在 MyReceiver 接收器中设置的键名为 other 的值。接下来获取 other 键对应的值，并显示到界面。

(5) 打开项目的 AndroidMainfest.xml 配置文件，将 SecondReceiver 接收器的优先级设置为 1。代码如下：

```
<receiver android:name="com.example.ch0707.SecondReceiver" >
    <intent-filter android:priority="1">
        <action android:name="com.android.custom.orderedboradcast" />
    </intent-filter>
</receiver>
```

这样一来本程序中共包含了针对 com.android.custom.orderedboradcast 的两个接收器，其中 MyReceiver 的优先级为 10，SecondReceiver 的优先级为 1。因此将先由 MyReceiver 接收器进行处理，由于 MyReceiver 中调用了 abortBroadcast()方法，所以 SecondReceiver 接收器不会执行，此时运行效果如图 7-11 所示。

(6) 将 MyReceivero 类中调用 abortBroadcast()方法的语句注释掉，再次执行程序将会看到 SecondReceiver 接收器的运行效果，如图 7-12 所示。这说明第二个接收器 SecondReceiver 成功获取了上一个接收器向 Intent 对象中追加的数据。

图 7-11　调用 abortBroadcast()方法后的执行效果

图 7-12　不调用 abortBroadcast()方法的执行效果

7.5.4　接收系统广播

除了接收用户发送的广播之外，BroadcastReceiver 还可以实现接收系统广播的功能。如果应用需要在系统特定时刻执行某种操作，那么可以通过监听系统广播来实现。Android 中的大量系统事件都会发送广播，如下所示为 Android 常见系统广播的常量标识。

- ACTION_TIME_CHANGED：表示系统时间被改变。
- ACTION_DATE_CHANGED：表示系统日期被改变。
- ACTION_TIMEZONE_CHANGED：表示系统时区被改变。
- ACTION_BOOT_COMPLETED：表示系统启动完成。
- ACTION_PACKAGE_ADDED：表示系统添加包。
- ACTION_PACKAGE_CHANGED：表示系统的包被改变。
- ACTION_PACKAGE_REMOVED：表示系统的包被删除。
- ACTION_PACKAGE_RESTARTED：表示系统的包被重启。
- ACTION_PACKAGE_DATA_CLEARED：表示系统包的数据被清空。
- ACTION_BATTERY_CHANGED：表示电池电量改变。
- ACTION_BATTERY_LOW：表示电池电量低。
- ACTION_POWER_CONNECTED：表示系统连接电源。
- ACTION_POWER_DISCONNECTED：表示系统与电源断开。
- ACTION_SHUTDOWN：表示系统被关闭。

【范例 7】

创建一个开机就自动执行的 Service，使 BroadcastReceiver 监听的 Action 为 ACTION_BOOT_COMPLETED，然后在 BroadcastReceiver 中启动特定的 Service。

(1) 创建一个自定义的 BroadcastReceiver 类，并让它调用要开机执行的 Service。这部分代码如下：

```
public class SelfStartReceiver extends BroadcastReceiver {
    @Override
    public void onReceive(Context context, Intent intent) {
    //接收到开机广播时被调用的方法
```

```
        Intent it = new Intent(context, SelfStartService.class);
        //创建一个针对 Service 的 Intent 对象
        context.startService(it);                    //启动该 Service
    }
}
```

如上述代码所示，SelfStartReceiver 类作为开机广播的接收器，代码十分简单，只需在 onReceive()方法中启动指定 Service 即可。

(2) 将 SelfStartReceiver 类与开机广播建立关联。如下所示为 AndroidMainfest.xml 中的配置代码：

```
<receiver android:name="com.example.ch0708.SelfStartReceiver" >
   <intent-filter>
      <action android:name="android.intent.action.BOOT_COMPLETED" />
   </intent-filter>
</receiver>
```

(3) 除了上面的关联之外，为了让程序能访问系统的开机事件，还需要为应用程序增加如下权限：

```
<uses-permission
android:name="android.permission.RECEIVE_BOOT_COMPLETED" />
```

至此当系统开机后会发送 BOOT_COMPLETED 广播，而针对该广播的 SelfStart Receiver 接收器会执行，在接收器中又调用了 SelfStartService 服务。所以开机就会执行该服务，例如监听电量、拦截黑名单等，有关该服务的代码这里不再给出。

【范例 8】

当手机电量发生改变时，系统会对外发送 Action 为 ACTION_BATTERY_CHANGED 的广播；当手电量过低时，系统会对外发送 Action 为 ACTION_BATTERY_LOW 的广播。因此通过监听这两个 Action，可以编写程序对系统的电量进行提示。

下面的示例代码就实现了电量过低时的提示功能：

```
public class BatteeryReceiver extends BroadcastReceiver {
    @Override
    public void onReceive(Context context, Intent intent) {
        Bundle bundle=intent.getExtras();          //获取与电池有关的 Intent 对象
        int current=bundle.getInt("level");        //当前电量
        int total=bundle.getInt("scale");          //总电量
        if(current*1.0/total<0.15)
        {
            Toast.makeText(context,"手机电量过低，请及时充电！",Toast.LENGTH_
            LONG).show();
        }
    }
}
```

这里省略了 AndroidMainfest.xml 中针对 ACTION_BATTERY_CHANGED 和 ACTION_BATTERY_LOW 对应用程序的映射。

7.6 实验指导——拦截系统短信提示

当 Android 系统接收到短信时，系统会对外发送一个广播，广播 Intent 对象的 Action 为 android.provider.Telephony.SMS_RECEIVED。因此，只需要创建一个接收器监听该广播，并调用 abortBroadcast()方法终止其他接收器，就可以实现拦截短信的功能。具体步骤如下。

(1) 创建一个 Android 项目，假设该项目名称为 ch0708，不需要对程序界面进行任何设计。

(2) 创建一个继承 BroadcastReceiver 类的广播接收器，这里是 SmsReceiver 类。实现代码如下：

```
public class SmsReceiver extends BroadcastReceiver {

    @Override
    public void onReceive(Context context, Intent intent) {
        //如果接收到的是短信
    if(intent.getAction().equals("android.provider.Telephony.SMS_RECEIVED"))
        {
            abortBroadcast();              //终止其他接收器的执行，包括系统接收器
            StringBuilder sb=new StringBuilder();
            Bundle bundle=intent.getExtras();  //获取 Intent 对象中的数据
            if(bundle!=null)               //如果数据不为空
            {
                //获取所有接收到的短信
                Object[] objs=(Object[]) bundle.get("pdus");
                //创建一个数组保存这些短信
                SmsMessage[] msgs=new SmsMessage[objs.length];
                for(int i=0;i<objs.length;i++)      //将短信放到数组中
                {
                    msgs[i]=SmsMessage.createFromPdu((byte[])objs[i]);
                }
                for(SmsMessage sms:msgs)            //遍历数组
                {
                    sb.append("发信人：");
                    sb.append(sms.getDisplayOriginatingAddress());
                    //短信的来源
                    sb.append("\n---------内容---------\n");
                    sb.append(sms.getDisplayMessageBody());
                    //短信的内容
                }
                Toast.makeText(context, sb.toString(),
Toast.LENGTH_LONG).show();
            }
        }
    }
}
```

上述代码中的 if 条件只在满足接收到短信广播时才会执行。abortBroadcast()方法取消了广播的传递，即其他接收器不再执行。然后程序使用 intent.getExtras()方法获取 Intent 中

广播的数据，再使用 bundle.get("pdus")获取其中的短信。接下来程序通过遍历获取所有短信，并显示短信的来源和内容。

(3) 为了使上面创建的 SmsReceiver 接收器在系统接收器的前面执行，必须将 SmsReceiver 接收器的优先级设置得高一点。在本例子中优先级设置为 1000，AndroidMainfest.xml 文件中的配置代码如下：

```
<receiver android:name="com.example.ch0708.SmsReceiver" >
    <intent-filter android:priority="1000">
        <action android:name="android.provider.Telephony.SMS_RECEIVED" />
    </intent-filter>
</receiver>
```

(4) 为了让本程序拥有读取短信的权限，还需在 AndroidMainfest.xml 文件中添加相应授权，配置代码如下：

```
<uses-permission android:name="android.permission.RECEIVE_SMS"/>
```

至此程序的编码工作结束。将项目部署到虚拟器，然后进入 ADT 的 DDMS 控制台。在 Emualtor 选项卡中设置向虚拟器发送短信的号码和内容，如图 7-13 所示。

(5) 单击 Send 按钮发送短信，此时程序接收到会进行提示，如图 7-14 所示。由于短信接收是系统广播，所以即使退出程序也能正常接收短信，如图 7-15 所示。

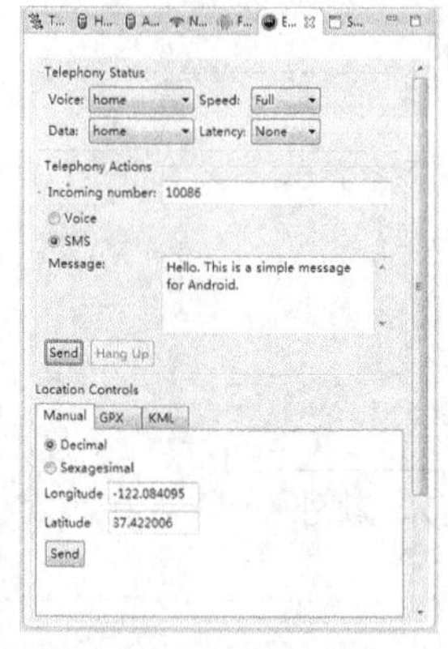

图 7-13　设置短信内容

图 7-14　在程序中接收短信

图 7-15　在程序外接收短信

7.7　思考与练习

一、填空题

1. 假设要发送一个有序广播应该调用__________方法。
2. Activity 动作常量中的__________表示 Activity 的启动。
3. __________决定了 Intent 其他部分的组成，就像方法名称决定了参数和返回值。
4. 调用__________方法将种类增加到 Intent 对象中。
5. 假设要在 Intent 中显示所有联系人信息，则应该使用的数据是__________。

6. 已经注册的 BroadcastReceiver 与 IntentFilter 发送的 Intent 相匹配时，则会调用 BroadcastReceiver 的__________方法进行处理。

二、选择题

1. 调用 Component 的__________方法可以获取组件所在的包名。

A. getPackageName()　　B. getClassName()

C. getName()　　D. getAppName()

2. 在 Intent 的所有属性中，指定了__________属性之后，Intent 的其他属性就都是可选的。

A. 组件名称　　B. 动作　　C. 数据　　D. 额外

3. 下列 Activity 动作常量中表示将数据显示给用户的是__________。

A. ACTION_CALL　　B. ACTION_VIEW

C. ACTION_EDIT　　D. ACTION_PICK

4. 假设要调用 startActivityForResult()方法获取 Intent 的结果，应该调用__________方法发送 Intent。

A. setResult()　　B. startActivity()

C. startService()　　D. sendBroadcast()

5. 为了使 Activity 可以返回 Android 系统的桌面，应该将 Category 设置为__________。

A. CATEGORY_HOME　　B. ACTION_HOME

C. CATEGORY_MAIN　　D. ACTION_MAIN

6. 下列不属于 Intent 类中 Flags 属性的是__________。

A. FLAG_ACTIVITY_BROUGHT_TO_FRONT

B. FLAG_ACTIVITY_BROUGHT_TO_TOP

C. FLAG_ACTIVITY_NO_HISTORY

D. FLAG_ACTIVITY_NEW_TASK

7. 在 Intent 过滤器中，<action>标签定义 Intent 过滤器的__________。

A. 类别　　B. 动作　　C. 数据　　D. 额外

三、简答题

1. 简述 Intent 的定义和用途。
2. 罗列 3 个常用的 Intent 动作。
3. FLAG_ACTIVITY_BROUGHT_TO_FRONT 和 FLAG_ACTIVITY_CLEAR_TOP 的含义是什么？
4. 简述 Intent 过滤器的定义和功能。
5. 简述 BroadcastReceiver 组件的作用，以及使用广播的流程。
6. 有序广播与普通的广播有什么区别？
7. 罗列 3 个与系统有关的广播。

第 8 章　Android 高级界面设计

本书第 5 章介绍了 Android 界面的简单控件。本章将详细介绍 Android 高级界面设计，主要是 Android 的高级控件。

例如自动完成的编辑框、有选项卡、有窗口小部件(进度条、拖动条和星级评分条)、有图像类控件(图像切换器、画廊视图、滚动视图和网络视图)等。

学习要点

- 了解常见的窗口小部件。
- 掌握进度条、拖动条和星级评分条的使用。
- 掌握图像切换器的使用。
- 掌握画廊视图的使用。
- 掌握滚动视图的使用。
- 掌握网络视图的使用。
- 理解自动完成编辑框。
- 掌握选项卡的使用。

8.1　窗口小部件

Android 的窗口小部件用来优化窗口的使用。例如进度条是在系统执行某一需要耗时的程序时，为了使用户了解程序的执行进度而使用的；拖动条是视频播放中常见的小控件，可供用户拖动来实现对数值的调节；星级评分条是评分时常用的部件，五颗星代表五分。

8.1.1　进度条

进度条(ProgressBar)是窗口小部件的一种，窗口小部件都可以利用 Eclipse 工具在屏幕上添加，如图 8-1 所示为窗口小部件在 Graphical Layout 编辑器下的界面中的样式。

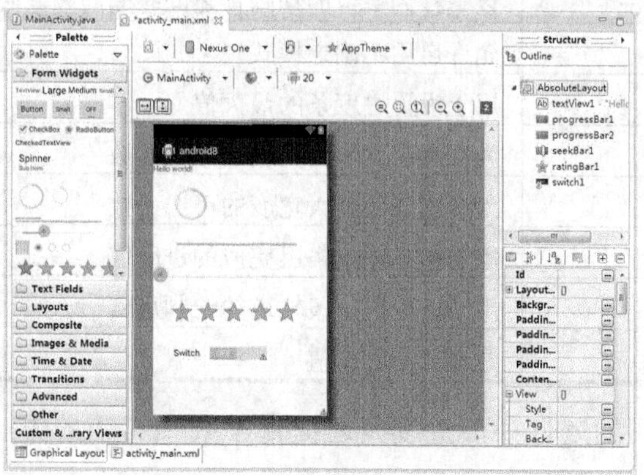

图 8-1　窗口小部件的样式

进度条用于显示程序执行的进度，有多种显示方式。图 8-1 所示的程序界面中，最上面的是圆形进度条，接着是一个条形进度条。通过设置 style 属性可以为进度条控件指定风格。常用的进度条风格属性值如表 8-1 所示。

表 8-1 ProgressBar 的 style 属性值表

style 属性值	说 明
?android:attr/progressBarStyleHorizontal	细水平长度进度条
?android:attr/progressBarStyleLarge	大圆形进度条
?android:attr/progressBarStyleSmall	小圆形进度条
@android:style/Widget.ProgressBar.Large	大跳跃、旋转画面的进度条
@android:style/Widget.ProgressBar.Small	小跳跃、旋转画面的进度条
@android:style/Widget.ProgressBar.Horizontal	粗水平长度进度条

注意： style 属性是不需要添加 android: 前缀的。例如 style="?android:attr/progressBarStyleHorizontal"表示一个细水平形状的进度条。

除了在屏幕中添加进度条的方法外，还可以在 XML 布局文件中通过<ProgressBar>标记来添加，图 8-1 中添加的大圆形进度条的基本语法格式如下：

```
<ProgressBar
    android:id="@+id/progressBar"
    style="?android:attr/progressBarStyleLarge"
    android:layout_width="wrap_content"
    android:layout_height="wrap_content"/>
```

进度条的进度值、动画间隔等属性是可以直接设置的，其常用的 XML 属性如表 8-2 所示。

表 8-2 ProgressBar 常用的 XML 属性

属性名称	说 明
android:animationResolution	以毫秒为单位的动画帧之间时间间隔，必须是一个整数的值
android:indeterminate	允许启用不确定模式
android:max	用于设置进度条的最大值
android:maxHeight	为视图提供最大高度的可选参数
android:maxWidth	为视图提供最大宽度的可选参数
android:progress	用于指定进度条已完成的进度值
android:progressDrawable	用于设置进度条轨道的绘制形式
android:secondaryProgress	定义二次进度值

除了表 8-2 中介绍的属性外，进度条还提供了几个常用的方法用于操作进度，如下所示。

- setProgress(int progress)：用于设置进度完成的多少。
- incrementProgressBy(int diff)：用于设置进度条的进度增加或减少。当参数为正数

时，表示进度增加；参数为负数时，表示进度减少。

- isIndeterminate()：用于判断进度条是否在不确定模式下。
- setIndeterminate(boolean indeterminate)：用于设置是否为不确定模式。
- setVisibility(int v)：用于设置该进度条是否可见。

8.1.2 拖动条

拖动条(SeekBar)与进度条类似，不同的是，拖动条允许用户拖动滑块来改变值，通常用于实现对某种数值的调节。如调节屏幕亮度、音量大小和视频进度等。

在屏幕中添加拖动条控件，可以通过在 XML 布局文件中添加<SeekBar>标记来实现。其基本语法格式如下。

```
<SeekBar
    android:layout_width="match_parent"
    android:layout_height="wrap_content"
    android:id="@+id/seekBar"/>
```

SeekBar 控件允许用户改变拖动滑块的外观，这里可以使用 android:thumb 属性实现。该属性的属性值为一个 Drawable 对象，该对象将作为自定义滑块。

在使用拖动条控件时，需要为其添加 OnSeekBarChangeListener 监听器，其基本代码如下。

```
SeekBar.setOnSeekBarChangeListener(new OnSeekBarChangeListener() {
    public void onStopTrackingTouch(SeekBar arg0) {
    //停止滑动时要执行的代码
    }
    public void onStartTrackingTouch(SeekBar arg0) {
    //开始滑动时要执行的代码
    }
    public void onProgressChanged(SeekBar arg0, int arg1, boolean arg2) {
    //位置改变时要执行的代码
    }
});
```

拖动条默认最小值是 0，最大值是 100，可取 0～100 之间的整数。通过对拖动条当前值进行加工，可修改这个范围。“范例 1”讲得便是获取拖动条的当前值，对这个值进行乘以 2.55 处理，可获取 0 到 255 之间的整数。

【范例 1】

创建应用程序并添加一个蓝紫色的按钮和一个拖动条，要求拉动拖动条滑块改变按钮的透明度，使按钮的透明度在 0～255 之间变化，步骤如下。

(1) 创建应用程序并添加一个蓝紫色的按钮和一个拖动条，控件代码如下：

```
<Button
    android:id="@+id/button1"
    android:layout_width="248dp"
    android:layout_height="wrap_content"
```

```
    android:background="#5555FF"
    android:text="透明度渐变" />
<SeekBar
    android:id="@+id/seekBar1"
    android:layout_width="match_parent"
    android:layout_height="wrap_content"/>
```

(2) 重写页面的 onCreate()事件，获取按钮和拖动框，并为拖动框添加监听器。当位置改变时修改按钮背景的透明度，代码如下：

```
protected void onCreate(Bundle savedInstanceState) {
    super.onCreate(savedInstanceState);
    setContentView(R.layout.seekbar);
    final SeekBar seekBar = (SeekBar) findViewById(R.id.seekBar1);
    final Button Btn = (Button) findViewById(R.id.button1);
    seekBar.setOnSeekBarChangeListener(new OnSeekBarChangeListener() {
    // 添加监听器
        public void onStopTrackingTouch(SeekBar arg0) { // 停止滑动
    }
        public void onStartTrackingTouch(SeekBar arg0) { // 开始滑动
        }
        public void onProgressChanged(SeekBar arg0, int arg1, boolean arg2)
{ // 位置改变
            int alpha = (int) (arg1 * 2.55);
            Btn.getBackground().setAlpha(alpha);
        }
    });
}
```

(3) 运行该应用程序，按钮默认是蓝紫色。但开始滑动拖动条的滑块，按钮变成完全透明；继续滑动，按钮的背景色有了影像，如图 8-2 所示；继续滑动滑块，按钮的背景色越来越明显，如图 8-3 所示；最终将滑块滑动到拖动条的最右端，按钮的背景色成为完全不透明状态如图 8-4 所示。

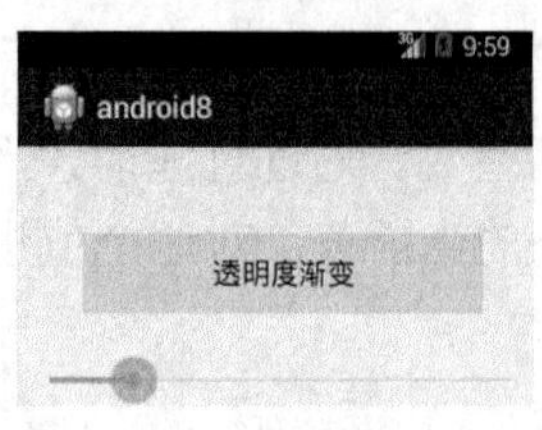

图 8-2　按钮透明化

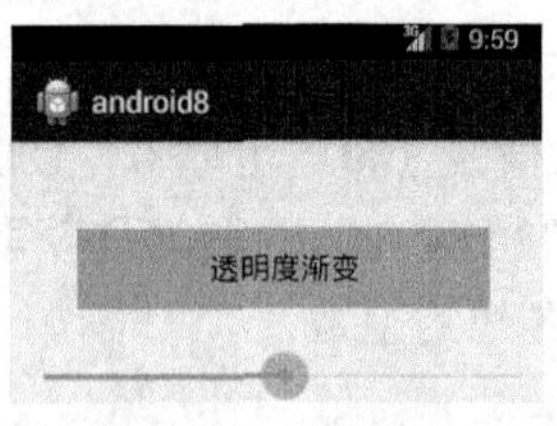

图 8-3　按钮半透明

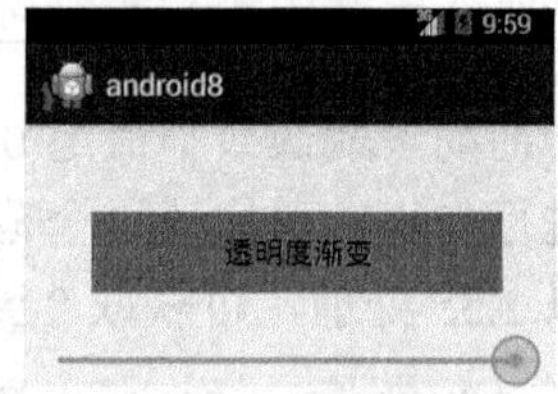

图 8-4　按钮不透明

注意： “范例 1”中并没有定义拖动条开始滑动和停止滑动的具体执行代码，但定义了这两个事件。这是因为在监听器中这三个事件是必不可少的，即使没有要执行的代码也要保留这三个事件。

8.1.3　星级评分条

星级评分条与拖动条类似，都允许用户通过拖动来改变进度。不同的是，星级评分条通过星型图案表示进度。通常情况下，使用星级评分条表示对某一事物的支持度或对某一服务的满意度等。例如对软件的满意度就是通过星级评分条来实现的。

在屏幕中添加星级评分条控件，可以通过在 XML 布局文件中添加<RatingBar>标记来实现。其基本语法格式如下。

```
<RatingBar
    android:layout_width="wrap_content"
    android:layout_height="wrap_content"
    android:id="@+id/ratingBar"
    android:numStars="5"/>
```

其中 android:numStars 属性表示星型的数量，通常设置为 5 个。RatingBar 控件有多种属性可以直接设置，如表 8-3 所示。

表 8-3　RatingBar 支持的 XML 属性

属性名称	说　明
android:isIndicator	用于指定该星级评分条是否允许用户改变，值为 true 时不允许改变
android:numStars	用于指定该星级评分条总共有多少颗星
android:rating	用于指定该星级评分条默认的星级
android:stepSize	用于指定每次最少需要改变多少个星级，默认为 0.5 个

另外，星级评分条还提供了以下几种比较常用的方法。

- getRating()方法：用于获取等级，表示选中了几颗星。
- getStepSize()方法：用于获取每次最少要改变多少颗星。
- getProgress()方法：用于获取进度，获取到的进度值为 getRating()方法返回值与 getStepSize()方法返回值之积。
- setRating (float rating)方法：用于设置等级(星型的数量)。
- setStepSize (float stepSize)方法：用于设置每次最少要改变多少颗星。
- setNumStars (int numStars)方法：用于设置显示的星形的数量。
- setMax (int max)方法：用于设置评分等级的范围，从 0 到 max。

在使用星级评分条控件时，需要为其添加 setOnRatingBarChangeListener 监听器，其基本代码如下：

```
ratingBar.setOnRatingBarChangeListener(new OnRatingBarChangeListener() {
    public void onRatingChanged(RatingBar arg0, float arg1, boolean arg2) {
        //需要执行的代码
    }
});
```

8.2 图像类控件

在本书第 5 章曾介绍了图像视图可用于显示一张图片，本节要介绍的图像类控件可用于多张图片的显示。由于一个 Android 窗口的大小有限，因此通常一次只能显示一个图片。此时可以使用图像切换器切换图片，使用画廊视图浏览图片或使用滚动视图来滚动浏览图片，本节将详细介绍这些控件的使用情况。

8.2.1 图像切换器

图像切换器(ImageSwitcher)用于实现图片的切换。在使用 ImageSwitcher 控件时，必须实现 ViewSwitcher.ViewFactory 接口，并通过 makeView()方法来创建用于显示图片的 ImageView。makeView()方法将返回一个显示图片的 ImageView。在使用图像切换器时使用 setImageResource()方法来指定要在 ImageSwitcher 中显示的图片资源。

ImageSwitcher 控件使用<ImageSwitcher>标记来添加，可通过如下代码设置图片的进入和转出样式：

```
//转入样式
imageSwitch1.setInAnimation(AnimationUtils.loadAnimation(this, android.R.
anim.fade_in));
//转出样式
imageSwitch1.setOutAnimation(AnimationUtils.loadAnimation(this, android.
R.anim.fade_out));
```

【范例 2】

创建应用程序并添加两个按钮和一个图像切换器，要求两个按钮分别实现上一张图片显示和下一张图片显示，步骤如下。

(1) 创建应用程序并添加两个按钮和一个图像切换器。图像切换器的代码如下所示：

```
<ImageSwitcher
    android:id="@+id/imageSwitch"
    android:layout_width="250dp"
    android:layout_height="203dp"
    android:background="#666666" >
</ImageSwitcher>
```

(2) 定义变量 index 表示当前显示图像的索引；定义一个整型数组获取需要显示的 3 个图片；定义图像切换器的监听器，并为图像切换器设置初始化时显示的图片索引，代码如下：

```
public class PhotoSwitcher extends Activity {
    private int index = 0; // 当前显示图像的索引
    private int[] images = new int[] { R.drawable.p1, R.drawable.p2, R.drawable.p3 };
    protected void onCreate(Bundle savedInstanceState) {
        super.onCreate(savedInstanceState);
```

```
        setContentView(R.layout.photoswitcher);
        // 获取图像切换器对象
       final ImageSwitcher imageSwitch1 = (ImageSwitcher) findViewById(R.id.
imageSwitch);
        imageSwitch1.setFactory(new ViewFactory() {
            public View makeView() {
                return new ImageView(PhotoSwitcher.this);
            }
        });
        // 初始化显示第一张图片
        imageSwitch1.setImageResource(images[index]);
    }
}
```

(3) 获取“上一张”和“下一张”两个按钮，并定义“下一张”按钮的监听器，修改当前图片的索引为下一张的索引；当图片索引超出范围时重新定义当前索引，代码如下：

```
final Button pre = (Button) findViewById(R.id.last); //获取上一个图像按钮对象
final Button next = (Button) findViewById(R.id.next);
// 获取下一个图像按钮对象
next.setOnClickListener(new View.OnClickListener() {
    @Override
    public void onClick(View v) {
        if (index + 1 < 3) {
            index = index + 1;
        } else {
            index = 0;
        }
        imageSwitch1.setImageResource(images[index]);
    }
});
```

(4) 定义“上一张”按钮的监听器，修改当前图片的索引为上一张的索引；当图片索引超出范围时重新定义当前索引，代码如下：

```
pre.setOnClickListener(new View.OnClickListener() {
    @Override
    public void onClick(View v) {
        if (index - 1 > -1) {
            index = index - 1;
        } else {
            index = 2;
        }
        imageSwitch1.setImageResource(images[index]);
    }
});
```

(5) 运行该应用程序，其效果如图 8-5 所示。单击“下一张”按钮，其效果如图 8-6 所示。

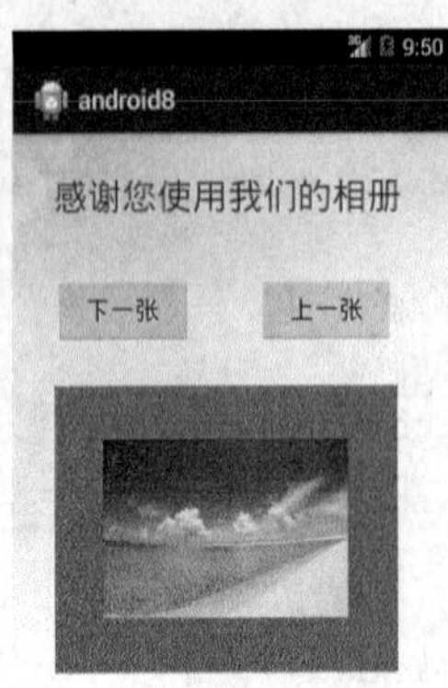

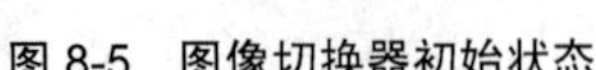
图 8-5　图像切换器初始状态

图 8-6　图像切换器切换图片

8.2.2　画廊视图

画廊视图(Gallery)能够按水平方向显示内容，用户可以通过左右移动图片来切换图片。在使用画廊视图时，首先需要在屏幕上添加 Gallery 控件，通常使用<Gallery>标记在 XML 布局文件中添加，其基本语法如下。

```
<Gallery
   android:layout_width="match_parent"
   android:layout_height="wrap_content"
   android:id="@+id/gallery"/>
```

Gallery 控件的使用使图片列表显示动态的切换，通过左右滑动图片来实现图片的切换。但由于 Gallery 会消耗部分内存，因此谷歌官方并不推荐使用，并且若在 Eclipse 代码中使用该类或控件，将显示为“未建议”。因此开发人员常使用滚动视图或多页视图来替代画廊视图。

多页视图控件(ViewPager)是 Android 4.0 之后增加的控件，该控件同样实现了图片的移动切换。该控件除了可以左右滑动来切换图片，还可以实现多界面的切换。多页视图的使用将在本章 8.3.3 节中有详细介绍。

8.2.3　滚动视图

滚动视图(ScrollView)是可以按照行、列来滚动图片。滚动视图一次显示一张图片，由用户滑动界面来滚动图片。ScrollView 通常用来垂直滚动图片，水平滚动使用<HorizontalScrollView>标记来进行实现。滚动视图的使用特别简单，如“范例 3”所示。

【范例 3】

创建应用程序，添加一个 ScrollView 和一个垂直线形布局 LinearLayout。在 LinearLayout 中放置 4 张图片，查看图片的滑动效果，布局文件代码如下：

```
<ScrollView xmlns:android="http://schemas.android.com/apk/res/android"
   android:layout_width="fill_parent"
   android:layout_height="wrap_content"
```

```
    android:scrollbarSize="10dp"
    android:scrollbars="vertical" >
    <LinearLayout
        android:layout_width="fill_parent"
        android:layout_height="fill_parent"
        android:orientation="vertical" >

        <ImageView
            android:id="@+id/imageview1"
            android:layout_width="wrap_content"
            android:layout_height="wrap_content"
            android:src="@drawable/b1" />

        <ImageView
            android:id="@+id/imageview2"
            android:layout_width="wrap_content"
            android:layout_height="wrap_content"
            android:src="@drawable/b2" />
<!-- 省略两个 ImageView 的代码 -->
    </LinearLayout>
</ScrollView>
```

执行上述应用程序，向上滑动图片，其效果如图 8-7 所示，图片的右侧有一个进度条，该进度条只有在滑动时才显示。划到屏幕下方的时候进度条也将移动到屏幕下方，如图 8-8 所示。

图 8-7　开始滑动

图 8-8　滑动中

8.2.4　网格视图

网格视图(GridView)是按照行、列分布的方式来显示多个组件，通常用于显示图片或图标等。在使用网格视图时，首先需要在屏幕上添加 GridView 控件。通常使用<GridView>标记在 XML 布局文件中添加，其基本语法如下。

```
<GridView
    android:layout_width="fill_parent"
```

```
    android:layout_height="wrap_content"
    android:id="@+id/gridView"
    android:stretchMode="columnWidth"
    android:numColumns="3">
</GridView>
```

GridView 控件支持的 XML 属性如表 8-5 所示。

表 8-5　GridView 支持的 XML 属性

属性名称	说　明
android:columnWidth	用于设置列的宽度
android:gravity	用于设置对齐方式
android:horizontalSpacing	用于设置各元素之间的水平间距
android:numColumns	用于设置列数，其属性值为整数
android:stretchMode	用于设置拉伸模式，其中属性值可以是 none、spacingWidth、columnWidth、或 spacingWidthUniform
android:verticalSpacing	用于设置各元素之间的垂直间距

GridView 与 ListView 类似，都需要通过 Adapter 来提供要显示的数据。通常使用 SimpleAdapter 或者 BaseAdapter 类为 GridView 控件提供数据。

单击 GridView 中的项可执行该项的单击事件，其监听器代码如下：

```
public void onItemClick(AdapterView<?> parent, View view, int position, long
rowid)
```

在上述代码中，参数的说明如下。

- parent：表示发生点击动作的 AdapterView。
- view：表示在 AdapterView 中被点击的视图(它是由 adapter 提供的一个视图)。
- position：表示视图在 adapter 中的位置。
- rowid：表示被点击元素的行 ID。

【范例 4】

创建应用程序，利用 GridView 在界面显示 8 张图片，步骤如下。

(1) 创建应用程序，并在主界面的布局文件中添加 GridView，设置一行显示 3 张图片，代码如下：

```
<?xml version="1.0" encoding="utf-8"?>
<GridView xmlns:android="http://schemas.android.com/apk/res/android"
    android:id="@+id/GridView1"
    android:layout_width="match_parent"
    android:layout_height="match_parent"
    android:columnWidth="90dp"
    android:numColumns="3"
    android:stretchMode="columnWidth" >
</GridView>
```

(2) 自定义一个布局文件 lists.xml，添加一个图像视图和一个文本框，代码如下：

```
<ImageView
    android:id="@+id/itemImage"
    android:layout_width="160dp"
    android:layout_height="90dp"
    android:layout_x="0dp"
    android:layout_y="3dp"
    android:src="@drawable/h1" />

<TextView
    android:id="@+id/itemText"
    android:layout_width="wrap_content"
    android:layout_height="wrap_content"
    android:layout_x="19dp"
    android:layout_y="99dp"
    android:text="TextView01" />
```

上述文本框用来显示图片的标题。

(3) 定义界面的 Java 代码，分别定义图片数组和图片的标题数组，加入 GridView，代码如下：

```
public class PgridView extends Activity {
    private String texts[] = null;
    private int images[] = null;
    public void onCreate(Bundle savedInstanceState) {
        super.onCreate(savedInstanceState);
        setContentView(R.layout.pgrid);
        images = new int[] { R.drawable.h1, R.drawable.h2, R.drawable.h3,R.
drawable.h4, R.drawable.h5, R.drawable.h6, R.drawable.h7,R.drawable.h8 };
        texts = new String[] { "乔巴", "路飞", "索隆", "艾斯", "娜美", "罗宾
", "山治", "乌索普" };
        GridView gridview = (GridView) findViewById(R.id.GridView1);
        ArrayList<HashMap<String, Object>> lstImageItem = new ArrayList<
HashMap<String, Object>>();
        for (int i = 0; i < 8; i++) {
            HashMap<String, Object> map = new HashMap<String, Object>();
            map.put("itemImage", images[i]);
            map.put("itemText", texts[i]);
            lstImageItem.add(map);
        }
        SimpleAdapter saImageItems = new SimpleAdapter(this, lstImageItem,
        // 数据源
                R.layout.lists,// 显示布局
                new String[] { "itemImage", "itemText" }, new int[] {
                        R.id.itemImage, R.id.itemText });
        gridview.setAdapter(saImageItems);
    }
}
```

(4) 执行上述应用程序，其效果如图 8-9 所示。因图片大小不一，在设置 GridView 时仅仅让图片高度一样，并没有将图片的宽度也设置一样，因此系统自动调整图片的水平间距来排列图片。

图 8-9　GridView 效果

若为 GridView 中的项目添加单击事件监听器，可使用如下语句和类：

```
//添加监听器
gridview.setOnItemClickListener(new ItemClickListener());
//定义监听器
class ItemClickListener implements OnItemClickListener {
    public void onItemClick(AdapterView<?> parent, View view, int
position,long rowid) {
        // 根据图片进行相应的跳转
    }
}
```

8.3　其 他 控 件

除了上述控件以外，Android 还提供了以下几种常用控件：自动完成编辑框、选项卡和多页视图。本节将详细介绍这些控件的使用情况。

8.3.1　自动完成编辑框

自动完成文本框控件(AutoCompleteTextView)用于实现当输入一定的字符后，显示出一个以输入字符开头的下拉菜单供用户选择。当用户选择某项后，该控件中的字符就变为当前用户所选的项。

在屏幕中添加自动完成文本框，可以通过在 XML 布局文件中添加<AutoComplete TextView>标记来实现。其基本语法格式如下。

```
<AutoCompleteTextView
    android:layout_width="fill_parent"
    android:layout_height="wrap_content"
```

```
    android:id="@+id/autoComplete"/>
```

AutoCompleteTextView 控件继承 EditText 控件，因此它支持 EditText 控件所提供的属性，同时该控件还支持 XML 的属性。XML 的属性如表 8-4 所示。

表 8-4　AutoCompleteTextView 支持的 XML 的属性

属性名称	描　述
android:completionHint	用于为弹出的下拉菜单指定提示标题
android:completionThreshold	用于指定用户至少输入几个字符才会显示下拉菜单
android:dropDownHeight	用于指定下拉菜单的高度
android:dropDownHorizontalOffset	用于指定下拉菜单与文本之间的水平偏移。下拉菜单默认与文本框左对齐
android:dropDownVerticalOffset	用于指定下拉菜单与文本之间的垂直偏移。下拉菜单默认紧跟文本框
android:dropDownWidth	用于指定下拉菜单的宽度

【范例 5】

创建应用程序有登录界面，界面中的用户名使用 AutoCompleteTextView。在用户输入 2 个字符时显示已经登录过的符合的用户名，步骤如下。

(1) 创建应用程序并添加控件，其中 AutoCompleteTextView 控件的代码如下：

```
<AutoCompleteTextView
    android:id="@+id/autotextview"
    android:layout_width="227dp"
    android:layout_height="wrap_content"
    android:layout_x="70dp"
    android:layout_y="115dp"
    android:completionHint="登录过的用户"
    android:completionThreshold="2"
    android:ems="10"
    android:singleLine="true" />
```

(2) 定义 Java 文件，获取 AutoCompleteTextView 并定义已经登录过的用户名数组，添加到 AutoCompleteTextView 中，代码如下：

```
public void onCreate(Bundle savedInstanceState) {
    super.onCreate(savedInstanceState);
    setContentView(R.layout.autotext);
    final AutoCompleteTextView autoComTextView = (AutoCompleteTextView)
findViewById(R.id.autotextview);
    // 已经登录过的用户名数组
    final String[] COUNTRIES = { "12345678", "12456789", "12567890",
"21234567","21345678", "21456789", "23567890", "34567890","34234567",
"34345678" };
```

```
    // 创建 ArrayAdapter 适配器
    ArrayAdapter<String> adapter = new ArrayAdapter<String>(this,android.
R.layout.simple_list_item_1, COUNTRIES);
    autoComTextView.setAdapter(adapter); // 为自动完成文本框控件添加适配器
}
```

(3) 运行该应用程序，在用户名一栏写下与上述代码中匹配的首字符 2，其效果如图 8-10 所示，表示匹配项并没有出现。接着输入匹配的第一个字符 1，有 3 个匹配项被列出来，如图 8-11 所示。

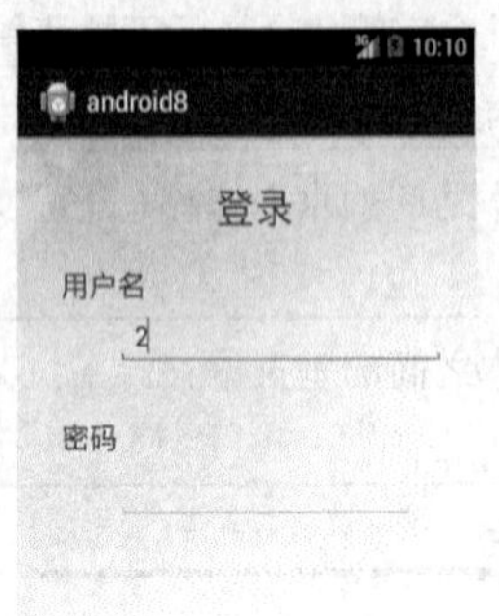

图 8-10　一个字符不匹配

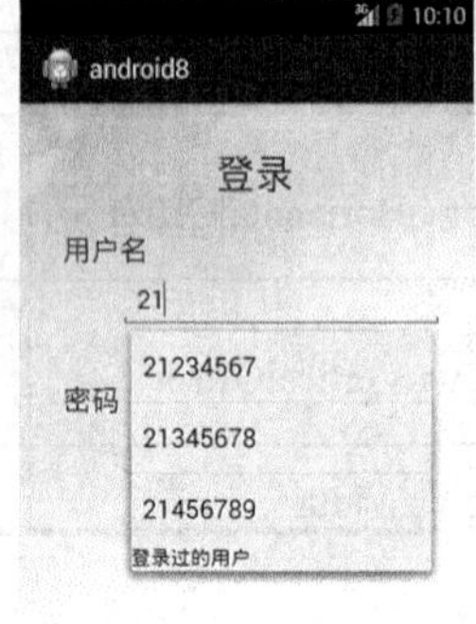

图 8-11　列举匹配项

8.3.2　选项卡

选项卡用于实现在一个界面显示多个布局文件。例如来电显示界面虽有已接来电和未接来电这两个布局文件，但都在应用程序的同一个界面显示。

选项卡实现一个多标签界面，它可以将一个复杂的对话框分割成若干个标签页，实现对信息的分类显示和管理。使用该组件不仅可以使界面简洁大方，还可以有效地减少界面的个数。

选项卡主要由 TabHost、TabWidget 和 FrameLayout 这 3 个控件组成。其中 TabHost 被作为容器，TabHost 中的 TabWidget 用来处理 tab 的位置、属性等；FrameLayout 用于定义显示的在 Tab 下显示的组件。在 Android 中，一般实现选项卡的步骤如下。

(1) 在布局文件中添加实现选项卡所需的 TabHost、TabWidget 和 FrameLayout 控件。

(2) 编写各标签页中要显示内容所对应的 XML 布局文件。

(3) 在 Activity 中，获取并初始化 TabHost 控件。

(4) 为 TabHost 对象添加标签页。

【范例 6】

创建应用程序，使用 TabHost 作为容器的布局文件。创建两个只有背景图片的页面作为标签页，实现选项卡功能的步骤如下。

(1) 创建应用程序，设置其布局文件以 TabHost 作为容器，并在 TabHost 中线性垂直布

局 TabWidget 和 FrameLayout，代码如下：

```
<?xml version="1.0" encoding="utf-8"?>
<TabHost xmlns:android="http://schemas.android.com/apk/res/android"
    android:id="@android:id/tabhost"
    android:layout_width="match_parent"
    android:layout_height="match_parent" >
    <LinearLayout
        android:layout_width="match_parent"
        android:layout_height="match_parent"
        android:orientation="vertical" >
        <TabWidget
            android:id="@android:id/tabs"
            android:layout_width="fill_parent"
            android:layout_height="wrap_content" >
        </TabWidget>
        <FrameLayout
            android:id="@android:id/tabcontent"
            android:layout_width="match_parent"
            android:layout_height="match_parent" >
        </FrameLayout>
    </LinearLayout>
</TabHost>
```

(2) 定义两个只有背景的布局文件 view1 和 view3，设置其容器的 id 分别为 tabview1 和 tabview2，步骤省略。这两个布局文件的容器可以自由定义，而在 Java 文件中通过文件名和容器的 id 获取。

(3) 定义 Java 代码，向 TabHost 中添加标签页，代码如下：

```
public void onCreate(Bundle savedInstanceState) {
    super.onCreate(savedInstanceState);
    setContentView(R.layout.tabxml);
    final TabHost tabhost = (TabHost) findViewById(android.R.id.tabhost);
    tabhost.setup();            //初始化 TabHost 组件
    LayoutInflater inflater = LayoutInflater.from(this);
    //声明并实例化一个 LayoutInflater 对象
    inflater.inflate(R.layout.view1, tabhost.getTabContentView());
    inflater.inflate(R.layout.view3, tabhost.getTabContentView());
    //添加第一个标签页
    tabhost.addTab(tabhost.newTabSpec("tab1").setIndicator("海豚").setContent
(R.id.tabview1));
    //添加第二个标签页
    tabhost.addTab(tabhost.newTabSpec("tab2").setIndicator("猫咪
").setContent(R.id.tabview2));
}
```

(4) 运行该应用程序，其效果如图 8-12 所示。界面中只显示一个标签页，但每一个标签页的标题都排列在界面上方。单击“猫咪”标题可进入猫咪背景所在的布局文件，如图 8-13 所示。

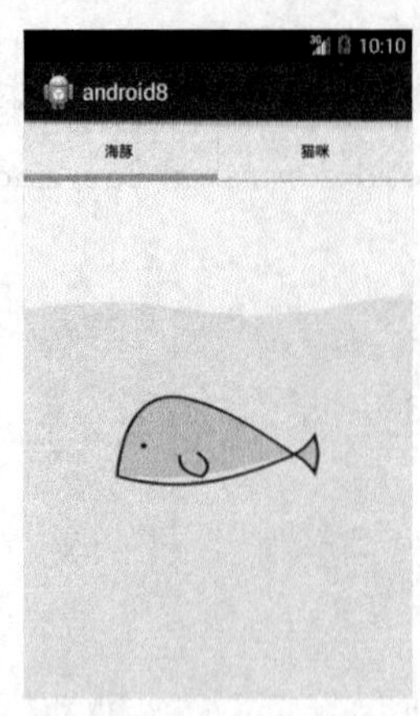

图 8-12　海豚标签页

图 8-13　猫咪标签页

8.3.3　多页视图

多页视图可实现多个界面的切换。该控件的用法与列表视图的用法相似：首先定义一个 Activity 及其布局文件，接着为 ViewPager 添加多个界面。

这个过程与定义一个列表视图的 Activity 及其布局文件，接着为列表视图添加列表项的过程一样；不同的是，多页视图不需要继承其他的类，直接在一般的 Activity 布局文件中添加即可。其代码如下：

```
<android.support.v4.view.ViewPager
    android:id="@+id/viewpager"
    android:layout_width="wrap_content"
    android:layout_height="wrap_content"
    android:layout_gravity="center" >

    <android.support.v4.view.PagerTitleStrip
        android:id="@+id/pagertitle"
        android:layout_width="wrap_content"
        android:layout_height="wrap_content"
        android:layout_gravity="top" />
</android.support.v4.view.ViewPager>
```

在上述代码中，ViewPager 为多页视图控件，PagerTitleStrip 用于显示当前页面的标题。

【范例 7】

创建应用程序并添加一个 Activity 和 5 个布局文件，除了在当前的布局文件中添加一个 ViewPager 控件以外，其他 4 个布局文件都只有背景图片而没有任何内容。这 4 个额外的布局文件名称分别是 view1、view2、view3 和 view4。

根据这 4 个布局文件的背景图片为其定义界面标题，通过 ViewPager 控件来滑动切换这 4 个只有背景图片的界面，步骤如下。

(1) 创建应用程序并添加一个 Activity 和 5 个布局文件。其中 ViewPager 控件的代码可

参考“范例 7”上面的那段代码。

(2) 重写页面的 onCreate()事件，获取多页视图控件可标题控件，代码如下：

```
protected void onCreate(Bundle savedInstanceState) {
    super.onCreate(savedInstanceState);
    setContentView(R.layout.pgallery);
    final ViewPager  mViewPager = (ViewPager)findViewById(R.id.viewpager);
    final PagerTitleStrip mPagerTitleStrip = (PagerTitleStrip)findViewById
(R.id.pagertitle);
}
```

(3) 在 onCreate()事件中添加如下代码，将要分页显示的 View 装入数组中：

```
LayoutInflater mLi = LayoutInflater.from(this);
View view1 = mLi.inflate(R.layout.view1, null);
View view2 = mLi.inflate(R.layout.view2, null);
View view3 = mLi.inflate(R.layout.view3, null);
View view4 = mLi.inflate(R.layout.view4, null);
```

(4) 在 onCreate()事件中添加如下代码，添加每个页面的标题：

```
final ArrayList<View> views = new ArrayList<View>();
views.add(view1);
views.add(view2);
views.add(view3);
views.add(view4);
final ArrayList<String> titles = new ArrayList<String>();
titles.add("海豚");
titles.add("美人鱼");
titles.add("猫咪");
titles.add("美女");
```

(5) 在 onCreate()事件中添加如下代码，填充 ViewPager 的数据适配器：

```
PagerAdapter mPagerAdapter = new PagerAdapter() {
    @Override
    public boolean isViewFromObject(View arg0, Object arg1) {
        return arg0 == arg1;
    }
    @Override
    public int getCount() {
        return views.size();
    }
    @Override
    public void destroyItem(View container, int position, Object object) {
        ((ViewPager)container).removeView(views.get(position));
    }
    @Override
    public CharSequence getPageTitle(int position) {
        return titles.get(position);
    }
```

```
    @Override
    public Object instantiateItem(View container, int position) {
        ((ViewPager)container).addView(views.get(position));
        return views.get(position);
    }
};
mViewPager.setAdapter(mPagerAdapter);
```

(6) 运行该应用程序，其效果如图 8-14 所示，界面的上方显示当前 View 的标题和下一个 View 的标题。拖动界面向左滑动，显示第 2 个 View 如图 8-15 所示，界面上方显示上一个View的标题、当前View的标题和下一个View的标题。拖动界面划到最后一个View，界面上方显示上一个 View 的标题和当前 View 的标题，如图 8-16 所示。

图 8-14　第一个 View

图 8-15　中间的 View

图 8-16　最后一个 View

与选项卡相比，多页视图并没有把所有的页面标题都排列在界面上方，而是仅列出了相邻的标签页。而且选项卡中标签页的切换通过单击标题来实现，而多页视图的标签页的切换则通过滑动界面来实现。由于选项卡中标签页标题必须都排列在界面上方，标签页过多会影响使用，因此多页视图通过支持更多的界面来避免这种影响。

8.4　实验指导——拖动条切换图像

本章介绍了 Android 高级控件的使用，包括窗口小部件的使用、图像类控件的使用和其他常见控件的使用。下面结合本章内容，通过一个小实验来介绍如何使用拖动条切换图像。具体要求如下。

(1) 使用 ImageSwitcher 显示图片。

(2) 使用 SeekBar 供用户滑动切换图片。

(3) 使用 TextView 显示图片标题。

(4) 使用 TextView 显示当前图片是第几张。

实现上述要求的步骤如下。

(1) 创建应用程序并添加控件，控件代码如下：

```
<SeekBar
```

```
    android:id="@+id/seekBar1"
    android:layout_width="match_parent"
    android:layout_height="wrap_content"
    android:layout_x="0dp"
    android:layout_y="283dp" />
<ImageSwitcher
    android:id="@+id/imageSwitcher1"
    android:layout_width="245dp"
    android:layout_height="180dp"
    android:layout_x="36dp"
    android:layout_y="58dp"
    android:background="#666666" >
</ImageSwitcher>
<TextView
    android:id="@+id/text"
    android:layout_width="wrap_content"
    android:layout_height="wrap_content"
    android:layout_x="134dp"
    android:layout_y="251dp"
    android:text="乔巴"
    android:textSize="20sp" />
<!-- 省略一个 TextView 的代码 -->
```

(2) 编写 Java 程序，滑动滑块时切换图片，并修改相应的文本框，代码如下：

```
public class Test extends Activity {
    private int index = 0; // 当前显示图像的索引
    private int[] images = new int[] { R.drawable.h1, R.drawable.h2,
            R.drawable.h3, R.drawable.h4, R.drawable.h5, R.drawable.h6,
            R.drawable.h7, R.drawable.h8 };
    private String[] texts = new String[] { "乔巴", "路飞", "索隆", "艾斯", "
娜美", "罗宾",
            "山治", "乌索普" };
    public void onCreate(Bundle savedInstanceState) {
        super.onCreate(savedInstanceState);
        setContentView(R.layout.test);
        final TextView text = (TextView) findViewById(R.id.text);
        final TextView textnum = (TextView) findViewById(R.id.textnum);
        // 获取图像切换器对象
        final ImageSwitcher imageSwitch1 = (ImageSwitcher) findViewById(R.
id.imageSwitcher1);
        imageSwitch1.setFactory(new ViewFactory() {
            public View makeView() {
                return new ImageView(Test.this);
            }
        });
        imageSwitch1.setImageResource(images[index]);
        final SeekBar seekBar = (SeekBar) findViewById(R.id.seekBar1);
        seekBar.setOnSeekBarChangeListener(new OnSeekBarChangeListener()
{ // 添加监听器
```

```
            public void onStopTrackingTouch(SeekBar arg0) { }
            public void onStartTrackingTouch(SeekBar arg0) { }
            public void onProgressChanged(SeekBar arg0, int arg1, boolean
arg2) { // 位置改变
                index = (int) (arg1 * 0.08);
                text.setText(texts[index]);
                textnum.setText(index + 1 + "/8");
                imageSwitch1.setImageResource(images[index]);
            }
        });
    }
}
```

(3) 运行该应用程序，其效果如图 8-17 所示。滑动滑块，其效果如图 8-18 所示。

图 8-17　初始状态

图 8-18　滑动状态

8.5　思考与练习

一、填空题

1. 拖动条的默认范围是__________。
2. 在使用进度条控件时，__________方法设置进度条进度完成的多少。
3. 在使用星级评分条时，android:__________属性用于指定该星级评分条总共有多少颗星。
4. 在使用 ImageSwitcher 控件时，必须实现__________接口，并通过 makeView()方法来创建用于显示图片的 ImageView。

二、选择题

1. 不是一次显示一张图片的是__________。

   A．图像视图　　B．图像切换器　　C．滚动视图　　D．网格视图

2. 需要滑动来切换图像或标签页的是__________。

A．图像切换器　B．网格视图　C．选项卡　D．多页视图

3．在下列自动完成文本框控件属性的说法中，不正确的是__________。

A．android:completionHint 属性用于为弹出的下拉菜单指定提示标题

B．android:completionThreshold 属性用于指定用户至少输入几个字符才会显示下拉菜单

C．android:dropDownHorizontalOffset 属性用于指定下拉菜单的高度

D．android:dropDownWidth 属性用于指定下拉菜单的宽度

4．在下列网格视图控件属性的说法中，不正确的是__________。

A．android:columnWidth 属性用于设置列的宽度

B．android:numColumns 属性用于设置行数，其属性值为整数

C．android:stretchMode 属性用于设置拉伸模式

D．android:gravity 属性用于设置对齐方式

三、简答题

1．总结选项卡和多页视图的区别。

2．总结切换图像的几种控件和使用方法。

3．简述自动完成编辑框的使用。

4．简述多页视图的使用。

第9章 访问系统资源

Android 中的资源是指可以在代码中使用的外部文件的资源。这些文件作为应用程序的一部分分被编译到应用程序中。在 Android 中，各种资源都被保存到 Android 应用的 res 目录下对应的子目录中，这些资源既可以在 Java 文件中使用，也可以在其他 XML 资源中使用。本章将详细介绍 Android 应用程序的系统资源，如字符串资源、数组资源、颜色资源、尺寸资源等。

学习要点

- 了解资源类型和使用方法。
- 掌握字符串资源和数组资源。
- 熟悉颜色资源和尺寸资源。
- 掌握类型资源和主题资源。
- 熟悉 Drawable 资源。
- 掌握菜单资源。
- 了解原始 XML 资源。

9.1 系统资源概述

一个项目的资源和 R.java 文件是紧密相连的。资源是在被使用和构建时编译进应用程序中的额外文件(非代码文件)。在 Android 应用程序中可能需要多种不同类型的资源才能实现用户界面的设计，例如文本字符串、图片、颜色和菜单等。

9.1.1 资源类型

Android 应用资源可以分为两大类：无法通过 R.java 访问的原生资源，保存在 assets 目录下；可以通过 R.java 类访问的资源，保存在 res 目录下。因此，Android 应用程序中需要的资源除了 assets 目录是与 res 同级外，其他资源均被存放在 res 目录下。该目录下面的资源文件夹并不是随意命名的，需要遵循严格的规范，否则编译生成 R.java 中会报错误，并且导致 R.java 自动生成失败。

res 目录根据作用的不同将资源文件存放在不同的子目录中，所有资源文件的名称小写且只能由字母、数字和下划线组成。例如，在表 9-1 中列出了 Android 应用程序中可用的资源存放目录以及存放的资源。

表 9-1 Android 应用程序可用的资源类型

目　录	存放的资源
res/animator/	存放定义属性动画的 XML 文件
res/anim/	存放定义补间动画的 XML 文件

续表

目　录	存放的资源
res/color/	存放定义不同状态下颜色列表的 XML 文件
res/drawable/	存放各种位图文件(如 PNG、JPG 和 GIF 等)。除此之外也可以是能编译成如下各种 Drawable 对象的 XML 文件： BitmapDrawable 对象 NinePatchDrawable 对象 StateListDrawable 对象 ShapeDrawable 对象 AnimationDrawable 对象 Drawable 的其他各种子类的对象
res/layout/	存放各种用户界面的布局文件
res/menu/	存放为应用程序定义各种菜单的资源，包括选项菜单、子菜单和上下文菜单资源
res/raw/	存放任意类型的原生资源(如音频文件和视频文件等)。在 Java 代码中可通过调用 Resources 对象的 openRawResource(int d)方法来获取该资源的二进制输入流
res/xml/	任意的原始 XML 文件。这些 XML 文件可在 Java 代码中使用 Rresource.getXML()方法进行访问
res/values/	存放各种简单值的 XML 文件。这些简单值包括字符串值、整数值、颜色值和数组等。这些简单值存放在该目录下，并且<resource></resource>为根标记，在该标记下添加不同的子标记代表不同的资源

在 res/values 目录下可存放不同的资源文件，如果在同一份资源文件中定义各种值，这会增加程序维护的难度。因此，建议开发者使用不同的文件来存放不同的值。

- strings.xml：用于定义字符串资源。使用<string>可添加字符串值。
- styles.xml：用于定义样式资源。使用<style>可添加一个样式。
- arrays.xml：用于定义数组资源。使用<array>、<string-array>、<int-array>可添加一个数组。
- colors.xml：用于定义颜色值资源。使用<color>可添加一个颜色值。
- dimens.xml：用于定义尺寸值资源。使用<diman>可添加一个尺寸。

一旦将应用程序的各种资源分别保存在 Android 应用的 res 目录下，那么接下来既可以在 Java 程序中使用这些资源，也可以在其他 XML 资源中使用这些资源。

另外，需要开发人员注意的是，在 Android 4.4 版本中，res/目录下并不存在 drawable 子目录，而是提供 drawable-xxhdpi(超超高)、drawable-xhdpi(超高)、drawable-hdpi(高)、drawable-mdpi(中)和 drawable-ldpi(低)五个子目录。实际上，这些子目录的作用就相当于 drawable 目录。

提示： 虽然 res/raw 目录可以存放任意类型的原生资源。但是实际上，如果应用程序需要使用原生资源，则可以把它们放在 assets 目录下，然后在应用程序中使用 AssetManager 来访问这些资源。

9.1.2 使用资源

Android 应用程序的资源既可以在 Java 代码中使用，也可以在 XML 文件中使用，下面分别进行介绍。

1. 在 Java 代码中使用资源

由于 Android SDK 在编译应用时会在 R.java 文件中为 res 目录下的所有资源创建索引项，因此在 Java 中访问资源主要通过 R 类来完成。语法如下：

```
[<package_name>.]R.<resource_type>.<resource_name>
```

上述语法的参数说明如下。

- package_name：用于指定 R 类所在包，实际上就是使用全限定类名。如果在 Java 程序中已经导入 R 类所在包，就可以省略包名。
- <resource_type>：表示 R 类中代表不同资源类型的子类，例如 string 代表字符串资源。
- <resource_name>：用于指定资源的名称。该资源名称可能是无后缀的文件名(例如图片资源)，也可能是 XML 资源元素中由 android:name 属性所指定的值。

【范例 1】

下面一行代码用于从 string 资源中获取指定的字符串资源，然后设置窗口的标题：

```
getWindow().setTitle(getResources().getText(R.string.txttitle));
```

R.java 为所有的资源都定义了一个资源清单项，但是这个清单项只是一个 int 类型的值，并不是实际的资源对象。大部分情况下，Android 应用的 API 允许直接使用 int 类型的资源清单项代替应用资源。但是有些情况下，程序也需要使用实际的 Android 资源，这时需要借助 Resources 类。

Resources 类提供了大量的方法来根据资源清单 ID 获取实际资源，主要提供的两类方法如下。

- getXxx(int id)方法：根据资源清单 ID 获取实际资源。
- getAssets()方法：获取 assets 目录下资源的 AssetManager 对象。

【范例 2】

调用 Activity 类的 getResources()方法获取 Resources 对象，然后再调用该对象的 getString()方法获取字符串资源。代码如下：

```
Resources res = getResources();                    //获取 Resources 对象
String title = res.getText(R.string.txttitle);     //获取字符串资源
```

2. 在 XML 代码中使用资源

当定义 XML 资源文件时，其中的 XML 元素可能需要指定不同的值，这些值就可设置为已定义的资源项。在 XML 代码中使用资源的语法如下：

```
@[<package_name>:]<resource_type>/<resource_name>
```

上述语法的参数说明如下。

- package_name：用于指定资源类所在应用的包。如果所引用的资源和当前资源位于同一个包下，则<package_name>可以省略。
- <resource_type>：表示 R 类中代表不同资源类型的子类。
- <resource_name>：用于指定资源的名称。该资源名称可能是无后缀的文件名(如图片资源)，也可能是 XML 资源元素中由 android:name 属性所指定的值。

【范例 3】

以下代码可在 res/values/strings.xml 文件中定义一个字符串资源：

```
<resources>
   <string name="firstname">John</string>
</resources>
```

接着可以在 res/layout/activity_main.xml 文件中使用以下资源：

```
<TextView
   android:layout_width="wrap_content"
   android:layout_height="wrap_content"
   android:text="@string/firstname" />
```

9.2　字符串资源

字符串资源位于 res/values 目录下，默认的字符串资源是 strings.xml。开发人员可以更改字符串资源的名称，但是它的目录是固定的。字符串资源主要定义的内容是应用程序需要用到的字符串内容。下面简单介绍一下字符串资源。

9.2.1　定义字符串资源

字符串资源的根元素以<resource>标记开始，以</resource>结束，所有定义的字符串资源都放在根元素内。定义语法如下：

```
<resources>
   <string name="资源名称">内容</string>
</resources>
```

从上述语法中可以发现，定义字符串资源需要使用<string></string>标记；在开始标记设置的是 name 属性，该属性指定字符串名称；在开始标记和结束标记之间定义的才是字符串内容。

【范例 4】

在 strings.xml 文件中定义名称为 title 的字符串，字符串内容为“最美的时光”。代码如下：

```
<resources>
    <string name="title">最美的时光</string>
</resources>
```

注意： 无论字符串资源放在 res/values 目录下的哪个资源文件中，在生成 ID 时都会放在 R.string 中。这表示，字符串资源的 key 的唯一性的作用域是 res/values 目录中的所有资源文件。

1. 指定双引号或单引号

定义字符串时可以为内容指定单引号或双引号，但是必须使用另一种引号，或者使用转义符 \ 将它们括起来，否则引号将被忽略。

【范例 5】

继续在 strings.xml 文件中定义两个字符串，第一个字符串的名称是 author，使用转义符输出双引号；第二个字符串的名称是 intro，使用双引号将单引号括起来，这样可以输出单引号。代码如下：

```
<resources>
    <string name="author">我最喜欢的作家是\"毕淑敏\"</string>
    <string name="intro">"I'm Lucy"</string>
</resources>
```

2. 动态指定字符串内容

在定义字符串时可以获取动态的字符串资源，即在定义字符串内容时可以使用占位符，示例如下。

【范例 6】

定义名称为 contentmore 的字符串，字符串内容显示当前日期和当前温度。代码如下：

```
<resources>
    <string name="contentmore">今天日期：%1$s，当前温度：%2$d 摄氏度</string>
</resources>
```

从上述声明代码可以发现，字符串内容使用到两个占位符(参数)，它们分别是%1$s 和%2$d。其中，%1 和%2 表示参数的位置索引，索引必须从 1 开始；$s 表示该参数的值是字符串；$d 表示该参数的值是十进制整数。

3. 指定特殊字符

在定义资源文件时不能直接使用 HTML 的标记(例如<h1>和<font>等)，也不能使用<、&等特殊符号，但是可以使用>、/等符号。如果直接使用<，很多 HTML 标记会被忽略掉。因此，在使用特殊符时，需要使用 HTML 命名实体来表示，例如<的命名实体是<&的命名实体是&。

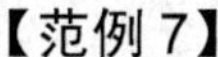

【范例 7】

定义名称为 mark1 和 mark2 的字符串，字符串的内容分别定义<h1>标记和<font>标记。代码如下：

```
<resources>
    <string name="mark1">&lt;h1>静夜思&lt;/h1></string>
    <string name="mark2">&lt;font>我爱我的家人，他们永远是我最亲家的人。
&lt;/font></string>
</resources>
```

除了使用命名实体来表示特殊符号外，开发人员也可以直接使用这些特殊符号，但是必须将它们放在<![CDATA[...]]>块中。

例如名称为 mark2 的字符串等价于以下内容：

```
<string name="mark2">
    <![CDATA[
        <font>我爱我的家人，他们永远是我最亲家的人。</font>
    ]]>
</string>
```

注意：　并不是所有的 HTML 标记的<都需要被转换，例如<b>和<i>都可以直接使用<，而不用使用命名实体进行转换。

4．设置特殊信息

如果在字符串资源中使用一些特殊信息(例如邮箱和网址等)，可以通过 TextView 组件的 autoLink 属性来识别这些特殊信息。autoLink 属性的取值包括 none、email、web、phone、map 和 all。

【范例 8】

定义名称为 website 和 webmail 的字符串，其内容分别是 http://www.baidu.com 和 myqq@163.com。代码如下：

```
<resources>
    <string name="website">http://www.baidu.com</string>
    <string name="webmail">myqq@163.com</string>
</resources>
```

在 TextView 组件中引用资源内容时，需要设置 autoLink 属性，这样程序才能自动识别这个地址，这(在下一节中会使用到)。

注意：　在字符串资源中使用网址时不一定要添加 http://，直接使用后面的域名和路径也可以被识别。例如，www.baidu.com 也可以被识别成 Web 网址。

9.2.2　使用字符串资源

在字符串资源文件中定义字符串资源后，就可以在 Java 或 XML 文件中使用该字符串

资源了。在 9.1.2 节已介绍过使用字符串资源的语法，因此“范例 9”不再详述。

【范例 9】

本范例使用上节定义的字符串资源，并将其内容显示到模拟器。步骤如下：

(1) 打开 Android 应用程序下的 res/layout/activity_main.xml 文件，在该文件下添加 TextView 组件，将组件的值指向名称为 title 的字符串资源。代码如下：

```
<TextView
    android:id="@+id/title"
    android:layout_width="wrap_content"
    android:layout_height="wrap_content"
    android:text="@string/title" />
```

(2) 继续在 activity_main.xml 文件中添加两个 TextView 组件，这两个组件分别用于读取 author 和 intro 字符串资源的内容。以读取 author 字符串资源为例，其代码如下：

```
<TextView
    android:id="@+id/author"
    android:layout_width="wrap_content"
    android:layout_height="wrap_content"
    android:layout_marginTop="24dp"
    android:text="@string/author" />
```

(3) 添加 TextView 组件，该组件用于读取 contentmore 字符串资源的内容。代码如下：

```
<TextView
    android:id="@+id/contentmore"
    android:layout_width="wrap_content"
    android:layout_height="wrap_content"
    android:layout_marginTop="72dp"
    android:text="@string/contentmore" />
```

在“范例 6”中定义 contentmore 字符串资源时使用到了占位符，因此，如果直接在上述 XML 文件中读取字符串资源，只是读取到占位符，而获取不到完整的内容，这时就需要在 Java 代码中进行处理。

(4) 打开 src 目录下的 MainActivity.java 文件，在 onCreate()方法中添加如下代码：

```
TextView tv1 = (TextView) findViewById(R.id.contentmore);
tv1.setText(getString(R.string.contentmore, "2014-9-5", 20));
```

在上述代码中，第一行代码通过 findViewById()方法获取名称为 contentmore 的 TreeView 组件；第二行代码通过 setText()方法为组件赋值，其中需要在 getString()方法中传入 3 个参数，第一个参数指定字符串资源，后两个参数是传递的参数值，其类型为 Object 类型。

(5) 添加两个 TextView 组件，这两个组件分别用于获取 mark1 和 mark2 字符串资源。以 mark1 字符串资源为例，代码如下：

```
<TextView
    android:id="@+id/mark1"
```

```
    android:layout_width="wrap_content"
    android:layout_height="wrap_content"
    android:layout_marginTop="96dp"
    android:text="@string/mark1" />
```

众所周知，在定义 mark1 和 mark2 资源时使用到了 HTML 标记。如果直接在 XML 文件中读取字符串资源，那么会将 HTML 标记也显示出来，这时需要在 Java 代码中进行处理。

(6) 打开MainActivity.java文件，继续在onCreate()方法中添加如下代码(以mark1为例)：

```
TextView tv2 = (TextView) findViewById(R.id.mark1);
tv2.setText(Html.fromHtml(getString(R.string.mark1)));
```

从上述代码可以发现，读取含有 HTML 标记的字符串资源时，需要使用 Html.fromHtml()方法进行转换才能被 TextView 组件识别。

(7) 运行 Android 应用程序，在模拟器中找到该应用并打开，如图 9-1 所示。

图 9-1　使用字符串资源

9.3　数 组 资 源

不仅是字符串，数组也可以作为资源保存在 XML 文件中。数组资源包括字符串数组资源和整数数组资源，开发人员也需要将数组资源存放在 res/values 目录下的资源文件中。

9.3.1　定义数组资源

与字符串资源一样，数组资源的根元素是<resources></resources>标记。在该元素中，包括两个子元素标记。

- <integer-array></integer-array>：用于定义整数数组。
- <string-array></string-array>：用于定义字符串数组。

【范例 10】

在 res/values 目录下创建 arrays.xml 文件，在该文件中分别使用<integer-array>和<string-array>定义整数数组和字符串数组。使用 name 属性表示数组资源的名称，添加内容

时需要使用<item></item>。代码如下：

```
<resources>
    <string-array name="city">
        <item>北京</item>
        <item>深圳</item>
        <item>上海</item>
        <item>广州</item>
        <item>郑州</item>
        <item>珠海</item>
    </string-array>
    <integer-array name="score">
        <item>100</item>
        <item>99</item>
        <item>96</item>
        <item>98</item>
        <item>90</item>
    </integer-array>
</resources>
```

9.3.2 使用数组资源

在数组资源文件中定义数组资源后，可以在 Java 代码或 XML 文件中使用该数组资源，使用方式与字符串资源类似。

【范例 11】

创建新的 Android XML File 文件，通过该文件显示数组资源的内容。步骤如下：

(1) 右击选择当前 Android 项目的 res/layout 目录，在弹出的快捷菜单中选择“新建”|Android XML File 命令创建 XML 文件，并将其命名为 array_main.xml。

(2) 打开 array_mani.xml 文件并在该文件中添加两个 TextView 组件。这两个组件分别显示两个数组资源的内容。代码如下：

```
<?xml version="1.0" encoding="utf-8"?>
<LinearLayout xmlns:android="http://schemas.android.com/apk/res/android"
    android:layout_width="match_parent"
    android:layout_height="match_parent"
    android:orientation="vertical" >
    <TextView
        android:id="@+id/citylist"
        android:layout_width="wrap_content"
        android:layout_height="wrap_content" />
    <TextView
        android:id="@+id/scorelist"
        android:layout_width="wrap_content"
        android:layout_height="wrap_content"
        android:layout_marginTop="24dp" />
</LinearLayout>
```

(3) 打开 src 目录下的源代码文件，重新编写 onCreate()方法中的代码，在这段代码中读取在 arrays.xml 文件中定义的数组资源。内容如下：

```
protected void onCreate(Bundle savedInstanceState) {
    super.onCreate(savedInstanceState);
    setContentView(R.layout.array_main);
    String[] citys = getResources().getStringArray(R.array.city);
    TextView tvcity = (TextView) findViewById(R.id.citylist);
    for (String city : citys) {
        tvcity.setText(tvcity.getText() + " " + city);
    }
    TextView tvscore = (TextView) findViewById(R.id.scorelist);
    int[] scores = getResources().getIntArray(R.array.score);
    for (int score : scores) {
        tvscore.setText(tvscore.getText() + " " + score);
    }
}
```

(4) 运行 Android 程序进行测试，如图 9-2 所示。

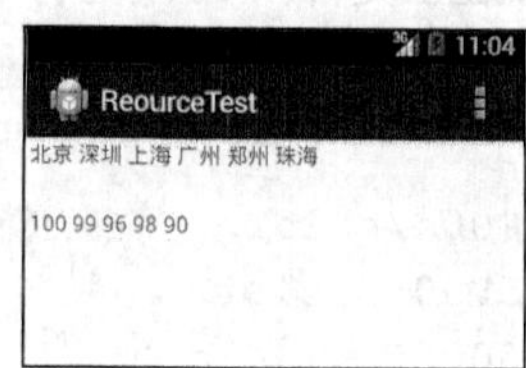

图 9-2 使用数组资源

注意： <string-array>和<integer-array>标记只能分别定义字符串数组和整数数组。如果使用<string-array>定义整数数组，通过 getIntArray()方法读取数组元素时会返回 0；如果<integer-array>只允许数组元素的值为整数，如果违反这个规则，则 ADT 会显示无法验证通过。

9.4 颜 色 资 源

颜色资源也是进行 Android 应用开发时比较常用的资源，它通常用于设置文字和背景颜色等。本节简单介绍颜色资源，包括颜色资源的定义和使用。

9.4.1 定义颜色资源

Android 允许将颜色值作为资源保存在资源文件中，保存在资源文件中的颜色值用#号开头。Android 中的颜色值通过 RGB(红、绿、蓝)三原色和一个透明度(Alpha)值表示，其 4 种表示方式如下。

- #RGB：使用红、绿、蓝三原色的值来表示颜色。其中，红、绿、蓝采用 0~F(字母可以小写)。例如，表示红色时，可以使用#F00。

- #ARGB：使用透明度以及红、绿、蓝三原色的值来表示颜色。其中，透明度、红、绿、蓝均采用 0～F(字母可以小写)。例如，表示半透明的红色，可以使用#5F00。
- #RRGGBB：使用红、绿、蓝三原色的值来表示颜色。与#RGB 不同的是，这里的红、绿和蓝使用 00～FF(字母可以小写)来表示。例如，可以使用#0000FF 表示蓝色。
- #AARRGGBB：使用透明度以及红、绿、蓝三原色的值来表示颜色。其中，透明度、红、绿、蓝均采用 00～FF(字母可以小写)。例如，#6600FF00 表示半透明的绿色。

提示： 在表示透明度时，0 或 00 表示完全透明，F 或 FF 表示完全不透明。

颜色资源文件位于 res/values 目录下，其根元素的开始标记是<resources>，结束标记是</resources>。在该元素中，通过<color></color>标记定义各颜色资源。基本语法如下：

```
<color name="颜色名称">颜色值</color>
```

【范例 12】

在 res/values 目录下创建 colors.xml 文件，在该文件中添加 4 个颜色资源。代码如下：

```
<?xml version="1.0" encoding="utf-8"?>
<resources>
    <color name='color1'>#F00</color>
    <color name='color2'>#5F00</color>
    <color name='color3'>#0000FF</color>
    <color name='color4'>#2000FF00</color>
</resources>
```

9.4.2 使用颜色资源

在颜色资源文件中定义颜色资源后，可以在 Java 或 XML 文件中使用颜色资源。

【范例 13】

创建多个 TextView 组件，分别使用不同的颜色资源。步骤如下：

(1) 利用“范例 12”创建的两个 TextView 组件，为它们组件指定 android:textColor 属性，即设置组件内文字的颜色，其值分别指向 color1 和 color2 颜色资源。以第一个 TextView 组件为例，代码如下：

```
<TextView
    android:id="@+id/citylist"
    android:layout_width="wrap_content"
    android:layout_height="wrap_content"
    android:textColor="@color/color1" />
```

(2) 创建新的 TextView 组件，通过 android:background 属性设置背景颜色，其值指向 color3 颜色资源；通过 android:text 属性文本，其值指向 mark1 字符串资源。代码如下：

```
<TextView
```

```
        android:layout_width="wrap_content"
        android:layout_height="wrap_content"
        android:layout_marginTop="48dp"
        android:background="@color/color3"
        android:text="@string/mark1" />
```

(3) 创建新的 TextView 组件，通过 android:background 属性设置背景颜色，其值指向 color4 颜色资源；通过 android:text 属性文本，其值指向 website 字符串资源，具体代码不再显示。

(4) 执行 Android 应用程序，如图 9-3 所示。

图 9-3　使用颜色资源

9.5　尺 寸 资 源

尺寸资源通常用于设置文字的大小和组件之间的间距等。例如，Android 程序的布局组件文本框都可以按照特定的尺寸进行绘制，这些尺寸也被作为资源存储到了项目的资源文件中。

9.5.1　定义尺寸资源

简单来说，尺寸资源就是由一系列的浮点数组成的资源，这些资源需要在 res/values 目录的资源文件中定义。定义尺寸资源时需要使用<dimen></dimen>标记，并在开始标记和结束标记之间指定尺寸。

Android 支持的常用尺寸单位如表 9-2 所示。

表 9-2　Android 程序的常用尺寸

尺寸单位	说　明
px	表示屏幕实际的像素。例如，320×480 的屏幕在横向有 320 个像素，在纵向有 480 个像素
in	是屏幕的物理尺寸，标准长度单位。每英寸等于 2.54 厘米，例如形容手机屏幕大小经常说的是 3.2(英)寸
mm	表示屏幕物理尺寸
pt	表示一个点，是屏幕的物理尺寸，大小为 1 英寸的 1/72
dp	表示与密度无关的像素，这是一个基于屏幕物理密度的抽象单位。密度可以理解为每英寸包含的像素点个数(单位是 dpi)，1dp 实际上相当于密度的 160dpi 的屏幕的一个点。也就是说，如果屏幕的物理密度是 160dpi 时，dp 和 px 是等效的
sp	与比例无关的像素，它与 dp 类似，但是除了自适应屏幕密度外，还会自适应用户设置的字体

【范例 14】

如果 res/values 目录下不存在 dimens.xml 文件，那么可以创建该文件，在该文件中创建 3 个尺寸资源。代码如下：

```
<resources>
    <dimen name="size1">20px</dimen>
    <dimen name="size2">20dp</dimen>
    <dimen name="size3">20sp</dimen>
</resources>
```

9.5.2 使用尺寸资源

与其他资源类似，开发人员可以在 Java 代码中使用尺寸资源，也可以直接在 XML 文件中使用尺寸资源。

【范例 15】

创建名称为 dimen_main 的 Android XML File 文件，在该文件中添加 3 个 TextView 组件，其中前两个组件直接使用尺寸资源，格式是"android:textSize="@dimen/资源名称""，资源名称分别指向 size1 和 size2。以第一个组件为例，代码如下：

```
<TextView
    android:layout_width="wrap_content"
    android:layout_height="wrap_content"
    android:text="@string/title"
    android:textSize="@dimen/size1" />
```

最后一个组件使用 Java 代码指定尺寸资源，因此 XML 文件中不需要指定 android:textSize 属性。内容如下：

```
<TextView
    android:id="@+id/javashow"
    android:layout_width="wrap_content"
    android:layout_height="wrap_content"
    android:layout_marginTop="48dp"
    android:text="@string/title" />
```

在 onCreate()方法中添加新代码，获取 TextView 组件后，通过 setTextSize()方法指定尺寸资源，通过 getDimension()方法获取尺寸资源。代码如下：

```
setContentView(R.layout.dimen_main);
TextView javashow = (TextView) findViewById(R.id.javashow);
javashow.setTextSize(getResources().getDimension(R.dimen.size3));
```

运行程序查看效果，如图 9-4 所示。

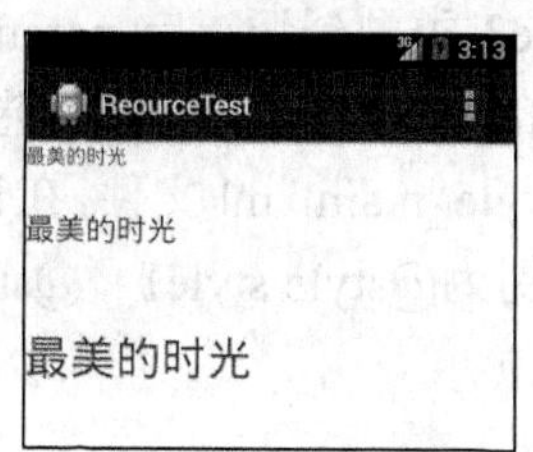

图 9-4　使用尺寸资源

9.6　类型和主题资源

Android 提供了用于对 Android 应用进行美化的样式和主题资源，使用这些资源可以开发出各种风格的 Android 应用。

9.6.1　类型资源

虽然在 XML 布局文件中可以灵活地设置组件的属性，但是如果有很多组件的属性都相同，那么再为每个组件都设置属性则显得麻烦。要解决这个问题，就需要使用类型资源。

类型资源又被称为样式资源，它实际上就是将需要设置相同值的属性提取出来放在单独的地方，然后在每一个需要设置这些属性的组件中引用这些类型。

类型资源文件也需要放在 res/values 目录下，其中<resources>和</resources>分别为根元素的开始标记和结束标记；在根元素下添加<style></style>来表示类型，其中为<style>指定 name 属性表示类型名称；在<style>开始标记和</style>结束标记之间添加<item>控制类型列表。

【范例 16】

定义多个类型资源，并且使用这些资源。步骤如下：

(1) 如果 res/values 目录下不存在 styles.xml 文件，那么就需要创建该文件。在该文件中定义 3 个样式，内容如下：

```
<resources xmlns:android="http://schemas.android.com/apk/res/android">
    <style name="style1">
        <item name="android:textSize">15sp</item>
        <item name="android:textColor">#FF00FF</item>
        <item name="android:background">#F0F0F0</item>
    </style>
    <style name="style2">
        <item name="android:textSize">10sp</item>
    </style>
    <style name="style3" parent="@style/style1">
        <item name="android:background">#EEC591</item>
    </style>
</resources>
```

从上述代码可以发现，为 style3 类型资源指定 parent 属性，该属性表示继承。也就是说，style3 类型资源不仅拥有自身的一个样式，同时还继承了 stylc1 类型资源的三个样式。

(2) 在 res/layout 目录下创建 style_main.xml 文件，在该文件中添加三个 TextView 组件，并直接指定组件的 style 属性，分别为@style/style1、@style/style2 和@style/style3。以第一个组件为例，代码如下：

```
<TextView
    style="@style/style1"
    android:layout_width="wrap_content"
    android:layout_height="wrap_content"
    android:text="@string/author" />
```

(3) 在 onCreate()方法中重新通过 setContentView()方法设置运行的界面。代码如下：

```
setContentView(R.layout.style_main);
```

(4) 执行应用程序进行查看，如图 9-5 所示。

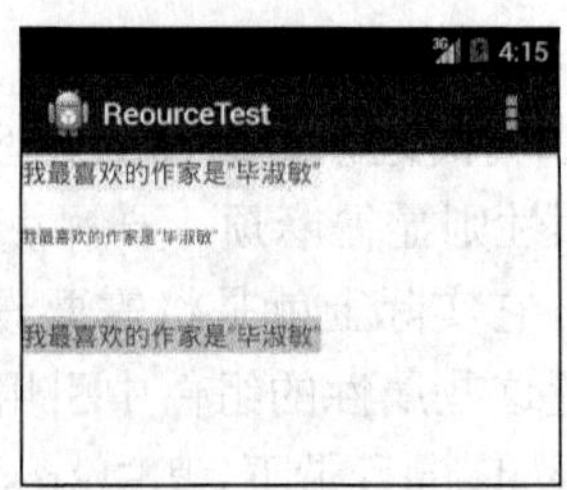

图 9-5　定义和使用类型资源

9.6.2　主题资源

主题资源与类型资源类似，其根元素也是以<resources>开始，以</resources>结束。定义主题资源时也需要使用到<style></style>。但是，与类型资源不同的是，主题资源不能作用于单个 View 组件，而是对所有(或单个)Activity 起作用。通常情况下，主题中定义的格式都是为改变窗口外观而设置的。

【范例 17】

下面在 styles.xml 文件中定义主题资源，代码如下：

```
<resources>
    <style name="theme1">
        <item name="android:background">#00CDCD</item>
        <item name="android:textColor">#FFFFFF</item>
        <item name="android:textSize">20sp</item>
    </style>
    <style name="theme2">
        <item name="android:windowTitleSize">30sp</item>
        <item name="android:windowBackground">@drawable/ic_launcher</item>
    </style>
```

```
</resources>
```

定义主题资源后可以进行使用了，在 Android 中，通常有两种使用主题的方法。

1. 在 AndroidManifest.xml 文件中使用

在 AndroidManifest.xml 文件中使用主题资源比较简单，只需要使用 android:theme 属性指定要使用的主题资源即可。android:theme 属性是 AndroidManifest.xml 文件中<application></application>标记和<activity></activity>标记的共有属性。

- 如果要使用的主题资源作用于项目中的全部 Activity 上，则可以使用<application></application>标记的 android:theme 属性。
- 如果要使用的主题资源作用于项目中的指定 Activity 上，那么可以在配置 Activity 时，为其指定 android:theme 属性。

【范例 18】

打开 AndroidManifest.xml 文件，如果<application>标记存在 android:theme 属性，那么将其值更改为 theme1；如果不存在，则需要指定该属性。代码如下：

```
<application
    android:allowBackup="true"
    android:icon="@drawable/ic_launcher"
    android:label="@string/app_name"
    android:theme="@style/theme1" >
    <!-- 其他代码省略 -->
</application>
```

更改 AndroidManifest.xml 文件后重新运行代码，如图 9-6 所示。

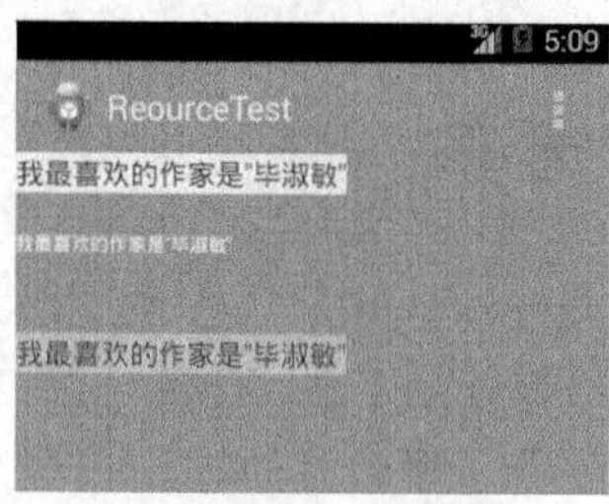

图 9-6　使用 theme1 主题

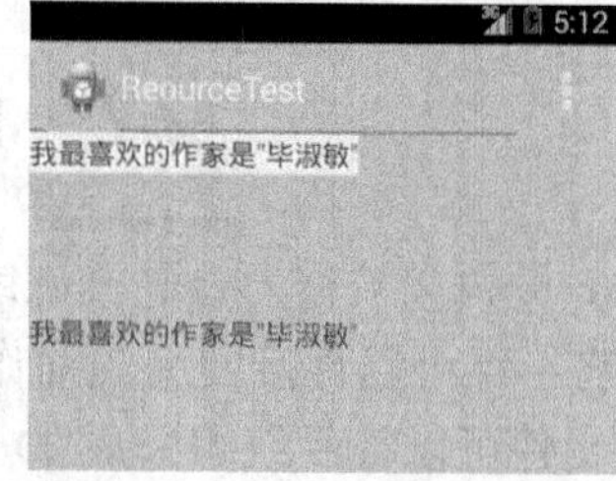

图 9-7　使用 theme2 主题

【范例 19】

重新更改 AndroidManifest.xml 文件的代码，指定<activity>标记的 android:theme 属性。代码如下：

```
<application
    android:allowBackup="true"
    android:icon="@drawable/ic_launcher"
    android:label="@string/app_name"
    android:theme="@style/AppTheme" >
    <activity
```

```
            android:name=".MainActivity"
            android:label="@string/app_name"
            android:theme="@style/theme2" >
            <intent-filter>
                <action android:name="android.intent.action.MAIN" />
                <category android:name="android.intent.category.LAUNCHER" />
            </intent-filter>
        </activity>
    </application>
```

重新运行 Android 项目，此时效果如图 9-7 所示。

2. 在 Java 文件中使用主题资源

在 Java 文件中可以为当前的 Activity 指定使用的主题资源，这可以在 Activity 的 onCreate()方法中通过 setTheme()方法实现。

【范例 20】

以下代码指定当前 Activity 使用的名称为 theme1：

```
protected void onCreate(Bundle savedInstanceState) {
    super.onCreate(savedInstanceState);
    setTheme(R.style.theme1);
    setContentView(R.layout.style_main);
}
```

注意：在 Activity 的 onCreate()方法中设置使用的主题资源时，一定要在为该 Activity 设置布局内容前设置，即在 setContentView()方法前设置，否则将不起作用。

9.7 Drawable 资源

Drawable 资源又被称为绘画资源或图片资源，这是 Android 应用中使用最为广泛和灵活的资源。它不仅可以直接使用图片作为资源，而且可以使用多种 XML 文件作为资源。只要 XML 文件可以被系统编译成 Drawable 子类的对象，那么该 XML 文件就可以作为 Drawable 资源。

9.7.1 了解 Drawable 资源

在 Android 应用程序中经常会使用到许多图像，这些图像资源必须放在 res/drawable 目录中，然后在程序中进行读取。Android 支持许多常用的图像格式，例如.jpg、.png、.bmp 和.gif 等。ADT 工具在创建新的 Eclipse Android 工程时会自动向新工程添加默认的图像，并且在 AndroidManifest.xml 文件中将该图像文件设置为默认的应用程序图标。

Drawable 资源是对图像的一个抽象，可以通过 getDarwable(int)得到并绘制到屏幕上。常用的 Drawable 资源，以及这些资源对应的 Drawable 对象有以下几种。

- Bitmap File：对应 BitmapDrawable 对象，表示基本的 Bitmap 图像。Android 支持

几种不同格式的 Bitmap 文件，如.png、.jpg 和.gif。

- Nine-Patch File：对应 NinePatchDrawable 对象。一个带有伸缩区域的 PNG 文件，可以基于 content 伸缩图片。
- StateList：对应 StateListDrawable 对象。一个 XML 文件，为不同的状态引用不同的图像(例如当按钮按下时使用不同的图片)。
- Shape：对应 ShapDrawable 对象。一个 XML 文件，定义一个几何开关，包括颜色和渐变。

注意： 在 res/drawable 目录中不能存在多个文件名相同、扩展名不同的图像文件。例如 avatar.jpg 和 avatar.png 不能同时存在，否则在 R 类中会生成重复的 ID。

9.7.2 定义和使用 Drawable 资源

在上一节简单地了解了常用的几种 Drawable 资源，本节以 Nine-Patch File 和 StateList Drawable 为例介绍其使用情况。

1. Nine-Patch File

Nine-Patch File 可以称为九格图片，它是一种 PNG 图像，可以定义拉伸区域，当 View 的 content 超出图像边界时，Android 会拉伸它。典型用法是把这个图像设置为 View 的背景，而这个 View 至少要有一个尺寸设置成为 wrap_content。当这个 View 变大来容纳 content 时，Nine-Patch 图像也会拉伸来匹配 View 的大小。

Nine-Patch File 的扩展名是.9.png，该扩展名的图片可以使用 Draw9patch 工具从 PNG 文件创建。Draw9patch 工具位于 Android SDK 的 tools 目录内，开发人员直接双击该工具即可打开。

【范例 21】

Draw9patch 可以生成一个可伸缩的标准 PNG 图像，Android 会自动调整大小来容纳要显示的内容。通过 Draw9patch 生成扩展名为.9.PNG 的图像的步骤如下。

(1) 打开 Draw9patch 后，选择工具栏中的 File|Open 9-patch 命令，如图 9-8 所示。

(2) 在“打开”对话框中选择要生成 Nine-Patch 图片的原始图片，打开后的效果如图 9-9 所示。

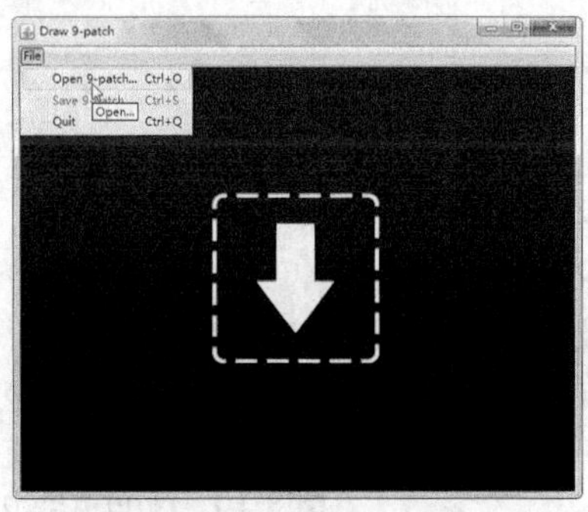

图 9-8 启动 draw9patch

图 9-9 打开原始图片的效果

(3) 对打开的图片的可缩放区域和内容显示区域进行设计。

(4) 选择菜单栏中的 File | Save 9-patch 命令保存图片，这时将其命名为 myteset.9.png。

(5) 生成扩展名为.9.png 图片后，可以将其作为图片资源进行使用。

Nine-Patch 图片通常被作为背景。与普通背景不同的是，使用 Nine-Patch 图片作为屏幕按钮的背景时，当屏幕尺寸或者按钮大小改变时，图片可以自动缩放，从而达到不失真的效果。

提示： 在 Android 应用中，不允许图片资源的文件名中出现大写字母，且不能以数字开头。因此，在使用 Nine-Patch 图片时不需要加扩展名.9.png。例如，要在 XML 文件中使用一个名称为 draw.9.png 的 Nine-Patch 图片，只需使用@drawable/draw 即可。

在使用图片资源时，首先将准备好的图片放置在 res/darwable-xxx 目录中，然后在 Java 或 XML 文件中进行使用。

【范例 22】

在创建的 Android XML File 文件中添加 ImageView 组件，分别在 Java 和 XML 文件中使用创建的 myteset.9.png 图片，步骤如下。

(1) 创建 drawable_main.xml 文件，该文件用于显示图片资源。

(2) 在 drawable_main.xml 文件中添加 ImageView 组件，通过图片资源为其指定 android:src 属性，即设置要显示的图片。代码如下：

```
<ImageView
    android:id="@+id/imageview1"
    android:layout_width="wrap_content"
    android:layout_height="wrap_content"
    android:src="@drawable/myteset" />
```

(3) 继续在 drawable_main.xml 文件中添加 ImageView 组件，在 MainActivity 类中通过图片资源为 ImageView 组件设置显示的图片。代码如下：

```
setContentView(R.layout.drawable_main);
ImageView iv =(ImageView)findViewById(R.id.imageview2);
iv.setImageResource(R.drawable.myteset);
```

(4) 运行程序，效果如图 9-10 所示。

图 9-10 Nine-Patch File

2. StateListDrawable

StateListDrawable 是定义在 XML 文件中的 Drawable 资源，能根据状态来呈现不同的资源。StateListDrawable 资源文件同图片资源一样，也是放在 res/darwable-xxx 目录中，该资源文件的根元素以<selector>开始，以</selector>结束，在该元素之间包含多个<item></item>。

每一个<item>都可以设置成以下两个属性：

- android:color 或 android:drawable 属性：用于指定颜色或 Drawable 资源。
- android:state_xxx 属性：用于指定一个特定的状态。常用的状态有 android:state_active、android:state_checked、android:state_enabled、android:state_first、android:state_last、android:state_middle 以及 android:state_selected 等。

【范例 23】

本范例是一个高亮显示正在输入的文本框的例子。步骤如下：

(1) 在 res/drawable-hdpi 目录下创建名称为 my_image 的 XML 文件。

(2) 在 my_image.xml 文件中添加如下内容：

```
<?xml version="1.0" encoding="utf-8"?>
<selector xmlns:android="http://schemas.android.com/apk/res/android">
    <item android:state_focused="true" android:color="#f44"/>
    <item android:state_focused="false" android:color="#111"/>
</selector>
```

(3) 在主界面 drawable.xml 文件中添加两个 EditView 组件，为组件添加属性指定引用的样式。代码如下：

```
<EditText
    android:id="@+id/editText1"
    android:layout_width="fill_parent"
    android:layout_height="wrap_content"
    android:ems="10"
    android:textColor="@drawable/my_image" />
<EditText
    android:id="@+id/editText2"
    android:layout_width="fill_parent"
    android:layout_height="wrap_content"
    android:ems="10"
    android:textColor="@drawable/my_image" />
```

(4) 运行 Android 应用程序，输入内容进行测试，效果如图 9-11 和图 9-12 所示。

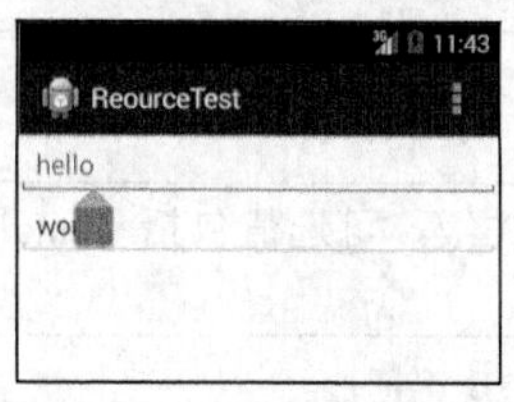

图 9-11　效果图(1)

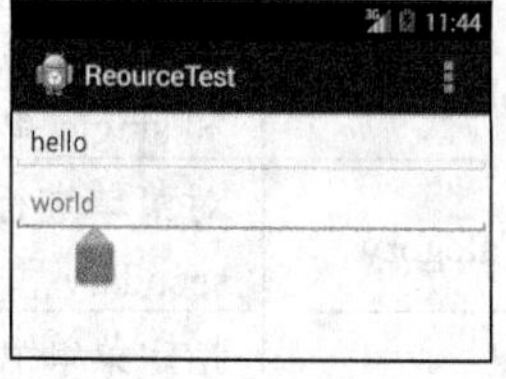

图 9-12　效果图(2)

9.8　菜 单 资 源

在桌面应用程序中，菜单的使用非常广泛。但是在 Android 应用中，减少了不少菜单，而这些定义菜单的 XML 文件被称为菜单资源。开发人员既可以使用 Java 代码定义，也可

以使用菜单资源文件来定义菜单资源。下面详细介绍菜单资源的定义和使用。

9.8.1 定义菜单资源

菜单资源必须存放在res/menu目录下，如果该目录不存在，就需要通过手动来创建。菜单资源文件的根元素以<menu>标记开始，以</menu>标记结束，在根元素下可以包含两个子元素。

- <item></item>标记：用于定义菜单项，可以通过表9-3的属性为菜单项设置标题等内容。如果某个菜单项还包含子菜单，可以通过在该菜单项中再包含<menu></menu>标记来实现。

表 9-3 <item></item>标记的常用属性

属性名称	说 明
android:id	为菜单项设置ID，也是唯一标识
android:title	为菜单项设置标题
android:alphabeticShortcut	为菜单项指定字符快捷键
android:numericShortcut	为菜单项指定数字快捷键
android:icon	为菜单项指定图标
android:enabled	指定菜单项是否可用
android:checkable	指定菜单项是否可选
android:checked	指定菜单项是否已选中
android:visible	指定菜单项是否可见

- <group></group>标记：用于将多个<item></item>标记定义的菜单包装成一个菜单组，常用的属性及其说明如表9-4所示。

表 9-4 <group></group>标记的常用属性

属性名称	说 明
android:id	为菜单组设置ID，也就是唯一标识
android:heckableBehavior	指定菜单组内各项菜单项的选择行为，可选值包括none(不可选)、all(多选)和single(单选)
android:menuCategory	对菜单进行分类，指定菜单的优先级，可选值包括container、system、secndary和alternative
android:enabled	指定菜单组中的全部菜单项是否可用
android:visible	指定菜单组中的全部菜单项是否可见

【范例24】

在res/menu目录下创建菜单资源文件，在该文件中定义菜单资源，包括一个选项菜单和一个子菜单。其完整代码如下：

```
<menu xmlns:android="http://schemas.android.com/apk/res/android"
    xmlns:tools="http://schemas.android.com/tools"
```

```
    tools:context="com.example.reourcetest.MainActivity" >
    <item
        android:id="@+id/action_settings"
        android:orderInCategory="100"
        android:showAsAction="never"
        android:title="@string/action_settings"/>
    <item
        android:id="@+id/mnuFestival" android:icon="@drawable/ic_launcher"
android:title="节日">
    </item>
    <group android:id="@+id/mnuFunction" >
        <item
            android:id="@+id/mnuEdit" android:icon="@drawable/ic_launcher"
android:title="编辑">
        </item>
        <item
            android:id="@+id/mnuDelete" android:icon="@drawable/ic_launcher"
android:title="删除">
        </item>
        <item
            android:id="@+id/mnuFinish" android:icon="@drawable/ic_launcher"
android:title="完成">
        </item>
    </group>
    <item
        android:id="@+id/mnuOthers"
        android:title="其他功能">
        <menu android:checkableBehavior="single" >
            <item android:id="@+id/mnuDiary" android:checked="true" android:
menuCategory="system" android:title="日记"/>
            <item
                android:id="@+id/mnuAudio" android:orderInCategory="2" android:
title="音频"/>
            <item
                android:id="@+id/mnuVideo" android:orderInCategory="3" android:
title="视频"/>
        </menu>
    </item>
</menu>
```

9.8.2　使用菜单资源

Android 中定义的菜单资源既可以用来创建选项菜单，也可以用来创建上下文菜单。使用菜单资源来创建这两种类型的菜单是不同的，具体如下。

1. 选项菜单

当用户单击菜单按钮时，弹出的菜单便是选项菜单。使用选项菜单资源创建选项菜单

时，需要重写 onCreateOptionsMenu()方法和 onOptionsItemSelected()方法。

【范例 25】

在 onCreateOptionsMenu()方法中，首先创建一个用于解析菜单资源文件的 menuInflater 对象，然后调用该对象的 inflate()方法解析一个菜单资源文件，并把解析后的菜单保存在 menu 中。代码如下：

```
@Override
public boolean onCreateOptionsMenu(Menu menu) {
    MenuInflater inflater = new MenuInflater(this);
    inflater.inflate(R.menu.main, menu);
    return super.onCreateOptionsMenu(menu);
}
```

当菜单项被选择时，可以重写 onOptionsItemSelected()方法做出相应的处理。例如，重写 onOptionsItemSelected()方法的代码，要求当菜单项被选择时，能弹出一个消息提示框显示被选中菜单项的标题。代码如下：

```
@Override
public boolean onOptionsItemSelected(MenuItem item) {
    Toast.makeText(MainActivity.this, item.getTitle(), Toast.LENGTH_
SHORT).show();
    return super.onOptionsItemSelected(item);
}
```

运行本范例进行测试，选项菜单效果如图 9-13 所示。单击“其他功能”命令，界面显示效果如图 9-14 所示。选择某一个菜单项，弹出的提示框如图 9-15 所示。

图 9-13　菜单列表

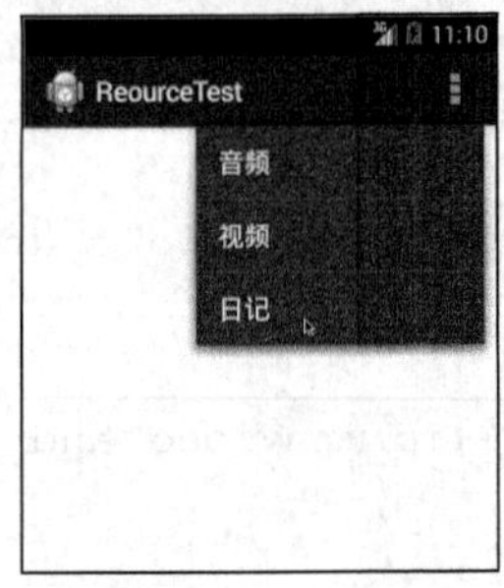

图 9-14　子菜单项

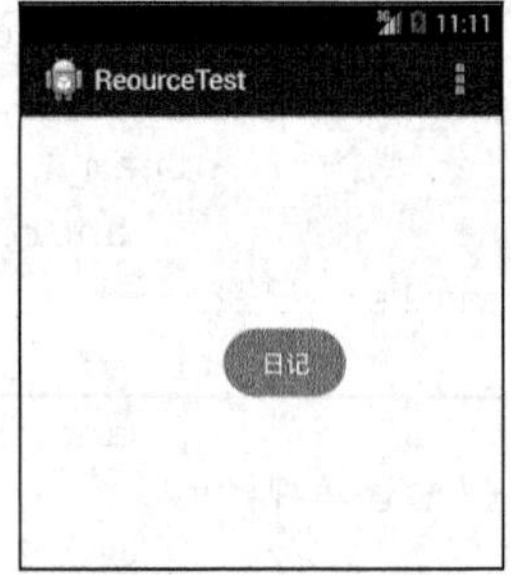

图 9-15　提示框

2. 上下文菜单

当用户长时间按键不放时，弹出的菜单就是上下文菜单。实现上下文菜单的方式与选项菜单有所不同，现举例如下。

【范例 26】

本范例利用“范例 24”创建的菜单资源文件实现“上下文菜单”功能，具体步骤如下。

(1) 重写 onCreateContextMenu()方法，在该方法中创建用于解析菜单资源文件的

MenuInflater 对象，然后调用该对象的 inflate()方法解析一个菜单资源文件，并把解析后的菜单保存在 menu 中，最后为菜单头设置标题。代码如下：

```
@Override
public void onCreateContextMenu(ContextMenu menu, View v, ContextMenuInfo
menuInfo) {
    MenuInflater inflater = new MenuInflater(this);
    inflater.inflate(R.menu.main, menu);
    menu.setHeaderTitle("请选项");
}
```

(2) 重写 onContextItemSelected()方法，当菜单项被选择时，弹出一个消息框提示被选中菜单项的标题。代码如下：

```
@Override
public boolean onContextItemSelected(MenuItem item) {
    Toast.makeText(MainActivity.this, item.getTitle(), Toast.LENGTH_SHORT).
show();
    return super.onOptionsItemSelected(item);
}
```

(3) 为了显示上下文菜单，需要在界面放一个 EditText 组件。代码如下：

```
<EditText
    android:id="@+id/editshowmessage"
    android:layout_width="wrap_content"
    android:layout_height="wrap_content"
    android:text="Hello ACCP" />
```

(4) 在 onCreate()方法中，将上下文菜单注册到 EditText 组件上。代码如下：

```
setContentView(R.layout.menu_main);
EditText ev1 = (EditText) findViewById(R.id.editshowmessage);
registerForContextMenu(ev1);
```

(5) 运行本范例，实现效果如图 9-16 所示。

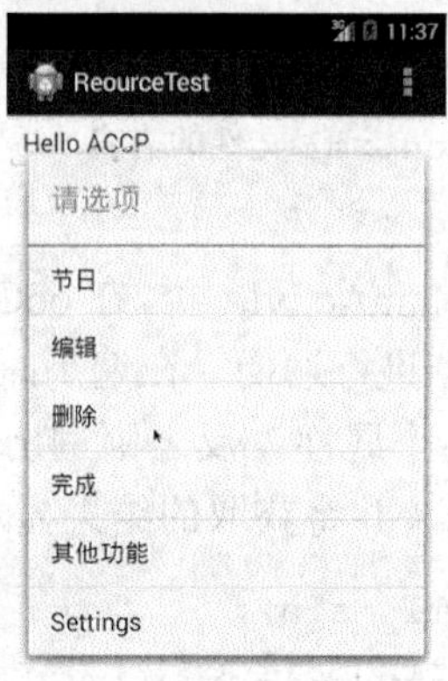

图 9-16 上下文菜单实现效果

9.9 原始 XML 资源

除了前面介绍的系统资源外，Android 应用程序还可以使用其他的资源，例如原始 XML 资源。XML 资源实际上就是 XML 格式的文本文件，这些文件必须存放在 res/xml 目录(如果该目录不存在，则需要手动创建)中。虽然在前面定义资源文件时使用的也是 XML 文件，但是这些文件并不属于本节将要介绍的原始 XML 资源。本节将要介绍的 XML 资源是指一份格式良好的、没有特殊要求的普通 XML 文件。

开发人员可以通过 Resources.getXML()方法获得处理 XML 文件的 XMLResourcesParser 对象的指令。XMLResourcesParser 通过调用 next()方法可不断更新当前的状态。

【范例 27】

本范例实现从保存人员信息的 XML 文件中读取人员信息，并显示的功能。步骤如下：

(1) 在 res/xml 目录下创建 person.xml 文件。代码如下：

```
<?xml version="1.0" encoding="utf-8"?>
<persons>
    <person name="angla" age="18" mail="hello@163.com" />
    <person name="Lucy" age="20" mail="lucy@163.com" />
    <person name="Rose" age="24" mail="loverose@163.com" />
    <person name="Kimi" age="8" mail="foverkimi@163.com" />
</persons>
```

从上述代码中可以发现，该 XML 文件的根元素以<persons>标记开始，以</persons>标记结束。并且在根元素中间添加了 4 个子元素，每个元素都包含有 name、age 和 mail 这 3 个属性。

(2) 在 res/layout 目录下创建 xml_main.xml 文件，为默认添加的 TextView 控件设置文字大小、android:id 属性和默认的显示文本等。代码如下：

```
<TextView
    android:id="@+id/show"
    android:layout_width="match_parent"
    android:layout_height="wrap_content"
    android:text="读取 person.xml 文件的内容"
    android:textSize="20sp" />
```

(3) 打开 src 目录默认创建的 MainActivity 类，在 onCreate()方法中首先获取 XML 文档，然后通过 while 循环对该 XML 文档进行遍历。在遍历时，首先判断该 XML 文档是否为指定的开始标记，如果是，则获取各个属性；反之则遍历下一个标记，一直遍历到该 XML 文档的结尾，最后获取显示文本框，并将获取的结果显示到该文本框中。代码如下：

```
setContentView(R.layout.xml_main);
StringBuilder sb = new StringBuilder();
XmlResourceParser xml = getResources().getXml(R.xml.person);
try {
    while (xml.getEventType() != XmlResourceParser.END_DOCUMENT) {
```

```
    if (xml.getEventType() == XmlResourceParser.START_TAG) {
    //判断是否为开始标记
            String tagName = xml.getName();          //获取标记名
            if (tagName.equals("person")) {          // 如果标记名是 person
                sb.append("姓名: " + xml.getAttributeValue(0) + "  ");
                sb.append("年龄: " + xml.getAttributeValue(1) + "\n");
                sb.append("邮箱: " + xml.getAttributeValue(2) + "  ");
                sb.append("\n\n");
            }
        }
        xml.next();                                          //下一个标记
    }
    TextView tv = (TextView) findViewById(R.id.show); // 获取显示文本框
    tv.setText(sb.toString()); // 将获取到的 XML 内容显示到文本框
} catch (XmlPullParserException e) {
    e.printStackTrace();
} catch (IOException e) {
    e.printStackTrace();
}
```

(4) 运行程序，从指定的 XML 文件中获取人员信息并显示，其效果如图 9-17 所示。

图 9-17 从 XML 文件获取人员信息

9.10 实验指导——选择上下文菜单项并更改字体颜色

在本节之前，已经介绍过 Android 应用程序中常用的字符串资源、数组资源、颜色资源、尺寸资源、类型和主题资源，以及 Drawable 资源和菜单资源等多种资源。本节实验将利用资源文件实现上下文菜单，并在用户单击上下文菜单项时，实现字体颜色的更改。

具体实现步骤如下。

(1) 新建一个 Android 应用程序，在 res/layout 目录下的 activity_main.xml 文件中添加 TextView 组件，该组件需要显示的字符串为“打开菜单”。代码如下：

```
<TextView
    android:id="@+id/show"
    android:textSize="28px"
```

```
    android:layout_width="match_parent"
    android:layout_height="wrap_content"
    android:text="打开菜单" />
```

(2) 给 res/menu 目录下的 main.xml 文件中添加 4 个代表颜色的菜单资源和 1 个恢复默认菜单项的资源。代码如下：

```
<menu xmlns:android="http://schemas.android.com/apk/res/android"
    xmlns:tools="http://schemas.android.com/tools"
    tools:context="com.example.resourceexample.MainActivity" >
    <item android:id="@+id/color1" android:title="红色"></item>
    <item android:id="@+id/color2" android:title="绿色"> </item>
    <item android:id="@+id/color3" android:title="蓝色"></item>
    <item android:id="@+id/color4" android:title="橙色"></item>
    <item android:id="@+id/color5" android:title="恢复默认"></item>
</menu>
```

(3) 重写 onCreateContextMenu()方法，代码如下：

```
@Override
public void onCreateContextMenu(ContextMenu menu, View v, ContextMenuInfo
menuInfo) {
    MenuInflater inflator = new MenuInflater(this);
    //创建解析菜单资源文件的 MenuInflater 对象
    inflator.inflate(R.menu.main, menu);        //解析指定的菜单资源文件
    menu.setHeaderTitle("请选择文字颜色");        //为菜单头设置标题
}
```

(4) 重写 onContextItemSelected()方法。在该方法中通过 switch 语句来获取用户选择颜色的操作信息，然后设置 TextView 组件中的字体颜色。代码如下：

```
@Override
public boolean onContextItemSelected(MenuItem item) {
    switch (item.getItemId()) {
    case R.id.color1:
        tv1.setTextColor(Color.rgb(255, 0, 0));
        break;
    case R.id.color2:
        tv1.setTextColor(Color.rgb(0, 255, 0));
        break;
    case R.id.color3:
        tv1.setTextColor(Color.rgb(0, 0, 255));
        break;
    case R.id.color4:
        tv1.setTextColor(Color.rgb(255, 180, 0));
        break;
    case R.id.color5:
        tv1.setTextColor(Color.rgb(0, 0, 0));
        break;
    }
    return true;
```

```
}
```

(5) 重写 onCreate()方法。在该方法中获取 TextView 组件，并为其注册上下文菜单。完整代码如下：

```
public void onCreate(Bundle savedInstanceState) {
    super.onCreate(savedInstanceState);
    setContentView(R.layout.activity_main);
    tv1 = (TextView) findViewById(R.id.show);
    registerForContextMenu(tv1);
}
```

(6) 运行程序，当在文字“打开菜单”上长时间按键不放时，将弹出上下文菜单，如图 9-18 所示。

(7) 单击图 9-18 中的“绿色”菜单项可更改文字颜色，如图 9-19 所示。

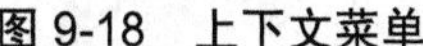
图 9-18　上下文菜单

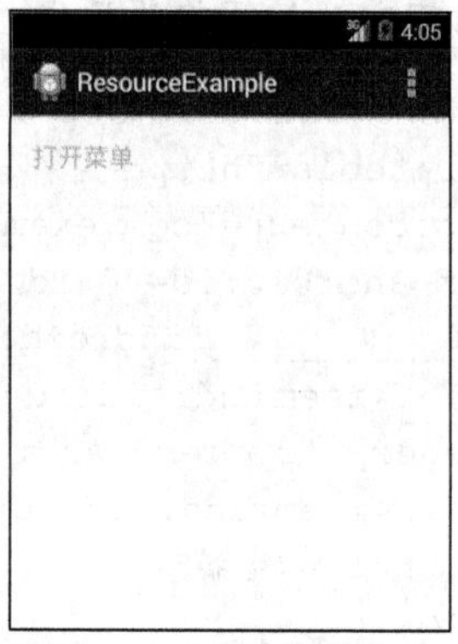

图 9-19　更改字体颜色

当用户选择其他菜单项(例如红色、蓝色和橙色)时，屏幕文字将更改为指定的颜色；当选择“恢复默认”菜单项时，字体将重新变为黑色。

9.11　思考与练习

一、填空题

1. 在数组资源文件中，可以通过名称为__________元素定义字符串数组。

2. Android 中颜色值的 4 种表示方式分别是#RGB、__________、#RRGGBB 和#AARRGGBB。

3. 在尺寸资源文件中，使用__________表示屏幕的实际像素。

4. 在 Java 代码中获取指定的整数数组资源时，下面代码的横线处应该填写________。

```
TextView tvscore = (TextView) findViewById(R.id.scorelist);
int[] scores = getResources().__________(R.array.score);
```

二、选择题

1. 字符串资源文件的根元素以__________标记开始。

   A．<resource>　　B．<resources>　　C．<strings>　　D．<string>

2. 一般情况下，将颜色资源存放在__________目录下。

   A．res/layout　　B．res/xml　　C．res/values　　D．res/raw

3. 在创建类型资源时，可以为类型资源指定__________属性，该属性表示继承。

   A．extends　　B．parent　　C．style　　D．styles

4. 在 AndroidManifest.xml 文件中使用主题资源时只需要为指定的元素设置________属性即可。

   A．android:theme　　B．andorid:style

   C．android:name　　D．android:setTheme

5. 在以下定义的菜单资源中，横线处应该填写________。

```
<menu xmlns:android="http: //schemas.android.com/apk/res/android"
    xmlns:tools="http:      //schemas.android.com/tools"
    tools:context="com.example.reourcetest.MainActivity" >
    <item android:id="@+id/mnuOthers" android:title="首页">
        <__________ android:checkableBehavior="single" >
            <item android:id="@+id/mnuDiary" android:checked="true" android:
menuCategory="system" android:title="服装"/>
            <item android:id="@+id/mnuAudio" android:orderInCategory="2"
android:title="电器"/>
        </__________>
    </item>
</menu>
```

   A．title　　B．group　　C．item　　D．menu

三、简单题

1. 简单说明 Android 项目中常用的资源类型。
2. 在 Android 项目中如何定义和使用字符串资源与数组资源。
3. 简单说明常用的菜单资源类型及实现方法。

第 10 章　Android 多媒体应用

在移动手机中，娱乐和多媒体是一个不可或缺的重要应用。本章首先从图形图像的处理技术开始，依次介绍如何在 Android 应用程序中播放视频和音频文件。

学习要点

- 了解 Graphics 包含的常用绘图类。
- 掌握绘制基本几何图形的方法。
- 掌握绘制文本的方法。
- 熟悉绘制图像的方法。
- 掌握操作图像的基本方法。
- 了解扭曲图像的实现。
- 了解动画特效的实现。
- 掌握如何播放音频和视频。

10.1　基 本 绘 图

要开发游戏，必须在屏幕上绘制 2D 图形，而在 Android 中需要通过 Graphics 类来显示 2D 图形。Graphics 包含 Paint、Color、Canvas、Bitmap 和 2D 几何图形等常用的类。本节将简单介绍 2D 几何图形的绘制，例如点、线、圆、弧等。

10.1.1　绘图类

在绘制图形之前，首先要了解常用的绘图类。这里介绍的类包括 Paint、Color、Canvas、Bitmap，以及 BitmapFactory。

1. Paint 类

要绘图，首先得调整画笔，待画笔调整好之后，再将图像绘制到画布上，这样才可以显示在手机屏幕上。Android 中的 Paint 类表示的是画笔，用来描述图形的颜色和风格，例如线宽、颜色、透明度和填充效果等信息。

开发人员在使用 Paint 类时，首先需要创建该类的对象，这可以通过该类提供的构造方法实现。通常情况下，只需使用无参的构造方法来创建一个默认设置的 Paint 对象即可。代码如下：

```
Paint paint = new Paint();
```

创建 Paint 类的对象之后，可以调用该对象的方法对画笔的默认设置进行改变。Paint 类常用方法及其说明如表 10-1 所示。

表 10-1　Paint 类的常用方法及其说明

方法名称	说　明
setARGB(int a,int r,int g ,int b)	用于设置图像颜色，各参数值均在 0～255 之间，分别用于表示透明度、红色、绿色和蓝色值
setColor(int color)	用于设置图像颜色，参数 color 可以通过 Color 类提供的颜色常量进行指定，也可以通过 Color.rgb(int red,int green,int blue)方法指定
setAlpha(int a)	用于设置透明度，其值为 0～255 之间的整数
setAntiAlias(boolwan a)	用于指定图像是否使用抗锯齿功能，如果使用，会使绘图速度变慢
setDither(boolean dither)	用于指定图像是否使用图像抖动处理，如果使用，会使图像颜色更加平滑和饱满，使图像更加清晰
setShader(Shader shader)	用于设置图像渐变，可以使用 LinearGradient(线性渐变)、RadialGradient(径向渐变)或 SweepGradient(角度渐变)
setShadowLayer(float radius,float dx,float dy,int color)	用于设置图像阴影，参数 radius 为阴影角度；dx 和 dy 为阴影在 X 轴和 Y 轴上的距离；color 为阴影颜色。如果 radius 的参数值为 0，那么设置的图像将没有阴影
setStyle(Paint.Style style)	用于设置图像的填充风格，其参数值为 Style.FILL、Style.FILL_AND_STROKE 或 Style.STROKE
setTextAlign(Paint.Align align)	用于设置绘制文本时的文字对齐方式，其参数值为 Align.CENTER、Align.LEFT 或 Align.RIGHT
setTextSize(float textSize)	用于设置绘制文本时的文字字号的大小
setFakeBoldText(boolean fbt)	用于设置文本字体是否为粗体文字

2．Color 类

Color 类非常简单，主要定义一些颜色常量，以及对颜色的转换方法等。Color 类常用的 12 种颜色常量如表 10-2 所示。

表 10-2　Color 类的 12 种颜色常量

颜色常量	说　明	颜色常量	说　明
Color.BLACK	黑色	Color.GREEN	绿色
Color.BLUE	蓝色	Color.LTGRAY	浅灰色
Color.CYAN	青绿色	Color.MAGENTA	红紫
Color.DKGRAY	灰黑色	Color.RED	绝色
Color.YELLOW	黄色	Color.TRANSPARENT	透明
Color.GRAY	灰色	Color.WHITE	白色

【范例 1】

定义一个画笔，指定画笔的颜色为蓝色，并带一个浅灰色阴影。代码如下：

```
Paint paint = new Paint();
paint.setColor(Color.GREEN);
paint.setShadowLayer(2, 3, 4, Color.rgb(180, 180, 180));
```

3. Canvas 类

画笔调整好之后，现在需要将图形绘制到画布上，这时需要使用 Canvas 类。在 Android 中，Canvas 类表示画布，通过该类提供的画布，开发人员可以在画布上绘制任何想要的 0 图形。

通常情况下，如果要在 Android 中绘图，需要先创建一个继承自 View 类的视图，并且在该类中重写其 onDraw(Canvas canvas)方法，然后在显示绘图的 Activity 中添加该视图。

开发人员如果要创建一个空的画布，直接使用 new 实例化即可。代码如下：

```
Canvas canvas = new Canvas();
```

创建空的画布之后，可以使用 setBitmap()方法设置绘制的具体画布。关于 Canvas 类的使用和常用方法，会在后面小节进行介绍，这里不再详细说明。

4. Bitmap 类

Bitmap 类是 Android 中很重要的一个类，该类代表位图。使用 Bitmap 类不仅可以获取图像文件信息，进行图像剪切、旋转和缩放等操作，而且还可以指定格式保存图像文件。对于这些操作，都可以通过 Bitmap 类的方法来实现。常用方法及其说明如表 10-3 所示。

表 10-3 Bitmap 类的常用方法及其说明

方法名称	说 明
compress(Bitmap.CompressFormat f,int q,OutputStream s)	用于将 Bitmap 对象压缩为指定格式并保存到指定的文件输出流中
createBitmap(int width,int height,Bitmap.Config config)	用于创建一个指定宽度和高度的新的 Bitmap 对象
createBitmap(Bitmap source,int x,int y,int width,int height)	用于从源位图的指定坐标点开始，“挖取”指定宽度和高度的一块图像来创建新的 Bitmap 对象
recycle()	强制回收 Bitmap 对象
isRecycled()	用于判断 Bitmap 对象是否被回收
createScaledBitmap(Bitmap src,int dstWidth,int dstHeight,boolean filter)	用于将源位图缩放为指定宽度和高度的新的 Bitmap 对象

提示： 表 10-3 列出的方法并不包括对图像进行缩放和旋转的方法，这些方法将会在后面的章节中进行介绍。

5．BitmapFactory 类

BitmapFactory 是一个工具类，用于从不同的数据源来解析、创建 Bitmap 对象。BitmapFactory 类提供的常用方法及其说明如表 10-4 所示。

表 10-4　BitmapFactory 类的常用方法及其说明

方法名称	说　明
decodeFile(String pathName)	从给定路径所指定的文件中解析、创建 Bitmap 对象
decodeFileDescriptor(FileDescriptor fd)	从 FileDescriptor 对应的文件中解析、创建 Bitmap 对象
decodeResource(Resource res,int id)	根据给定的资源 ID，从指定的资源中解析、创建 Bitmap 对象
decodeStream(InputStream is)	从指定的输入流中解析、创建 Bitmap 对象

10.1.2　绘制几何图形

绘制图形通常在 andorid:view.View 或其子类的 onDraw()方法中进行。该方法的定义如下：

```
protected void onDraw(Canvas canvas);
```

其中 Canvas 提供了大量的绘图方法，这些方法包括绘制像素点、直线、圆形、弧等，这些图形都是组成复杂图形的基本元素。如果要绘制更复杂的图形，可以采用组合这些基本图形的方式来实现。

1．绘制像素点

Canvas 类提供的方法可以绘制一个或多个像素点。绘制一个点时需要使用 drawPoint()方法，绘制多个像素点时可以使用 drawPoints()方法。语法如下：

```
drawPoint(float x,float y,Paint paint);                        //绘制一个像素点
drawPoints(float[] pts,Paint paint);                           //绘制多个像素点
drawPoints(float[] pts,int offset,int count,Paint paint); //绘制多个像素点
```

- 上述语法的参数说明如下。
- x 和 y：其中 x 表示像素点的横坐标；y 表示像素点的纵坐标。
- Paint：描述像素点属性的 Paint 对象。可以设置像素点的大小、颜色等属性，绘制其他图形元素的 Paint 对象与绘制像素点的 Paint 对象的含义相同。在绘制具体的图形时需要根据实际情况进行设置。
- pts：drawPoints()方法可以一次性绘制多个像素点，该参数表示多个像素点的坐标。但是数组元素必须是偶数个，两个一组为一个像素点的坐标。
- offset：drawPoints()方法可以取 pts 数组中的一部分连续元素作为像素点的坐标，因此需要使用 offset 参数指定取得数组中连续元素的第 1 个元素的位置，即元素偏移量。offset 参数的值从 0 开始，该参数可以从任意一个元素开始取值，如 3。
- count：表示要获取的数组元素个数。count 必须为偶数(两个数组元素为一个像素点的坐标)。

2. 绘制直线

调用 Canvas 类的 drawLine()方法可以绘制一条直线，调用 drawLines()方法可以绘制多条直线。语法如下：

```
drawLine(float startX,float startY,float endX,float endY,Paint paint);
    //绘制一条直线
drawLines(float[] pts,Paint paint);                          //绘制多条直线
void drawLines(float[] pts,int offset,int count,Paint paint);
    //绘制多条直线
```

上述语法的参数说明如下。

- startX：直线开始端点的横坐标。
- startY：直线开始端点的纵坐标。
- endX：直线结束端点的横坐标。
- endY：直线结束端点的纵坐标。
- pst：绘制多条直线时的端点坐标集合。四个数组元素(两个为开始端点的横纵坐标，两个为结束端点的横纵坐标)为一组，表示一条直线。例如画两条直线。Pts 数组有八个元素，前四个数组元素为第一条直线的两个端点坐标，后四个数组元素为第二个直线两个端点的坐标。
- offset：Pts 数组中元素的偏移量。
- count：取得 Pts 数组中元素的个数，该值是 4 的整倍数。

3. 绘制圆形

绘制圆形需要使用 drawCircle()方法。语法如下：

```
drawCircle(float cx,float cy,float radius,Paint paint);
```

其中，cx 和 cy 分别表示圆心的横坐标和纵坐标；radius 表示圆的半径。

4. 绘制弧

drawArc()方法可以用来绘制一段弧。语法如下：

```
drawArc(RectF rectF,float startAngle,float endAngle,boolean useCenter,Paint
paint);
```

上述语法的参数说明如下。

- rectF：弧的外切矩形坐标。需要设置该矩形的左上角和右下角的坐标，也就是 rectF.lef、rectF.top、rectF.right 和 rectF.bottom。
- startAngle：弧的起始角度。
- endAngle：弧的结束角度。如果 endAngle 到 startAngle 的值大于 360°，则 drawArc 画的就是一个圆或椭圆。
- useCenter：如果该参数值为 true，在画弧时弧的两个端点会连接圆心；如果该参数为 false，则只会画成弧形。

5. 绘制矩形

在 Android 中绘制矩形时涉及两个方法，drawRect()方法用于绘制普通矩形，drawRoundRect()方法用于绘制圆角矩形。语法如下：

```
drawRect(Rect r,Paint paint);
drawRect(RectF rect,Paint paint);
drawRect(float left,float top,float right,float bottom,Paint paint);
drawRoundRect(RectF rect,float rx,float ry,Paint paint);
```

其中 r 和 rect 分别表示 Rect 对象和 RectF 对象；left 表示矩形的左边位置；top 表示矩形的上边位置；right 表示矩形的右边位置；bottom 表示矩形的下边位置；paint 是一个 Paint 对象，表示绘制时所使用的画笔。

6. 绘制椭圆

drawOval()与 drawArc()方法很相似，但它是用于绘制椭圆的。语法如下：

```
drawOval(RectF oval,Paint paint);
```

7. 绘制几何图形

前面已介绍了绘制基本图形元素的常用方法，例如绘制像素点、圆、弧矩形等。下面将通过一个完整的范例来展示这些图形的绘制。

【范例 2】

在 Eclipse 中创建 Android 应用程序，实现在画布中绘制各种基本图形的功能。步骤如下：

(1) 修改 res/layout 目录下的布局文件 activity_main.xml，将默认添加的线性布局管理器和 TextView 组件删除，然后添加一个帧布局管理器，用于显示自定义的绘图类。代码如下：

```
<FrameLayout  xmlns:android="http://schemas.android.com/apk/res/android"
    android:id="@+id/frameLayout1"
    android:layout_width="fill_parent"
    android:layout_height="fill_parent"
    android:orientation="vertical" ></FrameLayout>
```

(2) 打开默认创建的 MainActivity.java 文件，在该文件中创建名为 MyView 的类。该类继承自 View 类，并添加构造方法和重写 onDraw()方法。代码如下：

```
public class MyView extends View {
    public MyView(Context context) {
        super(context);
    }
    protected void onDraw(Canvas canvas) {
        super.onDraw(canvas);
    }
}
```

(3) 在 MainActivity 的 onCreate()方法中获取布局文件添加的帧布局管理器，并将上个步骤中创建的 MyView 视图添加到该帧布局管理器中。代码如下：

```
FrameLayout l = (FrameLayout) findViewById(R.id.frameLayout1);
l.addView(new MyView(this));
```

(4) 重写 onDraw()方法，在该方法中绘制各种图形。首先创建画笔，然后指定画笔的颜色为绿色，绘制宽度为 5 的直线。代码如下：

```
protected void onDraw(Canvas canvas) {
    super.onDraw(canvas);
    Paint paint = new Paint();                          // 创建画笔
    paint.setColor(Color.GREEN);                        // 指定画笔颜色
    paint.setStrokeWidth(5);                            // 绘制线条宽度
    canvas.drawLine(50, 50, 200, 50, paint);            // 绘制一条直线
    //省略后面步骤的代码
}
```

(5) 将画笔颜色指定为蓝色，绘制多条直线。代码如下：

```
paint.setColor(Color.BLUE);                             // 指定画笔颜色为蓝色
float[] pts = { 50, 70, 150, 70, 250, 30, 350, 50 };
canvas.drawLines(pts, paint);                           // 绘制多条直线
```

(6) 分别设置画笔的线条宽度、抗锯齿功能和填充样式(指定为 Stroke)信息，然后绘制黑色、红色和蓝色的矩形。代码如下：

```
paint.setStrokeWidth(3);
paint.setAntiAlias(true);                               // 使用抗锯齿功能;
paint.setStyle(Style.STROKE);                           // 设置填充样式为描边
paint.setColor(Color.BLACK);                            // 绘制黑色圆形
canvas.drawCircle(50, 120, 30, paint);
paint.setColor(Color.RED);                              // 绘制红色圆形
canvas.drawCircle(75, 120, 30, paint);
paint.setColor(Color.BLUE);                             // 绘制蓝色圆形
canvas.drawCircle(100, 120, 30, paint);
```

(7) 继续在 onDraw()方法中添加代码，绘制青绿色的圆形。代码如下：

```
paint.setColor(Color.CYAN);                             // 绘制青绿色椭圆
canvas.drawArc(new RectF(50, 150, 200, 250), 30, 90, true, paint);
canvas.drawArc(new RectF(250, 150, 400, 250), 30, 90, false, paint);
```

(8) 调用 drawOval()方法绘制两个紫红色的椭圆，其中第二个椭圆的样式为 Style.FILL。代码如下：

```
paint.setColor(Color.MAGENTA);                          // 紫红色的椭圆
canvas.drawOval(new RectF(50, 280, 150, 350), paint);
paint.setStyle(Style.FILL);
canvas.drawOval(new RectF(200, 280, 300, 350), paint);
```

(9) 分别调用 drawRect()方法和 drawRoundRect()方法绘制黄色的矩形。代码如下：

```
paint.sctColor(Color.YELLOW);                          // 绘制黄色矩形
canvas.drawRect(new Rect(50, 400, 150, 460), paint);
canvas.drawRoundRect(new RectF(250, 400, 350, 460), 20,
20, paint);
```

(10) 运行范例，其效果如图 10-1 所示。

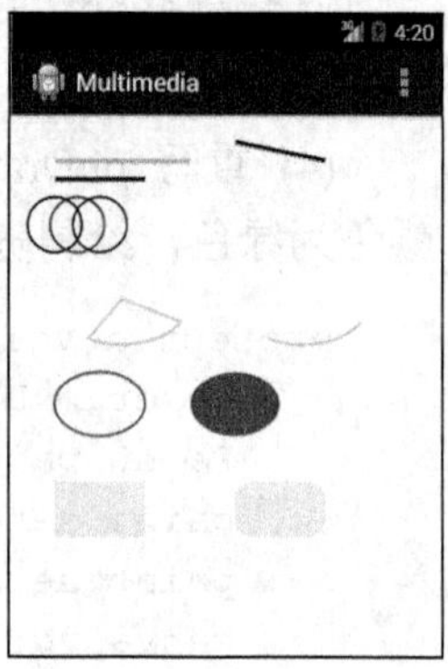

图 10-1　绘制图形

10.1.3　绘制路径

Android 也提供了绘制路径的功能。绘制一条路径包含两个步骤：第一步是创建路径，第二步是将定义好的路径绘制在画布上。

1. 创建路径

创建路径需要通过 android:graphics.Path 类来实现。该类包含一组常用的矢量绘图方法，如表 10-5 所示。

表 10-5　Path 类绘制路径的方法

方法名称	说　明
addArc(RectF oval,float startAngle,float sweepAngle)	用于添加弧形路径
addCircle(float x,float y,float radius,Path.Direction dir)	用于添加圆形路径
addOval(RectF oval,Path.Direction dir)	用于添加椭圆形路径
addRect(RectF rect,Path.Direction dir)	用于添加矩形路径
addRoundRect(RectF rect,float rx,float ry,Path.Direction dir)	用于添加圆角矩形路径
moveTo(float x,float y)	用于设置开始绘制直线的起始点
lineTo(float x,float y)	用于在 moveTo()方法设置的起始点与该方法指定的结束点之间画一条直线。如果在调用该方法之前没使用 moveTo()方法设置起始点，那么起点将从(0,0)点开始绘制直线
quadTo(float x1,float y1,float x2,float y2)	用于根据指定的参数绘制一条线段轨迹
close()	闭合路径

从表 10-5 中可以发现，在调用 addCircle()、addOval()、addRect()和 addRoundRect()方法时需要指定 Path.Direction 类型的常量。其可选值包括 Path.Direction.CW(顺时针)和 Path.Direction.CCW(逆时针)。

【范例 3】

下面代码创建的是三角形的路径：

```
Path path1 = new Path();
path1.moveTo(50, 50);                  //设置起始点
path1.lineTo(50, 150);                 //设置第 1 条边的结束点，即第 2 条边的起始点
```

```
path1.lineTo(120, 70);          //设置第 2 条边的结束点，即第 3 条边的起始点
path1.close();                  //闭合路径
```

下面代码用于添加圆形路径：

```
Paint paint = new Paint();      //创建画笔
paint.setColor(Color.BLUE);
Path path2 = new Path();
path2.addCircle(250, 120, 50, Path.Direction.CCW);
path2.close();
```

2. 将定义的路径绘制在画布上

使用 Canvas 类的 drawPath()方法可以将定义好的路径绘制在画布上。

【范例 4】

利用 drawPath()方法将上个范例定义的 path1 路径和 path2 路径绘制到画布上。代码如下：

```
canvas.drawPath(path1, paint);
canvas.drawPath(path2, paint);
```

运行“范例 3”和“范例 4”的代码，其效果如图 10-2 所示。

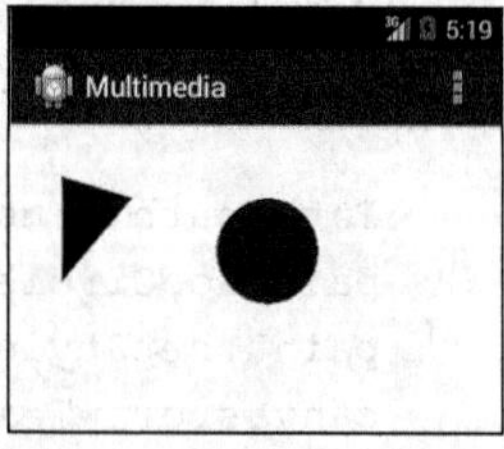

图 10-2　绘制路径效果

10.1.4　绘制文本

在 Android 中可通过 TextView 组件来显示文本。但是在开发游戏时，特别是开发 RPG(角色)类游戏时会包含许多文本，这时如果再使用 TextView 组件来显示文本就会很不合适，但是可以通过 Canvas 类中绘制文本的方法来实现。

1. drawText()方法

drawText()方法用于在画布的指定位置绘制文本，使用时需要传入 4 个参数。语法如下：

```
drawText(String text,float x,float y,Paint paint);
```

其中 text 表示要绘制的文本；x 和 y 分别指定文本的起始横坐标和纵坐标；paint 为指定使用的画笔。

【范例 5】

利用 drawText()方法绘制文本“我爱北京天安门”。代码如下：

```
Paint paint = new Paint();
paint.setTextSize(30);
paint.setColor(Color.CYAN);                 // 青绿色画笔
paint.setStrokeWidth(3);                    // 线条宽度
canvas.drawText("我爱北京天安门", 50, 50, paint);
```

2. drawTextOnPath()方法

drawTextOnPath()方法沿着指定的路径绘制字符串，通过该方法可以绘制环形文字。该方法的两种形式如下：

```
drawTextOnPath(String text,Path path,float hOffset,float vOffset,Paint
paint);
drawTextOnPath(char[] text,int index,int count,Path path,float hOffset,
float vOffset,Paint paint);
```

其中 text 表示要绘制的文本；path 表示绘制文本时要使用的路径对象；hOffset 和 vOffset 分别表示绘制文本时相对于路径水平方向和垂直方向的偏移量；paint 表示绘制文本时使用的画笔。

【范例 6】

在“范例 5”的基础上添加代码，绘制绕路径的环形文本“我爱北京天安门”。代码如下：

```
Path path = new Path();
path.addCircle(250, 100, 50, Path.Direction.CW);   // 添加顺时针的圆形路径
paint.setStyle(Style.FILL);                        // 设置画笔的填充方式
canvas.drawTextOnPath("我爱北京天安门", path, 0, 18, paint);
// 绘制绕路径的文本
```

运行“范例 5”和“范例 6”的代码，显示效果如图 10-3 所示。

图 10-3　绘制文本

试一试：除了上面介绍的两个方法外，开发人员还可以使用 drawPosText()方法绘制文本。与 drawText()不同的是，使用 drawPosText()方法绘制字符串时，需要为每个字符指定位置。在 Android 项目中不推荐使用该方法绘制文本，因此这里不再介绍。

10.2 图 像 操 作

在 Android 中不仅可以绘制图形，还可以绘制图像。在上一节中简单介绍了如何利用 Canvas 类的方法绘制几何图形，本节将介绍图像的绘制及其基本操作。

10.2.1　绘制图像

在 Android 应用程序中，开发人员不仅可以绘制基本的几何图形、文件与路径，还可以绘制图像。如果使用 Canvas 类绘制图片，只需要使用 Canvas 类的 drawBitmap()方法将 Bitmap 对象中保存的图片绘制到画布上即可。

drawBitmap()方法有多种形式，常用的形式如下：

```
drawBitmap(Bitmap bitmap,Rect src,RectF dst,Paint paint);
drawBitmap(Bitmap bitmap,float left,float top,Paint paint);
drawBitmap(Bitmap bitmap,Rect src,Rect dst,Paint paint);
```

【范例 7】

创建新的 Android 应用程序，实现在屏幕上绘制指定位图，以及从位图中获取部分图像到指定的区域。完整代码如下：

```
Paint paint = new Paint();                         //创建一个采用默认设置的画笔
Bitmap b = ((BitmapDrawable)
getResources().getDrawable(R.drawable.picture1)).getBitmap();
Rect src = new Rect(0, 0, 500, 300);               //设置挖取的区域
Rect dst = new Rect(50, 50, 350, 250);             //设置绘制的区域
canvas.drawBitmap(b, src, dst, paint);             //绘制挖取到的图片
canvas.drawBitmap(b, 50, 200, paint);              //直接将图片放绘制到指定位置
```

运行上述代码，显示效果如图 10-4 所示。

图 10-4　绘制图像

10.2.2　旋转图像

在 Android API 中，提供了 setXXX()、postXXX()和 preXXX()这 3 种方法。setXXX()方法用于直接设置 Matrix 的值，每使用一次 setXXX()方法，这个 Matrix 都会改变；postXXX()方法用于采用后乘的方式为 Matrix 设置值，可以连续多次使用 post 完成多个变换；preXXX()方法用于采用前乘的方式为 Matrix 设置值，使用 preXXX()方法设置的操作最先发生。

旋转图像通常需要借助于 andorid:graphics.Matrix 类的 setRotate()方法、postRotate()方法和 preRotate()方法。这 3 种方法除了方法名不同外，其他内容均相同。以 setRotate()方法

为例，它的两种形式如下：

```
setRotate(float degrees);
setRotate(float degrees,float px,float py);
```

其中 degrees 用于指定旋转的角度；指定 px 和 py 参数时，表示以指定的 px 和 py 为中心进行旋转。

【范例 8】

调用 Matrix 类的 setRotate()方法旋转图像，将图像旋转 60°。代码如下：

```
Paint paint = new Paint();
Bitmap b = ((BitmapDrawable) getResources().getDrawable(R.drawable.picture1)).
getBitmap();
Matrix matrix = new Matrix();
matrix.setRotate(60);
canvas.drawBitmap(b, matrix, paint);
```

运行程序，显示效果如图 10-5 所示。

图 10-5 旋转图像(1)

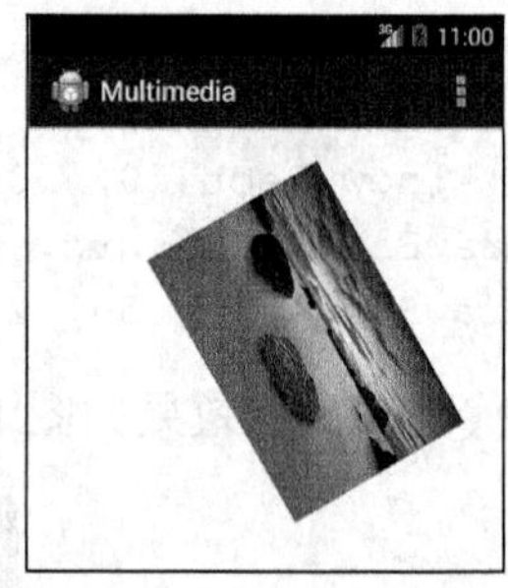

图 10-6 旋转图像(2)

重新更改 setRotate()方法，将图像以(80,300)为中心旋转 60°。代码如下：

```
matrix.setRotate(60,80,300);
```

重新运行程序，显示效果如图 10-6 所示。

10.2.3 缩放图像

缩放图像是指将图像的尺寸按照指定的比例进行扩大或缩小。Matrix 类提供 setScale()方法、postScale()方法和 preScale()方法实现缩放。以 setScale()方法为例，两种形式如下：

```
setScale(float sx,float sy);
setScale(float sx,float sy,float px,float py);
```

其中参数 sx 和 sy 用于指定 X 轴和 Y 轴的缩放比例。如果指定 px 和 py 参数，则表示以指定的参数 px 和 py 为轴心进行缩放。

【范例 9】

调用 setScale()方法将指定的图像进行缩放，在 X 轴和 Y 轴的缩放比例均为 50%。代

码如下：

```
Paint paint = new Paint();
Bitmap b = ((BitmapDrawable) getResources().getDrawable(R.drawable.picture1)).
getBitmap();
Matrix matrix = new Matrix();
matrix.setScale(0.5f, 0.5f);
canvas.drawBitmap(b, matrix, paint);
```

10.2.4　平移图像

平移图像与旋转和缩放相似，开发人员可以使用 setTranslate()方法、postTranslate()方法和 preTranslate()方法对图像进行平移。以 setTranslate()方法为例，语法如下：

```
setTranslate(float dx,float dy);
```

其中 dx 和 dy 用于指定将 Matrix 移动到的位置的 X 坐标和 Y 坐标。

【范例 10】

在屏幕上绘制图像，然后使用 setTranslate()方法将图像水平移动 100，垂直移动 50，移动后再次绘图。代码如下：

```
Paint paint = new Paint();
Bitmap b = ((BitmapDrawable) getResources().getDrawable(R.drawable.picture1)).
getBitmap();
canvas.drawBitmap(b, 0, 0, paint);
Matrix matrix = new Matrix();
matrix.setTranslate(100, 50);
canvas.drawBitmap(b, matrix, paint);
```

运行程序，显示效果如图 10-7 所示。

图 10-7　平移图像后的效果

10.2.5　倾斜图像

开发人员使用 setSkew()方法、postSkew()方法和 preSkew()方法可以实现对图像的倾斜功能。以 setSkew()方法为例，语法形式如下：

```
setSkew(float kx,float ky);
setSkew(float kx,float ky,float px,float py);
```

其中 kx 和 ky 用于指定在 X 轴和 Y 轴上的倾斜量；px 和 py 表示以指定的参数 px 和 py 进行倾斜。

【范例 11】

在“范例 10”的基础上添加代码。首先绘制图像，然后将图像平移，平移后将图像进行倾斜，沿 X 轴倾斜 0.4，沿 Y 轴倾斜 1。代码如下：

```
Paint paint = new Paint();
```

```
Bitmap b = ((BitmapDrawable) getResources().getDrawable(R.drawable.picture1)).
getBitmap();
canvas.drawBitmap(b, 0, 0, paint);
Matrix matrix = new Matrix();
matrix.setTranslate(100, 50);
matrix.setSkew(0.4f, 1f);
canvas.drawBitmap(b, matrix, paint);
```

运行程序，显示效果，如图 10-8 所示。

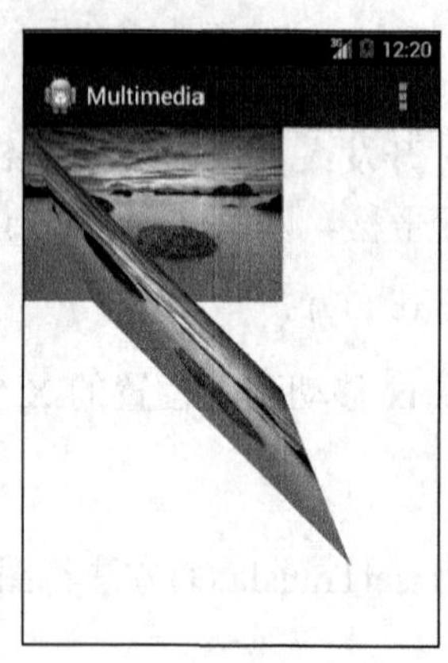

图 10-8　倾斜图像

试一试：　本节的图像操作只是以 setXXX()方法为例进行介绍，除了该方法外，开发人员还可以使用 postXXX()方法和 preXXX()方法进行测试。

10.3　实验指导——通过定时器扭曲图像

Canvas 类提供了许多有意思的方法，在上一节中操作图像时使用的是 Matrix 类的方法。本节将利用 Canvas 类的 drawBitmapMesh()方法对图像进行扭曲。为了实现扭曲的动画效果，将使用定时器以 100 毫秒的频率按圆形轨迹扭曲图像。

实现图像扭曲的关键是生成 verts 数组，因此首先生成该数组的初始值。该初始值是有一定水平和垂直间距的网点坐标。然后通过 wrap()方法按一定的数学方法变化 verts 数组中的坐标。步骤如下：

(1) 在默认生成的 MainActivity 中定义基本变量，内容如下：

```
private static Bitmap bitmap;
private MyView myView;
private int angle = 0;                                    // 圆形轨迹当前的角度
private Handler handler = new Handler() {
    public void handleMessage(Message msg) {
        switch (msg.what) {
        case 1:
            Random random = new Random();
            int centerX = bitmap.getWidth() / 2;    // 计算图形中心点坐标
```

```
                int centerY = bitmap.getHeight() / 2;  // 计算图形中心点坐标
                double radian = Math.toRadians((double) angle);
                // 通过圆心坐标、半径和当前角度计算当前圆周的某点横坐标
                int currentX = (int) (centerX + 100 * Math.cos(radian));
                // 通过圆心坐标、半径和当前角度计算当前圆周的某点纵坐标
                int currentY = (int) (centerY + 100 * Math.sin(radian));
                myView.mess(currentX, currentY);
                // 重绘 View，并在圆周的某一点扭曲图像
                angle += 2;
                if (angle > 360)
                    angle = 0;
                break;
            }
            super.handleMessage(msg);
        }
    };
    private TimerTask timerTask = new TimerTask() {
        public void run() {
            Message message = new Message();
            message.what = 1;
            handler.sendMessage(message);
        }
    };
```

(2) 创建继承自 View 类的 MyView 类，在该类中首先声明多个私有的、不可更改的变量。代码如下：

```
public static class MyView extends View {
    private static final int WIDTH = 20;
    private static final int HEIGHT = 20;
    private static final int COUNT = (WIDTH + 1) * (HEIGHT + 1);
    private final float[] verts = new float[COUNT * 2];
    private final float[] orig = new float[COUNT * 2];
    private final Matrix matrix = new Matrix();
    private final Matrix m = new Matrix();
    //省略其他代码
}
```

(3) 在 MyView 类中添加代码，设置 verts 数组的值。代码如下：

```
private static void setXY(float[] array, int index, float x, float y) {
    array[index * 2 + 0] = x;
    array[index * 2 + 1] = y;
}
public MyView(Context context) {
    super(context);
    setFocusable(true);
    bitmap = BitmapFactory.decodeResource(getResources(),
            R.drawable.picture1);
    float w = bitmap.getWidth();
```

```
        float h = bitmap.getHeight();
        int index = 0;
        for (int y = 0; y <= HEIGHT; y++) {
            float fy = h * y / HEIGHT;
            for (int x = 0; x <= WIDTH; x++) {
                float fx = w * x / WIDTH;
                setXY(verts, index, fx, fy);
                setXY(orig, index, fx, fy);
                index += 1;
            }
        }
        matrix.setTranslate(10, 10);
        setBackgroundColor(Color.WHITE);
    }
```

(4) 在 MyView 类中重写父类的 onDraw()方法，调用 drawBitmapMesh()方法绘制扭曲图像。代码如下：

```
    @Override
    protected void onDraw(Canvas canvas) {
        canvas.concat(matrix);
        canvas.drawBitmapMesh(bitmap, WIDTH, HEIGHT, verts, 0, null, 0, null);
    }
```

从上述代码可以发现，使用 drawBitmapMesh()方法时需要传入八个参数。第一个参数表示要扭曲的原始图像；第二个和第三个参数表示扭曲区域的宽度和高度(从第(2)步可看出为 20)；第四个参数表示扭曲区域的像素坐标；第五个参数表示 verts 数组的偏移量；第六个参数表示扭曲区域像素的偏移量；第七个参数表示 colors 数组的偏移量；最后一个参数表示绘制扭曲图像所使用的 Paint 对象。

(5) 在 MyView 类中定义 warp()方法，这是用于扭曲图像的方法。在该方法中可根据当前扭曲区域的中心点(即 cx 和 cy 参数)来不断变化 verts 数组中的坐标值。代码如下：

```
    private void warp(float cx, float cy) {
        final float K = 100000;            // 该值越大，扭曲得越严重(扭曲的范围越大)
        float[] src = orig;
        float[] dst = verts;
        for (int i = 0; i < COUNT * 2; i += 2) {
        // 按一定的数学规则生成 verts 数组中的元素值
            float x = src[i + 0];
            float y = src[i + 1];
            float dx = cx - x;
            float dy = cy - y;
            float dd = dx * dx + dy * dy;
            float d = FloatMath.sqrt(dd);
            float pull = K / ((float) (dd * d));
            if (pull >= 1) {
                dst[i + 0] = cx;
                dst[i + 1] = cy;
            } else {
```

```
            dst[i + 0] = x + dx * pull;
            dst[i + 1] = y + dy * pull;
        }
    }
}
```

(6) 创建用于 MyView 外部控制图像扭曲的方法，该方法在 handleMessage 中被调用。代码如下：

```
public void mess(int x, int y) {
    float[] pt = { x, y };
    m.mapPoints(pt);
    warp(pt[0], pt[1]);                    // 重新生成 verts 数组的值
    invalidate();
}
```

(7) 运行程序查看扭曲后的效果。不同时刻图片呈现出不同的扭曲效果，如图 10-9 和图 10-10 所示。

图 10-9　扭曲效果(1)

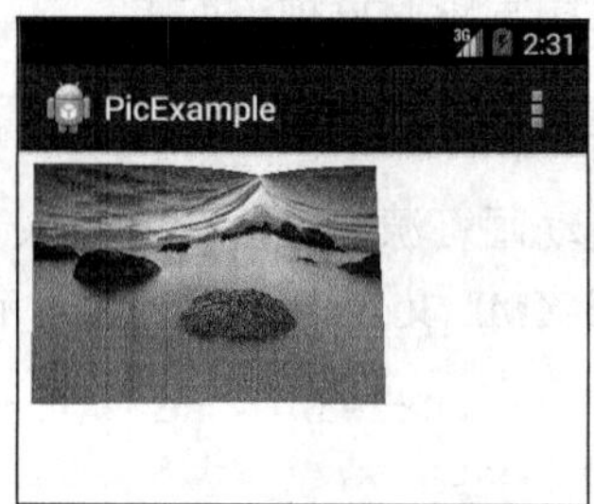

图 10-10　扭曲效果(2)

10.4　动 画 特 效

Android 在进行游戏开发时需要涉及动画，通常将动画分为逐帧动画和补间动画两种，下面简单进行介绍。

10.4.1　逐帧动画

使用到 Flash 的人员，一定对帧非常熟悉。逐帧动画实际上就是由若干图像组成的动画，这些图像会以一定的时间间隔进行切换。实现逐帧动画比较简单，一般需要两个步骤：一是定义生成动画的图片资源；二是使用定义的动画资源。

1. 定义动画资源

逐帧动画需要在一个动画文件中指定动画的静态图像和每一张静态图像的停留时间(单位为毫秒)。一般可以将所有图像的停留时间设置为同一个值，动画文件采用了 XML 格式，该文件需要放在 res/anim 目录中。动画资源文件的根元素以<animation-list>标记开始，以</animation-list>标记结束。

【范例 12】

在 res/anim 目录中创建 test.xml 文件，在该文件中通过<item></item>为每一个动画图片进行声明。代码如下：

```
<?xml version="1.0" encoding="utf-8"?>
<animation-list xmlns:android="http://schemas.android.com/apk/res/android"
android:oneshot="true">
    <item android:drawable="@drawable/pic1" android:duration="1000"></item>
    <item android:drawable="@drawable/pic2" android:duration="1000"></item>
    <item android:drawable="@drawable/pic3" android:duration="1000"></item>
    <item android:drawable="@drawable/pic4" android:duration="1000"></item>
    <item android:drawable="@drawable/pic5" android:duration="1000"></item>
</animation-list>
```

在上述声明的动画资源中，android:oneshot 表示是否只展示一遍，当其设置为 false 时，程序会不停地循环播放动画；android:drawable 用于指定要显示的图片资源；android:duration 用于指定图片资源持续的时间。

2. 实现逐帧动画

定义动画资源完成后，开发人员可以使用动画资源实现逐帧动画。实现方法有两种：一种是在 XML 文件中使用，如“范例 13”；另一种是在 Java 代码中使用，代码如下：

```
AnimationDrawable ad= (AnimationDrawable)getResources().getDrawable(R.
anim.test);
```

【范例 13】

使“范例 12”定义的动画资源实现逐帧动画，步骤如下：

(1) 创建 anim1_main.xml 布局文件。在该文件中分别添加 ImageView 组件和 Button 组件。代码如下：

```
<ImageView android:id="@+id/animationIV" android:layout_width="wrap_content"
android:layout_height="wrap_content" android:padding="5px" android:src=
"@anim/test" />
<Button android:id="@+id/buttonA" android:layout_width="wrap_content"
android:layout_height="wrap_content" android:padding="5px" android:text="
顺序显示" />
<Button  android:id="@+id/buttonB" android:layout_width="wrap_content"
android:layout_height="wrap_content" android:padding="5px" android:text="
停止" />
```

(2) 重写 onDraw()方法。在该方法中获取布局文件的 ImageView 组件和 Button 组件，并为 Button 组件设置监听事件代码。内容如下：

```
private ImageView animationIV;
private Button buttonA, buttonB, buttonC;
private AnimationDrawable animationDrawable;
protected void onCreate(Bundle savedInstanceState) {
```

```
        super.onCreate(savedInstanceState);
        requestWindowFeature(Window.FEATURE_NO_TITLE);
        setContentView(R.layout.anim1_main);
        animationIV = (ImageView) findViewById(R.id.animationIV);
        //获取 ImageView 组件
        buttonA = (Button) findViewById(R.id.buttonA);
        buttonB = (Button) findViewById(R.id.buttonB);
        buttonA.setOnClickListener(new OnClickListener() {
        //"顺序显示"按钮的事件
            @Override
            public void onClick(View v) {
                animationIV.setImageResource(R.drawable.test);
                animationDrawable = (AnimationDrawable) animationIV.getDrawable();
                animationDrawable.start();
            }
        });
        buttonB.setOnClickListener(new OnClickListener() {
        //"停止"按钮的事件
            @Override
            public void onClick(View v) {
                animationDrawable = (AnimationDrawable) animationIV.getDrawable();
                animationDrawable.stop();
            }
        });
    }
```

(3) 运行范例，查看效果如图 10-11 和图 10-12 所示。

图 10-11　逐帧动画(1)

图 10-12　逐帧动画(2)

10.4.2　补间动画

补间动画是通过对场景里的不同对象，不断地进行图像变化来产生动画效果。在实现补间动画时，只需定义动画开始和结束的关键帧，其他过渡帧由系统自动计算并补齐。在 Android 中，提供了 4 种补间动画，即透明度、旋转、平移和缩放，下面直接通过范例进行说明。

【范例 14】

创建动画资源文件，然后设计布局文件和 Java 代码，从而达到实现多种补间动画的效

果。步骤如下：

(1) 在 res/anim 目录下创建 anim_alpha.xml 文件，代码如下：

```
<?xml version="1.0" encoding="utf-8"?>
<set xmlns:android="http://schemas.android.com/apk/res/android"
    android:fillAfter="true"
    android:fillEnabled="true" >
    <alpha
        android:fromAlpha="1"
        android:toAlpha="0"
        android:duration="2000"
        android:repeatMode="reverse"
        android:repeatCount="1" />
</set>
```

其中 android:fromAlpha 和 android:toAlpha 分别指定动画开始和结束时的透明度；android:duration 指定动画的持续时间；android:repeatMode 指定动画的重复方式，reverse 表示反向，restart 表示重新开始；android:repeatCount 表示重复次数。

(2) 在 res/anim 目录下创建 anim_rotate.xml 文件，代码如下：

```
<?xml version="1.0" encoding="utf-8"?>
<set xmlns:android="http://schemas.android.com/apk/res/android" >
    <rotate android:duration="2000"
        android:interpolator="@android:anim/accelerate_interpolator"
        android:pivotX="50%"
        android:pivotY="50%"
        android:fromDegrees="0"
        android:toDegrees="720" >
    </rotate>
    <!-- 省略其他代码 -->
</set>
```

其中 android:duration 指定动画的持续时间；android:interpolator 控制动画的变化速度，当其取值为@android:anim/accelerate_interpolator 时表示动画在开始的地方改变较慢，然后开始加速；android:pivotX 和 android:pivotY 分别指定轴心点的 X 坐标和 Y 坐标；android:fromDegrees 和 android:toDegrees 分别指定动画开始和结束时的旋转角度。

(3) 在 res/anim 目录下创建 anim_translate.xml 文件，代码如下：

```
<translate android:fromXDelta="0"
    android:toXDelta="860"
    android:fromYDelta="0"
    android:toYDelta="0"
    android:fillAfter="true"
    android:repeatMode="reverse"
    android:repeatCount="1"
    android:duration="2000">
</translate>
```

其中 android:fromXDelta 和 android:toXDelta 分别指定动画开始和结束时水平方向的位

置；android:fromYDelta 和 android:toYDelta 分别指定动画开始和结束时垂直方向的位置；android:fillAfter 设置为 true，表示组件停放在动画结束的位置。

(4) 在 res/anim 目录下创建 anim_scale.xml 文件，代码如下：

```
<scale android:fromXScale="1"
    android:toXScale="2.0"
    android:fromYScale="1"
    android:toYScale="2.0"
    android:interpolator="@android:anim/decelerate_interpolator"
    android:pivotX="50%"
    android:pivotY="50%"
    android:fillAfter="true"
    android:repeatCount="1"
    android:repeatMode="reverse"
    android:duration="2000"/>
```

其中 android:fromXScale 和 android:toXScale 分别指定动画开始和结束时水平方向的缩放系数，当其取值为 1 时表示不发生变化；android:fromYScale 和 android:toYScale 分别指定动画开始和结束时垂直方向的缩放系数；当 android:interpolator 取值为@android:anim/decelerate_ interpolator 时，表示动画在开始的地方改变速度较快，然后开始减速。

(5) 在 res/layout 目录下创建布局文件 anim2_main.xml。在该文件中添加 3 个 Button 组件和 1 个 ImageView 组件，此处代码不再显示。

(6) 重写 onCreate()方法。在该方法中获取动画资源文件和布局文件的组件，并为获取到的 Button 组件添加事件。部分代码如下：

```
private Button b1, b2, b3, b4;
private boolean flag = true;
@Override
protected void onCreate(Bundle savedInstanceState) {
    super.onCreate(savedInstanceState);
    setContentView(R.layout.anim2_main);
    final Animation rotate = AnimationUtils.loadAnimation(this,R.anim.
anim_rotate);
    //省略其他动画资源文件的获取
    final ImageView iv = (ImageView) findViewById(R.id.imageview);
    b1 = (Button) findViewById(R.id.btnAlpha);
    b1.setOnClickListener(new OnClickListener() {
        public void onClick(View v) {
            if (flag) {
                iv.startAnimation(alpha);
            }
        }
    });
    //省略其他 Button 组件的获取和事件代码的添加
}
```

(7) 运行范例进行测试，初始效果如图 10-13 所示。单击“缩放补间动画”按钮进行测试，效果如图 10-14 所示。

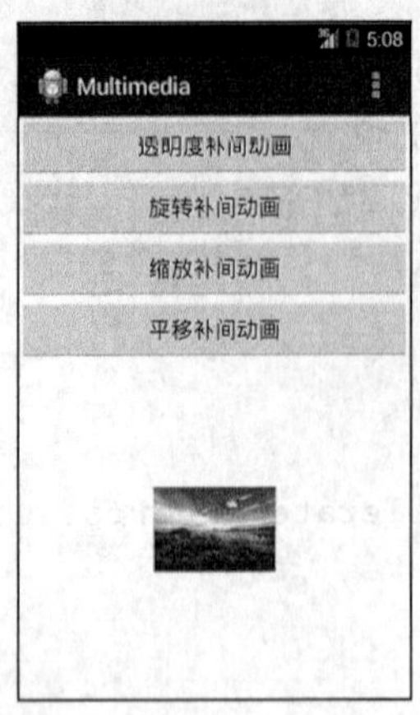

图 10-13　初始效果

图 10-14　缩放效果

10.5　视频和音频

Android 提供了对常用的音频和视频格式的支持，它所支持的音频格式有 MP3、3GPP、OGG 和 WAVE 等，支持的视频格式有 3GPP 和 MPEG-4 等。本节将简单介绍如何在 Android 中实现音频和视频的播放。

10.5.1　使用 MediaPlayer 播放音频

MediaPlayer 是 android.media 下的一个类，使用该类播放音频很简单。首先需要创建该类的对象，然后为该对象指定要播放的文件，最后再调用 start()方法播放音频即可。如果要暂停播放音频，需要调用 pause()方法；如果要停止音频的播放，则需要调用 stop()方法。

1. 创建 MediaPlayer 对象

在创建 MediaPlayer 对象并装载音频文件时，既可以使用 MediaPlayer 类提供的 create()静态方法来实现，也可以通过其无参构造方法来创建。

create()方法的第一种语法如下：

```
create(Context context,int resid);
```

上述语法用于从资源 ID 所对应的资源文件中装载音频，并返回新创建的 MediaPlayer 对象。

create()方法的第二种语法如下：

```
create(Context context,Uri uri);
```

上述语法用于根据指定的 URI 来装载音频，并返回新创建的 MediaPlayer 对象。

提示： 使用 create()静态方法创建 MediaPlayer 对象的前提是，Create()方法已经装载了要播放的音频。而在使用无参的构造方法来创建 MediaPlayer 对象时，则需要单独指定要装载的资源(装载资源可以使用 MediaPlayer 类的该方法实现)。

但是 setDataSource()方法并未真正装载音频文件，还需要调用 prepare()方法实现真正装载音频文件。

2. 播放音频

在了解过 MediaPlayer 对象之后，下面通过一个简单的范例演示音频的播放、暂停和停止功能。

【范例 15】

使用 MediaPlayer 对象播放音频的步骤如下。

(1) 如果 res/raw 目录不存在，则需要创建该目录。如果该目录存在，则直接在该目录下添加音频文件即可。这里添加的文件为 lali.mp3。

(2) 在 Android 项目 res/layout 目录之下默认生成的布局文件 activity_main.xml 中，添加 1 个 TextView 组件和 3 个 ImageButton 组件。设计代码如下：

```
<TextView
   android:id="@+id/myTextView1"
   android:layout_width="wrap_content"
   android:layout_height="wrap_content"
   android:layout_alignParentLeft="true"
   android:layout_alignParentTop="true"
   android:text="play" >
</TextView>
<ImageButton
   android:id="@+id/myButton1"
   android:layout_width="wrap_content"
   android:layout_height="wrap_content"
   android:layout_below="@+id/myTextView1"
   android:maxWidth="60dp"
   android:src="@drawable/play" >
</ImageButton>
<ImageButton
   android:id="@+id/myButton2"
   android:layout_width="wrap_content"
   android:layout_height="wrap_content"
   android:layout_alignTop="@+id/myButton1"
   android:layout_toRightOf="@+id/myButton3"
   android:src="@drawable/stop" >
</ImageButton>
<ImageButton
   android:id="@+id/myButton3"
   android:layout_width="wrap_content"
   android:layout_height="wrap_content"
   android:layout_alignTop="@+id/myButton1"
   android:layout_toRightOf="@+id/myButton1"
   android:src="@drawable/pause" >
</ImageButton>
```

(3) 在 Android 项目 src 目录之下默认生成的 MainActivity 类中添加代码，首先声明 4 个变量，代码如下：

```
private ImageButton mb1, mb2, mb3;
private TextView tv;
private MediaPlayer mp;
private boolean isPaused = false;   //声明一个变量判断是否为暂停,默认为 false
```

(4) 在 onCreate()方法中首先获取布局文件中的 3 个 Button 组件和 TextView 组件。以第一个 Button 组件为例，代码如下：

```
mb1 = (ImageButton) findViewById(R.id.myButton1);
```

(5) 创建 MediaPlayer 对象，代码如下：

```
mp = MediaPlayer.create(this, R.raw.lali);
```

(6) 为布局文件的 3 个按钮分别添加监听事件，首先为第一个 ImageButton(即播放)按钮添加以下代码：

```
mb1.setOnClickListener(new ImageButton.OnClickListener() {
    @Override
    public void onClick(View v) {
        try {
            if (mp != null) {
                mp.stop();                  //停止播放
            }
            mp.prepare();                   //播放之前调用该方法完成一些准备工作
            mp.start();                     //开始播放 MP3 音频
            tv.setText("音乐播放中...");
        } catch (Exception e) {
            tv.setText("播放发生异常...");
            e.printStackTrace();
        }
    }
});
```

(7) 为布局文件的第二个 ImageButton(即停止)按钮添加监听事件，调用 stop()方法停止播放音频。代码如下：

```
mb2.setOnClickListener(new ImageButton.OnClickListener() {
    @Override
    public void onClick(View v) {
        try {
            if (mp != null) {
                mp.stop();                  //停止播放
                tv.setText("音乐停止播放..");
            }
        } catch (Exception e) {
            tv.setText("音乐停止发生异常...");
            e.printStackTrace();
```

```
            }
        }
    });
```

(8) 为第三个 ImageButton(即暂停)按钮添加监听事件。在重写的 onCreate()方法中，通过 isPaused 变量的值判断当前音频是否暂停播放，如果变量值为 false，则调用 pause()方法暂停播放，并将变量值设置为 true；反之，则调用 start()方法开始播放音频，并将变量值设置为 false。代码如下：

```
mb3.setOnClickListener(new ImageButton.OnClickListener() {
    @Override
    public void onClick(View v) {
        try {
            if (mp != null) {
                if (isPaused == false) {
                    mp.pause();                          //暂停播放
                    isPaused = true;
                    tv.setText("停止播放!");
                }else if (isPaused == true) {
                    mp.start();                          //开始播放
                    isPaused = false;
                    tv.setText("开始播发!");
                }
            }
        } catch (Exception e) {
            tv.setText("发生异常...");
            e.printStackTrace();
        }
    }
});
```

(9) 为 MediaPlayer 对象添加“完成事件监听器”。当音乐播放完毕后调用 release()方法解除资源与 MediaPlayer 的赋值关系，让资源继续被其他程序使用。代码如下：

```
mp.setOnCompletionListener(new MediaPlayer.OnCompletionListener() {
    public void onCompletion(MediaPlayer arg0) {
        try {
            mp.release();
            //解除资源与 MediaPlayer 的赋值关系，让资源可以为其他程序使用
            /* 改变 TextView 为播放结束 */
            tv.setText("音乐播放结束!");
        } catch (Exception e) {
            tv.setText(e.toString());
            e.printStackTrace();
        }
    }
});
```

(10) 为 MediaPlayer 对象添加“错误事件监听器”，处理错误信息。当发生错误时，

需要调用 release()方法解除资源与 MediaPlayer 的赋值关系。代码如下：

```
mp.setOnErrorListener(new MediaPlayer.OnErrorListener() {
    @Override
    public boolean onError(MediaPlayer arg0, int arg1, int arg2) {
        try {
            mp.release();
            tv.setText("播放发生异常!");
        } catch (Exception e) {
            tv.setText(e.toString());
            e.printStackTrace();
        }
        return false;
    }
});
```

(11) 运行范例，初始效果如图 10-15 所示。单击第一个按钮播放音频，显示效果如图 10-16 所示。开发人员也可以单击其他两个按钮进行测试，这里不再显示效果图。

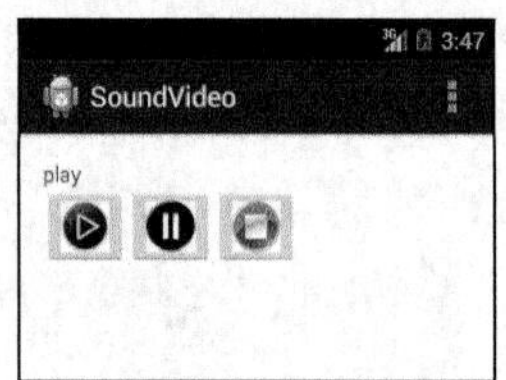

图 10-15　初始效果

图 10-16　播放音频

10.5.2　使用 VideoView 播放视频

如果想使用 Android 提供的 VideoView 组件播放视频，首先需要在布局文件中创建该组件，然后在 Activity 类中获取该组件，并应用 setVideoPath()方法或 setVideoURI()方法加载要播放的视频，最后调用 start()方法播放视频。另外，VideoView 组件还提供了 stop()方法和 pause()方法，用于停止或暂停视频的播放。

VideoView 组件的用法与其他组件相似，语法如下：

```
<VideoView 属性列表></VideoView>
```

VideoView 组件支持的 XML 属性有多个，常用属性如表 10-6 所示。

表 10-6　VideoView 组件的常用属性

常用属性	说　明
android:id	用于设置 ID
android:background	用于设置背景，可以是图片，也可以是颜色
android:layout_gravity	用于设置对齐方式
android:layout_width	用于设置宽度
android:layout_height	用于设置高度

在 Android 中还提供了一个可以与 VideoView 组件结合使用的 MediaController 组件，该组件用于通过图形控制界面来控制视频的播放。

【范例 16】

使用 VideoView 组件实现视频的基本播放，步骤如下：

(1) 在 res/layout 目录下创建布局文件 video_main.xml，在该文件中添加 VideoView 组件。代码如下：

```
<VideoView
    android:id="@+id/videoView1"
    android:layout_width="wrap_content"
    android:layout_height="match_parent" >
</VideoView>
```

(2) 创建继承自 Activity 类的 VideoActivity 类，在该类中重写 onCreate()方法。代码如下：

```
public class VideoActivity extends Activity {
    @Override
    protected void onCreate(Bundle savedInstanceState) {
        super.onCreate(savedInstanceState);
        setContentView(R.layout.video1_main);
        VideoView videoView = (VideoView) findViewById(R.id.videoView1);
        videoView.setVideoPath("data/abc.mp4");
        videoView.setMediaController(new MediaController(this));
        /**
         * 视频或者音频到结尾时触发的方法
         */
        videoView.setOnCompletionListener(new
MediaPlayer.OnCompletionListener() {
            @Override
            public void onCompletion(MediaPlayer mp) {
                Log.i("通知", "完成");
            }
        });
        videoView.setOnErrorListener(new MediaPlayer.OnErrorListener() {
            @Override
            public boolean onError(MediaPlayer mp, int what, int extra) {
                Log.i("通知", "播放中出现错误");
                return false;
            }
        });
    }
}
```

从上述代码中可以发现，在重写的 onCreate()方法中首先获取了 VideoView 组件，接着调用 setVideoPath()方法指定要播放的视频文件，然后使用 setMediaController()方法将 VideoView 与 MediaController 相关联。另外，还为 VideoView 组件添加了完成监听事件和

错误监听事件。

(3) 在 AndroidManifest.xml 文件中重新指定要运行的 Activity 类，即为其配置启动项，具体代码此处不再显示。

(4) 运行本范例，初始效果如图 10-17 所示。默认情况下，视频不会自动播放；如果需要播放，单击图中中间部分的播放按钮即可；单击和按钮分别表示后退和前进。

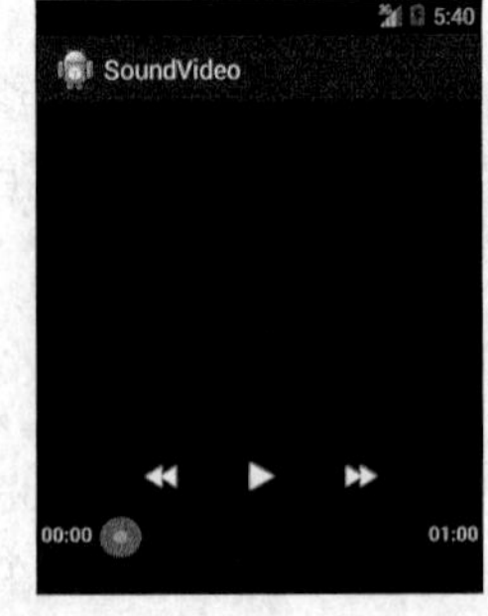

图 10-17　视频播放效果

10.5.3　使用 SurfaceView 播放视频

MediaPlayer 不仅可以播放音频，也可以播放视频，但是 MediaPlayer 播放视频时没有提供图像输出界面。这时，可以使用 SurfaceViwe 组件来显示视频图像，范例如下。

【范例 17】

将 SurfaceView 与 MediaPlayer 结合起来播放视频文件，步骤如下。

(1) 在 Android 项目的 res/layout 目录下创建布局文件 video2_main.xml，在该文件中添加 1 个 SurfaceView 组件和 3 个 Button 组件。代码如下：

```
<SurfaceView
    android:id="@+id/surfaceView1"
    android:layout_width="576px"
    android:layout_height="432px" />
<Button
    android:id="@+id/play"
    android:layout_width="wrap_content"
    android:layout_height="wrap_content"
    android:text="播放" />
<Button
    android:id="@+id/pause"
    android:layout_width="wrap_content"
    android:layout_height="wrap_content"
    android:text="暂停" />
<Button
    android:id="@+id/stop"
    android:layout_width="wrap_content"
    android:layout_height="wrap_content"
    android:text="停止" />
```

(2) 在 src 目录下创建 SurfaceViewActivity 类，该类继承自 Activity 类。首先在该类中声明 MediaPlayer 和 SurfaceView 的成员变量，代码如下：

```
private MediaPlayer mp;
private SurfaceView sv;
```

(3) 在 SurfaceViewActivity 类中重写 onCreate()方法。在该方法中实例化 MediaPlayer 对象，获取布局文件的 SurfaceView 组件和 Button 组件。然后分别为 Button 组件添加监听

事件，为 MediaPlayer 添加完成监听事件。代码如下：

```
@Override
protected void onCreate(Bundle savedInstanceState) {
    super.onCreate(savedInstanceState);
    setContentView(R.layout.video2_main);
    mp = new MediaPlayer();                      //实例化 MediaPlayer 对象
    sv = (SurfaceView) findViewById(R.id.surfaceView1);
    //获取 SurfaceView 组件
    Button play = (Button) findViewById(R.id.play);    //获取 Button 组件
    final Button pause = (Button) findViewById(R.id.pause);
    Button stop = (Button) findViewById(R.id.stop);
    play.setOnClickListener(new OnClickListener() {
    //为“播放”按钮添加监听事件
        @Override
        public void onClick(View v) {
            mp.reset();
            try {
                mp.setDataSource("data/video.mp4");
                mp.setDisplay(sv.getHolder());
                mp.prepare();
                mp.start();                              //开始播放
                pause.setText("暂停");
                pause.setEnabled(true);

    }catch(IllegalArgumentException|SecurityException|IllegalStateExcept
ion|IOException e){
                e.printStackTrace();
            }
        }
    });
    stop.setOnClickListener(new OnClickListener() {
    //为“停止”按钮添加监听事件
        @Override
        public void onClick(View v) {
            if (mp.isPlaying()) {
                mp.stop();                               //停止播放
                pause.setEnabled(false);
            }
        }
    });
    pause.setOnClickListener(new OnClickListener() {
    //为“暂停”按钮添加监听事件
        @Override
        public void onClick(View v) {
            if (mp.isPlaying()) {                        //如果视频正在播放
                mp.pause();                              //停止播放
                ((Button) v).setText("继续");
            } else {
```

```
                mp.start();                                //开始播放
                ((Button) v).setText("暂停");
            }
        }
    });
    mp.setOnCompletionListener(new OnCompletionListener() {
        @Override
        public void onCompletion(MediaPlayer mp) {
            Toast.makeText(SurfaceViewActivity.this, "视频播放完毕！",
                    Toast.LENGTH_SHORT).show();
        }
    });
}
```

(4) 在 AndroidManifest.xml 文件中指定活动的 Activity，具体代码不再显示。

(5) 运行范例，效果如图 10-18 所示。单击“播放”按钮，如图 10-19 所示。单击“暂停”按钮，这时按钮的文本会变为“继续”，如图 10-20 所示。单击“停止”按钮，如图 10-21 所示。

图 10-18　初始效果

图 10-19　播放效果

图 10-20　暂停效果

图 10-21　停止效果

提示： Andriod 中关于音频和视频的知识非常强大，不仅仅只有本节介绍的这些方法。例如 SoundPool 也可以用来播放音频，MediaRecorder 可以进行录音，VideoView 的 Java 代码可以用来添加其他代码等，感兴趣的读者可以查阅相关资料。

10.6　思考与练习

一、填空题

1. Android 中的__________类表示的是画笔。
2. __________是一个工具类，用于从不同的数据源来解析、创建 Bitmap 对象。
3. Canvas 类提供的__________方法用于绘制多个像素点。

4. Canvas 类提供的__________方法用于绘制圆角矩形。

5. 通常情况下，可以将动画分为__________和补间动画两种。

6. 补间动画包括__________、旋转、平移和缩放 4 种图像操作方法。

二、选择题

1. Color.MAGENTA 常量表示的颜色是__________。

   A. 青绿色　　B. 浅灰色　　C. 红紫　　D. 透明

2. 在绘制下面这条直线的 drawLine()方法中，__________表示直线开始点的纵坐标。

```
canvas.drawLine(10, 20, 30, 40, paint);
```

   A. 10　　B. 20　　C. 30　　D. 40

3. 绘制路径时需要使用到__________类。

   A. Path　　B. Paths　　C. Bitmap　　D. Color

4. 在 res/anim 目录下创建一个动画资源文件，下面这段代码的横线处应该填写的内容是__________。

```
<?xml version="1.0" encoding="utf-8"?>
<__________ xmlns:android="http://schemas.android.com/apk/res/android"
android:oneshot="true">
    <item android:drawable="@drawable/skin" android:duration="200"></item>
    <item android:drawable="@drawable/color"
android:duration="300"></item>
</__________>
```

   A. resource　　B. resources

   C. animation-list　　D. animations-list

5. 在实现透明度补间动画时，利用__________属性可指定动画的持续时间。

   A. android:repeatMode　　B. android:repeatCount

   C. android:fromDegrees　　D. android:duration

6. 使用 MediaPlayer 播放音频时，调用该对象的__________方法可停止音频。

   A. play()　　B. start()　　C. stop()　　D. pause()

三、简答题

1. 在 Android 中绘制像素点、圆、弧和矩形时，分别需要调用哪些方法？

2. Path 类的常用方法有哪些？这些方法分别用来做什么？

3. 简述如何实现图像的绘制、旋转、平移、缩放和倾斜。

4. 简述你所知道的用于播放音频和视频的方法。

第 11 章 Android 事件处理机制

现在的用户界面，都是以事件的驱动来实现人机交互的。例如，当用户在程序界面上执行各种操作时，应用程序必须为用户动作提供响应动作，而这种响应动作正是通过事件处理来完成的。其中最常见的事件处理机制是用户单击某个按钮时程序会执行某种操作。

Android 提供了两种事件处理方式：基于回调的事件处理和基于监听器的事件处理。熟悉传统图形界面编程的读者对于基于回调的事件处理比较熟悉；而熟悉 Swing 开发方式的读者可能对基于监听器的事件处理比较熟悉。Android 系统充分利用了这两种事件处理方式的优点，允许开发者使用自己熟悉的事件处理方式来为用户响应动作。

本章将详细介绍这两种不同事件处理方式的运行机制、具体实现细节，以及常见键盘事件和触摸事件的应用。

学习要点

- 了解 Android 事件的两种方式。
- 理解基于监听的事件处理流程。
- 熟悉事件监听器类的几种用法及事件处理方式。
- 了解键盘事件的监听和处理。
- 理解基于回调的事件处理流程。
- 了解触摸事件的监听和处理。
- 理解 Handler 类的作用及其运行流程。
- 熟悉手势的创建和识别方法。

11.1 Android 事件处理概述

不管是桌面应用还是手机应用程序，使用最多的就是用户，经常需要处理的就是用户的操作动作——即需要为用户动作提供响应，这种为用户动作提供响应的机制就是事件处理。

Android 系统提供了基于监听事件和基于回调事件的两套处理机制。

(1) 基于监听事件的处理。

这种事件处理机制的主要做法是为 Android 界面组件绑定特定的事件监听器，这种方法也是本书前面多次使用到的方法之一。

Android 还允许在界面布局文件中为 UI 组件的 android:onClick 属性指定事件监听方法。通过这种方式指定监听事件方法时，开发者需要在 Activity 中定义该监听事件的方法(此方法必须有一个 View 类型参数，该形参代表被单击的 UI 组件)，当用户单击该 UI 组件时，系统将会触发 android:onClick 属性所指定的方法。

(2) 基于回调事件的处理。

这种事件处理机制的主要做法就是重写 Android 组件特定的回调方法，或者重写

Activity 的回调方法。Android 为绝大部分界面组件都提供了事件响应的回调方法，开发者只需要重写他们即可。

一般来说，基于回调的事件处理可用于处理一些具有通用性的事件；基于回调的事件处理代码会显得比较简洁。但对于某些特定的事件，无法使用基于回调的事件处理，只能采用基于监听的事件处理。下面详细介绍这两种事件处理机制。

11.2　基于监听的事件

基于监听的事件是一种更接近“面向对象”的事件处理，这种处理方法与 Java 的 AWT/Swing 的处理方式相同。如果读者有类似的编程经验，可以很容易地理解。如果以前没有接触过事件处理的编程，那么就需要先了解事件监听的处理流程。

11.2.1　监听的处理流程

在基于监听的事件处理中主要涉及以下 3 个对象。

- EventSource(事件源)：事件发生的场所，通常指的是事件所发生的组件，各个组件在不同情况下触发的事件不尽相同，而且产生的事件对象也可能不同。
- Event(事件)：事件封装了界面组件上发生的特定事情，通常是一次用户操作。如果程序需要获得界面组件上所发生事件的相关信息，一般可通过 Event 对象来获取。
- EventListener(事件监听器)：负责监听事件源所发生的事件，并对各种事件做出相应的处理。

当把事件源与事件监听器联系到一起时，就需要为事件源注册监听。当事件发生时，系统就会自动通知事件监听器来处理相应的事件。

基于监听的事件处理首先要获取界面组件(事件源)，也就是被监听的对象。之后实现事件监听类，即必须实现其对应的 Listener 接口。然后为该组件添加监听。

对于一个 Android 应用程序来说，事件处理是必不可少的，用户与应用程序之间的交互便是通过事件处理来完成的。事件处理的过程一般分为三步，如下所示。

(1) 为事件源对象添加监听。只有这样，当某个事件被触发时，系统才会知道该通知谁来处理该事件，如图 11-1 所示。

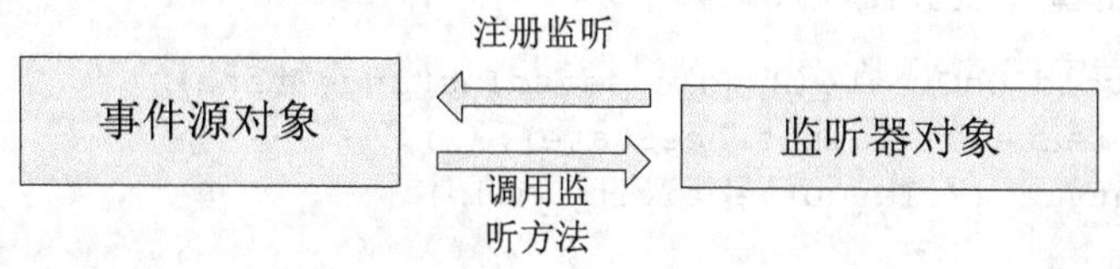

图 11-1　事件处理流程(1)

(2) 当事件发生时，系统会将事件封装成相应类型的事件对象，并发送给注册到事件源的事件监听器，如图 11-2 所示。

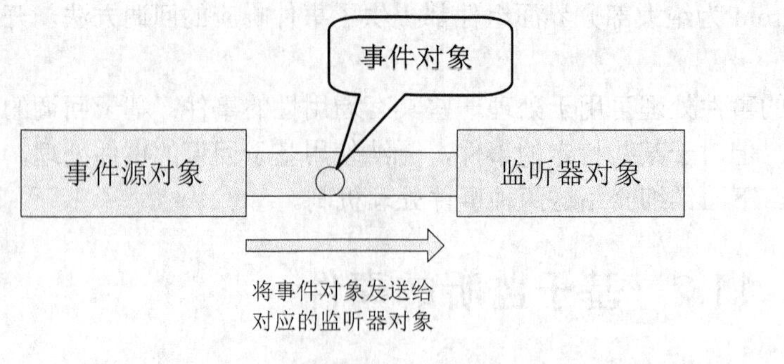

图 11-2 事件处理流程(2)

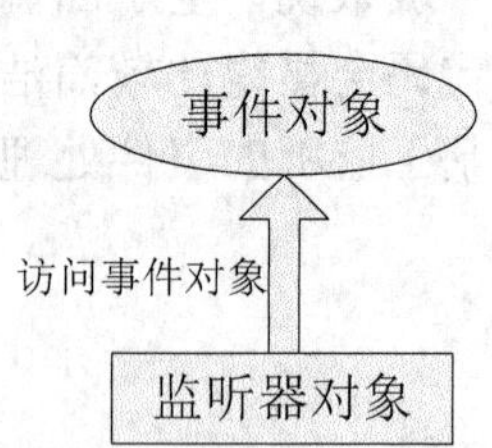

图 11-3 事件处理流程(3)

(3) 当监听器对象接收到事件对象之后，系统会调用监听器中相应的事件处理方法来处理事件，并给出响应，如图 11-3 所示。

【范例 1】

下面以一个非常简单的范例演示基于监听的事件处理流程。

(1) 创建一个 Android 程序，在布局中添加一个 TextView 组件和一个 Button 组件，并设置 ID 属性，代码如下所示：

```
<TextView
    android:id="@+id/textView1"
    android:layout_width="wrap_content"
    android:layout_height="wrap_content"
    android:layout_alignParentLeft="true"
    android:text="TextView" />
<Button
    android:id="@+id/btnEnter"
    android:layout_width="wrap_content"
    android:layout_height="wrap_content"
    android:layout_below="@+id/textView1"
    android:text="确定" />
```

上面代码创建的 TextView 组件用于显示单击“确定”按钮后的执行结果。

(2) 进入 MainActivity.java 的 onCreate()方法。使用界面上的“确定”按钮作为事件源，为它绑定一个单击事件监听器，代码如下：

```
protected void onCreate(Bundle savedInstanceState) {
  super.onCreate(savedInstanceState);
  setContentView(R.layout.activity_main);

  Button btnEnter = (Button) findViewById(R.id.btnEnter);//获取界面上的按钮
  btnEnter.setOnClickListener(new EnterClickListener()); //绑定监听器
}
```

上面为 btnEnter 设置了 onClick(单击)事件上的监听器，该监听器由 EnterClickListener 类实现。

(3) EnterClickListener 类必须实现 OnClickListener 接口，并重写 onClick()方法。实现代码如下所示：

```
//创建监听器的实现类
class EnterClickListener implements OnClickListener {
    @Override
    public void onClick(View v) {              //单击“确定”按钮后执行的方法
        TextView txt=(TextView)findViewById(R.id.textView1);
        //获取界面上的 TextView 组件
        txt.setText("您单击了“确定”按钮。");      //在 TextView 组件上显示内容
    }
}
```

上面创建的 EnterClickListener 类实现了 OnClickListener 接口，所以会被单击事件的监听器使用。在 onCreate()方法中添加的代码为“确定”按钮注册了单击事件监听器。因此，当单击“确定”按钮时，单击事件被触发，此时绑定的监听器 EnterClickListener 被执行，最终在界面上显示“您单击了确定按钮。”的文本，如图 11-1 所示。

图 11-1　按钮单击前后运行效果

从“范例 1”这个简单的为按钮绑定单击事件的程序设计中我们可以看出，基于监听的事件处理流程大致如下。

(1) 获取程序界面组件(事件源)，也就是被监听的对象。

(2) 实现事件监听器类，该监听器类是一个特殊的 Java 类，必须实现一个 XXX Listener 接口，XXX 是事件名称。

(3) 调用事件源的 setXXX Listener()方法将事件监听器对象注册给界面组件(事件源)。

这样一来，当界面上的组件(事件源)发生指定的事件时，Android 就会触发事件监听器，由事件监听器调用相应的方法(事件处理器)来处理事件。

将上面三个步骤与“范例 1”结合起来可以发现如下对应关系。

- 事件源：“范例 1”中界面上的 ID 为 btnEnter 的按钮。通常不需要过多的设置，任何组件都可以作为事件源。
- 事件监听器：“范例 1”中创建的监听器类 EnterClickListener。监听器类必须由开发者实现，其重点是实现事件处理方法，即“范例 1”中的 onClick()方法。
- 注册监听器：“范例 1”中的 setOnClickListener()方法将监听器与事件源建立了关联。其他事件只需要调用事件源的 setXXXListener()方法即可。

提示： 事件源可以是任何的界面组件，不太需要开发者参与；注册监听器也只要一行代码即可实现，因此事件编程的重点是实现事件监听类。

11.2.2 事件监听器

通过本章“范例 1”的实现流程可以看出：当外部动作在 Android 组件上执行操作时，系统会自动生成事件对象，这个事件会作为参数传递给事件源上注册的事件监听器。

事件监听器的处理模型涉及三个成员：事件源、事件和事件监听器。其中，事件源最容易创建，可以是任意界面组件；事件的产生无需开发者关心，它是由系统自动产生的；所以实现事件监听器是整个事件处理流程的核心。

但是通过“范例 1”并不能跟踪到事件的流程。这是因为 Android 对事件监听模型做了进一步的简化；如果事件源触发的事件足够简单、事件里封装的信息比较有限，那就无须封装事件对象，也无须将事件对象传递给事件监听器。

但是对于键盘事件、触摸事件等，此时程序需要获取事件发生时的详细信息。例如，键盘事件需要获取的信息是哪个键触发了事件；触摸事件需要获取事件发生时的位置等。对于这种包含复杂信息的事件，Android 同样会将事件信息封装成 XXXEvent 对象，并把该对象作为参数传递给事件处理器。

【范例 2】

创建一个范例，通过监听用户的按键操作，实现对界面上的汽车的位置移动。

(1) 创建一个 Android 项目，在界面上添加一个 ImageView 组件显示汽车图片，代码如下：

```
<RelativeLayout xmlns:android="http://schemas.android.com/apk/res/android"
   xmlns:tools="http://schemas.android.com/tools"
   android:layout_width="match_parent"
   android:layout_height="match_parent"
   tools:context="com.example.ch1102.MainActivity"
   android:id="@+id/main"    >
  <ImageView
      android:id="@+id/car"
      android:layout_width="wrap_content"
      android:layout_height="wrap_content"
      android:src="@drawable/car" />
</RelativeLayout>
```

(2) 在 onCreate()方法中添加一行代码取消默认的窗口标题，代码如下：

```
protected void onCreate(Bundle savedInstanceState) {
    super.onCreate(savedInstanceState);
    //取消窗口的标题
    requestWindowFeature(Window.FEATURE_NO_TITLE);
    setContentView(R.layout.activity_main);
}
```

(3) 重写 Activity 的 onKeyDown()方法，判断用户按下的是哪个键，并控制汽车的移动。代码如下：

```
public boolean onKeyDown(int keyCode, KeyEvent event) {
```

```
        ImageView car = (ImageView) findViewById(R.id.car);    //获取汽车图片
        switch (keyCode) {                                   //判断按键的编码
        case KeyEvent.KEYCODE_A:
            Toast.makeText(this, "您按下了键 A", Toast.LENGTH_SHORT).show();
            car.setX(car.getX() - 10);                       //向左移动
            break;
        case KeyEvent.KEYCODE_D:
            Toast.makeText(this, "您按下了键 D", Toast.LENGTH_SHORT).show();
            car.setX(car.getX()  +10);                       //向左移动
            break;
        case KeyEvent.KEYCODE_W:
            Toast.makeText(this, "您按下了键 W", Toast.LENGTH_SHORT).show();
            car.setY(car.getY()  -10);                       //向上移动
            break;
        case KeyEvent.KEYCODE_S:
            Toast.makeText(this, "您按下了键 S", Toast.LENGTH_SHORT).show();
            car.setY(car.getY() + 10);                       //向下移动
            break;
        }
        return super.onKeyDown(keyCode, event);
    }
```

当在 Activity 中按下任意键时都会调用 onKeyDown()方法，因此这里需要对按钮进行判断和处理。其中，keyCode 表示用户按下键时对应的编码，更多按钮对应的编码如表 11-1 所示。

表 11-1　Android 设备可用物理按键及按键编码

物理按键名称	按键编码	说　明
电源键	KEYCODE_POWER	用于启动或唤醒设备，将界面切换到锁定的屏幕
后退键	KEYCODE_BACK	用于返回到前一个界面
菜单键	KEYCODE_MENU	用于显示当前应用的可用菜单
Home 键	KEYCODE_HOME	用于返回到 Home 界面
查找键	KEYCODE_SEARCH	用于在当前应用中启动搜索
相机键	KEYCODE_CAMERA	用于启动相机
音量键	KEYCODE_VOLUME_UP KEYCODE_VOLUME_DOWN	用于控制当前上下文音量，例如音乐播放器、手机铃声、通话音量等
方向键	KEYCODE_DPAD_CENTER KEYCODE_DPAD_UP KEYCODE_DPAD_DOWN KEYCODE_DPAD_LEFT KEYCODE_DPAD_RIGHT	某些设备中含有方向键，可用于移动光标等
键盘键	KEYCODE_0,…,KEYCODE_9　， KEYCODE_A,…,KEYCODE_Z	表示数字 0～9、字母 A～Z 等按键

(4) 运行程序，汽车被默认位于界面的左上角，如图 11-2。可以按下 W、D、S 和 A

键分别向上、右、下和左方向移动其位置，如图 11-3 所示为移动过程中的提示。

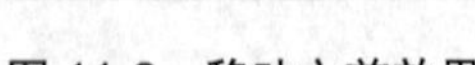

图 11-2　移动之前效果　　　　图 11-3　移动过程中的效果

在基于事件监听的处理模型中，事件监听器必须实现事件监听接口。Android 为不同的界面组件提供了不同的监听器接口，这些接口通常以内部类的形式存在。以 View 类为例，它包含了如下内部接口。

- View.OnClickListener：单击事件的事件监听器必须实现的接口。
- View.OnCreateContextMenuListener：创建上下文菜单的事件监听器必须实现的接口。
- View.OnFocusChangedListener：焦点改变事件的事件监听器必须实现的接口。
- View.OnKeyListener：按钮事件的事件监听器必须实现的接口。
- View.OnLongClickListener：长单击事件的事件监听器必须实现的接口。
- View.OnTouchListener：触摸事件的事件监听器必须实现的接口。

实际上事件处理模型可理解为，当事件源组件上发生事件时，系统将会执行该事件源上监听器对应的处理方法。

提示： 与普通 Java 方法调用不同的是：普通 Java 程序里的方法是由程序主动调用的；而事件处理中的事件处理器方法是由系统负责调用的。

通过上面的介绍不难看出，所谓事件监听器其实就是实现了特定接口的 Java 类的实例。在程序中实现事件监听器，通常有以下几种形式。

- 内部类形式：将事件监听器类定义成当前类的内部类。
- 外部类形式：将事件监听器类定义成一个外部类。
- 匿名内部类形式：使用匿名类创建事件监听器对象。
- Activity 作为事件监听器类形式：让 Activity 本身实现监听器接口，并实现事件处理方法。

11.2.3　内部类和外部类作为事件监听器类

在前面两节的范例中使用的事件监听器为都是内部类形式。使用内部类作为事件监听器时，可以在当前类中重复使用。另外，由于监听类是外部类的内部类，所以可以自由访

问外部类的所有界面组件，这也是使用内部类的优势。

使用外部类定义事件监听器类的形式比较少见，主要原因有以下两点。

(1) 事件监听器通常属于特定的 UI 界面组件，定义成外部类不利于提高程序的内聚性。

(2) 外部类形式的监听器类，不能自由访问 UI 界面组件所在类中的组件，编程不够简洁。

但是如果某个事件监听器确实需要被多个 GUI 界面所共享，而且主要是用来完成某种业务逻辑的实现，则可以考虑使用外部类的形式来定义事件监听器类。

【范例 3】

演示如何在外部类中实现事件监听器类，要求实现计算两个数字的求和结果。

(1) 创建一个 Android 项目，在 Activity 界面上添加两个用于输入数字的 EditText 组件和一个用于单击的 Button 组件。进入 Activity 的 onCreate()方法，监听按钮的长单击事件，并为其指定一个事件处理类。代码如下：

```
    protected void onCreate(Bundle savedInstanceState) {
        super.onCreate(savedInstanceState);
        setContentView(R.layout.activity_main);
        //输入第一个数的文本框
        EditText edtNumber1=(EditText)findViewById(R.id.edtNumber1);
        //输入第二个数的文本框
        EditText edtNumber2=(EditText)findViewById(R.id.edtNumber2);
        //计算按钮
        Button btnCalc=(Button)findViewById(R.id.btnCalc);
        //监听长单击事件
        btnCalc.setOnLongClickListener(new CalcClass(this,edtNumber1,
edtNumber2));
    }
```

setOnLongClickListener()方法会在 onLongClickg 事件(长单击)触发时被调用。该方法中调用了 CalcClass 类的构造方法，并传递 3 个参数。这里的 CalcClass 类将作为长单击事件的外部类来处理事件。

(2) 创建 CalcClass 类，并实现 OnLongClickListener 接口。在其构造方法中定义 3 个参数，分别用于接收一个 Activity 对象和两个用来计算的文本框组件的信息。具体实现代码如下：

```
public class CalcClass implements OnLongClickListener{      //外部类
CalcClass
    private Activity activity;
    private EditText n1;
    private EditText n2;
    public CalcClass(Activity act,EditText n1, EditText n2) {  //构造方法
        this.activity=act;
        this.n1=n1;
        this.n2=n2;
    }
    @Override
```

```
        public boolean onLongClick(View v) {              //"长单击事件"执行的方法
            int number1 =Integer.parseInt(n1.getText().toString());
            //获取第一个操作数
            int number2 = Integer.parseInt(n2.getText().toString());
            //获取第二个操作数
            int result=number1+number2;                    //求和计算
            Toast.makeText(activity,"计算结果为: "+result,Toast.LENGTH_SHORT).
            show();
            return false;
        }
    }
```

(3) 运行程序，在界面的文本框中输入两个数字，然后按下“计算”按钮，停留一会儿后触发 LongClick 事件，再由 setOnLongClickListener 指定的 CalcClass 类来完成计算，运行效果如图 11-4 所示。

图 11-4　使用外部类实现求和功能

11.2.4　匿名内部类作为事件监听器类

通常情况下创建的事件处理器没有什么复用价值，因为可复用的代码通常都被抽象为业务逻辑方法。因此，大部分事件监听器只是临时使用一次，所以使用匿名内部类作为事件监听器类更合适。实际上，这种形式也是目前使用最广泛的监听器形式。

【范例 4】

假设在 Activity 界面上有一个 ID 为 btnEnter 的 Button 组件，下面将使用匿名内部类创建该组件的单击事件监听器。在 Activity 的 onCreate()方法中的实现代码如下：

```
Button btnEnter=(Button)findViewById(R.id.btnEnter);
btnEnter.setOnClickListener(new OnClickListener() {
    @Override
    public void onClick(View v) {
        Toast.makeText(this, "btnEnter按钮被单击了", Toast.LENGTH_SHORT).
        show();
```

```
        }
    });
```

如上述代码所示，匿名内部类指的是以使用“new 监听器接口”或者“new 事件适配器”的形式创建监听器。

对于以使用匿名内部类作为监听器的形式来说，唯一的缺点就是匿名内部类的语法有点不易掌握。如果开发人员的 Java 基础扎实，对于匿名内部类的语法掌握也较好，那么通常建议其使用匿名内部类作为监听器。

11.2.5　Activity 作为事件监听器类

这种形式是指使用 Activity 本身作为监听器类，即直接在 Activity 类中定义事件监听器方法。这种形式虽然非常简洁，但是这种做法即有以下两个缺点。

(1) 这种形式可能造成程序结构混乱。因为 Activity 的主要作用是完成初始化界面的工作，但此时还需要包含事件处理方法，从而可能会引起混乱。

(2) 如果 Activity 界面类需要实现监听器接口，那么它给开发者的感觉就会比较怪异。

【范例 5】

假设在 Activity 界面上有一个 ID 为 btnEnter 的 Button 组件，下面要使用 Activity 对象作为事件监听器类。具体实现代码如下：

```
public class MainActivity extends Activity  implements OnClickListener{
    //实现单击接口
    protected void onCreate(Bundle savedInstanceState) {
        super.onCreate(savedInstanceState);
        setContentView(R.layout.activity_main);
        Button btnEnter=(Button)findViewById(R.id.btnEnter);
        btnEnter.setOnClickListener(this);
        //为按钮添加单击事件监听程序
    }
    @Override
    public void onClick(View v) {
    //在 Activity 中重写 OnClickListener 接口的方法
        Toast.makeText(this, "btnEnter 按钮被单击了", Toast.LENGTH_SHORT).
        show();
    }
}
```

如上述代码所示，MainActivity 类继承了 Activity 父类，并实现了 OnClickListener 接口。因此在 MainActivity 类中，可以直接使用 onClick()方法，为按钮添加单击事件的处理程序。

11.2.6　绑定到组件事件属性

除了前面介绍的几种绑定事件监听器类的方式之外，在 Android 中还有一种更简单的实现方式，即直接在界面组件中为指定的组件通过属性标签，定义监听器类。

【范例 6】

在 Android 中绝大部分组件都有 onClick 属性，该属性的值就是一个形如 XXX(View v)的方法。假设界面上有一个“确定”按钮，它的定义代码如下：

```
<Button
    android:id="@+id/btnEnter"
    android:layout_width="wrap_content"
    android:layout_height="wrap_content"
    android:text="确定"
    android:onClick="btnEnterClickHandler"  />
```

上面代码指定了 Button 组件 onClick 属性的值为 btnEnterClickHandler。这就意味着当 Button 组件被单击时将调用当前 Activity 类中定义的 btnEnterClickHandler()方法。因此 btnEnterClickHandler()方法也就作为了 Button 组件单击事件的监听器。

btnEnterClickHandler()方法的代码如下，其中的 v 参数表示事件源。

```
    public void btnEnterClickHandler(View v) {
        Toast.makeText(this, "btnEnter 按钮被单击了", Toast.LENGTH_SHORT).
show();
    }
```

11.3 基于回调的事件

在掌握了基于监听的事件处理流程之后，本节将介绍 Android 中的另一种事件处理方法——基于回调的事件处理。从代码实现角度来看，基于回调的事件处理流程更加简单。

11.3.1 回调机制与监听机制

如果说事件监听机制是一种委托的事件处理，那么回调机制则与之相反。对于基于回调的事件处理模型来说，事件源与事件监听器是统一的，或者说是事件监听器完全消失了。当用户在 UI 组件上触发某个事件时，组件自己特定的方法将会负责处理该事件。

为了使回调方法机制类处理 UI 组件上所发生的事件，开发者需要为该组件提供对应的事件处理方法。而 Java 是一种静态语言，无法为某个对象动态地添加方法，因此只能继续使用 UI 组件类，并通过重写该类的事件处理的方法来实现。

为了实现回调机制的事件处理，Android 为所有 UI 组件都提供了一些事件处理的回调方法。以 View 组件为例，常用的方法如下。

- boolean onKeyDown (int keyCode, KeyEvent event)：当用户在按下某个按键时触发该方法。
- boolean onKeyLongPress (int keyCode, KeyEvent event)：当用户长时间按住某按键时触发该方法。
- boolean onKeyShortcut (int keyCode, KeyEvent event)：当用户按下键盘上快捷键时触发该方法。
- boolean onKeyUp (int keyCode, KeyEvent event)：当用户松开某个按键时触发该

方法。

- boolean onTouchEvent (MotionEvent event)：当用户触发触摸屏幕事件时触发该方法。
- boolean onTrackballEvent (MotionEvent event)：当用户触发轨迹球平移事件时触发该方法。

【范例 7】

演示基于回调的事件处理流程。

(1) 创建一个 Android 项目，在 Activity 上添加一个 TextView 组件，并将其 ID 设置为 text，代码如下：

```
<TextView
    android:layout_width="fill_parent"
    android:layout_height="wrap_content"
    android:id="@+id/text"
    android:gravity="center_horizontal"/>
```

(2) 在 MainActivity.java 文件声明 TextView 对象，并获取该组件对象，然后为其设置内容。代码如下：

```
    TextView text;
    @Override
    protected void onCreate(Bundle savedInstanceState) {
        super.onCreate(savedInstanceState);
        setContentView(R.layout.activity_main);
        text=(TextView)findViewById(R.id.text);
    }
```

(3) 添加 showText()方法和 showToast()方法，分别用来设置和显示按下按键和松开按键时的信息，其主要代码如下：

```
public void showText(String string){
//用于设置按下按键 TextView 组件显示的内容
    text.setText(string);
}
public void showToast(String string){
//用于设置松开按键时 Toast 显示的内容
    Toast toast = Toast.makeText(this,string, Toast.LENGTH_SHORT);
    //创建 Toast 对象
    toast.setGravity(Gravity.TOP , 0, 100);     //设置显示的 Toast 的位置
    toast.show();                               //显示 Toast 信息
}
```

在上述代码中，setText()方法用于设置组件上显示的内容。makeText()方法用于设置 Toast 所要显示的信息，setGravity()方法用于设置组件的位置，show()方法用于显示该 Toast 的内容。

(4) 重写 onKeyDown()方法，其主要代码如下：

```
public boolean onKeyDown(int keyCode, KeyEvent event) {
        switch(keyCode){
        case KeyEvent.KEYCODE_0:
            showText("您按下了数字键 0");
            break;
        case KeyEvent.KEYCODE_BACK:
            showText("您按下了后退键");
            break;
        //省略部分代码
        }
        return super.onKeyDown(keyCode, event);
    }
```

在上述代码中，当按下按键时，例如按下数字 0 时，就会调用 showText()方法来改变 TextView 组件中的内容。

(5) 重写 onKeyUp()方法，其主要代码如下：

```
public boolean onKeyUp(int keyCode, KeyEvent event) {
        switch(keyCode){
        case KeyEvent.KEYCODE_0:
            showToast("您松开了数字键 0");
            break;
        case KeyEvent.KEYCODE_BACK:
            showToast("您松开了后退键");
            break;
        //省略部分代码
        }
        text.setText("您没有按下按键");
        return super.onKeyUp(keyCode, event);
    }
```

在上述代码中，当松开某个按键时，就会调用 showToast()方法使用 Toast 来显示信息。

(6) 运行程序。当按下键和松开键时都会有提示，效果如图 11-5 所示。

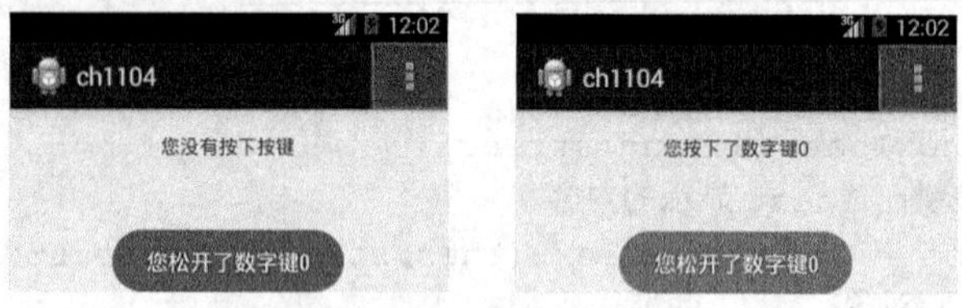

图 11-5　监听按键和松开键

11.3.2　基于回调的事件传播流程

几乎所有基于回调的事件处理方法都有一个 boolean 类型的返回值，该方法用于标识该处理方法是否能完全处理该事件。

(1) 如果处理事件的回调方法返回的值为 true，则表明该处理方法已完全处理该事件，且事件不会被传播出去。

(2) 如果处理事件的回调方法返回的值为 false，则表明该处理方法并未完全处理该事件，且该事件会被传播出去。

对于基于回调的事件传播而言，某组件上所发生的事情不仅能触发该组件上的回调方法，也会触发该组件所在的 Activity 类的回调方法——只要事件传播到该 Activity 类。

【范例 8】

演示 Android 系统中的事件传播流程。该程序重写了 EditText 类的 onKeyDown()方法，而且重写了该 EditText 所在的 Activity 类的 onKeyDown()方法。由于程序中没有阻止事件传播，所以程序可以看到事件从 EditText 传播到 Activity 的情况。

(1) 创建一个 Android 项目，在 src 目录下创建一个从 EditText 类派生的 MyTextBox 子类，实现代码如下：

```
//这是一个自定义的组件类
public class MyTextBox extends EditText {
    public MyTextBox(Context context, AttributeSet attrs, int defStyle) {
        super(context, attrs, defStyle);        //调用基类构造方法
    }
    @Override
    public boolean onKeyDown(int keyCode, KeyEvent event) {    //按键监听器
        super.onKeyDown(keyCode, event);
        Log.v("MyTextBox", "这里是 MyTextBox 的 onKeyDown");        //测试输出
        return false;                                //返回 false，允许事件传递
    }
}
```

(2) 上述代码创建的 MyTextBox 类重写了 EditText 类的 onKeyDown()方法。因此，当用户在此组件上按下任意键时都会触发 OnKeyDown()方法，在该方法中返回 false，即按键事件会继续向外传递。

(3) 将 MyTextBox 组件添加到 Activity 界面中，代码如下：

```
<com.example.ch1105.MyTextBox
   android:id="@+id/myTextBox1"
   android:layout_width="match_parent"
   android:layout_height="wrap_content"
   android:layout_alignParentTop="true"
   android:layout_marginRight="25dp"
   android:layout_marginTop="48dp"
   android:ems="10"
   android:text="MyTextBox" >
</com.example.ch1105.MyTextBox>
```

(4) 进入 Activity 的 onCreate()方法，为界面上的 myTextBox1 组件绑定 OnKey 事件监听器，并向控制台输出一个字符串之后返回 false。代码如下：

```
MyTextBox myTextBox1 = (MyTextBox) findViewById(R.id.myTextBox1);
//为 myTextBox1 绑定 OnKey 事件监听器
myTextBox1.setOnKeyListener(new OnKeyListener() {
```

```
        @Override
        public boolean onKey(View v, int keyCode, KeyEvent event) {
            if (event.getAction() == KeyEvent.ACTION_DOWN) {
                Log.v("onCreate", "这里是 MyTextBox 的 OnKeyListener");
            }
            return false;                    //返回 false，允许事件传递
        }
    });
```

(5) 为 Activity 绑定一个 onKeyDown 事件监听器，用于检测上面的事件是否能够传递到该事件。代码如下：

```
    //为 Activity 绑定 onKeyDown 事件监听器
    @Override
    public boolean onKeyDown(int keyCode, KeyEvent event) {
        super.onKeyDown(keyCode, event);
        Log.v("onKeyDown", "这里是 Activity 的 onKeyDown");
        return false;                        //返回 false，允许事件传递
    }
```

(6) 运行程序，将焦点定位到 myTextBox1 组件上，然后按下任意键。例如，输入数字“1”，此时会触发 OnKeyDown 事件，并在控制台中看到事件传递后的输出结果，如图 11-6 所示。

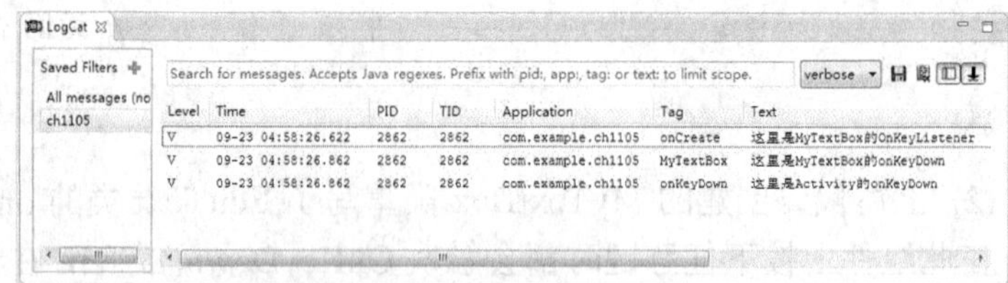

图 11-6　事件传播流程

从图 11-6 中可以看出，当在 myTextBox1 组件上有按键事件时，首先触发的是该组件上绑定的事件监听器，然后是该组件所在类提供的事件回调方法，最后才传播给该组件所在的 Activity 类。如果在任何一个事件处理方法返回了 true，那么该事件将不会被继续向外传播。

11.3.3　基于回调的触摸事件处理

在 View 类中，定义了手机屏幕事件的处理方法 onTouchEvent()，并且所有的 View 子类都重写了该方法。应用程序通过该方法可以处理手机屏幕的触摸事件。代码如下所示：

```
public boolean onTouchEvent (MotionEvent event)
```

参数 event 是手机屏幕触摸事件封装类的对象，封装了该事件的所有信息，例如触摸的位置、触摸的类型以及触摸的时间等。该对象会在用户触摸手机屏幕时被创建。

该方法的返回值与键盘响应事件相同，都是当程序完整地处理了该事件，且不希望其他回调方法再次处理该事件时返回 true 值，反之则返回 false 值。

该方法并不像之前介绍过的方法只处理一种事件。一般情况下以下三种情况的事件全部由 onTouchEvent()方法处理，只是三种情况中的动作值不同而已。

(1) 屏幕被按下：当屏幕被按下时，程序会自动调用该方法来处理事件，此时 MotionEvent.getAction()的值为 MotionEvent.ACTION_DOWN。如果在应用程序中需要处理屏幕被按下的事件，只需重新回调该方法，然后在方法中进行动作的判断即可。

(2) 离开屏幕：当手指离开屏幕时触发的事件，该事件同样需要调用 onTouchEvent()方法来捕捉，然后在方法中进行动作判断。当 MotionEvent.getAction()的值为 MotionEvent.ACTION_UP 时，表示的是离开屏幕的事件。

(3) 在屏幕中拖动：该方法还负责处理手指在屏幕上滑动的事件，同样也是通过调用 Motion Event.getAction()方法来判断动作值是否为 MotionEvent.ACTION_MOVE，然后再进行处理。

【范例 9】

演示基于回调机制的事件处理，以及对触摸事件的操作处理。具体步骤如下：

(1) 创建一个 Android 项目，在 MainActivity.java 文件中修改 onCreate()方法，修改后代码如下：

```
super.onCreate(savedInstanceState);                    //调用父类构造方法
LinearLayout layout = new LinearLayout(this);          //定义线性布局
setContentView(layout);                                //使用布局
```

(2) 添加 showToast()方法，用来显示触摸和离开屏幕时的信息。因这里的代码与 11.3.1 节 showToast()方法的代码一致，故在此省略。

(3) 重写 onTouchEvent()方法，分别为触摸屏幕、离开屏幕和移动屏幕添加要执行的动作。其代码如下：

```
public boolean onTouchEvent(MotionEvent event) {
    switch(event.getAction()){
    case MotionEvent.ACTION_DOWN:
        showToast("触摸屏幕");
        break;
    case MotionEvent.ACTION_UP:
        showToast("离开屏幕");
        break;
    case MotionEvent.ACTION_MOVE:
        showToast("在屏幕中拖动");
        break;
    }
    return super.onTouchEvent(event);
}
```

当屏幕被移动时，ACTION_MOVE 事件会被 Android 一直响应。其原因有两点：第一是因为 Android 对于触屏事件很敏感；第二是因为当手指触摸到手机屏幕后手指在不停地微微颤抖震动。

(4) 运行该项目后，当手指触摸屏幕时，其效果如图 11-7 所示。当手指离开屏幕时，

效果如图 11-8 所示。当物指在屏幕中拖动时，效果如图 11-9 所示。

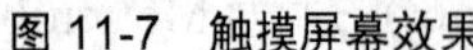
图 11-7　触摸屏幕效果

图 11-8　离开屏幕时效果

图 11-9　在屏幕中拖动时效果

11.4　Handler 消息传递机制

出于性能优化考虑，Android 的 UI 线程操作并不是安全的，这意味着如果有多个线程并发操作 UI 组件，可能导致线程安全问题。为了解决这个问题，Android 制定了一条简单的规则，只允许 UI 线程修改 Activity 里的 UI 组件。

当一个程序第一次启动时，Android 会同时启动一条主线程。主线程主要负责与 UI 相关的事件，例如用户的按键事件、用户的触摸事件，以及屏幕绘图事件，并把相关的事件分发到对应的组件进行处理。所以主线程通常又被称为 UI 线程。

Android 的消息传递机制是另一种形式的“事件处理”。这种机制主要是为了解决 Android 应用的多线程问题——Android 平台只允许 UI 线程修改 Activity 里的 UI 组件，这样就会导致新的线程无法动态改变界面组件的属性值。但在实际的 Android 应用开发中，尤其在涉及动画的游戏开发时，需要让新启动的线程周期性地改变界面组件的属性值，而这需要借用于 Handler 消息传递机制来实现。

11.4.1　Handler 类简介

Handler 类主要有两个作用：一是在新启动的线程中发送消息；另一个是在主线程中获取和处理消息。

这两个功能看似很简单，实际却不好控制。为了让主线程能“适时”地处理新启动的线程所发送的消息，显示只能通过回调的方式来实现——开发者只要重写 Handler 类中处理消息的方法即可。当新启动的线程发送消息时，消息会发送到与之关联的 MessageQueue，而 Handler 会不断地从 MessageQueue 中获取并处理消息——这将导致 Handler 类中处理消息的方法被回调。

Handle 类包含如下用于发送和处理消息的方法。

- void handleMeeeage(Message msg)：处理消息的方法，通常用于被重写。
- boolean hasMessages(int what)：检查消息队列中是否包含 what 属性为指定值的消息。
- boolean hasMessages(int what,Object object)：检查消息队列中是否包含 what 属性值为指定值，且 object 属性为指定对象的消息。
- Message obtainMessage()：用于获取消息，有多个重载形式。
- sendEmptyMessage(int what)：发送空消息。

- boolean sendEmptyMessageDelayed(int what long delayMillis)：指定延迟多少毫秒之后发送空消息。
- boolean sendMessage(Message msg)：立即发送消息。
- boolean sendMessageDelayed(Message msg,long delayMillis)：指定延迟多少毫秒之后发送消息。

【范例 10】

演示如何在线程中修改界面上的组件。本范例实现了循环播放相册中的图片的效果。

(1) 本程序的界面非常简单，仅包含一个 ID 为 imageView1 的 ImageView 组件。进入 MainActivity.java 文件定义图片列表和起始索引，代码如下：

```
//定义相册中的图片列表
int[] imgList = new int[] { R.drawable.p1, R.drawable.p2, R.drawable.p3,
                        R.drawable.p4, R.drawable.p5, R.drawable.p6 };
int curIndex = 0;             //起始索引
```

(2) 在 onCreate()方法创建一个 Handler 类，如果判断是程序本身发送的消息就循环更改图片。代码如下：

```
final ImageView imgview = (ImageView) findViewById(R.id.imageView1);
final Handler myHandler = new Handler() {
   @Override
   public void handleMessage(Message msg) {
      if (msg.what == 0x123) {              //是否为程序本身的消息
         //动态修改图片
         imgview.setImageResource(imgList[curIndex++% imgList.length]);
      }
   }
};
```

在上述代码中，如果 Handler 接收到程序本身发送的消息就会动态修改 UI 界面上 imageView1 组件的路径，以便可以切换到下一张图片。

(3) 在 onCreate()方法中创建一个定时器，并让它每间隔一定时间就发送一次消息。代码如下：

```
new Timer().schedule(new TimerTask() {
   @Override
   public void run() {
      myHandler.sendEmptyMessage(0x123);          //发送消息
   }
}, 0, 1200);
```

上述代码中的 Timer 类会启动一个新线程，由于不允许在线程中修改 UI 界面，所以该线程每间隔 1200 毫秒会发送一个消息。该消息会传递到 Activity 中，再由 Handler 类进行处理。此时可以修改 imageView1 组件，实现定时动态切换的效果。运行效果如图 11-10 所示。

图 11-10　相册图片切换效果

11.4.2　Handler 的工作原理

为了更好地理解 Handler 的工作原理，首先要了解以下与 Handler 有关的组件：

- Message：Handler 接收和处理的消息对象。
- Looper：每个线程只能拥有一个 Looper。它的 loop()方法负责读取 MessageQueue 中的消息，读取到消息之后就会将消息发送给该消息的 Handler 进行处理。
- MessageQueue：消息队列。它采用先进先出的方式来管理 Message，程序创建 Looper 对象时会把 Looper 对象创建在它的构造方法中。Looper 提供的构造方法代码如下：

```
private Looper(){
    mQueue=new MessageQueue();
    mRun=true;
    mThread=Thread.currentThread();
}
```

如上述代码所示，使用 private 关键字构造方法，说明开发者无法通过构造方法创建 Looper 对象。另外，在代码中会创建一个与之关联的 MessageQueue。MessageQueue 主要用于负责管理消息。

Handler 的主要作用有两个，即发送消息和处理消息。程序使用 Handler 发送消息，被 Handler 发送的消息必须被送到指定的 MessageQueue。也就是说，如果希望 Handler 正常工作，必须在当前线程中有一个 MessageQueue，否则消息就没有 MessageQueue 进行保存了。不过由于 MessageQueue 是由 Looper 负责管理的，因此如果希望 Handler 能正常工作，就必须在当前线程中有一个 Looper 对象。为了保证当前线程中有 Looper 对象，可分以下两种情况进行处理。

(1) 在主 UI 线程中系统已经初始化了一个 Looper 对象，因此程序可直接创建 Handler，然后通过 Handler 来发送消息和处理消息。

(2) 对于开发者自己启动的子线程，必须自己创建一个 Looper 对象，并启动它。要创建 Looper 对象只须调用它的 prepare()方法即可。

prepare()方法保证每个线程最多只有一个 Looper 对象，该方法的代码如下：

```
public static final void prepare(){
    if(sThreadLocal.get()!=null) {
        throw new RuntimeException("Only one Looper may be created per
thread.");
    }
    sThreadLocal.get(new Looper());
}
```

然后调用 Looper 的静态方法 loop()来启动它。loop()方法使用一个死循环不断取出 MessageQueue 中的消息，并将取出的消息分给消息对应的 Handler 进行处理。如下所示为 loop()方法中的死循环代码：

```
for (;;) {
    Message msg = queue.next();
    // 获取消息队列的下一个消息，如果没有消息，将会阻塞
    if (msg == null) {
        // 如果消息为null，表示消息队列正在退出
        return;
    }
    Printer logging = me.mLogging;
    if (logging != null) {
        logging.println(">>>>> Dispatching to " + msg.target + " " +
                msg.callback + ": " + msg.what);
    }
    msg.target.dispatchMessage(msg);
    if (logging != null) {
        logging.println("<<<<<Finishedto"+msg.target+""+msg.callback);
    }
    //使用 final 修饰该标识符，保证在分发消息的过程中线程标识符不会被修改
    final long newIdent = Binder.clearCallingIdentity();
    if (ident != newIdent) {
        Log.wtf(TAG, "Thread identity changed from 0x"
                + Long.toHexString(ident) + " to 0x"
                + Long.toHexString(newIdent) + " while dispatching to "
                + msg.target.getClass().getName() + " "
                + msg.callback + " what=" + msg.what);
    }
    msg.recycle();
}
```

在线程中使用 Handler 的步骤如下。

(1) 调用 Looper 的 prepare()方法为当前线程创建 Looper 对象。创建 Looper 对象时，它的构造方法会创建与之配套的 MessageQueue。

(2) 有了 Looper 对象之后，接下来需要创建 Handler 子类的实例，即重写 handleMessage()方法。该方法负责处理来自于其他线程的消息。

(3) 调用 Looper 对象的 loop()方法启动 Looper。

【范例 11】

下面通过一个简单的范例来介绍 Looper 与 Handler 的具体用法。

本范例允许在界面上输入一个数字，当单击“计算”按钮时会启动一个新的线程，在线程中完成对该数字阶乘的运算，并显示结果。

之所以不在 UI 线程中计算阶乘是因为 UI 线程是用于响应用户动作的。如果在 UI 线程中运行一个耗时的操作，那会导致 UI 线程被阻塞，从而让应用程序失去响应。

为了将用户在 UI 界面上输入的数字动态地传递给新线程，在本范例中将会在线程中创建一个 Handler 对象，然后 UI 线程的事件处理方法就可以通过 Handler 向新线程发送消息。

本范例的 Activity 界面非常简单，包含一个用于输入数字的文本框，一个用于单击的按钮。这里不再给出代码。

(1) 进入 MainActivity.java 文件，在 MainActivity 类中创建一个内部线程类 ClacThread。该类继承线程父类 Thread，用于接收程序本身发送的消息，并在获取要计算的数字之后完成计算，最终显示结果。具体实现代码如下：

```
class CalcThread extends Thread {        //用于完成计算和显示结果的线程类
    public Handler mhandler;             //接收消息的Handler
    public void run() {
        Looper.prepare();
        mhandler = new Handler() {
            @Override                    //接收消息的方法
            public void handleMessage(Message msg) {
                if (msg.what == 0x123) {          //如果是程序发出的消息则处理
                    int num = msg.getData().getInt("NUMBER");
                    //获取消息中的数字
                    int result = 1;
                    for (int i = 1; i <= num; i++) {           //开始计算
                        result *= i;
                    }
                    showToast(num+"的阶乘结果为："+result);       //显示结果
                }
            }
        };
        Looper.loop();                                         //继续接收
    }
}
```

(2) 在 onCreate()方法上面声明两个变量，代码如下：

```
EditText edtNumber;                  //表示界面上的文本框
CalcThread calcThread;               //表示上面创建的线程类
```

(3) 进入 onCreate()方法，在按钮被单击时，将要计算的数字放到消息中传递给线程，并启动线程。具体代码如下：

```
@Override
protected void onCreate(Bundle savedInstanceState) {
```

```
        super.onCreate(savedInstanceState);
        setContentView(R.layout.activity_main);
        //数字文本框
        edtNumber = (EditText) findViewById(R.id.edtNumber);
        //计算按钮
        Button btnCalc = (Button) findViewById(R.id.btnCalc);
        //监听单击事件
        btnCalc.setOnClickListener(new OnClickListener() {
            @Override
            public void onClick(View v) {
                Message msg=new Message();                  //创建一个消息类
                msg.what=0x123;                             //设置一个标识
                Bundle bundle=new Bundle();                 //创建一个数据绑定类
                //将要计算阶乘的数字绑定到类中
                bundle.putInt("NUMBER",
Integer.parseInt(edtNumber.getText().toString()));
                msg.setData(bundle);                        //为消息添加数据
                calcThread.mhandler.sendMessage(msg);      //发送消息
            }
        });
        calcThread=new CalcThread();                        //创建线程类
        calcThread.start();                                 //启动线程
    }
```

上述代码中在线程内创建了一个 Handler，由于在新线程中创建 Handler 时必须先创建 Looper，因此程序先调用 Looper 的 prepare()方法为当前线程创建一个 Looper 实例，并创建配套的 MessageQueue。新线程在有了 Looper 对象之后，程序才创建了一个 Handler 对象。该 Handler 可以处理其他线程发送过来的消息。

(4) 运行程序，输入一个数字并单击“计算”按钮，显示出结果如图 11-11 所示。

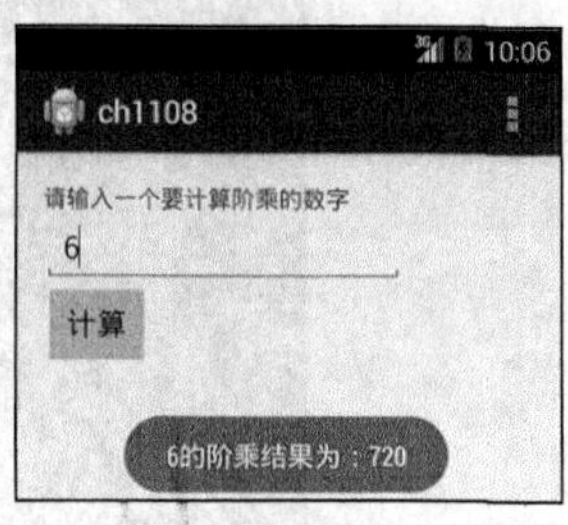

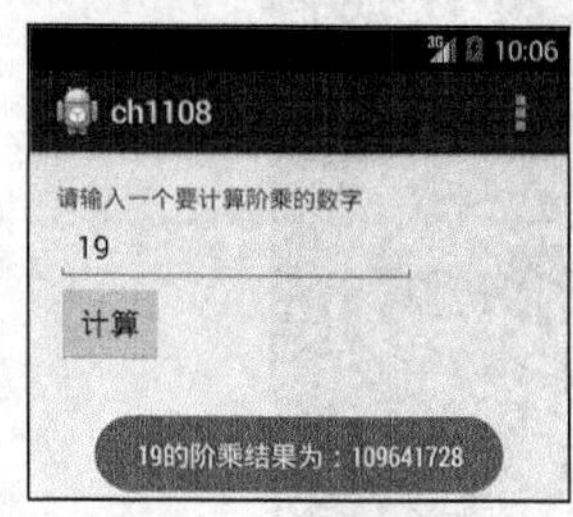

图 11-11 实现 Handler 求阶乘的效果

11.5 手势的创建与识别

前面介绍的触摸事件比较简单，本节将介绍如何在 Android 中创建和识别手势。目前大多数手机都支持手写输入，其原理就是根据用户输入的内容，在预先定义的词库中查找最佳匹配项，供用户选择。

11.5.1 手势的创建

运行 Android 模拟器后，进入到应用程序界面，如图 11-12 所示。在图 11-12 中单击 Gestures Builder 图标进入手势应用界面，如图 11-13 所示。首次进入时可以单击 Add gesture 按钮来增加手势，如图 11-14 所示。

图 11-12 应用程序界面

图 11-13 Gestures Builder 程序界面

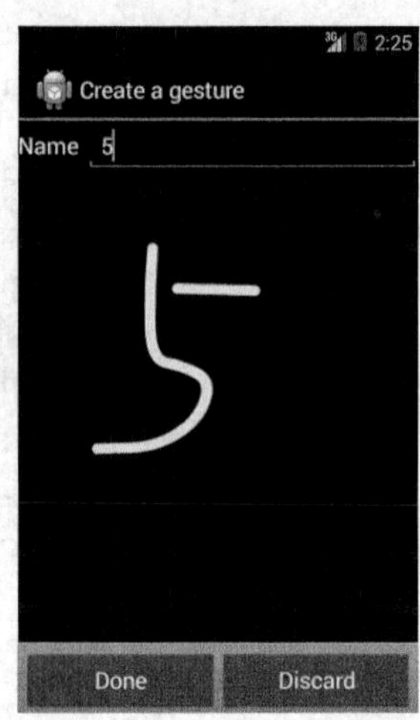

图 11-14 添加手势界面

添加完成后单击 Done 按钮保存该手势。如图 11-15 所示为添加多个手势之后的列表效果。当要修改或删除某个手势时，只需在图 11-15 中长按该手势，将会出现重命名和删除操作，如图 11-16 所示。

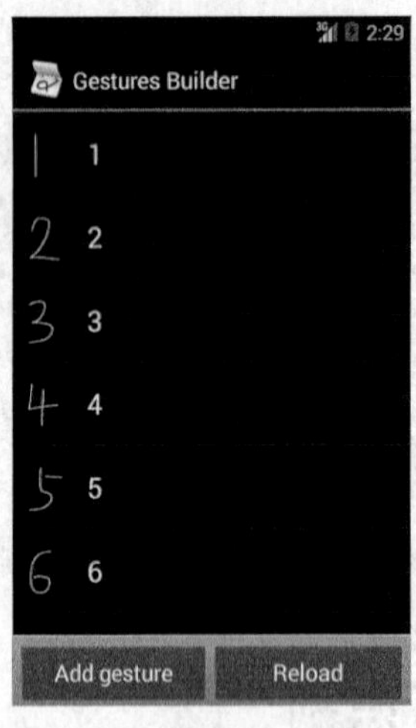

图 11-15 显示当前保存的手势

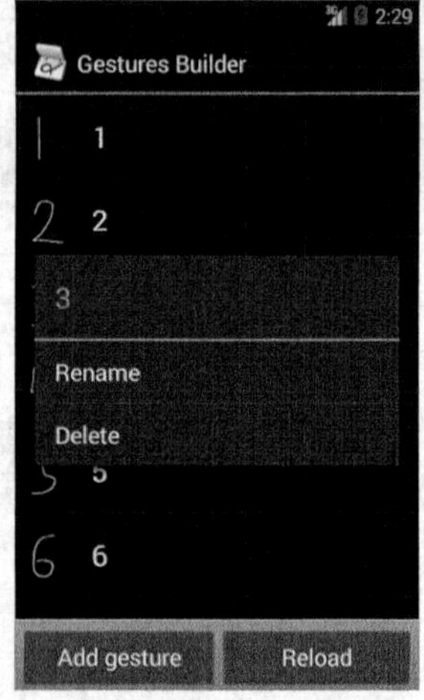

图 11-16 修改或删除某手势的界面

注意： 如果出现"Could not load /sdcard/gestures. Make sure you have a mounted SD card"的提示，则是需要设置 SD 卡的大小。

11.5.2　手势的导出

在创建完手势后，需要将保存手势的文件导出，以便在应用程序中使用。打开 Eclipse 并切换到 DDMS 视图。在 File Explorer 中找到 storage/sdcard/gestures 文件，然后单击右上角的导出按钮将该文件导出，如图 11-17 所示。

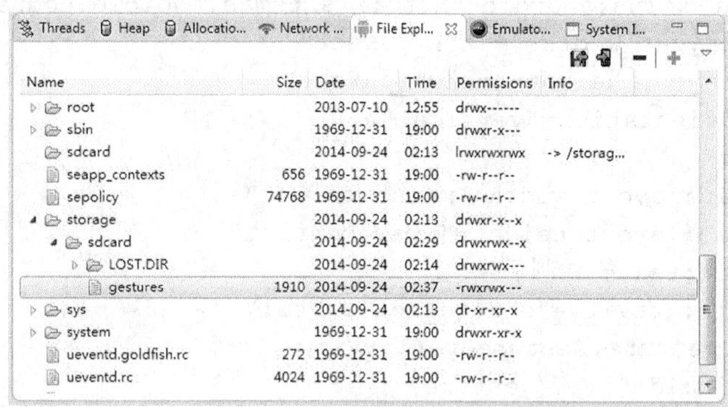

图 11-17　导出手势文件

11.5.3　手势的识别

在手势识别时，需要在 XML 中配置 GestureOverlayView 组件。GestureOverlayView 是一种用于手势输入的透明覆盖层，既可覆盖在其他组件的上方，也可包含其他组件。

GestureOverlayView 组件的 XML 属性如表 11-2 所示。

表 11-2　GestureOverlayView 支持的 XML 属性

属性名称	描　述
android:eventsInterceptionEnabled	定义当手势已经被识别出来时，是否拦截手势动作
android:fadeDuration	当用户画完手势时，用于定义手势淡出效果的持续时间，单位为毫秒
android:fadeEnabled	定义识别完手势后，手势是否自动淡出
android:fadeOffset	淡出延迟，单位为毫秒，即用户画完手势之后到手势淡出之间的时间间隔
android:gestureColor	描绘手势的颜色
android:gestureStrokeAngleThreshold	识别是否为手势前，一笔必须包含的最小曲线度
android:gestureStrokeLengthThreshold	识别是否为手势前，一笔的最小长度
android:gestureStrokeSquarenessThreshold	识别是否为手势前，一笔的偏斜度阈值
android:gestureStrokeType	定义手势的类型
android:gestureStrokeWidth	画手势时，笔画的宽度
android:orientation	指出是水平(当 Orientation 为 vertical)，还是垂直(当 orientation 为 horizontal)笔画，自动定义为手势
android:uncertainGestureColor	在未确定为手势之前，用于描绘用户笔画的颜色

【范例 12】

演示如何根据手势文件识别用户输入手势的功能。

(1) 创建一个 Android 项目。在 Activity 中添加一个 TextView 组件和一个 GestureOverlay View 组件来接收用户的手势。其代码如下：

```
<LinearLayout xmlns:android="http://schemas.android.com/apk/res/android"
    android:layout_width="match_parent"
    android:layout_height="match_parent"
    android:orientation="vertical">
    <TextView
        android:layout_width="match_parent"
        android:layout_height="wrap_content"
        android:text="绘制手势"
        android:gravity="center_horizontal" />
    <android.gesture.GestureOverlayView
        android:id="@+id/gesture"
        android:layout_width="match_parent"
        android:layout_height="0dip"
        android:layout_weight="1.0"
        android:gestureStrokeType="multiple">
    </android.gesture.GestureOverlayView>
</LinearLayout>
```

在上述代码中，android:gestureStrokeType 属性表示是否一笔画成。当其值设置为 multiple 时，表示多笔完成。

(2) 在 MainActivity 类声明一个手势库对象，以方便后面使用，代码如下：

```
private GestureLibrary library = null;                    //声明手势库对象
```

(3) 在 onCreate()方法中从 SD 卡上加载手势文件，并判断加载状态。代码如下：

```
library=GestureLibraries.fromFile("/storage/sdcard/gestures");
//加载手势文件
if (!library.load()) {        // 如果加载失败则退出
    finish();
}
```

在上述代码中，使用 GestureLibraries. fromFile()来加载手势文件。使用 load()方法来判定是否加载成功；如果加载失败则调用 finish()方法退出该程序。

(4) 由于程序需要读取 SD 卡上的文件，所以还需要在 AndroidMainfest.xml 文件中添加权限。当然也可以将手势文件放到当前 Android 项目的 res 目录下，然后指定相应的路径。代码如下：

```
<uses-permission android:name="android.permission.WRITE_EXTERNAL_STORAGE"/>
```

(5) 对界面上 GestureOverlayView 组件的手势绘制事件进行监听，代码如下：

```
// 声明并获取 GestureOverlayView 对象
GestureOverlayView gesture = (GestureOverlayView) findViewById(R.id.gesture);
```

```
gesture.addOnGesturePerformedListener(new OnGesturePerformedListener() {
    // 添加监听
        @Override
        public void onGesturePerformed(GestureOverlayView overlay, Gesture
gesture) {
            ArrayList<Prediction> gestures = library.recognize(gesture);
    // 获取全部预测结果
            int index = 0;                          // 保存当前预测的索引号
            double score = 0;                       // 保存当前预测的得分
            for (int i = 0; i < gestures.size(); i++){ //获取最佳匹配结果
                Prediction result = gestures.get(i);    //获取一个匹配结果
                if (result.score > score) {
                    index = i;
                    score = result.score;
                }
            }
            showToast(gestures.get(index).name);            // 显示所绘制的手势
        }
    });
```

在上述代码中，recognize()方法先获取了全部的预测结果，然后获取了得分最高的预测索引号。使用 get(index)方法得到该手势，并调用 showToast()方法将该手势内容显示。

(6) 运行该项目。当在屏幕上绘制手势，如绘制数字 2 或者 7 时，在手势绘制完成后会显示提示信息，如图 11-18 所示。

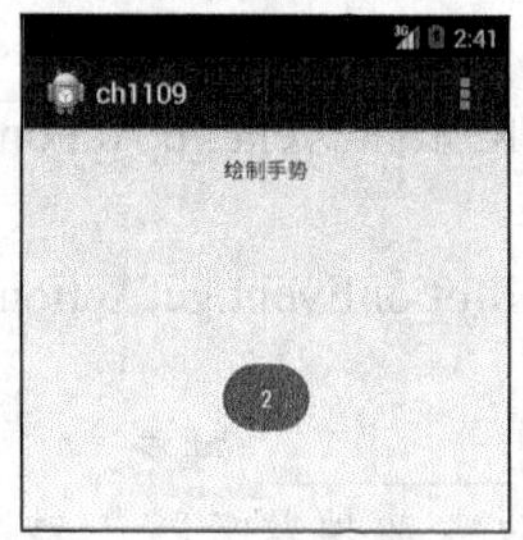

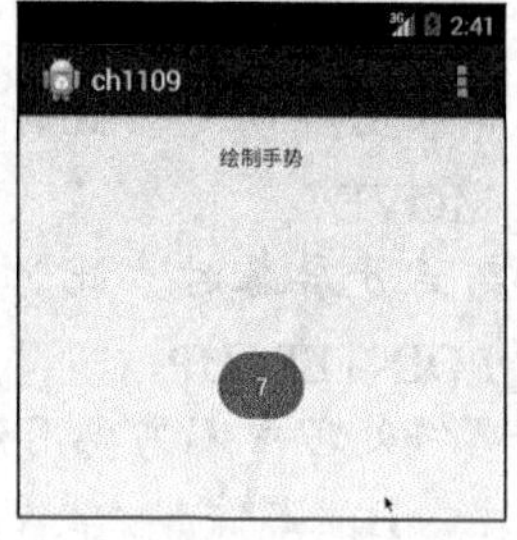

图 11-18　用户绘制的手势

11.6　思考与练习

一、填空题

1. ＿＿＿＿＿负责监听事件源所发生的事件，并对各种事件作出相应的响应。
2. 当屏幕被按下时，此时 MotionEvent.getAction()的值为＿＿＿＿＿。
3. 当在 Android 虚拟器上按下菜单键时，它对应的按键编码是＿＿＿＿＿。
4. 触摸事件的事件监听器必须实现＿＿＿＿＿接口。
5. 在回调的事件监听器中返回＿＿＿＿＿值会阻止事件的继续传播。
6. 每一个线程只能拥有一个＿＿＿＿＿对象，它的 loop()方法用于读取消息。

二、选择题

1. 下列关于基于监听接口的事件处理的说法中，不正确的是__________。

A. EventSource 是事件发生的场所，通常指的是事件所发生的组件。

B. EventListener 负责监听事件所发生的事件，并对各种事件源做出响应处理。

C. 基于监听的事件处理，首先要获取界面组件(事件源)，也就是被监听的对象。

D. 将事件源与事件监听器联系到一起，就需要为事件源注册监听。

2. 在下列 Android 设备可用物理按键的 KeyEvent 中，表示显示当前应用的可用菜单的是__________。

A. KEYCODE_POWER　　B. KEYCODE_BACK

C. KEYCODE_MENU　　D. KEYCODE_HOME

3. 在下列基于回调机制的事件处理的说法中，不正确的是__________。

A. 当用户在按下某个按键时触发 onKeyDown()方法

B. 当用户长时间按住某按键时触发 onKeyLongPress()方法

C. 当用户按下键盘上快捷键时触发 onKeyShort()方法

D. 当用户松开某个按键时触发 onKeyUp()方法

4. 在使用“基于回调的触摸事件处理机制”处理触摸事件时，下列说法中不正确的是__________。

A. 当屏幕被按下时，此时 MotionEvent.getAction()的值为 MotionEvent.ACTION_DOWN

B. 当手指全部离开屏幕时，此时 MotionEvent.getAction()的值为 MotionEvent.ACTION_UP

C. 当手指在屏幕上滑动时，此时 MotionEvent.getAction()的值为 MotionEvent.ACTION_MOVE

D. 当手指全部离开屏幕时，此时 MotionEvent.getAction()的值为 MotionEvent.ACTION_POINTER_UP

5. 在基于监听的事件处理中不需要用到__________对象。

A. 事件源　　B. 事件　　C. 事件监听器　　D. 界面组件

6. 下列不属于 Handler 类中消息操作方法的是__________。

A. handleMeeeage()　　B. hasMessages()

C. sendMessage()　　D. isMessage()

三、简答题

1. 在 Android 中两种事件处理模型的概念分别是什么？
2. 简述使用监听处理事件的步骤，及其重要元素。
3. 内部监听器、外部监听器和匿名监听器各有什么特点？
4. 假设要监听用户对键盘的操作，应该如何实现？主要步骤是什么？
5. 如何在回调中监听和处理事件的传播？
6. 如何理解 Handler 类在 Android 系统中的作用？
7. 使用 Handler 类处理消息的方法是什么？
8. 简述手势的识别方法？

第 12 章　Android 数据存储

Android 为开发人员提供了多种持久化应用数据的方式，具体选择哪种方式需要具体问题具体分析。本章着重介绍 Android 应用程序的 4 种数据存储方式，分别是 SharePreference 对象存储、File 存储、SQLite 存储和 ContentProvider 存储。

学习要点

- 掌握 SharedPreferences 对象的使用方法。
- 掌握 openFileOutput()方法的使用。
- 掌握 openFileInput()方法的使用。
- 熟悉将数据保存到 SDCard 的方法。
- 了解 SQLite 的特征和 API。
- 掌握使用 SQLite 操作数据的方法。
- 熟悉 ContentProvider 的使用方法。

12.1　SharedPreferences 对象数据的存储

SharedPreferences 是 Android 中存储简单数据的一个工具类，也是常用的一种存储数据的方式。SharedPreferences 的本质就是一个 XML 文件，开发人员可以使用它存储比较简单的参数设置的数据。

12.1.1　了解 SharedPreferences

SharedPreferences 是一种轻量级的数据存储方式，它可以用键值对的方式把简单数据类型(例如 boolean、int、long 和 float 等)存储在应用程序私有目录下的自己定义的 XML 文件中。简单来说，SharedPreferences 供开发人员保存和获取基本数据类型的键值对，在应用程序结束后，仍旧会保存着数据。

SharedPreferences 是以键值对来存储应用程序的配置信息的一种方式，它只能存储基本数据类型。一个程序的配置文件只能在本应用程序中使用，或者说只能在同一个包内使用，而不能在不同的包之间使用。

1. 获取 SharedPreferences 对象

SharedPreferences 本身是一个接口，程序无法直接创建 SharedPreferences 对象，但是可以通过以下两种方式获取 SharedPreferences 对象。

(1) getSharedPreferences()方法。如果需要使用多个名称来区分共享文件，则可以使用该方法。基本语法如下：

```
getSharedPreferences(String name,int mode)
```

其中第一个参数就是共享文件的名称。对于使用同一个名称获得的多个 Shared Preferences 引用，其指向同一个对象。第二个参数指定文件的操作模式，常用的模式有 4 种，如表 12-1 所示。

表 12-1　文件操作模式及其说明

模　式	说　明
Context.MODE_PRIVATE	默认操作模式，指定该 SharedPreferences 数据只能被本应用程序读写。在这种模式下，写入的内容会覆盖原文件的内容
Context.MODE_APPEND	模式会检查文件是否存在，如果存在，就往文件中追加内容；反之则需要创建新文件
Context.WORLD_READABLE	表示当前文件可以被其他应用读取
Context.WORLD_WRITEABLE	表示当前文件可以被其他应用写入

(2) getPreferences()方法。如果 Activity 仅需要一个共享文件，则可以使用该方法。因为只有一个文件，它并不需要提供名称。基本语法如下：

```
getPreferences(int mode)
```

2. 使用 SharedPreferences 保存键值对

使用 SharedPreferences 保存键值对的步骤如下：

(1) 使用 Activity 类的 getSharedPreferences()方法获得 SharedPreferences 对象，其中存储键值的文件名称由 getSharedPreferences()方法的第一个参数指定。

(2) 使用 SharedPreferences 的 edit()方法获得 SharedPreferences.Editor 对象。

(3) 通过 SharedPreferences.Editor 的 putXxx()方法(例如 pubBoolean()和 pubString()等)保存键值对。其中 Xxx 表示值的不同类型，例如 Boolean 类型的值需要使用 pubBoolean()方法；字符串类型的值需要使用 putString()方法。

(4) 通过 SharedPreferences.Editor 的 commit()方法保存键值对。commit()方法相当于数据库事务中的提交操作。只有在事件结束后进行提交，才会将数据真正保存在数据库中。

【范例 1】

根据上述步骤，演示数据保存的代码如下：

```
SharedPreferences settings = getSharedPreferences("setting", 0);
SharedPreferences.Editor editor = settings.edit();
editor.putString("name","程阳阳");
editor.putString("hobby","dance");
editor.commit();
```

12.1.2　使用 SharedPreferences

下面通过一个简单的例子来说明如何使用 SharedPreferences 存储数据。

【范例 2】

在该范例中，Activity 退出时程序会保存界面的基本信息，当该程序再次被运行时，程序会读取上次保存的信息。步骤如下：

(1) 在 res/layout 目录的布局文件 activity_main.xml 中设置界面，界面中包含一个账号 EditText 组件、密码 EditText 组件和一个记住密码的 CheckBox 组件。代码如下：

```
<LinearLayout xmlns:android="http://schemas.android.com/apk/res/android"
   xmlns:tools="http://schemas.android.com/tools"
   android:layout_width="fill_parent"
   android:layout_height="fill_parent"
   android:orientation="vertical"
   android:paddingBottom="@dimen/activity_vertical_margin"
   android:paddingLeft="@dimen/activity_horizontal_margin"
   android:paddingRight="@dimen/activity_horizontal_margin"
   android:paddingTop="@dimen/activity_vertical_margin"
   tools:context="com.example.datastorage.MainActivity" >
   <TextView
      android:layout_width="fill_parent"
      android:layout_height="wrap_content"
      android:text="欢迎来到登录界面"
      android:textSize="16sp" />
   <LinearLayout
      android:layout_width="fill_parent"
      android:layout_height="wrap_content"
      android:orientation="horizontal" >
      <TextView
         android:layout_width="wrap_content"
         android:layout_height="wrap_content"
         android:text="账号:" />
      <EditText
         android:id="@+id/username"
         android:layout_width="fill_parent"
         android:layout_height="wrap_content" />
   </LinearLayout>
   <LinearLayout
      android:layout_width="fill_parent"
      android:layout_height="wrap_content"
      android:orientation="horizontal" >
      <TextView
         android:layout_width="wrap_content"
         android:layout_height="wrap_content"
         android:text="密码:" />
      <EditText
         android:id="@+id/password"
         android:layout_width="fill_parent"
         android:layout_height="wrap_content"
         android:inputType="textPassword" />
```

```
    </LinearLayout>
    <CheckBox
        android:id="@+id/ischecked"
        android:layout_width="fill_parent"
        android:layout_height="wrap_content"
        android:text="记住密码" />
</LinearLayout>
```

(2) 打开默认创建 Android 项目时 src 目录下生成的 MainActivity，首先声明 5 个私有变量。代码如下：

```
private final String PREFERENCES_NAME = "userinfo";
private EditText username, password;
private CheckBox cbRemember;
private String userName, passWord;
private Boolean isRemember = false;
```

(3) 重写 onCreate()方法。在该方法中首先调用 initializeViews()方法初始化 UI 组件，然后获取 SharedPreferences 对象，并利用该对象获取数据。代码如下：

```
public void onCreate(Bundle savedInstanceState) {
    super.onCreate(savedInstanceState);
    setContentView(R.layout.activity_main);
    initializeViews();              //初始化 UI 组件
    SharedPreferences preferences = getSharedPreferences(PREFERENCES_NAME,
            Activity.MODE_PRIVATE);
    username.setText(preferences.getString("UserName", null));
    cbRemember.setChecked(preferences.getBoolean("Remember", true));
    if (cbRemember.isChecked()) {                           //如果确认记住密码
        password.setText(preferences.getString("PassWord", null));
    } else {
        password.setText(null);
    }
}
```

(4) initializeViews()方法初始化 UI 组件，在该方法中分别获取 EditText 组件和 CheckBox 组件，并为 CheckBox 组件添加选中时的监听事件。代码如下：

```
private void initializeViews() {
    username = (EditText) findViewById(R.id.username);
    password = (EditText) findViewById(R.id.password);
    cbRemember = (CheckBox) findViewById(R.id.ischecked);
    cbRemember.setOnCheckedChangeListener(new CompoundButton.OnChecked
ChangeListener() {
        @Override
        public void onCheckedChanged(CompoundButton buttonView, boolean
isChecked) {
            isRemember = isChecked;
        }
    });
}
```

(5) 如果记住密码，应用程序在退出时会将组件中的值保存在文件中，因此需要将保存的键值对代码写在 Activity 类的 onStop()方法中。重写 onStop()方法，在该方法中首先获取 SharedPreferences 对象，接着获取 SharedPreferences.Editor 对象，然后保存账号和密码等信息，并调用 commit()方法提交数据。代码如下：

```
public void onStop() {
    super.onStop();
    SharedPreferences agPreferences = getSharedPreferences(
            PREFERENCES_NAME, Activity.MODE_PRIVATE);
    SharedPreferences.Editor editor = agPreferences.edit();
    userName = username.getText().toString();
    passWord = password.getText().toString();
    editor.putString("UserName", userName);
    editor.putString("PassWord", passWord);
    editor.putBoolean("Remember", isRemember);
    editor.commit();
}
```

(6) 运行范例输入账号和密码，如果选中“记住密码”复选框，下次打开程序时，则会显示账号和密码，如图 12-1 所示。如果没有选中“记住密码”复选框，下次打开程序时，则只是显示账号，如图 12-2 所示。

图 12-1　选中“记住密码”复选框

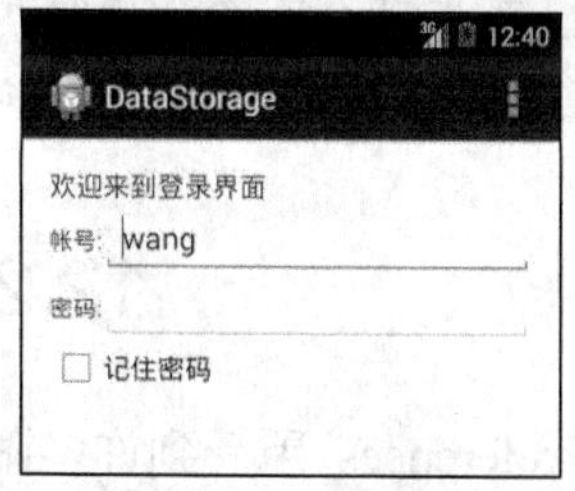

图 12-2　取消选中“记住密码”复选框

12.1.3　数据存储位置和格式

在上一节中使用了 SharedPreferences 保存和读取数据，但是这些数据被保存在了哪里，并没有提到。实际上，SharedPreferences 将数据文件写在了手机内存私有的目录中。也可以说 SharedPreferences 采用 XML 格式将数据存储到设备中。在模拟器中测试程序，可以通过 ADT 的 DDMS 透视图来查看数据文件的位置。

【范例 3】

打开 DDMS 透视图，进入到 File Explorer(即文件管理器)中，打开 data/data 目录。在该目录下包含多个子目录，这些子目录就是模拟器中安装的程序使用的包名。打开使用的包名(即 com.example.datastorage)，在该目录下包含一个 shared_prefs 子目录，在本章“范例 2”中建立的数据文件就保存在这个目录中，如图 12-3 所示。

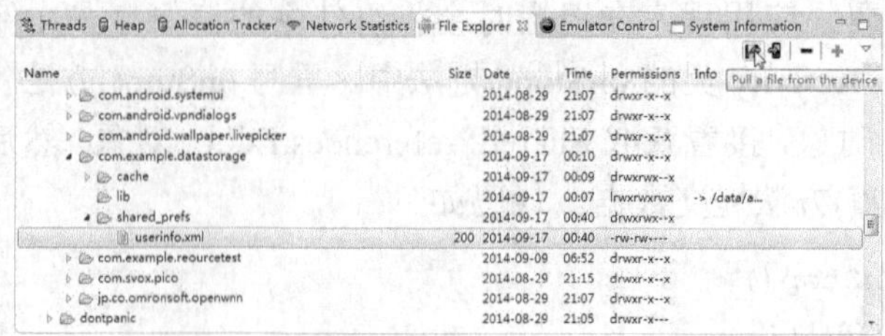

图 12-3　SharedPreferences 生成的数据文件的存储目录

根据该范例可以总结出 SharedPreferences 生成数据文件的存储目录，即数据保存在 data/data/<package name>/shared_ prefs 目录中。

单击图 12-3 中的按钮可以将 user.xml 文件导出到本地。导出后查看该文件的内容可知 SharedPreferences 使用 XML 格式保存数据。user.xml 文件的内容如下：

```
<?xml version='1.0' encoding='utf-8' standalone='yes' ?>
<map>
   <string name="PassWord">wang</string>
   <string name="UserName">wang</string>
   <boolean name="Remember" value="false" />
</map>
```

提示： 如果开发者不知道使用的包名，则可以打开 AndroidManifest.xml 文件，查看 <manifest>标记中的 package 属性值即可。

12.2　File 数据存储

SharedPreferences 因受到许多限制，只能保存键值对，而且通常用于保存简单数据的类型。如果要保存复杂的数据，则可以使用 File 保存。File 即文件，可以使用它来保存大量的数据。文件存取的核心就是输入输出流。如果想对文件随心所欲地控制，那么直接使用流是最好的选择。

使用文件进行数据存储和在传统 Java 中实现 I/O 的程序类似，在 Android 中提供了 openFileInput()方法和 openFileOutput()方法用于读取和保存文件。

12.2.1　写入数据

openFileOutput()方法可把数据输出到文件中，即该方法表示的是文件存储。

openFileOutput()方法的主要用法如下：

```
FileOutputStream out = context.openFileOutput(String filename,int mode);
out.write(byte[] b);
```

其中第一条代码表示以指定的 mode 模式获得文件输出流。openFileOutput()方法的第一个参数用于指定文件名称，不能包含路径分隔符/。如果文件不存在，Android 会自动创建，创建的文件将保存在 data/data/<package name>/files 目录下。第二个参数指定文件的操作模式，共有 4 种模式，如表 12-1 所示。

【范例 4】

在该范例中，单击界面文本中的“保存”按钮，会保存写入的文件名称和内容。步骤如下：

(1) 在 res/layout 目录中创建 filebaseoper_main.xml 布局文件，界面中包含两个 TextView 组件、两个 EditText 组件和一个 Button 组件。代码如下：

```
<?xml version="1.0" encoding="utf-8"?>
<LinearLayout xmlns:android="http://schemas.android.com/apk/res/android"
   android:layout_width="fill_parent"
   android:layout_height="fill_parent"
   android:orientation="vertical" >
   <TextView
      android:layout_width="fill_parent"
      android:layout_height="wrap_content"
      android:text="文件名称：" />
   <EditText
      android:id="@+id/filename"
      android:layout_width="fill_parent"
      android:layout_height="wrap_content"/>
   <TextView
      android:layout_width="fill_parent"
      android:layout_height="wrap_content"
      android:text="文件内容：" />
   <EditText
      android:id="@+id/content"
      android:layout_width="fill_parent"
      android:layout_height="wrap_content"/>
   <Button
      android:id="@+id/save"
      android:layout_width="fill_parent"
      android:layout_height="wrap_content"
      android:text="保存"/>
</LinearLayout>
```

(2) 在 src 目录下创建继承自 Activity 类的 FileBaseOperActivity 子类。在该类中首先声明多个私有变量，然后重写 onCreate()方法。代码如下：

```
private Button saveButton;
private EditText filenameEt, filecontentEt;
private Context context = this;
@Override
public void onCreate(Bundle savedInstanceState) {
    super.onCreate(savedInstanceState);
    setContentView(R.layout.filebaseoper_main);
    saveButton = (Button) this.findViewById(R.id.save);// “保存”按钮
    filenameEt = (EditText) this.findViewById(R.id.filename); // 文件名称
    filecontentEt = (EditText) this.findViewById(R.id.content);// 文件内容
    saveButton.setOnClickListener(listener);             // “保存”按钮事件
}
```

从上个步骤中可以看出，为布局界面中值为“保存”的按钮添加了监听事件。

(3) 重写 onClick()方法。代码如下：

```
private OnClickListener listener = new OnClickListener() {
    @Override
    public void onClick(View v) {
        if (v == saveButton) {
            String filename = filenameEt.getText().toString();
    //获取文件名称
            String filecontent = filecontentEt.getText().toString();
    //获取文件内容
            FileOutputStream out = null;
            try {                                    //写入文件
                out=context.openFileOutput(filename,Context.MODE_PRIVATE);
                out.write(filecontent.getBytes("UTF-8"));
            } catch (Exception e) {
                e.printStackTrace();
            } finally {
                try {
                    out.close();                     //关闭文件
                } catch (Exception e) {
                    e.printStackTrace();
                }
            }
            Toast.makeText(getApplicationContext(), "保存成功", Toast.
LENGTH_SHORT).show();
        }
    }
};
```

上述代码首先判断当前组件是否是指定的 Button 组件，如果是，则获取用户在界面输入的文件名称和文件内容，然后再调用 openFileOutput()方法写入文件数据，最后弹出提示消息框。

(4) 在 AndroidManifest.xml 文件中将 FileBaseOperActivity 设置为配置启动，此处代码不再显示。

(5) 运行范例写入成功时的效果如图 12-4 所示。

(6) 开发人员成功写入数据后，打开 File Explorer 中的 data/data/com.example.datastorage 目录，在该目录下可发现 files 目录。打开 files 目录，可以发现已成功地将内容保存到了指定的目录中，如图 12-5 所示。根据需要，可以将该文件导出进行查看。

图 12-4　写入数据成功

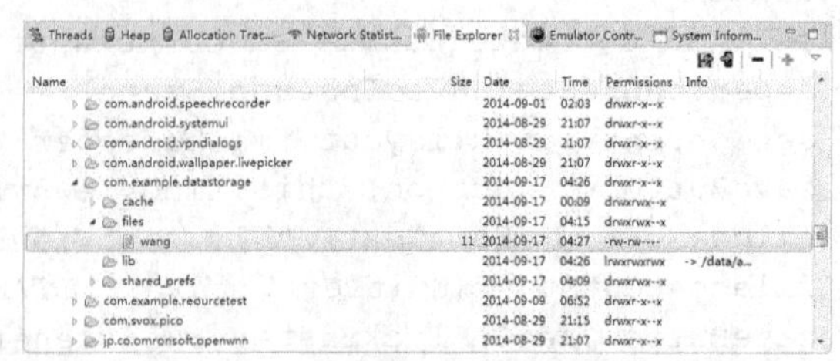

图 12-5　查看保存成功后的目录

注意：从前面用到的 getSharedPreferences()方法和 openFileOutput()方法可以看出，这两个方法的第一个参数只指定文件名，并未包含保存路径。因此，这两个方法只能将文件保存在手机内存中的固定路径。

12.2.2　读取数据

将文件存放在 data/data/<package name>/files 目录之后，使用 openFileInput()方法将其内容读取出来。基本用法如下：

```
FileInputStream in = context.openFileInput(String filename);
```

或者直接使用文件的绝对路径来读取，代码如下：

```
File file = new File(String Path);
FileInputStream in = new FileInputStream(file);
```

其中 Path 表示文件的绝对路径，基本格式与 data/data/<package name>/files/的文件名一样。

【范例 5】

在前面范例的基础上添加新的内容，实现读取文件数据的功能。步骤如下：

(1) 在 filebaseoper_main.xml 文件中添加 Button 组件，该组件用于读取文件的内容。

(2) 在 FileBaseOperActivity 类中声明一个私有的 readButton 变量。代码如下：

```
private Button readButton;
```

(3) 在 onCreate()方法中获取布局界面，用于读取内容的 Button 组件，并且为该组件指定监听事件。代码如下：

```
readButton = (Button) this.findViewById(R.id.read);
readButton.setOnClickListener(listener);
```

(4) 在监听事件代码中重新添加判断代码，如果用户单击的是与读取有关的按钮，那么将调用如下代码读取内容：

```
if (v == saveButton) {
    //省略其他代码
} else if (v == readButton) {
    String filename = filenameEt.getText().toString();
    // 获得读取的文件的名称
    FileInputStream in = null;
    ByteArrayOutputStream bout = null;
    //把每次读取的内容写入到内存中，然后从内存获取
    byte[] buf = new byte[1024];
    bout = new ByteArrayOutputStream();
    int length = 0;
    try {
        in = context.openFileInput(filename);        // 获得输入流
        while ((length = in.read(buf)) != -1) {
        //只要没有读取完，将会不断地读取
```

```
            bout.write(buf, 0, length);
        }
        byte[] content = bout.toByteArray();    //获取内存中写入的所有数据
        filecontentEt.setText(new String(content, "UTF-8"));
        //设置文本框为读取的内容
    } catch (Exception e) {
        e.printStackTrace();
    }
    filecontentEt.invalidate();                  // 刷新屏幕
    try {
        in.close();
        bout.close();
    } catch (Exception e) {
    }
    Toast.makeText(getApplicationContext(), "读取完成",
            Toast.LENGTH_SHORT).show();
}
```

(5) 重新运行范例，显示效果如图 12-6 所示。在图中输入文件名称后单击“读取”按钮，如图 12-7 所示。

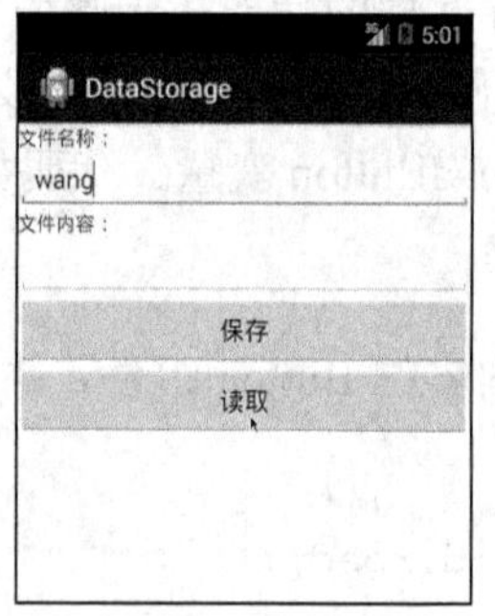

图 12-6　输入文件名称

图 12-7　读取文件内容

12.2.3　保存数据到 SDCard

利用 openFileOutput()方法保存文件，可以将文件存放在手机空间中。手机的存储空间一般都不是很大，如果要存放视频这样的大文件，再利用 openFileOutput()方法将文件存放到手机空间是行不通的，此时可将它们存放在 SDCard 中。SDCard 即 SD 卡，可以将它看作是硬盘或 U 盘。

在模拟器中使用 SDCard，首先需要创建一张 SDCard。当然这不是真正的 SDCard，只是镜像文件。创建 SDCard 可以在 Eclipse 创建模拟器时同时创建，也可以使用 DOS 命令单独进行创建。使用 DOS 命令创建时，在 DOS 窗口中进入 Android SDK 安装路径的 tools 目录，输出以下命令便可创建一张容量为 2GB 的 SDCard。其文件的扩展名可以随便取，建议使用.img 作为扩展名。命令如下：

```
mksdcard 2048M D:\AndroidTool\sdcard.img
```

在程序中访问 SDCard 时，开发人员需要申请访问 SDCard 的权限。向 AndroidManifest.xml 文件中添加如下代码：

```
<!-- 在 SDCard 中创建与删除文件权限 -->
<uses-permission android:name="android.permission.MOUNT_UNMOUNT_FILESYSTEMS" />
<!-- 往 SDCard 写入数据权限 -->
<uses-permission android:name="android.permission.WRITE_EXTERNAL_STORAGE" />
```

创建 SDCard，并在 AndroidManifest.xml 文件中设置 SDCard 的权限，然后添加相关的代码进行以下测试。

【范例 6】

在本章“范例 4”和“范例 5”的基础上添加新代码，步骤如下：

(1) 在 filebaseoper_main.xml 布局文件中添加 Button 组件，该组件用于将文件名称和内容添加到 SDCard 中。

(2) 在 FileBaseOperActivity 类中声明一个私有的 saveButtonSD 变量。代码如下：

```
private Button saveButtonSD;
```

(3) 在 onCreate()方法中获取布局界面用于读取内容的 Button 组件，并且为该组件指定监听事件。代码如下：

```
saveButtonSD = (Button) this.findViewById(R.id.saveToSdCard);
saveButtonSD.setOnClickListener(listener);
```

(4) 在监听事件代码中重新添加判断代码。如果用户单击的是将数据保存到 SDCard 中的按钮，那么将调用如下代码读取内容：

```
String filename = filenameEt.getText().toString();
String filecontent = filecontentEt.getText().toString();
FileOutputStream out = null;
try {
   File file = new File(Environment.getExternalStorageDirectory(), filename);
       //获取 SDCard 目录
    out = new FileOutputStream(file);
    out.write(filecontent.getBytes("UTF-8"));
} catch (Exception e) {
    e.printStackTrace();
} finally {
    try {
        out.close();
    } catch (Exception e) {
        e.printStackTrace();
    }
}
Toast.makeText(getApplicationContext(), "已经写入到 SDCard 中",Toast.LENGTH_
SHORT).show();
```

在上述代码中，考虑到不同版本的 SDCard 的目录不同，本例采用系统提供的 API 获

取 SDCard 的目录。如果知道 SDCard 的存储目录，并且不想使用系统提供的 API，那么可以直接指定目录。在 Android 2.0 以上的版本中，SDCard 的目录为 mnt/sdcard。代码如下：

```
File file = new File(new File("/mnt/sdcard"),fileName);
```

(5) 运行上述范例，输入内容后单击“保存到 SDCard 中”按钮，保存成功时的效果如图 12-8 所示。

(6) 保存成功后，开发人员可以打开 File Explorer 中的 mnt/sdcard 目录，在该目录下可以打开保存的内容，如图 12-9 所示。根据需要，可以将该文件导出进行查看。

图 12-8　将数据成功保存到 SDCard

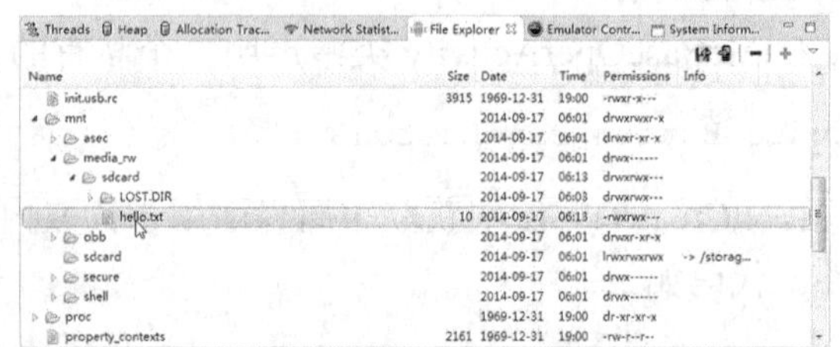

图 12-9　在 File Explorer 中查看保存数据的文件

12.3　SQLite 数据库

Android 数据库的编程，和传统编程一样，通常也需要使用 SQL 语句来操作数据库中的数据，例如添加、删除和修改等操作。本节将简单介绍使用 SQLite 数据库来表示数据，并通过编程方式对数据进行简单操作。

12.3.1　了解 SQLite

SQLite 是一款非常流行的嵌入式数据库。它支持 SQL 查询，并且只占用很少的内存，在嵌入式设备中，只需占用几百千字节空间。SQLite 是开源的，任何人都可以使用它，许多开源项目(例如 Mozilla、PHP 和 Python 等)都使用了 SQLite。

SQLite 具有以下特征。

(1) 轻量级：使用 SQLite 只需要带一个动态库就可以享受它的全部功能，而且那个动态库的尺寸相当小。

(2) 独立性：SQLite 数据库的核心引擎不需要依赖第三方软件，也不需要所谓的“安装”。

(3) 隔离性：SQLite 数据库中所有的信息(例如表、视图和索引器)都包含在一个文件夹内，方便管理和维护。

(4) 跨平台：SQLite 目前支持大部分操作系统，不仅能在计算机操作系统中运行，更能在众多的手机系统中运行，例如 Android。

(5) 多语言接口：SQLite 数据库支持多语言编程接口。

(6) 安全性：SQLite 数据库通过数据库级上的独占性和共享锁来实现独立事务处理。这意味着多个进程可以在同一时间从同一数据库读取数据，但是只能有一个数据可以写入。

Android 在运行时集成了 SQLite，因此每个 Android 应用程序都可以使用 SQLite 数据库。对于熟悉 SQL 的开发人员来说，在 Android 中使用 SQLite 相当简单。但是由于执行 SQL 语句的 JDBC 会消耗太多的系统资源，所以对于手机这种内存受限设备来说，JDBC 并不适合 Android 程序开发。因此，Android 提供了一些新的 API 来使用 SQLite 数据库。在 Android 开发中，读者需要学习并使用的 API 主要有以下几种。

1．SQLiteDatabase

一个 SQLiteDatabase 的实例代表一个 SQLite 数据库，通过 SQLiteDatabase 实例的一些方法，可以执行 SQL 语句，对数据库进行添加、修改和删除操作。但是，需要注意的是，数据库对于一个应用来说是私有的，并且在一个应用当中，数据库的名字也是唯一的。

2．SQLiteOpenHelper

在 Android 中，程序不自动提供数据库，开发人员在程序中使用 SQLite 时必须手动创建数据库，然后创建表和索引等。例如使用 SQLiteOpenHelper 轻松地创建数据库，该类封装了用于创建和更新数据库使用的逻辑。

SQLiteOpenHelper 是一个辅助类，该类主要生成一个数据库，并对数据库的版本进行管理。当在程序中没有数据而调用了该类的 getWritableDatabase()或 getReadableDatabase()方法时，Android 系统就会自动生成一个数据库。SQLiteOpenHelper 是一个抽象类，开发人员使用时需要编写继承它的子类，并且可重写该类的 3 个方法。

(1) 构造方法：调用父类 SQLiteOpenHelper 的构造方法，这个方法需要 4 个参数：上下文环境(如一个 Activity)、数据库名称、一个可选的游标工厂(通常为 NULL)，一个代表正在使用的数据库模型版本的整数。

(2) onCreate()方法：该方法需要一个 SQLiteDatabase 对象作为参数，根据需要对这个对象填充表和初始化数据。

(3) onUpgrage()方法：当数据库需要升级时，Android 系统会主动地调用这个方法。该方法需要 3 个参数：一个 SQLiteDatabase 对象、一个旧的版本号和一个新的版本号。这样，开发人员可以很清楚地知道如何把一个数据库从旧的模型转变到新的模型中。

3．ContentValues

ContentValues 类和 Hashmap、Hashtable 类似，它负责存储一些键值对，但是它存储的键值对当中的键是 String 类型，而值都是基本类型。

4．Cursor

Cursor 是 Android 中的一个非常有用的接口，开发人员通过使用 Cursor 接口可以对从数据库查询出来的结果集进行随机的读写访问。

12.3.2 使用 SQLite

本节通过一个范例演示如何使用 SQLite 实现数据存储。在本节“范例 7”中，读者可以学习到如何创建、打开和关闭一个数据库；如何创建数据表；如何在数据表中添加、修改和删除数据等内容。

【范例 7】

利用 SQLite 数据库实现数据的基本操作，步骤如下：

(1) 在 Android 项目的 res/layout 目录下创建 mysqlite_main.xml 布局文件，在界面中添加 TextView 组件、Button 组件和 EditText 组件，界面布局效果如图 12-10 所示。

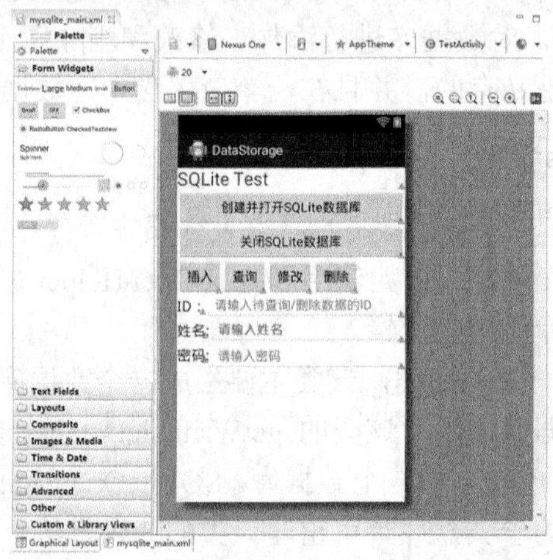

图 12-10 mysqlite_main.xml 界面效果

(2) 在 src 目录下创建 MyDBAdapter 类，该类非常重要，它包含创建和打开数据库、数据表，以及对数据进行添加、删除、查看和修改操作的方法。首先在该类中声明表示不同内容的常量和变量。代码如下：

```
public static final String MyDBAdapter_KEY_ID = "_id";         //表中列，表示 ID
public static final String MyDBAdapter_KEY_NAME = "name";      //表中列，表示姓名
public static final String MyDBAdapter_KEY_PASS = "pass";      //表中列，表示密码
private static final String MyDBAdapter_DB_NAME = "MyDB.db";
//数据库名称为 data
private static final String MyDBAdapter_DB_TABLE = "testsqlite";
//数据库表名
private static final int MyDBAdapter_DB_VERSION = 1;           //数据库版本
private Context mContext = null;                               //本地 Context 对象
private SQLiteDatabase mSQLiteDatabase = null;
//执行 open()打开数据库时，保存返回的数据库对象
private DatabaseHelper mDatabaseHelper = null;
//由 SQLiteOpenHelper 继承过来
```

(3) 继续声明 MyDBAdapter_DB_CREATE 常量，它用于创建一个指定的表，这里需要使用到上个步骤中的常量。代码如下：

```
private static final String MyDBAdapter_DB_CREATE = "CREATE TABLE "
        + MyDBAdapter_DB_TABLE + " (" + MyDBAdapter_KEY_ID
        + " INTEGER PRIMARY KEY," + MyDBAdapter_KEY_NAME + " TEXT,"
        + MyDBAdapter_KEY_PASS + " TEXT)";
```

(4) 在 MyDBAdapter 类中创建 DatabaseHelper 类，这个类继承自 SQLiteOpenHelper 类，并重写该类中的构造方法、onCreate()方法和 onUpgrade()方法。代码如下：

```
private static class DatabaseHelper extends SQLiteOpenHelper {
    DatabaseHelper(Context context) {   //构造函数-创建一个数据库
        //当调用 getWritableDatabase() 或 getReadableDatabase()方法时则创建一
        个数据库
        super(context, MyDBAdapter_DB_NAME, null, MyDBAdapter_DB_VERSION);
    }
    @Override
    public void onCreate(SQLiteDatabase db) {   //创建一个表
        db.execSQL(MyDBAdapter_DB_CREATE);       // 数据库没有表时创建一个
    }
    @Override
    public void onUpgrade(SQLiteDatabase db, int oldVersion, int newVersion)
{   //升级数据库
        db.execSQL("DROP TABLE IF EXISTS notes");
        onCreate(db);
    }
}
```

上述语法中使用到了 execSQL()方法。该方法适用于修改表结构，创建和删除表、触发器、视图和索引等，重建数据表的索引、数据库升级、事务中保存点，以及没有返回值的语句；而不能被用来进行添加、修改、删除和查询操作。execSQL()方法有以下两种形式：

```
public void execSQL (String sql)
public void execSQL (String sql, Object[] bindArgs)
```

第一行代码执行固定的 SQL 语句，没有参数；如果需要动态传入 SQL 语句参数，那么需要使用第二行代码，将动态参数放入到一个 Object[]数组中。sql 参数表示要执行的 SQL 语句，只能执行一条，即使是多条语句用分号隔开也不起作用，参数使用占位符“?”代替；bingArgs 替换 sql 参数指定语句中的占位符“?”，按照数组中的顺序依次替换。

(5) 指定 MyDBAdapter 类的构造方法，在该构造方法中获取 Context 对象。代码如下：

```
public MyDBAdapter(Context context) {
    mContext = context;
}
```

(6) 创建 open()方法，使用该方法打开数据库，并返回数据库对象。代码如下：

```
public void open() throws SQLException {
    mDatabaseHelper = new DatabaseHelper(mContext);
```

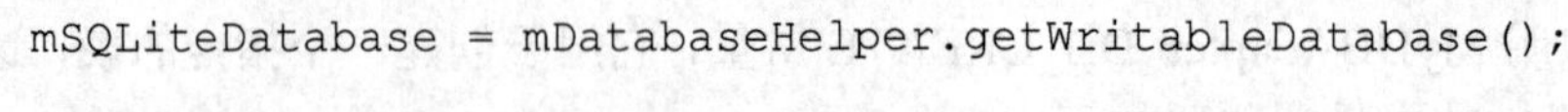

```
    mSQLiteDatabase = mDatabaseHelper.getWritableDatabase();
}
```

(7) 创建 close()方法，调用 DatabaseHelper 类的 close()方法关闭数据库。

(8) 创建用于插入数据的 insertData()方法，在该方法中首先创建 ContentValues 类的实例对象，然后调用该对象的 put()方法保存数据，最后调用 SQLiteDatabase 对象的 insert()方法保存数据，并返回结果。代码如下：

```
public long insertData(String name, String pass) {
    ContentValues initialValues = new ContentValues();      //创建 Content
Values 对象
    initialValues.put(MyDBAdapter_KEY_NAME, name);          //保存数据
    initialValues.put(MyDBAdapter_KEY_PASS, pass);
    return mSQLiteDatabase.insert(MyDBAdapter_DB_TABLE, MyDBAdapter_KEY_
ID, initialValues);
}
```

SQLiteDatabase 对象的 insert()方法表示向数据库的一个表中插入一行数据。语法如下：

```
public long insert (String table, String nullColumnHack, ContentValues values)
```

其中 table 参数表示数据库的表名，即要插入数据的表；nullColumnHack 是可选参数，数据表中不允许插入一行空的数据，插入数据至少有一列不是 NULL 时才能插入。如果该列后面的 values 是 NULL 且不知道列名，那么插入操作会失败。该参数就是为了避免上述情况而出现的。values 相当于一个 Map 集合，键是列名，值是对应列名要插入的数据。

提示： 无论 values 参数是否为 NULL，执行 insert()方法都会添加一条记录。如果 values 为 NULL，则会添加一个除主键之外其他字段都为 NULL 的记录。

(9) 创建用于删除数据的 deleteData()方法，在该方法中调用 SQLiteDatabase 对象的 delete()方法删除数据。代码如下：

```
public boolean deleteData(long rowId) {
    return mSQLiteDatabase.delete(MyDBAdapter_DB_TABLE, MyDBAdapter_KEY_
ID+"=" + rowId, null) > 0;
}
```

SQLiteDatabase 对象的 delete()方法用于删除指定表中的特定数据。语法如下：

```
public int delete (String table, String whereClause, String[] whereArgs)
```

其中 table 表示要操作的数据库表名；whereClause 用于指定 WHERE 条件语句，使其选择哪些行要被删除，如果 whereClavse 参数的值为 NULL，则表示删除所有行；whereArgs 指定 WHERE 语句的参数，逐个替换 WHERE 语句中的占位符“?”。

(10) 创建查询指定数据的 fetchData()方法，代码如下：

```
public Cursor fetchData(long rowId) throws SQLException {
    Cursor mCursor = mSQLiteDatabase.query(true, MyDBAdapter_DB_TABLE, new
String[] { MyDBAdapter_KEY_ID, MyDBAdapter_KEY_NAME, MyDBAdapter_KEY_PASS },
MyDBAdapter_KEY_ID + "=" + rowId, null, null, null, null, null);
```

```
    if (mCursor != null) {
        mCursor.moveToFirst();                    //移到第一条记录
    }
    return mCursor;
}
```

SQLiteDatabase 对象的 query()方法用于查询数据，该方法包含多种重载形式。上述代码使用到的语法形式如下：

```
public Cursor query (boolean distinct, String table, String[] columns,
        String selection, String[] selectionArgs, String groupBy, String
having,
        String orderBy, String limit)
```

其中 distinct 表示是否去除重复数据，true 表示去除重复；table 指定要查询的表名；columns 指定要查询的列名，如果 Colvmns 参数的值为 NULL 则查询所有的列；whereClause 表示条件查询子句，可以使用占位符“?”；whereArgs 指定 whereClause 查询子句中传入的参数值，逐个替换占位符“?”；groupBy 控制分组，如果该值为 NULL 将不会分组；having 对分组进行过滤；orderBy 对记录进行排序；limite 用于分页，如果该值为 NULL 则不进行分页查询。

(11) 创建用于执行更新数据表中数据的 updateData()方法。代码如下：

```
public boolean updateData(long rowId, String name, String pass) {
    ContentValues args = new ContentValues();
    args.put(MyDBAdapter_KEY_NAME, name);
    args.put(MyDBAdapter_KEY_PASS, pass);
    return mSQLiteDatabase.update(MyDBAdapter_DB_TABLE, args, MyDBAdapter_
KEY_ID + "=" + rowId, null) > 0;
}
```

从上述代码可以发现，更新数据需要调用 SQLiteDatabase 对象的 update()方法。该方法可更新指定表中的特定数据，并返回修改的行数。语法如下：

```
public int update (String table, ContentValues values, String whereClause
String[] whereArgs)
```

其中 table 表示数据表名称；values 类似于 Map 集合，键是列名，值是要更新的数据，如果该值为 NULL，则这些数据将被清空；whereClause 用于指定 WHERE 条件语句，可以使用占位符“?”，如果 whereClause 参数值为 NULL 则修改所有行；whereArgs 用于指定 WHERE 条件语句的参数，逐个替换 whereClause 中的占位符“?”。

(12) 截止到这里，已将 MyDBAdapter 类中的代码介绍完毕。下面创建继承自 Activity 类的 TestActivity 类，首先在该类中声明多个对象变量。代码如下：

```
private Button mBtn1, mBtn2, mBtn3, mBtn4, mBtn5, mBtn6;     //按钮对象
private EditText mEt1, mEt2, mEt3;                          //编辑框对象
MyDBAdapter mDBAdapter;
Context mContext = null;
int sqlite_id = 0;                                          //添加记录时的 id 累加标记
```

(13) 重写 onCreate()方法，在该方法中获取 mysqlite_main.xml 布局文件中的 EditText 组件和 Button 组件，并分别为 Button 组件监听事件。首先获取布局文件中编辑框组件和按钮组件，部分代码如下：

```
mEt1 = (EditText) findViewById(R.id.mydatastorage_sqlite_ET01);
mEt2 = (EditText) findViewById(R.id.mydatastorage_sqlite_ET02);
mEt3 = (EditText) findViewById(R.id.mydatastorage_sqlite_ET03);
mEt1.setInputType(InputType.TYPE_NULL);            // 禁止弹出键盘
mEt2.setInputType(InputType.TYPE_NULL);
mBtn1 = (Button) findViewById(R.id.mydatastorage_sqlite_Btn01);
//省略其他按钮组件的获取
```

(14) 第一个 Button 组件用于创建和打开数据库，在该组件的监听事件代码中创建 MyDBAdapter 类的实例，并调用 open()方法，然后通过 Toast.makeText()方法弹出消息提示框。代码如下：

```
mBtn1.setOnClickListener(new OnClickListener() {
    @Override
    public void onClick(View v) {
        mDBAdapter = new MyDBAdapter(mContext);
        mDBAdapter.open();
        Toast.makeText(TestActivity.this, "Create Success",Toast.LENGTH_
LONG).show();
    }
});
```

(15) 第二个 Button 组件用于关闭数据库，在该组件的监听事件中调用 close()方法即可，代码不再显示。

(16) 第三个 Button 组件用于向数据表中插入数据，在该组件的监听事件代码中获取用户输入的文本内容，并通过 Log.i()方法在 LogCat 面板中输出一些提示性的消息。然后调用 MyDBAdapter 类的 insertData()方法添加数据，并更改 sqlite_id 变量的值，最后弹出消息框提示。代码如下：

```
mBtn3.setOnClickListener(new OnClickListener() {
    @Override
    public void onClick(View v) {
        mDBAdapter = new MyDBAdapter(mContext);
        mDBAdapter.open();
        String name = mEt2.getText().toString();    // 获得 EditText 输入文本
        Log.i("添加数据-文本", name);
        String pass = mEt3.getText().toString();
        // 获得 EditText 输入密码数据
        Log.i("添加数据-密码", pass);
        mDBAdapter.insertData(name, pass);          // 添加数据
        sqlite_id++;                                // 记录 id
        Toast.makeText(TestActivity.this, "Insert Success",Toast.LENGTH_
LONG).show();
    }
});
```

(17) 第四个 Button 组件用于查询数据表中的数据，在该组件的监听事件代码中获取用户要查询的 ID，然后将查询的结果显示到界面的编辑框中。代码如下：

```
mBtn4.setOnClickListener(new OnClickListener() {
    @Override
    public void onClick(View v) {
        int id = Integer.valueOf(mEt1.getText().toString()).intValue();
    // 获得 ID
        Log.i("查询数据-ID", Integer.toString(id));
        Cursor cur = mDBAdapter.fetchData(id);
        String name = cur.getString(1);
        String pass = cur.getString(2);
        Log.i("查询数据-密码", pass);
        Log.i("查询数据-文本", name);
        mEt2.setText(name);
        mEt3.setText(pass);
    }
});
```

(18) 第五个 Button 组件根据输入的 ID 值更改数据表中的数据，更改数据成功后会弹出消息提示框，具体代码此处不再显示。

(19) 最后一个 Button 组件根据输入的 ID 值删除指定的数据，删除成功后将 sqlite_id 变量的值减 1，如果该变量的值小于 0，则将值指定为 0，最后弹出消息框提示。代码如下：

```
mBtn6.setOnClickListener(new OnClickListener() {
    @Override
    public void onClick(View v) {
        int id = Integer.parseInt(mEt1.getText().toString());  // 获得数据
        mDBAdapter.deleteData(id);
        sqlite_id--;
        if (sqlite_id < 0) {
            sqlite_id = 0;
        }
        Toast.makeText(TestActivity.this, "Delete Success",Toast.LENGTH_
LONG).show();
    }
});
```

(20) 在 AndroidManifest.xml 文件中更改 Activity 的配置启动项，将其指定为 TestActivity。

(21) 运行范例进行测试，单击“创建并打开 SQLite 数据库”按钮时的效果，如图 12-11 所示。执行成功后，会在 data/data/<package name>目录下包含 databases 子目录。其中 package name 表示包名，打开 databases 子目录，如图 12-12 所示。

(22) 在图 12-11 中输入 ID、姓名和密码，然后单击“插入”按钮，成功插入的效果如图 12-13 所示。开发人员可以插入多条记录，如果在表示 ID 值的编辑框中输入内容后单击“查询”、“修改”和“删除”按钮，那么会将指定 ID 的数据删除。单击“关闭 SQLite 数据库”按钮，弹出关闭成功的提示框，如图 12-14 所示。

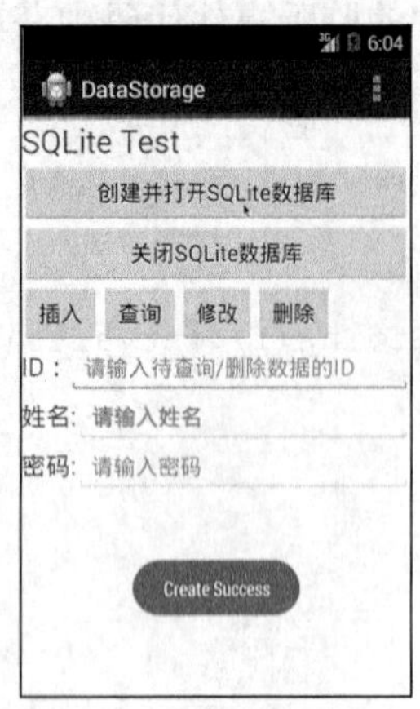

图 12-11　创建并打开数据库

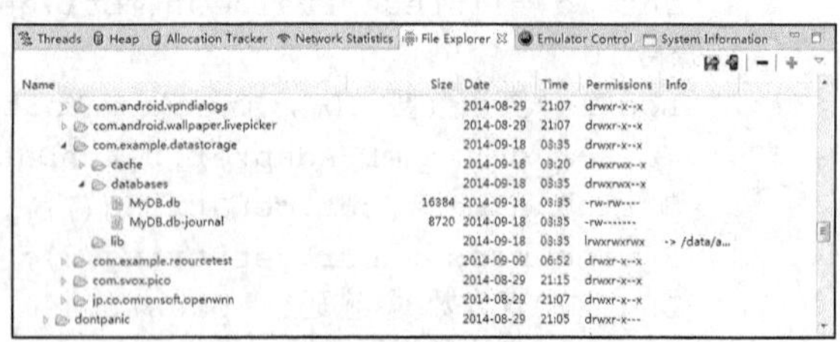

图 12-12　在 File Explorer 中查看数据库

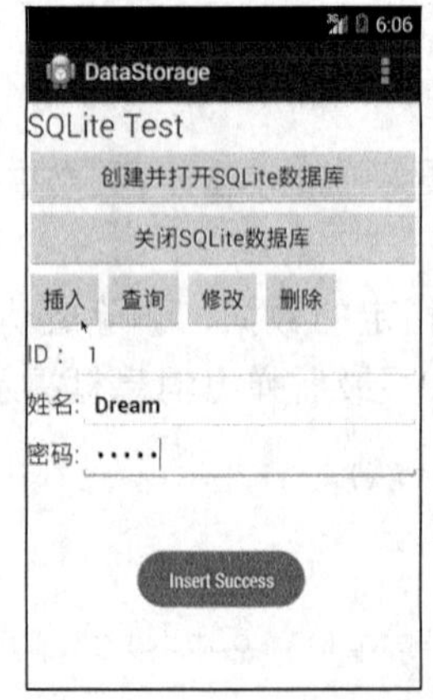

图 12-13　插入数据

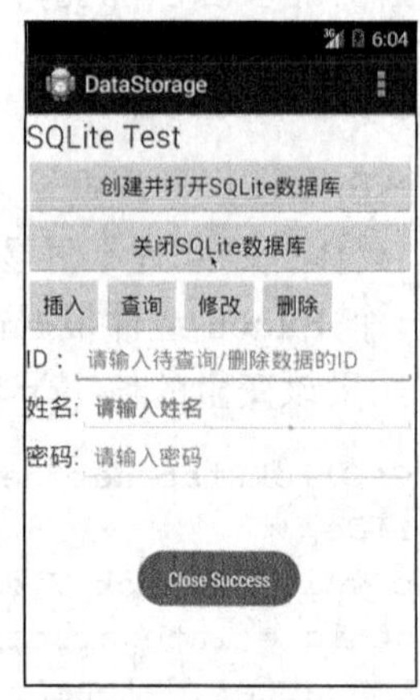

图 12-14　关闭数据库

提示： 将数据插入到数据表之后，读者可以通过工具(例如 adb，第 2 章已经介绍过)操作(例如查询全部数据)SQLite 数据库中数据表的数据，这里不再详述。

12.4　内容提供者 ContentProvider

在 Android 应用程序中，数据基本上都是私有的，它们都存放在 data/data/<package name>目录下，因此要实现数据共享，正确的方式是使用 ContentProvider。

12.4.1　了解 ContentProvider

ContentProvider 表示内容提供者，主要用于对外共享数据。ContentProvider 是 Android 中能实现所有应用程序共享的一种数据存储方式。由于数据通常在各应用间是私密的，所以此存储方式较少使用，但是其又是必不可少的一种存储方式。例如音频、视频、图片和通讯录，一般都可以采用此种方式进行存储。每个 Content Provider 都会对外提供一个公共

的 URI(包装成 Uri 对象)。如果应用程序有数据需要共享时，就需要使用 Content Provider 为这些数据定义一个 URI，然后其他的应用程序就通过 Content Provider 传入这个 URI 来对数据进行操作。

在 Google Doc 中，对 ContentProvider 的描述如下：内容提供者将一些特定的应用程序数据提供给其他应用程序使用。数据可以存储于文件系统、SQLite 数据库或其他方式。内容提供者继承于 ContentProvider 基类，该类为其他应用程序取用和存储数据提供一套标准方式。ContentProvider 可以与任意内容提供者进行会话、合作，从而实现对所有相关交互通信进行管理。

如果用户希望共享自己的数据，则有两种选择：一种是使用预定义 ContentProvider；另一种是使用自定义 ContentProvider。在使用 ContentProvider 操作数据(例如添加和删除)时通常会涉及以下内容。

1. ContentProvider

Android 提供了一些主要数据类型的 ContentProvider，例如音频、视频、图片和联系人等。通过获取这些 ContentProvider 可以查询它们包含的数据，前提是已经获取到适当的读取权限。

自定义实现 ContentProvider 时需要继承 ContentProvider 类，并在子类中重写父类中的方法，常用方法如表 12-2 所示。

表 12-2 ContentProvider 类的常用方法

方 法	说 明
delete()	从指定 URI 的 ContentProvider 中删除数据
getType()	返回 ContentProvider 数据的 MIME 类型
insert()	插入新数据到 ContentProvider 中
query()	用于查询指定 URI 的 ContentProvider，返回一个 Cursor
update()	更新 Content Provider 中已经存在的数据
onCreate()	在创建 ContentProvider 时调用

如果操作的数据属于集合类型，即可能包含多条记录，那么 MIME 类型字符串应该以 vnd.android.cursor.dir/开头。如果操作的数据只包含一条记录，那么 MIME 类型字符串应该以 vnd.android.cursor.item/开头。

2. ContentResolver

客户端不能够直接调用 ContentProvider 的方法，而需要使用 ContentResolver 对象，通过 URI 间接调用 ContentProvider。换句话说，当外部应用需要对 ContentProvider 中的数据进行添加、删除、修改和查询操作时，可以使用 ContentResolver 类来完成，要获取 ContentResolver 对象，可以使用 Context 提供的 getContentResolver()方法。代码如下：

```
ContentResolver cr = getContentResolver();
```

ContentResolver 提供的方法有 insert()方法、delete()方法、update()方法。ContentProvider 提供的方法有 query()方法。

3．URI

为系统的每一个资源起一个名字，例如通话记录。每一个 ContentProvider 都拥有一个公共的 URI，这个 URI 用于表示这个 ContentProvider 所提供的数据。其实可以把一个 URI 看作是一个网址，可以将其分为 4 个部分。以下面代码为例：

```
content://com.example.testprovider/test/100
```

其中 content://表示第一部分，是标准前缀，用来说明一个 ContentProvider 控制这些数据，可以看作是网址中的 http://。com.example.testprovider 表示第二部分，这是 URI 标识，它定义了哪个 ContentProvider 提供这些数据。对于第三方应用程序，为了保证 URI 标识的唯一性，它必须是一个完整的、小写的类名，这个标识在<authorities>中进行说明。test 是第三部分，表示路径名，用来表示将要操作的数据，也可以将其看作网址中细分的内容路径。100 是第四部分，也是最后一部分，这一部分表示需要获取的记录 ID；如果没有 ID，就表示返回全部。

12.4.2 自定义 ContentProvider

开发人员可以通过自定义 ContentProvider 的方式实现数据共享，但是需要完成以下操作。

(1) 建立数据存储系统。大多数 ContentProvider 使用 Android 文件存储方法或者 SQLite 数据库保存数据，但是用户可以使用任何方式存储。Android 提供了 SQLiteOpenHelper 类帮助用户创建数据库，SQLiteDatabase 类帮助用户管理数据库。

(2) 继承 ContentProvider 类来提供数据访问方式。

(3) 在应用程序的 AndroidManifest.xml 文件中声明 Content Provider。

1．继承 ContentProvider 类

开发人员需要定义一个继承 ContentProvider 的子类，以便便捷地使用 ContentResolver 和 Cursor 类带来的共享数据。原则上，当类继承 ContentProvider 类时，需要重写 ContentProvider 类的 6 个方法，即 onCreate()方法、insert()方法、update()方法、delete()方法、query()方法和 getType()方法。

除了需要定义继承 ContentProvider 类的子类外，开发人员还应该采取以下一些措施简化客户端工作，让类更加易用。

(1) 定义 CONTENT_URI 变量。该字符串表示定义的 ContentProvider 处理的完整 content:URI。开发人员必须为该值定义唯一的字符串，最好的解决方法是使用 ContentProvider 的完整类名(字母小写)。代码如下：

```
public static final Uri CONTENT_URL = Uri.parse("content://com.example.
testprovider");
```

如果定义的 ContentProvider 中包含子表，应该为各个子表定义 URI，这些 URI 应该具

有相同的标识，然后使用路径进行区分。代码如下：

```
content://com.example.testprovider/list
content://com.example.testprovider/cart
content://com.example.testprovider/shop
```

(2) 定义 ContentProvider 将要返回给客户端的列名。如果开发人员要使用底层数据库，则需要注意的是这些列名通常与 SQL 数据库列名相同。同样，定义 public static String 常量，客户端使用常量来指定查询中的列。无论记录中其他字段是否唯一，如 URL，开发人员都应该包含该字段。如果打算使用 SQLite 数据库，_ID 字段的类型如下：

```
INTEGER PRIMARY KEY AUTOINCREMENT
```

(3) 仔细注释每列的数据类型，客户端需要使用这些信息来读取数据。

(4) 如果开发人员正在处理新数据类型，则必须定义新的 MIME 类型，以便在 ContentProvider.getType()方法中返回。

(5) 如果开发人员提供的 byte 数据太大而不能被放入到表格中，例如 bitmap 文件，那么提供给客户端的字段应该包含 content:URI 字符串。

2．声明 Content Provider

为了让 Android 系统知道开发人员编写的 ContentProvider，应该在应用程序的 AndroidManifest.xml 文件中定义<provider>。如果没有在配置文件中声明自定义 Content Provider，那么它在 Android 系统将是不可见的。<provider>的基本定义语法如下：

```
<provider android:name="com.example.TestProvider"
        android:authorities="com.example.testprovider"></provider>
```

其中 android:name 属性的值是 ContentProvider 类的子类的完整名称；android:authorities 属性指定 URI 标识(不包括路径)。从上述代码可以看出，ContentProvider 的子类是 TestProvider。

【范例 8】

下面通过一个完整的范例来演示 ContentProvider 的使用。步骤如下：

(1) 在 Android 项目的 res/layout 目录下创建布局文件 mycontentprovider_main.xml，在该文件中添加 4 个 Button 组件。其 android:id 属性的值分别为 addButton、deleteButton、updateButton 和 typeButton，它们分别用于添加数据、删除数据、更新数据和获取类型。

(2) 在 src 目录的指定包 com.example.datastorage 下创建 Person 类。该类包含 ID、name、phone 和 salary4 个私有变量，并对它们进行封装。然后为其添加有参构造方法，并重写 toString()方法。部分代码如下：

```
public class Person {
    private Integer id;
    private String name;
    private String phone;
    private Integer salary;
    public Integer getId() {
```

```
        return id;
    }
    public void setId(Integer id) {
        this.id = id;
    }
    public Person(String name, String phone, Integer salary) {
        this.name = name;
        this.phone = phone;
        this.salary = salary;
    }
    public Person(Integer id, String name, String phone, Integer salary) {
        this.id = id;
        this.name = name;
        this.phone = phone;
        this.salary = salary;
    }
    @Override
    public String toString() {
        return "Person [id=" + id + ", name=" + name + ", phone=" + phone
+ ", salary=" + salary + "]";
    }
}
```

(3) 创建继承自 SQLiteOpenHelper 类的 DBOpenHelper 类，在子类中重写父类中的方法，以 onCreate()方法为例，代码如下：

```
public class DBOpenHelper extends SQLiteOpenHelper {
    @Override
    public void onCreate(SQLiteDatabase db) {
        db.execSQL("CREATE TABLE person(personid INTEGER PRIMARY KEY
AUTOINCREMENT,name VARCHAR(20),phone VARCHAR(12),salary INTEGER(12))");
    }
    //省略其他代码
}
```

从上述代码可以看出，在 onCreate()方法中调用 SQLiteDatabase 对象的 execSQL()方法创建 person 表。该表包含 personid、name、phone 和 salary 四个字段。

(4) 创建继承自 ContentProvider 类的 ContentProviderTest 子类，首先在该类中声明变量和常量，然后重写 onCreate()方法。代码如下：

```
public class ContentProviderTest extends ContentProvider {
    private DBOpenHelper dbOpenHelper;
    private UriMatcher URI_MATCHER;
    private static final int PERSONS = 0;
    private static final int PERSON = 1;
    @Override
    public boolean onCreate() {
        initUriMatcher();
        dbOpenHelper = new DBOpenHelper(getContext());
```

```
        return true;
    }
    private void initUriMatcher() {
        URI_MATCHER = new UriMatcher(UriMatcher.NO_MATCH);
        // 表示返回所有的 person,其中 PERSONS 为该特定 Uri 的标识码
        URI_MATCHER.addURI("cn.bs.testcontentprovider","person",PERSONS);
        // 表示返回某一个 person,其中 PERSON 为该特定 Uri 的标识码
        URI_MATCHER.addURI("cn.bs.testcontentprovider", "person/#", PERSON);
    }
    //省略其他代码
}
```

从 onCreate()方法中可以看出，该方法调用了自定义的 initUriMatcher()方法。在这个方法中指定了 URI_MATCHER 的值，它是 UriMatcher 的一个实例对象，UriMatcher 用于匹配 URI。使用 UriMatcher 时需要两个步骤：首先把需要匹配的 URI 路径全部注册；注册完毕后，再使用 uriMatcher.match()方法对输入的 URI 进行匹配，如果匹配就返回匹配码，匹配码是调用 addURI()方法传入的第三个参数。假设匹配 cn.bs.testcontentprovider/person 路径，那么返回的匹配码就是 1。

(5) 重写 ContentProvider 类的 insert()方法。该方法为 person 表的 name、phone 和 salary 字段插入数据。代码如下：

```
public Uri insert(Uri uri, ContentValues values) {
    SQLiteDatabase db = dbOpenHelper.getWritableDatabase();
    switch (URI_MATCHER.match(uri)) {
        case PERSONS:
            long rowid = db.insert("person", "name,phone,salary", values);
            return ContentUris.withAppendedId(uri, rowid);
        default:
            throw new IllegalArgumentException("unknown uri" + uri.toString());
    }
}
```

(6) 重写 ContentProvider 类的 update()方法，更新操作有两种可能，更新一张表或者更新某条数据，更改某条数据时的原理类似于查询某种数据。update()方法的代码如下：

```
public int update(Uri uri, ContentValues values, String selection, String[]
selectionArgs) {
    SQLiteDatabase db = dbOpenHelper.getWritableDatabase();
    int updataNum = 0;
    switch (URI_MATCHER.match(uri)) {
    case PERSONS:                        // 更新表
        updataNum = db.update("person", values, selection, selectionArgs);
        break;
    case PERSON:                         // 按照 ID 更新某条数据
        long id = ContentUris.parseId(uri);
        String where = "personid=" + id;
        if (selection != null && !"".equals(selection.trim())) {
            where = selection + " and " + where;
```

```
            }
            updataNum = db.update("person", values, where, selectionArgs);
            break;
        default:
            throw new IllegalArgumentException("unknown uri" + uri.toString());
        }
        return updataNum;
    }
```

(7) 重写 ContentProvider 类的 delete()方法。该删除操作有两种可能，一种是删除一张表；另一种是删除某条数据，删除某条数据时的原理类似于查询某条数据。delete()方法的实现代码与 update()方法类似，这里不再显示。

(8) 重写 ContentProvider 类的 query()方法。该查询操作有两种可能，一种是查询一张表；另一种是查询某条数据。由于本范例没有实现查询功能，因此，这里不再详细介绍该方法。

(9) 重写 ContentProvider 类的 getType()方法，该方法返回当前 URI 所代表数据的 MIME 类型。代码如下：

```
@Override
public String getType(Uri uri) {
    switch (URI_MATCHER.match(uri)) {
    case PERSONS:
        return "vnd.android.cursor.dir/persons";
    case PERSON:
        return "vnd.android.cursor.item/person";
    default:
        throw new IllegalArgumentException("unknown uri" + uri.toString());
    }
}
```

(10) 在 AndroidManifest.xml 文件中添加如下代码：

```
<uses-permission android:name="android.permission.INTERNET" />
<uses-permission android:name="android.permission.ACCESS_NETWORK_STATE" />
<uses-permission
android:name="android.permission.WRITE_EXTERNAL_STORAGE" />
<uses-permission
android:name="android.permission.MOUNT_UNMOUNT_FILESYSTEMS" />
<provider
   android:name="com.example.datastorage.ContentProviderTest"
   android:authorities="cn.bs.testcontentprovider"
   android:exported="true" >
</provider>
```

其中 android:exported 为 true 时，表示允许其他应用访问。

(11) 至此，ContentProviderTest 类的代码已经编写完成。下面创建继承自 Activity 类的 TestContentProviderActivity 类。首先在该类中声明 Button 组件变量和 ContentResolver 对象的变量。代码如下：

```
private Button mAddButton, mDeleteButton, mUpdateButton, mTypeButton;
private ContentResolver mContentResolver;
```

(12) 在 TestContentProviderActivity 类中重写 onCreate()方法，在该方法中为 mContentResolver 变量赋值，并且获取 mycontentprovider_main.xml 文件中的 4 个 Button 组件，然后分别为它们添加监听事件。代码如下：

```
protected void onCreate(Bundle savedInstanceState) {
    super.onCreate(savedInstanceState);
    setContentView(R.layout.mycontentprovider_main);
    mContentResolver = this.getContentResolver();
    mAddButton = (Button) findViewById(R.id.addButton);
    mAddButton.setOnClickListener(new ClickListenerImpl());
    //省略其他按钮组件的获取和事件的设置
}
```

(13) 在 TestContentProviderActivity 类中创建 ClickListenerImpl 类，该类实现 OnClickListener 接口，并实现该接口的 onClick()方法。代码如下：

```
private class ClickListenerImpl implements OnClickListener {
        @Override
        public void onClick(View v) {
            switch (v.getId()) {
            case R.id.addButton:
                Person person = null;
                for (int i = 0; i < 5; i++) {
                    person = new Person("user" + i, "0312" + i, (8888 + i));
                    testInsert(person);
                }
                break;
            case R.id.deleteButton:
                testDelete(1);                  //删除 ID 为 1 的数据
                break;
            case R.id.updateButton:
                testUpdate(3);                  //修改 ID 为 3 的数据
                break;
            case R.id.typeButton:
                testType();                     //获取类型
                break;
            default:
                break;
            }
        }
    }
}
```

从上述代码中可以发现，在 onClick()方法中通过 v.getId()方法获取组件的 ID 属性值，并且根据属性值进行不同的操作。

(14) 当 ID 属性值为 addButton 时，会调用 testInsert()方法在 person 表中循环添加 5 条

数据。testInsert()方法的代码如下：

```
private void testInsert(Person person) {
    ContentValues contentValues = new ContentValues();
    contentValues.put("name", person.getName());
    contentValues.put("phone", person.getPhone());
    contentValues.put("salary", person.getSalary());
    Uri insertUri = Uri.parse("content://cn.bs.testcontentprovider/person");
    Uri returnUri = mContentResolver.insert(insertUri, contentValues);
    System.out.println("新增数据:returnUri=" + returnUri);
}
```

(15) 当 ID 属性值为 deleteButton 时，会调用 testDelete()方法删除 person 表中的第一条数据。代码如下：

```
private void testDelete(int index) {
    Uri uri = Uri.parse("content://cn.bs.testcontentprovider/person/" +
String.valueOf(index));
    mContentResolver.delete(uri, null, null);
}
```

(16) 当 ID 属性值为 updateButton 时，会调用 testUpdate()方法更新第三条数据，将 name 列的值指定为 hanmeimei，phone 列的值指定为 1234，salary 列的值指定为 333。代码如下：

```
private void testUpdate(int index) {
    Uri uri = Uri.parse("content://cn.bs.testcontentprovider/person/"
            + String.valueOf(index));
    ContentValues values = new ContentValues();
    values.put("name", "hanmeimei");
    values.put("phone", "1234");
    values.put("salary", 333);
    mContentResolver.update(uri, values, null, null);
}
```

(17) 当 ID 属性值为 typeButton 时，会调用 testType()方法返回指定 URI 所代表数据的 MIME 类型。代码如下：

```
private void testType() {
    Uri dirUri = Uri.parse("content://cn.bs.testcontentprovider/person");
    String dirType = mContentResolver.getType(dirUri);
    System.out.println("dirType:" + dirType);
    Uri itemUri = Uri.parse("content://cn.bs.testcontentprovider/person/3");
    String itemType = mContentResolver.getType(itemUri);
    System.out.println("itemType:" + itemType);
}
```

(18) 至此 TestContentProviderActivity 类的代码已经全部编写完成。在 AndroidManifest.xml 文件中添加代码，将该类作为配置启动项。

(19) 运行范例，初始界面效果很简单，只包含 4 个按钮，如图 12-15 所示。单击“增加”按钮添加数据，在 data/data/com.example.datastorage/databases 目录下打开 ontentprovidertest.db

数据库。同时在 LogCat 面板中输出添加数据的提示信息，如图 12-16 所示。

图 12-15　界面效果

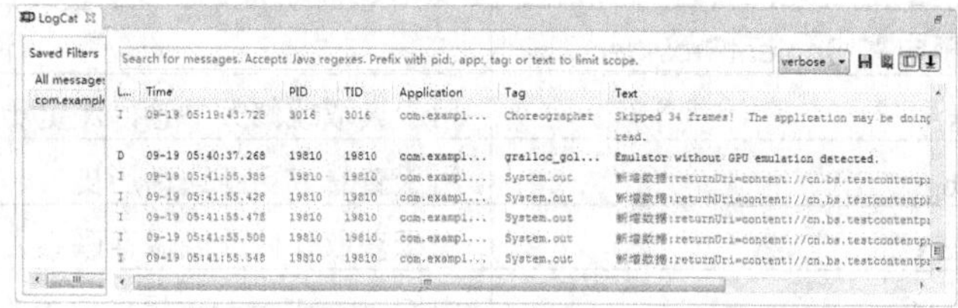

图 12-16　LogCat 面板的效果

(20) 分别单击“删除”和“更新”按钮进行测试。为了演示操作是否执行成功，可以在 DOS 窗口中利用相关命令进入到指定的目录中并查看数据库中的数据。如图 12-17 所示为添加数据成功后的效果，单击“删除”按钮删除第一条记录，然后执行查询；单击“更新”按钮更新第三条记录，然后执行查询，如图 12-18 所示。

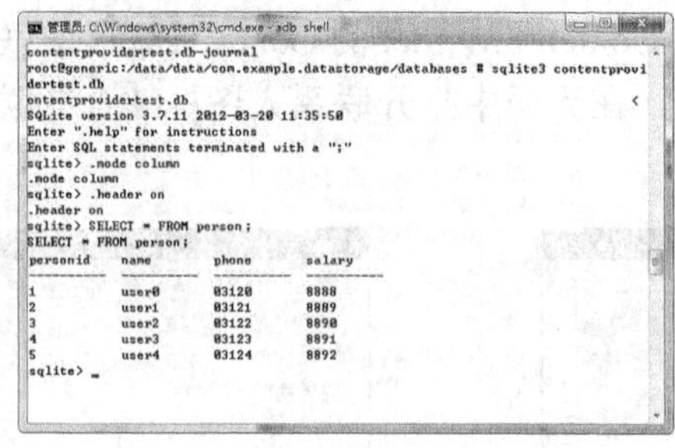

图 12-17　添加内容后查询数据

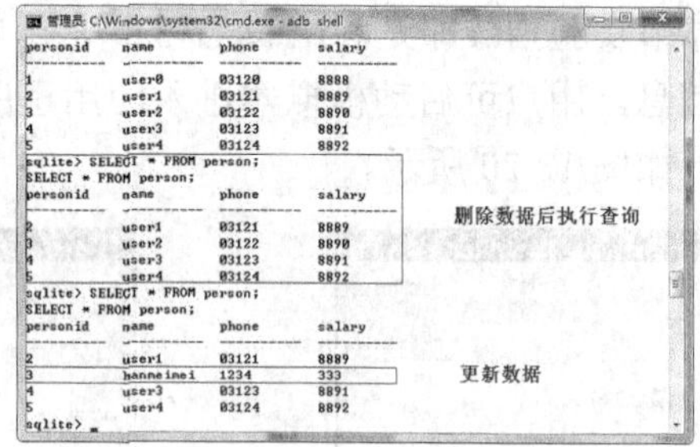

图 12-18　删除和更新后查询数据

(21) 单击“类型”按钮查看当前 URI 所代表数据的 MIME 类型，LogCat 面板中的效果如图 12-19 所示。

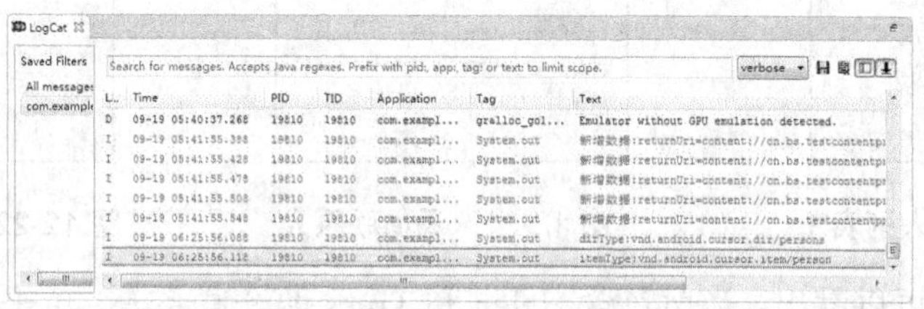

图 12-19　LogCat 面板中输出 URI 所代表数据的 MIME 类型

12.5　实验指导——预定义 ContentProvider 读取联系人

除了自定义 ContentProvider 外，开发人员还可以使用预定义 ContentProvider。Android 系统为常用数据类型提供了许多预定义 ContentProvider，它们大都位于 android.provider 包中。例如，在表 12-3 中列出了常用的预定义 ContentProvider。

表 12-3　预定义的 ContentProvider

预定义 ContentProvider	说　明
Browser	用于读取或修改书签，浏览历史或网络搜索
CallLog	用于查看或更新通话历史
Contacts	用于获取、修改或保存联系人信息
LiveFolders	由 ContentProvider 提供内容的特定文件夹
MediaStore	用于访问声音，视频和图片
Setting	用于查看和获取蓝牙设置，铃声和其他设置偏好
SearchRecentSuggestions	用于为应用程序创建简单的查询建议提供者
SyncStateContract	用于使用数据数组账号关联数据的 ContentProvider 约束
UserDictionary	用于在可预测文本输入时，提供用户定义的单词给输入法使用

本节实验指导即是利用表 12-3 中常用预定义 ContentProvider 的 Contacts 来读取联系人列表信息。用户可启动模拟器进入应用程序界面，在界面中打开联系人图标查看联系人列表，如图 12-20 所示。

图 12-20　联系人列表 1

图 12-21　添加联系人

图 12-22　联系人列表 2

从图 12-20 中可以看出，当前包含 Helen 和 Trues 两个联系人，单击下方中间的添加按钮添加联系人，在界面中输入联系人名称和手机，如图 12-21 所示。添加完毕后直接单击左上角的“完成”按钮完成添加，此时列表如图 12-22 所示。

在 Android 应用程序中添加布局界面和 Activity 类的子类，实现联系人列表的查看功能。步骤如下。

(1) 在 res/layout 目录下创建布局文件 contentlist_main.xml，并在该文件中添加 TextView 组件，指定该组件的 android:autoLink 属性。代码如下：

```
<TextView
    android:id="@+id/result"
    android:layout_width="wrap_content"
    android:layout_height="wrap_content"
    android:autoLink="phone"
```

```
    android:text="显示联系人列表" />
```

(2) 由于要访问联系人列表，因此开发人员必须拥有相关的权限。在 AndroidManifest.xml 文件中添加如下代码：

```
<uses-permission android:name="android.permission.READ_CONTACTS" />
```

(3) 创建继承自 Activity 类的 ConcatListActivity 子类，首先在该类中声明 TextView 的变量和 String 类型的数组。代码如下：

```
public class ConcatListActivity extends Activity {
    private TextView result = null;
    private String[] columns = { Contacts._ID, Contacts.DISPLAY_NAME };
    //省略其他代码
}
```

(4) 继续在 ConcatListActivity 子类中添加代码，重写 onCreate()方法，在该方法中指定 TextView 组件的文本值。代码如下：

```
@Override
public void onCreate(Bundle savedInstanceState) {
    super.onCreate(savedInstanceState);
    setContentView(R.layout.concatlist_main);
    result = (TextView) findViewById(R.id.result);
    result.setText(getContactList());
}
```

(5) 在步骤(4)中的 getContactList()是自定义的、用于获取联系人列表信息的方法。在该方法中首先声明用于保存字符串的 sb 对象变量，接着调用 getContextResolver()方法获取 ContentResolver 对象，然后执行 ContentResolver 对象的 query()方法查询记录，并获取记录的索引。通过 for 语句遍历所有的记录，并获取联系人 ID、联系人姓名和联系人的多个电话号码，最后将 sb 返回。代码如下：

```
public String getContactList() {
    StringBuilder sb = new StringBuilder();    // 用于保存字符串
    ContentResolver cr = getContentResolver(); // 获得 ContentResolver 对象
   Cursor cursor=cr.query(Contacts.CONTENT_URI,columns,null,null,null);
    // 查询记录
    int idIndex = cursor.getColumnIndex(columns[0]);   // 获取 ID 记录的索引
    int nameIndex = cursor.getColumnIndex(columns[1]); // 获取姓名记录的索引
    for (cursor.moveToFirst(); !cursor.isAfterLast(); cursor.moveToNext())
{   // 遍历全部记录
        String contactId = cursor.getString(idIndex);  // 获取联系人 ID
        String name = cursor.getString(nameIndex);     // 获取联系人姓名
        sb.append(contactId + ":Name:" + name + "\t");
        //根据联系人 ID 查询对应的电话号码
        Cursor phoneNumbers=cr.query(Phone.CONTENT_URI,null,Phone.CONTACT_
        ID + " = " + contactId, null, null);
        while (phoneNumbers.moveToNext()) {  // 取得电话号码(可能存在多个号码)
```

```
            String phone = phoneNumbers.getString(phoneNumbers.getColumnIndex
(Phone.NUMBE R));
            sb.append("Phone:" + phone + ";");
        }
        phoneNumbers.close();
        sb.append("\n");
    }
    cursor.close();
    return sb.toString();
}
```

(6) 运行项目并查看效果，如图 12-23 所示。

图 12-23 查看联系人列表

12.6 思考与练习

一、填空题

1. 开发人员可以通过__________方法或 getPreferences()方法获取 SharedPreferences 对象。

2. 使用文件存储数据时，主要通过__________方法读取数据。

3. 在 SQLite 数据库中，开发人员可以使用__________对从数据库查询出来的结果集进行随机的读写访问。

4. 调用 SQLiteDatabase 对象的__________方法可以创建表和删除表、触发器、索引和视图等。

5. 如果要获取 ContentResolver 对象，可以调用 Context 类的__________方法。

二、选择题

1. SharedPreferences 对象保存数据时，会将数据保存到__________目录下。

   A. data/data/<package name>/shared_prefs。其中 package name 表示包名

   B. data/data/shared_prefs

   C. data/<package name>/shared_prefs。其中 package name 表示包名

   D. mnt/shared_prefs

2. 在程序中访问 SDCard 时，开发人员需要申请访问 SDCard 的权限。这时向

AndroidManifest.xml 文件中添加__________代码表示写入数据权限。

A．`<uses-permission android:name="android.permission.MOUNT_UNMOUNT_FILESYSTEMS" />`

B．`<uses-permission android:name="android.permission.WRITE_EXTERNAL_STORAGE" />`

C．`<uses-permission android:name="android.permission.ACCESS_NETWORK_STATE" />`

D．`<uses-permission android:name="android.permission.READ_CONTACTS" />`

3. SQLite 数据库中的所有信息都包含在一个文件夹内，方便管理和维护，这体现了 SQLite 的__________。

A．独立性　　B．隔离性　　C．安全性　　D．跨平台性

4. 预定义 ContentProvider 的__________用于查看或更新通话历史。

A．Contacts　　B．MediaStore　　C．Browser　　D．CallLog

三、简答题

1. 获取 SharedPreferences 对象的方法有哪些？如何使用该对象保存键值对？
2. 使用 File 进行数据存储时主要使用哪些方法？
3. 使用 SQLite 操作数据时，常用的对象和方法有哪些？

第 13 章　调用 Android 系统服务

Service 即服务，它是 Android 系统中应用程序的四大组件之一。服务的两个目的包括后台运行和跨进程访问。通过启动一个服务，可以在不显示界面的前提下在后台运行指定的任务。开发人员可以开发 Service，其开发步骤与开发 Activity 的步骤相似。当然，Android 系统本身提供了大量的 Service 组件，开发者可通过这些系统 Service 来操作 Android 系统。

本章将详细介绍如何在项目中调用 Android 系统本身的服务，包括其生命周期、分类和实现等内容。

学习要点

- 熟悉 Service 的分类。
- 熟悉 Service 的生命周期。
- 掌握 Service 的常用方法。
- 掌握启动和停止 Service 的方法。
- 了解常用的系统服务。
- 熟悉 WindowManager 的使用方法。
- 掌握 AlarmManager 的使用方法。
- 掌握 TelephonyManager 的使用方法。

13.1　了解 Service

Service 是能够在后台长时间执行操作且不提供用户界面的应用程序组件。简单来说，Service 没有实际界面，而是一直在 Android 系统的后台运行。

13.1.1　Service 的分类

从本质上来说，可将 Service 分为两类，即 Started(启动)和 Bound(绑定)。

(1) Started：当应用程序组件(例如 Activity)通过调用 startService()方法启动服务时，服务处于 started 状态。一旦服务被启动，它就会在后台无限期运行，即使启动它的组件已被销毁。通常，启动服务执行单个操作不会向调用者返回结果。例如，它可能通过网络下载或者上传文件，如果操作完成，服务需要停止自身。

(2) Bound：当应用程序组件通过调用 bindService()方法绑定与服务时，服务处于 bound 状态。绑定的服务提供一个允许组件与 Service 交互的接口，既可以发送请求、获取返回结果，还可以通过跨进程通信来交互(IPC)。绑定的 Service 只有当应用组件绑定后才能运行，多个组件可以绑定一个 Service。当调用 unBind()方法时，意味着这个 Service 将要被销毁。

注意： 服务启动(无限期运行)和绑定的重点在于能否实现一些回调方法。例如，onStartCommand()方法允许组件启动服务；onBind()方法允许组件绑定服务。

13.1.2　Service 的生命周期

Service 是与 Activity 最相似的组件，它们都代表可执行的程序。Service 与 Activity 的区别在于：Service 一直在后台运行，它没有用户界面，所以绝对不会出现在前台。一旦 Service 被启动起来之后，它就与 Activity 一样。Service 完全具有自己的生命周期，但 Service 的生命周期要比 Activity 简单，而且它需要开发人员更加关注服务是如何创建和销毁的，这都是因为服务可能在用户不知情的情况下，在后台运行的缘故。

提示： 关于程序中 Activity 与 Service 的选择标准是：如果某个程序组件需要在运行时向用户呈现某种界面，或者该程序需要与用户交互，那么它就需要使用 Activity，否则就应该考虑使用 Service。

Service 与 Activity 一样，也有一个从启动到销毁的过程，从启动到销毁需要经历创建服务、开始服务和销毁服务 3 个阶段。但是，由于 Service 可以分为两类，因此 Service 的生命周期也可以分为两个不同的路径。

图 13-1 为 Started Service 的生命周期。当其他组件调用 startService()方法时，服务将被创建。接着服务无限期运行，其自身必须通过调用 stopSelf()方法或者其他组件调用 stopService()方法来停止服务。当服务停止时，系统会将其销毁。

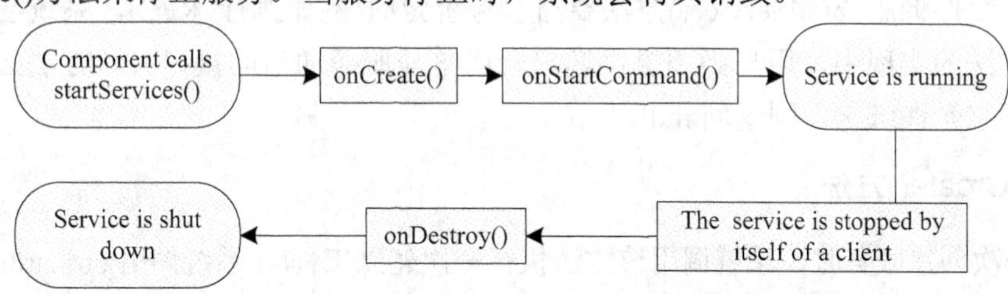

图 13-1　Started Service 的生命周期

图 13-2 为 Bound Service 的生命周期。当其他组件调用 bindService()方法时，服务将被创建。接着客户端通过 IBinder 接口与服务通信。客户端通过 unbindService()方法关闭连接。多个客户端能绑定到同一个服务，并且当它们都解除绑定时，系统会自动销毁服务(服务不需要被停止)。

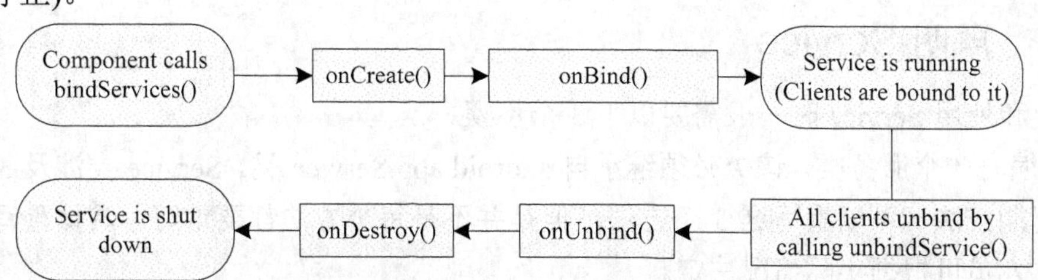

图 13-2　Bound Service 的生命周期

Started Service 和 Bound Service 的路径并不是完全独立的，即开发人员也可以绑定已用 startService()方法启动的服务。举例来说，如果后台音乐服务能使用包含音乐信息的 Intent 调用 startService()方法启动。当用户需要控制播放器或者获得当前音乐信息时，可以调用 bindService()方法绑定 Activity 到服务；当全部客户端解除绑定后，stopService()和 stopSelf()方法才能停止服务。

13.1.3 Service 的常用方法

为了创建服务，开发人员需要创建 Service 类(或者其子类)的子类。在实现子类时需要重写一些处理服务生命周期重要方法的回调方法，并根据需要提供组件绑定到服务的机制。下面介绍常用的几种方法。

1. onStartCommand()方法

该方法的旧版本方法是 onStart()方法。当其他组件(例如 Activity)调用 startService()方法请求服务启动时，系统会调用该方法。一旦该方法执行，服务就启动(处于 started 状态)，并在后台无限期运行。如果用户已实现了该方法，但又想停止则需要在任务完成后调用 stopSelt()或 stopService()方法即可。如果用户仅想绑定该方法，则不必实现该方法。

2. onBind()方法

当其他组件调用 bindService()方法要与服务绑定时(例如执行 RPC)，系统会调用该方法。在该方法的实现中，用户必须提供客户端用来与服务通信的接口。该方法必须实现，但是如果不想允许绑定，则返回 null。

3. onCreate()方法

当第一次创建服务时，系统调用该方法执行一次建立工程(在系统调用 onStartCommand()或 onBind()方法前)。如果服务已在经运行，则该方法不会被系统调用。

4. onDestroy()方法

当服务不再被使用且即将被销毁时，系统会调用该方法清理注册监听器、线程和接收者等资源。onDestroy()是服务收到的最后调用的方法。

13.1.4 声明 Service

创建和使用 Service 时一般需要以下 3 个步骤。

(1) 编写一个服务类，该类必须继承自 android.app.Service 类。Service 类涉及 3 个常用的生命周期方法，可以重写这 3 个方法，但是并不是每个方法都要重写。具体重写哪个方法，开发人员可根据实际情况决定。

(2) 在 AndroidManifest.xml 文件中配置 Service。

(3) 如果要开始一个服务，可以使用 startService()方法或 bindService()方法，如果要停止一个服务可使用 stopSelt()或 stopService()方法。通过 startService()方法启用 Service，访问

者与 Service 之间没有关联，即使访问者退出了，Service 仍然在运行。通过 bindService() 方法启用 Service，访问者就与 Service 绑定在了一起，访问者一旦退出，Service 就会终止。

在 AndroidManifest.xml 文件中配置 Service 时，需要在<application></application>之间使用名称为 service 的元素。该元素以<service>标记开始，以</service>标记结束。代码如下：

```
<service
   android:enabled=["true" | "false"]
   android:exported=["true" | "false"]
   android:icon="@drawable/ic_launcher"
   android:label="string resource"
   android:name="string"
   android:permission="string"
   android:process="com.android.service">
</service>
```

从上述代码可以看出，开发人员可以在开始标记中可以添加多个属性。<Service>标记的常用属性及其说明如表 13-1 所示。

表 13-1　<service>标记的常用属性及其说明

常用属性	说　明
android:enabled	此属性表示服务是否能被实例化。如果默认值为 true，则表示可以；如果为 false，则表示不可以
android:exported	此属性表示服务是否可以与其他应用程序交互。如果默认值为 true，则表示可以；如果为 false，则表示不可以
android:icon	此属性表示服务的图标。该属性的值应该是一个图片资源的引用。如果没有设置该属性将使用应用程序图标代替
android:label	此属性用于设置服务显示的名称，如果为空则使用应用程序名称代替
android:name	此属性用于设置服务所在的类名称，该属性的值必须是一个完整的类名，如 com.android.service.ServiceDemo
android:process	此属性用于设置服务运行时的进程名称，默认名称是应用程序的包名

注意：AndroidManifest.xml 文件中的<application>标记也具有自己的 android:enabled 属性，该属性可用于包括服务的全部应用程序组件。<application>标记和<service>标记的 android:enabled 属性必须同时设置为 true 才能让服务可用。如果任何一个<Service>，标记设置为 false，表示服务被禁用并且不能实例化。

13.2　实验指导——启动和停止 Started Service

本节实验指导根据 13.1 节内容开发一个简单的程序，该程序用于启动和停止 Started Service。实现步骤如下：

(1) 创建一个服务类 ServiceDemo，该类继承自 Service 类。在 ServiceDemo 类中重写 onCreate()方法、onDestroy()方法和 onStartCommand()方法。代码如下：

```
public class ServiceDemo extends Service {
    @Override
    public IBinder onBind(Intent intent) {
        return null;
    }
    @Override
    public void onCreate() {                // 当服务第 1 次创建时调用该方法
        super.onCreate();
        Log.d("ServiceDemo", "onCreate()方法");

    }
    @Override
    public void onDestroy() {               // 当服务销毁时调用该方法
         super.onDestroy();
        Log.d("ServiceDemo", "onDestroy()方法");

    }
    @Override
    public int onStartCommand(Intent intent, int flags,int startId){
    //当服务启动时调用
        Log.d("ServiceDemo","onStartCommand()方法");
        return START_STICKY;
    }
}
```

在上述代码中，onStartCommand()方法必须返回一个整数，该值用来描述系统停止服务后如何继续运行。onStartCommand()方法的返回值必须是下列常量之一，这些常量都定义在 Service 类中。

- START_STICKY：如果系统在 onStartCommand()方法返回后停止服务，那么系统会重新创建服务并调用 onStartCommand()方法，但是不重新发送最后的 Intent。相反，如果系统使用空 Intent 调用 onStartCommand()方法，那么除非用 PendingIntent 来启动服务。
- START_NOT_STICKY：如果系统在 onStartCommand()方法返回后停止服务，则系统不会重新创建服务，除非用 PendingIntent 发送。为避免在不必要时运行服务和应用程序，该常量是最佳选择。
- START_REDELIVER_INTENT：如果系统在 onStartCommand()方法返回后停止服务，重新创建服务并使用发送给服务的 Intent 调用 onStartCommand()方法。该常量适合积极执行并且立即恢复工作的服务，例如下载文件。

如果不指定常量，也可以直接通过 return 返回父类中的该方法的值。代码如下：

```
return super.onStartCommand(intent, flags, startId);
```

(2) 打开 AndroidManifest.xml 文件并在该文件中配置 Service。代码如下：

```
<service android:name="com.example.servicestest.ServiceDemo" android:
enabled="true" >
```

(3) 在当前项目默认生成的布局文件 activity_main.xml 中添加两个 Button 组件，它们分别用于启动服务和停止服务。代码如下：

```
<Button
    android:id="@+id/btnStart"
    android:layout_width="fill_parent"
    android:layout_height="wrap_content"
    android:text="开启服务" />
<Button
    android:id="@+id/btnStop"
    android:layout_width="fill_parent"
    android:layout_height="wrap_content"
    android:layout_alignLeft="@+id/btnStart"
    android:layout_below="@+id/btnStart"
    android:text="停止服务" />
```

(4) 在当前项目 src 目录下默认生成的 MainActivity 类中添加代码。首先声明 3 个 Privaate 类型的变量，然后重写 onCreate()方法，在该方法中获取布局文件的 Button 组件，并为该组件添加监听事件。代码如下：

```
public class MainActivity extends Activity implements OnClickListener {
    private Button startService = null;
    private Button stopService = null;
    private Intent intent = null;
    @Override
    protected void onCreate(Bundle savedInstanceState) {
        super.onCreate(savedInstanceState);
        setContentView(R.layout.activity_main);
        startService = (Button) findViewById(R.id.btnStart);
        //获取 btnStart 组件
        startService.setOnClickListener(this);              //指定事件
        stopService = (Button) findViewById(R.id.btnStop);
        //获取 btnStop 组件
        stopService.setOnClickListener(this);               //指定事件
        intent = new Intent(this, ServiceDemo.class);
    }
    @Override
    public void onClick(View view) {
        switch (view.getId()) {
        case R.id.btnStart:
            startService(intent);        //调用 startService()方法启动服务
            break;
        case R.id.btnStop:
```

```
                stopService(intent);        //调用 stopService()方法停止服务
                break;
            }
        }
    }
```

在上述代码中，使用 startService(intent)来启动服务，然后 startService()方法立即返回，最后 Android 系统调用服务的 onStartCommand()方法。如果服务还没有运行，系统首先调用 onCreate()方法，接着调用 onStartCommand()方法。

(5) 运行代码，查看效果如图 13-3 所示。

(6) 当用户第 1 次单击“开启服务”按钮后，在 LogCat 面板中会输出两行信息。内容如下：

```
onCreate()方法
onStartCommand()方法
```

然后单击“停止服务”按钮，这时在 LogCat 面板会输出以下内容：

```
onDestroy()方法
```

(7) 分别单击“开启服务”和“停止服务”按钮，然后依次单击“开启服务”、“停止服务”、“开启服务”、“开启服务”、“开启服务”、“停止服务”按钮测试程序，LogCat 的输出结果如图 13-4 所示。

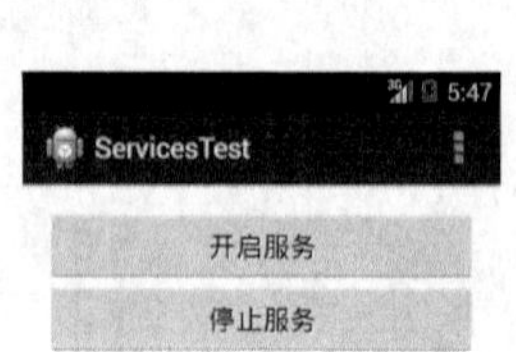

图 13-3　界面效果

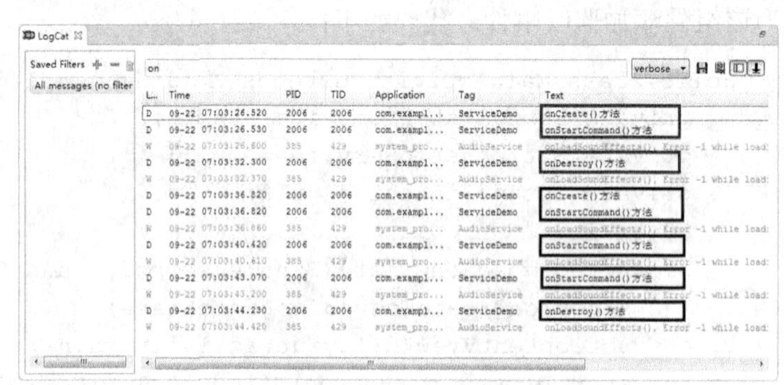

图 13-4　LogCat 面板的输出结果

在图 13-4 中，红色区域各部分分别表示的是单击“开启服务”和“停止服务”按钮时的效果；蓝色部分则表示的是单击“开启服务”、“开启服务”、“开启服务”和“停止服务”按钮时的效果。从多次单击“开启服务”按钮的输出结果中可以发现，只有第一次在单击“开启服务”按钮时调用 onCreate()方法和 onStartCommand()方法；再次单击该按钮时，只会调用 onStartCommand()方法，而不会调用 onCreate()方法。

(8) 将服务开启之后，在后台查看运行。查看方法是，找到模拟器界面中的设置图标(即 Settings)，如图 13-5 所示。单击设置图标进入操作界面，在界面中找到 Apps 命令，如图 13-6 所示。执行 Apps 命令进入查看界面，查看正在运行的程序，如图 13-7 所示。

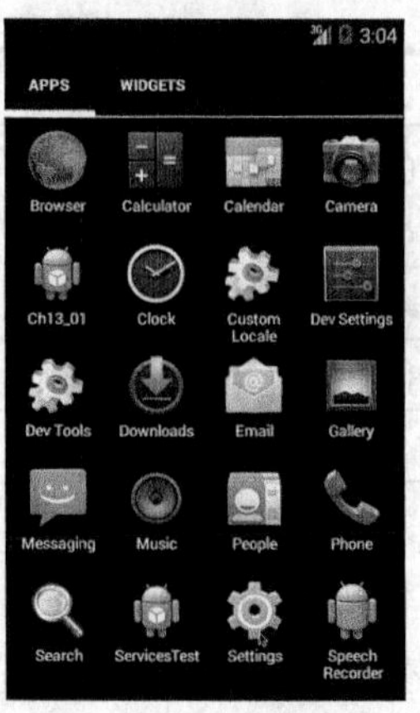

图 13-5　选择设置图标

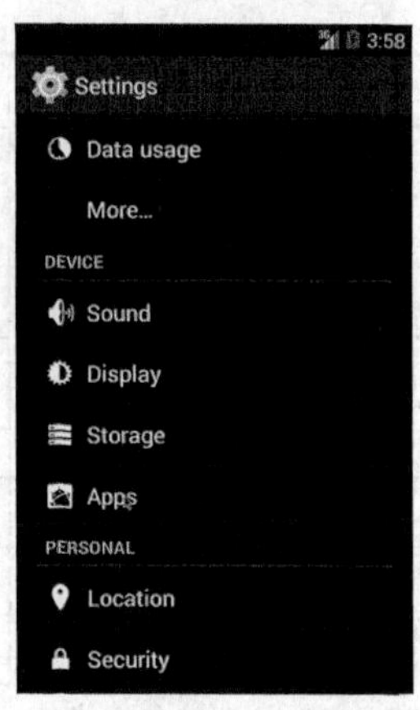

图 13-6　进入操作界面

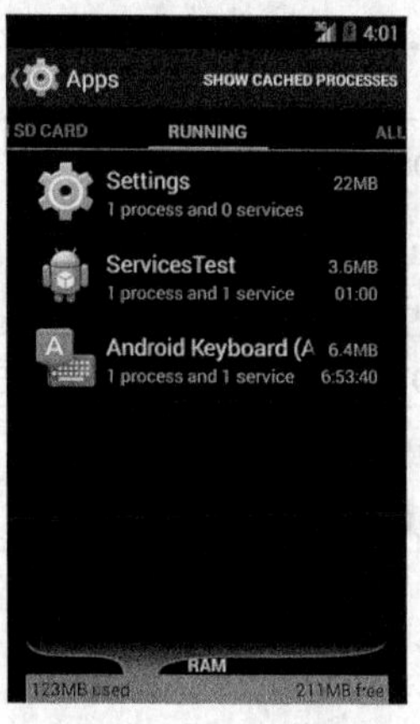

图 13-7　正在运行的程序

13.3 系统服务

Android 系统提供了许多内置的服务，这些服务就像 Android 系统内置的软件一样可以随心所欲地控制 Android 系统。本节将简单介绍 Android 的系统服务。

13.3.1 获取系统服务

实际上，可以将系统服务看作是一个对象，通过 Activity 类的 getSystemService()方法可以获得指定的对象(系统服务)。getSystemService()方法只有一个 String 类型的参数，表示系统服务的 ID，这个 ID 在整个 Android 系统中是唯一的。其基本语法如下：

```
getSystemService(String name)
```

getSystemService(String name)是 Android 很重要的一个 API，根据 name 来获取对应的 Object，然后转换成相应的服务对象。例如，表 13-2 列出了常用的 name 值，包含对应的服务对象及其说明。

表 13-2　常用的系统服务及其说明

name 取值	对应的系统服务对象	说　明
WINDOW_SERVICE	WindowManager	用于管理打开的窗口程序
LAYOUT_INFLATER_SERVICE	LayoutInflater	用于取得 XML 文件里定义的 view
ACTIVITY_SERVICE	ActivityManager	用于管理应用程序的系统状态
POWER_SERVICE	PowerManger	关于电源的服务
ALARM_SERVICE	AlarmManager	关于闹钟的服务
NOTIFICATION_SERVICE	NotificationManager	关于状态栏的服务
KEYGUARD_SERVICE	KeyguardManager	关于键盘锁的服务

续表

name 取值	对应的系统服务对象	说　明
LOCATION_SERVICE	LocationManager	关于位置的服务，如 GPS
SEARCH_SERVICE	SearchManager	关于搜索的服务
VIBRATOR_SERVICE	Vibrator	关于手机振动的服务
CONNECTIVITY_SERVICE	Connectivity	关于网络连接的服务
WIFI_SERVICE	WifiManager	Wi-Fi 服务
BLUETOOTH_SERVICE	BluetoothDevice	用于蓝牙的后台管理和服务程序
CLIPBOARD_SERVICE	ClipboardManager	与其他系统的 clipBoard 服务类似，它提供复制和粘贴功能
TELEPHONY_SERVICE	TeleponyManager	关于电话的服务
AUDIO_SERVICE	AudioManager	关于音频的服务

为了方便系统服务的记忆和管理，Android SDK 在 android.content.Context 类中定义了这些 ID。部分 ID 的代码如下：

```
public static final java.lang.String WINDOW_SERVICE = "window";    //定义
窗口服务的 ID
public static final java.lang.String ALARM_SERVICE = "alarm";      //定义
闹钟服务的 ID
public static final java.lang.String NOTIFICATION_SERVICE = "notification";
//定义通知服务的 ID
```

getSystemService()方法返回的是 Object 对象，因此如果要获取某一个系统对象，调用 getSystemService()方法时需要进行转换。例如以下代码用于获取 WindowManager 对象：

```
WindowManager window = (WindowManager) getSystemService(WINDOW_SERVICE);
```

13.3.2 使用 WindowManager

整个 Android 的窗口机制是基于 WindowManager 的，这个接口既可以添加 view 到屏幕，也可以从屏幕删除 view。它面向的对象一端是屏幕，另一端是 view，而不管它是 Activity 或者 Dialog。实际上，Activity 或者 Dial4og 也是通过 WindowManager 实现的，因为 WindowManager 是全局的，所以在整个系统中它是唯一的。

【范例 1】

在窗口中添加一个 Button 组件，并且设置其透明度，代码如下：

```
WindowManager mWm = (WindowManager)getSystemService(Context.WINDOW_SERVICE);
Button view = new Button(this);              //创建 Button 组件
view.setText("window manager test!");        //设置 Button 组件的文本值
WindowManager.LayoutParams mParams = new WindowManager.LayoutParams();
mParams.alpha = 0.8f;
mWm.addView(view, mParams);
```

执行上述代码，显示效果如图 13-8 所示。

图 13-8 Button 组件在窗口中的显示效果

在“范例 1”中，WindowManager.LayoutParams 是 WindowManager 接口的嵌套类，继承于 ViewGroup.LayoutParams。WindowManager.LayoutParams 的内容非常丰富，其 alpha 用于设置整个窗口的半透明值，1.0 表示不透明，0.0 表示完全透明。除了 alpha 属性外，LayoutParams 还可用于设置其他属性，这些常用属性及其说明如表 13-3 所示。

表 13-3 LayoutParams 的常用属性及其说明

常用属性	说 明
windowAnimations	表示窗口所使用的动画设置。它必须是一个系统资源而不是应用程序资源，因为窗口管理器不能访问应用程序
dimAmount	它指定窗口变暗的程度，1.0 表示完全不透明，0.0 表示没有变暗
screenBrightness	表示应用用户设置的屏幕亮度。其值从 0 到 1 表示亮度从暗到最亮
memoryType	指出窗口所使用的内存缓冲类型。默认为 NORMAL
verticalMargin	表示水平边距，容器与 widget 之间的距离，占容器宽度的百分率
verticalMargin	表示纵向边距
gravity	用于设置窗口如何停靠
x	如果忽略 gravity 属性，那么它表示的就是窗口的绝对 X 位置。当设置完 Gravity.LEFT 或 Gravity.RIGHT 之后，x 值就表示特定边的距离
y	如果忽略 gravity 属性，那么它表示窗口的绝对 Y 位置。当设置完 Gravity.TOP 或 Gravity.BOTTOM 之后，y 值就表示特定边的距离

13.3.3 使用 AlarmManager

AlarmManager 的使用机制被称为全局定时器，又称闹钟。AlarmManager 是 Android 中常用的一种系统级别的提示服务，在特定的时刻可以为用户广播一个指定的 Intent。AlarmManager 对象配合 Intent 使用，可以定时开启一个 Activity，发送一个 BroadCast，或者开启一个 Service。

1. AlarmManager 对象的常用方法

AlarmManager 拥有多个方法，常用的三种方法及其说明如下。

(1) set()方法：用于设置一次性闹钟。使用时需要传入三个参数：第一个参数表示闹钟类型；第二个参数表示闹钟执行时间；第三个参数表示闹钟响应动作。语法如下：

```
set(int type, long startTime, PendingIntent pi)
```

(2) setRepeating()方法：用于设置重复闹钟。使用时需要传入四个参数：第一个参数表示闹钟类型；第二个参数表示闹钟首次执行时间；第三个参数表示闹钟两次执行的间隔时间；第四个参数表示闹钟响应动作。语法如下：

```
setRepeating(int type, long startTime, long intervalTime, PendingIntent pi)
```

(3) setInexactRepeating()方法：也用于设置重复闹钟，其语法与第(2)种方法一致，只不过使用该方法设置的两个闹钟执行的间隔时间不是固定的而已。

2. AlarmManager 对象方法的参数说明

上述提到了 AlarmManager 对象的三种方法，但是通常情况下会使用 set()方法和 setRepeating()方法，下面对上述方法的参数进行说明。

(1) type 参数：表示闹钟类型，常用的取值有五个，如表 13-4 所示。

表 13-4　type 参数的取值及其说明

type 取值	说　明
AlarmManager.ELAPSED_REALTIME	表示闹钟在手机睡眠状态下不可用。该状态下闹钟使用相对时间(相对于系统启动开始)，状态值为 3
AlarmManager.ELAPSED_REALTIME_WAKEUP	表示闹钟在睡眠状态下会唤醒系统并执行提示功能。该状态下闹钟也使用相对时间，状态值为 2
AlarmManager.RTC	表示闹钟在睡眠状态下不可用。该状态下闹钟使用绝对时间，即当前系统时间，状态值为 1
AlarmManager.RTC_WAKEUP	表示闹钟在睡眠状态下会唤醒系统并执行提示功能。该状态下闹钟使用绝对时间，状态值为 0
AlarmManager.POWER_OFF_WAKEUP	表示闹钟在手机关机状态下也能正常进行提示功能，因此是五个状态中使用最多的状态之一。该状态下闹钟也是用绝对时间，状态值为 4。该状态受 SDK 版本影响，某些版本并不支持

(2) startTime 参数：闹钟的第一次执行时间，以毫秒为单位，可以自定义时间，不过一般使用当前时间。startTime 参数的值与 type 参数密切相关，如果第一个参数对应闹钟使用的是相对时间(ELAPSED_REALTIME 和 ELAPSED_REALTIME_ WAKEUP)，那么相对于系统启动时间来说，该参数的值就得使用相对时间，例如当前时间可以表示为

SystemClock.elapsedRealtime()。如果第一个参数对应的闹钟使用的是绝对时间(RTC、RTC_WAKEUP、POWER_OFF_WAKEUP)，那么该参数的值就得使用绝对时间，例如当前时间可以表示为 System.currentTimeMillis()。

(3) intervalTime 参数：对于 setRepeating()方法和 setInexactRepeating()方法来说，如果设置该参数，则表示两次闹钟执行的间隔时间，以毫秒为单位。

(4) pi 参数：pi 属于 PendingIntent 类，该类是 Intent 的封装类。pi 参数绑定闹钟的执行动作，例如发送一个广播和给出提示等。如果通过启动服务来实现闹钟提示，PendingIntent 对象的获取应该采用以下方法：

```
Pending.getService(Context c,int i,Intent intent,int j)方法
```

如果是通过广播来实现闹钟提示的话，PendingIntent 对象的获取应该采用以下方法：

```
PendingIntent.getBroadcast(Context c,int i,Intent intent,int j)方法
```

如果是采用 Activity 的方式来实现闹钟提示的话，PendingIntent 对象的获取应该采用以下方法：

```
PendingIntent.getActivity(Context c,int i,Intent intent,int j)
```

如果这三种方法错用了的话，虽然程序不会报错，但是看不到闹钟的提示效果。

3．重复执行某个动作

AlarmManager 的作用和 Timer 有点相似，都有两种用法：一是在指定时长后执行某项操作；二是周期性地执行某项操作。下面通过一个简单的范例来演示如何使用 AlarmManager 类和其他类周期性地执行某项操作。

【范例 2】

定义一个闹钟，每 10 s 重复响应一次。步骤如下：

(1) 创建继承自 Activity 类的 AlarmActivity 子类，在该类中重写 onCreate()方法。代码如下：

```
@Override
protected void onCreate(Bundle savedInstanceState) {
    super.onCreate(savedInstanceState);
    setContentView(R.layout.alarm_main);
    Intent intent = new Intent("ELITOR_CLOCK");     //创建 Intent 对象
    intent.putExtra("msg", "小懒猪，要起床了！");      //添加附加字符串
    PendingIntent pi = PendingIntent.getBroadcast(this, 0, intent, 0);
    //定义一个 PendingIntent 对象
    AlarmManager am = (AlarmManager) getSystemService(ALARM_SERVICE);
    am.setRepeating(AlarmManager.RTC_WAKEUP, System.currentTimeMillis(),
10 * 1000, pi);
}
```

上述代码首先创建 Intent 对象，将其 action 指定为 ELITOR_CLOCK，并添加附加字符

串，字符串内容为“小懒猪，要起床了！”。接着定义了PendingIntent对象，PendingIntent.getBroadcast()方法包含了sendBroadcast的动作，也就是发送了action为ELITOR_CLOCK的Intent。然后调用getSystemService()方法获取闹钟的系统服务，并将其转换为AlarmManager对象。最后调用AlarmManager对象的setRepeating()方法设置闹钟从当前时间开始，每隔10s执行一次PendingIntent对象pi，10s后通过PendingIntent pi对象发送广播。

(2) 由于上个步骤定义AlarmManager的对象am，并且调用其setRepeating()方法执行操作。因此，需要在AndroidManifest.xml文件中注册一个receiver，同时自己定义一个广播接收类。首先定义继承自BroadcastReceiver类的MyReceiver子类，重写该类的onReceive()方法。代码如下：

```
public class MyReceiver extends BroadcastReceiver {
    @Override
    public void onReceive(Context context, Intent intent) {
        Log.d("MyTag", "onclock......................");
        String msg = intent.getStringExtra("msg");
        Toast.makeText(context, msg, Toast.LENGTH_SHORT).show();
    }
}
```

(3) 在AndroidManifest.xml文件中注册上述创建的MyReceiver，并且需要将启动配置设置为AlarmActivity。内容如下：

```
<activity android:name=".AlarmActivity" android:label="@string/app_name" >
   <intent-filter>
      <action android:name="android.intent.action.MAIN" />
      <category android:name="android.intent.category.LAUNCHER" />
   </intent-filter>
</activity>
<receiver android:name=".MyReceiver" >
   <intent-filter>
      <action android:name="ELITOR_CLOCK" />
   </intent-filter>
</receiver>
```

(4) 运行本范例，提示信息如表13-9所示。同时每隔10s运行一次在LogCat面板中输出的“onclock”信息，如图13-10所示。

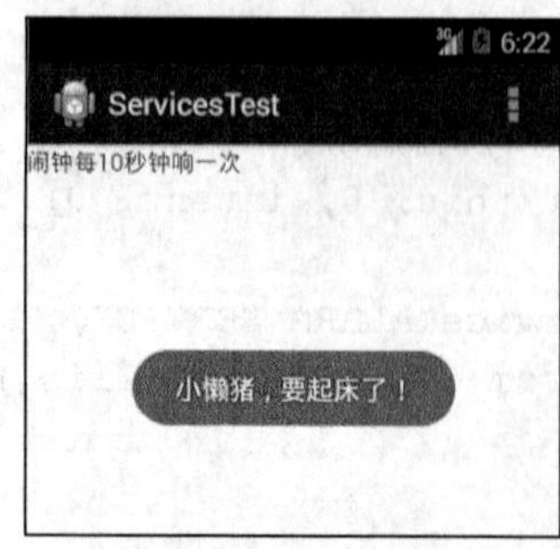

图13-9　闹钟提示

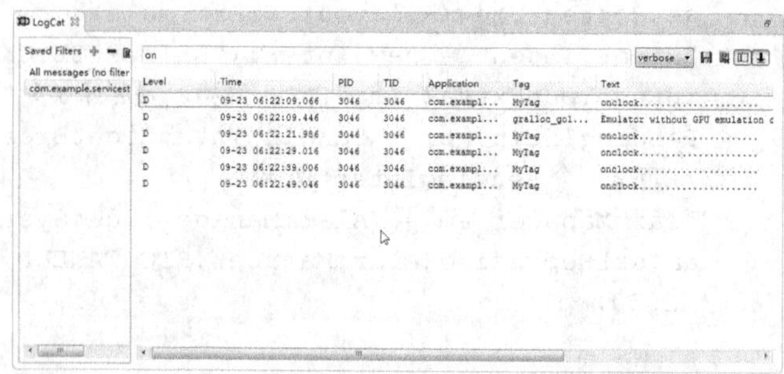

图13-10　LogCat面板中输出的信息

13.4 实验指导——TelephonyManager 实现电话管理器

电话已经成为人们日常交流中不可少的工具。当来电话时，手机可以显示对方的电话号码。当接听电话时，手机显示当前的通话状态。在这期间存在两个状态，即来电状态和接听状态。在应用程序中监听这两个状态，并进行一些处理，就需要使用电话服务 TelephonyManager 对象。

TelephonyManager 类主要提供了一系列用于访问与手机通信相关的状态和信息的 getXxx()方法。其中包含手机 SIM 的状态和信息、电信网络的状态及手机用户的信息。在应用程序中可以使用这些 getXxx()方法获取相关数据。

本节主要利用 TelephonyManager 来实现电话管理器。拨打某个手机号码时，用户可以接听或者拒绝电话。步骤如下：

(1) 在 Android 项目中添加一个布局界面 phone_main.xml，该界面不包含任何内容。

(2) 创建继承自 Activity 类的 PhoneActivity 子类，在子类中重写 onCreate()方法。代码如下：

```
@Override
protected void onCreate(Bundle savedInstanceState) {
    super.onCreate(savedInstanceState);
    setContentView(R.layout.phone_main);
    TelephonyManager manager = (TelephonyManager) getSystemService
(TELEPHONY_SERVICE);
    manager.listen(new MyPhoneListener(),PhoneStateListener.LISTEN_CALL_
STATE);
}
```

从上述代码可以发现，通过 getSystemService(TELEPHONY_SERVICE)方法获取 TelephonyManager 对象，并调用 listen()方法为其添加监听器。

(3) 创建继承自 PhoneStateListener 类的 MyPhoneListener 子类，在子类中重写 onCallStateChanged()方法。代码如下：

```
public class MyPhoneListener extends PhoneStateListener {
    @Override
    public void onCallStateChanged(int state, String incomingNumber) {
        switch (state) {
        case TelephonyManager.CALL_STATE_OFFHOOK:            // 通话状态
            Toast.makeText(PhoneActivity.this, "正在通话....", Toast.LENGTH_
LONG).show();
            break;
        case TelephonyManager.CALL_STATE_RINGING:            // 来电状态
            Toast.makeText(PhoneActivity.this, incomingNumber, Toast.
LENGTH_LONG).show();
        default:
            break;
        }
        super.onCallStateChanged(state, incomingNumber);
    }
}
```

在上述代码中，CALL_STATE_OFFHOOK 常量表示通话状态，即接起电话时的状态；CALL_STATE_RINGING 常量表示来电状态，即电话进来时的状态。除了这两种状态外，还有一种 CALL_STATE_IDLE 常量，它表示无任何状态时。

(4) 在 AndroidManifest.xml 文件中重新配置启动项，并且需要添加读取手机通话状态的权限。代码如下：

```
<application>
    <activity
        android:name=".PhoneActivity"
        android:label="@string/app_name" >
        <intent-filter>
            <action android:name="android.intent.action.MAIN" />
            <category android:name="android.intent.category.LAUNCHER" />
        </intent-filter>
    </activity>
</application>
<uses-permission android:name="android.permission.READ_PHONE_STATE" />ss
```

(5) 运行该项目进行测试，在模拟器上进行测试时，可以在 DDMS 透视图中的 Emulator Control 面板模拟打电话。首先进入 Emulator Control 面板，在该面板中的 Incoming number 文本框中输入一个电话号码，然后选中 Voice 复选框，再单击 Call 按钮，如图 13-11 所示。

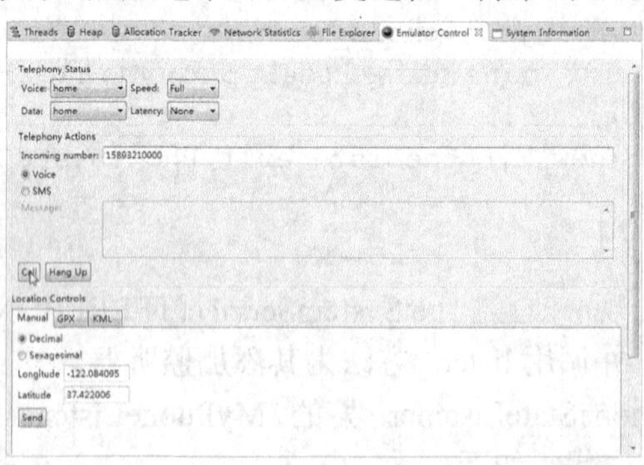

图 13-11　Emulator Control 面板

(6) 安装该项目并单击 Call 按钮进行测试，来电状态如图 13-12 所示，接听电话状态如图 13-13 所示。

图 13-12　来电状态

图 13-13　接听状态

13.5 思考与练习

一、填空题

1. 从本质上可以将 Service 分为__________和 Bound 两种。

2. __________方法的旧版本方法是 onStart()方法。当其他组件调用 startService()方法请求服务启动时，系统会调用该方法。

3. 自定义服务时，编写的服务类需要继承__________类。

4. 通过 Activity 类的__________方法可以获得指定的系统服务对象。

5. TelephonyManager 对象的__________常量表示的是来电状态。

二、选择题

1. 当服务不再被使用且即将被销毁时，系统会调用__________方法。

   A．onStartCommand()　　B．onBind()

   C．onCreate()　　D．onDestroy()

2. 在 AndroidManifest.xml 文件中声明 Service 时，为<service>标记添加__________属性表示的是服务能否被系统实例化。

   A．android:enabled　　B．android:exported

   C．android:permission　　D．android:process

3. 当 onStartCommand()方法的返回值为 START_NOT_STICKY 常量时，其含义是_____。

   A．如果系统在 onStartCommand()方法返回后停止服务，那么系统将重新创建服务并调用 onStartCommand()方法，但是不重新发送最后的 Intent

   B．如果系统在 onStartCommand()方法返回后停止服务，那么系统将重新创建服务并调用 onStartCommand()方法，也会重新发送最后的 Intent

   C．如果系统在 onStartCommand()方法返回后停止服务，那么系统将不会重新创建服务，除非有 PendingIntent 要发送

   D．如果系统在 onStartCommand()方法返回后停止服务，那么系统将重新创建服务并使用发送给服务的最后 Intent 调用 onStartCommand()

4. ALARM_SERVICE 表示的是__________，该服务相对应的系统对象是__________。

   A．闹钟服务，AlarmManager　　B．位置服务，AlarmManager

   C．闹钟服务，AlarmService　　D．位置服务，AlarmService

5. 调用 AlarmManager 对象的__________方法可重复设置闹钟。

   A．set()　　B．setRepeating()

   C．setInexactRepeating()　　D．setRepeatingInexact()

6. 闹钟类型取值为__________时，表示闹钟在手机睡眠状态下不可用，且该状态下闹钟使用的时间是相对时间。

   A．AlarmManager.RTC_WAKEUP

   B．AlarmManager.RTC

C．AlarmManager.ELAPSED_REALTIME

D．AlarmManager.ELAPSED_REALTIME_WAKEUP

三、简答题

1. 简述 Service 的分类，以及各类的生命周期。
2. 简述在 AndroidManifest.xml 文件中如何声明 Service。
3. Android 中常用的系统服务有哪些？

第 14 章　Android 网络编程

Android 基于 Linux 内核，它包含一组优秀的联网功能。本章将介绍 Android 中的网络编程。

学习要点

- 掌握 Android 可以使用的网络接口。
- 理解 HTTP 通信的原理。
- 掌握 Android 与 HTTP 之间的通信原理。
- 理解 Socket 通信原理。
- 掌握 Socket 的使用方法。
- 理解 WebView 的用法。
- 掌握 WebView 与 JavaScript 之间的数据传递原理。

14.1　网络编程基础

Android 平台使用的网络接口能够帮助应用程序处理各种网络需求。由于 Android 的应用层采用的是 Java 语言，因此 Android 支持所有 Java 所支持的网络编程方式；另外 Android 还引入了其他扩展包和独立 API。

Android 平台有 3 种可以使用的网络接口：java.net.*(Java 标准接口)、org.apache(Apache 接口)和 android.net.*(Android 网络接口)。

1．Java 标准接口

Java 标准接口提供了与联网有关的类，包括流、数据包、套接字、Internet 协议，以及常见的 HTTP 处理。例如，创建 URL 及 URLConnection 对象、设置连接参数，连接到服务器、向服务器写数据、从服务器读取数据等，这些类都封装在 java.net 包下。java.net 包下最常用的是 HttpURLConnection 和 HttpClient 两个类。

2．Apache 接口

Apache 接口为 HTTP 通信提供了高效、精确、功能丰富的工具包支持。Android 网络接口提供了网络访问的 Socket、URI 类以及和 Wi-Fi 相关的类，并且提供了网络状态监视管理等接口。

虽然在 JDK 的 java.net 包中已经提供了访问 HTTP 协议的基本功能，但是对于大部分应用程序来说，JDK 库本身提供的功能还远远不够。这时就需要使用 Android 提供的 Apache HttpClient 接口。它是一个开源项目，为客户端的 HTTP 编程提供了高效、最新、功能最丰富的工具包支持。

HTTP 可能是现在 Internet 上使用最多，最重要的通信协议了，越来越多的 Java 应用程

序通过 HTTP 来访问网络资源。Android 平台在引入了 ApacheHttpClient 的同时还提供了对它的一些封装和扩展，例如设置默认的 HTTP 超时和缓存大小等。

HttpClient 是 Apache Jakarta Common 下的子项目，可以用来提供高效的、最新的、功能丰富的，支持 HTTP 协议的客户端编程工具包。HttpClient 的主要功能包括创建 HttpClient、发送 GET/POST 请求、创建 HttpResponse 对象、设置连接参数、执行 HTTP 操作以及处理结果等。

Android 平台用的版本是 HttpClient 4.0。对于 HttpClient 类，可以使用 HttpPost 和 HttpGet 类以及 HttpResponse 来进行网络连接。Apache HttpClient 接口的类封装在 org.apache.http 包下。

3. Android 网络接口

Android 网络接口是通过对 Apache 中 HttpClient 类的封装来实现的一个 HTTP 接口，同时提供了 HTTP 请求队列管理以及 HTTP 连接池管理，以提高并发请求情况下的处理效率。除此之外还有网络状态监视等接口、网络访问的 Socket 以及常用的 Uri 类等。这些类封装在 android.net 包下。

有了这些工具包的支持，在 Android 中使用网络编程的方式主要有以下几种。

(1) 针对 TCP/IP 的 Socket、ServerSocket。

(2) 针对 UDP 的 DatagramSocket、DatagramPackage。

(3) 针对直接 URL 的 HttpURLConnection。

(4) Android 集成了 Apache HTTP 客户端，可使用 HTTP 进行网络编程。

(5) 使用 Web Service 进行网络编程。

(6) 直接使用 WebView 视图组件显示网页。

其中，方式(1)和方式(2)都是 Socket 的通信方式，方式(3)、(4)、(5)是 HTTP 的通信方式，而方式(6)则是 Android 提供的网页浏览控件。

14.2 HTTP 通信

同有线网络一样，移动互联网也在使用 HTTP 访问网络。在 Android 中针对 HTTP 进行网络通信的方法主要有两种，一种由 HttpURLConnection 实现；一种由 HttpClient 实现。本节将介绍 Android 中的 HTTP 通信。

14.2.1 使用 HttpURLConnection

HttpURLConnection 类位于 java.net 包中，是 Java 的标准类。该类继承自 URLConnection 基类，而且是抽象类，因此无法直接实例化对象。在使用时需要调用 URL 的 openConnection() 方法获得。

例如，要创建一个 http://www.itzcn.com 网站对应的 HttpURLConnection 实例，可以使用如下代码：

```
//定义网络 URL 地址
URL url=new URL("http://www.itzcn.com");
```

```
//打开连接
    HttpURLConnection http=(HttpURLConnection)url.openConnection();
```

上述代码中的 openConnection()方法只是创建了 HttpURLConnection 实例，而并非真正的连接操作。程序每次调用 openConnection()方法都会创建一个新的实例，通常在连接之前需要对相关属性进行设置，如设置超时时间和请求方式。其常用的属性设置方法和说明如表 14-1 所示。

表 14-1 HttpURLConnection 常用的属性设置和说明

属性设置	说 明
http.setDoOutput(true)	用于设置是否向 httpUrlConnection 输出，因为这是 post 请求，参数要放在 http 正文内，因此需要设为 true，默认情况下是 false
http.setDoInput(true)	用于设置是否从 httpUrlConnection 读入，默认情况下是 true
http.setUseCaches(false)	用于设置 Post 请求不能使用缓存
http.setRequestProperty("Content-type", "application/x-java-serialized-object")	用于设置传送的内容类型是可序列化的 Java 对象
http.setRequestMethod("POST")	用于设置请求的方法为 POST，默认是 GET

在连接使用完成之后可通过如下代码关闭连接：

```
http.disconnect();
```

创建 HttpURLConnection 对象之后，就可以使用该对象发送 HTTP 请求了。HTTP 请求通常分为 GET 请求和 POST 请求两种，具体如下。

1. 发送 GET 请求

GET 请求使用 URL 来传递数据。使用的是“?参数名=参数值”的形式，多个参数之间使用&来分隔。在问号之前的是接收参数的 URL 地址。

GET 是 HttpURLConnection 对象默认使用的请求格式。因此，如果要发送 GET 请求，需要在指定连接地址时先将参数组织为 GET 请求格式，然后建立连接，再获取输出流中的数据，最后关闭连接。

2. 发送 POST 请求

由于 GET 请求数据不安全，且仅适合 1024B 以内的数据，所以当要发送的数据比较重要或内存较大时，就需要使用 POST 请求。

POST 方式相对 GET 方式而言要复杂一些。因为该方式需要将请求的参数放在 HTTP 请求的正文内，所以需要构造请求的报文。主要步骤如下。

(1) 构造 URL。构造 URL 的方法和构造 GET 的方法一样，不过 URL 地址是不带参数的。

```
URL geturl = new URL("http://www.itzcn.com ");
```

(2) 设置连接。在 GET 方式中，获取连接类 URLConnection 后，使用了 URLConnection 的默认设置，不需要再对设置进行修改。而在 POST 方式中，需要更改的设置如下：

```
http.setDoOutput(true) ;
http.setDoInput(true) ;
```

这两个方法分别用来设置是否向该 URLConnection 连接输出和输入。由于在 POST 请求中，查询的参数是在 HTTP 的正文内，所以需要进行输入和输出。因此，这两个方法的值均被设置为 true。

```
http.setRequestMethod("POST") ;
```

该方法用来设置请求的方式，默认为 GET 方式，需要将其设置为 POST 方式。

```
http.setUseCaches(false) ;
```

该方法用来设置是否使用缓存，由于在 POST 请求中不能使用缓存，因此将其设置为 false。

```
http.setRequestProperty("Content-Type","application/x-www-form-urlencoded");
```

该方法用来设置请求正文的类型。由于在正文内容中使用 URLEncoder.encode()来进行编码，所以设置如上，表示正文是 urlencoded 编码过的 Form 参数。

完成这些设置后，就可以连接到远程 URL，使用方法如下：

```
http.connect() ;
```

(3) 写入请求正文。在 POST 方式中，需要将请求的内容写在请求正文中发送到远程服务器。首先需要获取连接的输出流，使用方法如下：

```
OutputStream http.getOutputStream() ;
```

获取了输出流后，需要将参数写入该输出流中。写入的内容和 GET 方式的 URL 中"?"后面的参数字符串是一致的。示例如下：

```
String content = "m=ad&p=line";
```

HttpURLConnection 的连接状态是可以查询的。其查询方法是使用 HttpURLConnection.getResponseCode()方法取得目前的网络连接的服务器应答代码，或以 HttpURLConnection.getResponseMessage()取得返回的信息。常见的 HttpURLConnection 代码与信息的对应如表 14-2 所示。

表 14-2　HttpURLConnection 连接的状态信息

ResponseCode	ResponseMessage	说　明
200	OK	表示连接成功
401	Unauthorized	表示未授权
500	Internal Server Error	表示服务器内部错误
404	Not Found	表示找不到该网页

也可以运用 HttpURLConnection 类中的 getInputStream()方法返回 InputStream，将 InputStream 对象变成 Bitmap 显示到界面上。

14.2.2　使用 HttpClient

在第 14.2.1 节中使用 HttpURLConnection 类实现了对 HTTP 请求的简单访问和获取。在实际开发中，如果要实现比较复杂的联网操作，HttpURLConnection 类通常无法满足要求，这时就需要使用 Apache 提供的 HttpClient。

HttpClient 对 Java 标准接口访问网络的方法进行了重新封装。HttpClient 将 HttpURLConnection 类中的输出和输出操作封装成 HttpGet、HttpPost 和 HttpResponse 类，从而简化了操作。其中，HttpGet 类表示发送 GET 请求，HttpPost 类表示发送 POST 请求，HttpResponse 类表示响应的结果对象。

同使用 HttpURLConnection 类一样，使用 HttpClient 也可以完成 GET 请求和 POST 请求，具体内容如下。

1．发送 GET 请求

使用 HttpClient 类发送 GET 请求大致可以分为如下几个步骤。

(1) 创建 HttpClient 对象。

(2) 创建 HttpGet 对象。如果需要发送请求参数，可以直接将要发送的参数连接到 URL 地址中，也可以调用 HttpClient 对象的 setParams()方法添加请求参数。

(3) 调用 HttpClient 对象的 execute()方法发送请求，该方法返回一个 HttpResponse 对象。

(4) 调用 HttpResonse 的 getEntity()方法获得包含响应结果的 HttpEntity 对象，通过该对象获取具体的内容。

2．发送 POST 请求

使用 HttpClient 类发送 POST 请求大致可以分为如下几个步骤。

(1) 创建 HttpClient 对象。

(2) 创建 HttpPost 对象。如果需要发送请求参数，既可以调用 HttpPost 的 setParams()方法，也可以调用 setEntity()方法。

(3) 调用 HttpClient 对象的 execute()方法发送请求，该方法会返回一个 HttpResponse 对象。

(4) 调用 HttpResonse 的 getEntity()方法获得包含响应结果的 HttpEntity 对象，通过该对象获取具体的内容。

14.3　Socket 网络编程

在网络开发过程中，Socket 不仅可以实现 HTTP，而且还可以实现 FTP 等协议。应用程序通常通过 Socket 向网络发出请求或者应答网络请求。它是网络中两个相互交互的应用程序的一端，其主要作用是将网络中所谓的客户端/服务器连接起来。

Socket(又称“套接字”)是应用层与 TCP/IP 协议簇通信的中间软件抽象层，它是一组接口。Socket 把复杂的 TCP/IP 协议簇隐藏在 Socket 接口后面。对用户来说，一组简单的

接口就是全部，让 Socket 去组织数据，以符合指定的协议。

Socket 用于描述 IP 地址和端口，是一个通信链的句柄。应用程序通常通过套接字向网络发出请求，或者应答网络请求。它同时也是网络通信的基础，是支持 TCP/IP 的网络通信的基本操作单元。Socket 是网络通信过程中端点的抽象表示，包含进行网络通信必需的 5 种信息：连接使用的协议、本机 IP 地址、本地端口、远程主机 IP 地址及远程端口。

1．通信模式

Socket 主要有两种通信模式：面向连接和无连接的。面向连接的 Socket 操作就像一部电话，必须建立一个连接和一个呼叫，且所有事情到达的顺序与它们发出的顺序是一致的。无连接的 Socket 操作就像是一个邮件寄送，没有时间和顺序的保障，因为多个邮件到达的顺序可能与发出的顺序不一致。选择使用何种模式主要取决于程序的需求。如果可靠性重要的话，就用面向连接模式。例如，文件服务器需要数据的正确性和有序性，如果一些数据丢失了，系统的有效性就会失去。

不同模式采用的连接协议也不相同。面向连接的操作使用的是 TCP。在这个模式下 Socket 必须在发送数据之前与目的地的 Socket 取得连接。一旦连接建立了，Socket 就可以使用一个流接口进行打开、读取、写入和关闭操作。所有发送的信息都会在另一端以相同的顺序被接收。这种连接操作的优点是，数据的安全性高；缺点是，效率不高。

无连接操作使用的是 UDP。在这个模式下，一个数据包就是一个独立的单元，其中包含了这次发送的所有信息。可以将数据包想象为一个信封，上面有目的地址和要发送的内容。此时 Socket 不需要连接一个目的 Socket，它只是简单地发出数据报，而无法确认数据报是否到达。这种连接操作的优点是，快速和高效；缺点是安全性不高。

2．使用 Socket 通信方法

无论采用哪种连接模式，Socket 编程的大致步骤都是相同的。其主要步骤如下。

(1) 构造客户端和服务器端 Socket 对象。Android 在 java.net 包里面提供了两个类：ServerSocket 和 Socket，前者用于实例化服务器的 Socket，后者用于实例化客户端的 Socket。在连接成功时，应用程序两端都会产生一个 Socket 实例，操作这个实例来完成客户端到服务器所需的会话。

如下所示为 ServerSocket 类和 Socket 类的构造函数形式：

```
ServerSocket(int port);
ServerSocket(int port, int backlog) ;
ServerSocket(int port, int backlog, InetAddress bindAddr) ;
Socket(InetAddress address, int port) ;
Socket(InetAddress host, int port, boolean stream) ;
Socket(InetAddress address, int port, InetAddress localAddr, int localPort) ;
Socket(SocketImpl impl) ;
Socket(String host, int port) ;
Socket(String host, int port, boolean stream) ;
Socket(String host, int port, InetAddress localAddr, int localPort) ;
```

其中，address、host、port 分别表示客户端和服务器端的 IP 地址、主机名称、主机端口号；stream 指定是流 Socket 还是数据报 Socket；localport 表示本地主机的端口号；localAddr

和 bindAddr 是本地的地址；count 表示服务器端所能支持的最大连接数；impl 是 Socket 的父类，既可以用来创建 ServerSocket，也可以创建 Socket。

下面示例代码分别创建了一个客户端和服务器端：

```
Socket client=new Socket("192.168.0.136",13455);          //创建客户端
ServerSocket  server=new ServerSocket(13455);             //创建服务器端
```

在设置 Socket 端口时要注意，每个端口表示一个特定的服务，因此只有指定正确的端口，才能获得相应的服务。其中，0～1023 是系统预留端口。例如，HTTP 服务的端口号为 80，Telnet 服务的端口号为 21，FTP 服务的端口号为 23。所以在设置 Socket 端口号时，最好选择一个大于 1023 的数，以防止与系统预留端口号发生冲突。

提示： 在创建 Socket 时，如果发生错误将产生 IOException 异常，因此在程序中必须捕获或者抛出异常。

(2) 处理客户端 Socket。在使用 Socket 与服务器端通信之前必须先在客户端创建一个 Socket，并指定需要连接的服务器端 IP 地址和端口。这也是使用 Socket 通信的第一步，示例代码如下：

```
try{
   Socket client=new Socket("192.168.0.136",13455);
}
catch(IOExceptione){ //异常处理  }
```

(3) 处理服务器端 ServerSocket。接下来看看服务器端处理 ServerSocket 的示例代码：

```
ServerSocket server=null;
try{
   server=new ServerSocket(13455);
}catch(IOExceptione){ //异常处理  }
try{
   Socket socket=server.accept();
}catch(IOExceptione){ //异常处理  }
```

上述代码创建了一个 ServerSocket 对象，并在 13455 端口监听客户端的请求，这也是服务器端 Socket 编程的典型工作方式。在这里服务器端只能接收一个请求，接收后请求服务端就退出了。而在实际的应用中，总是希望它不停地循环接收请求，因此一旦有客户请求，服务器端总是会创建一个服务器线程来服务新客户，而且继续监听。这里的 accept() 是一个阻塞函数，也就是说该方法被调用后将等待客户的请求，直到有一个客户端启动并请求连接相同的端口，然后 accept()返回一个对应于客户端的 Socket。这样，客户端与服务器端就建立了基于 Socket 的通信，接下来各自分别打开输入和输出流。

(4) 输入与输出流。Socket 提供了 getInputStream()和 getOutputStream()方法来得到对应的输入和输出流以进行读定操作，它们分别返回 InputStream 和 OutputStream 对象。为了方便读写数据，可以在返回的输入/出对象上建立过滤流，例如 DataInpuStream、DataOutputStream 或者 PrintStream 类对象，其对象的初始化代码如下：

```
PrintStream ps=new PrintStream(new BufferedOutputStream(socket.
getOutputStream()));
DataInputStream ds=new DataInputStream(socket.getInputStream());
PrintWrite pw=new PrintWrite(socket.getOutputStream(),true);
BufferedReader br=new BufferedReader(new InputStreamReader(socket.
getInputStream()));
```

(5) 关闭Socket和流。每一个Socket都会占用一定的系统资源，因此在Socket对象使用完毕时，可以调用close()方法关闭Socket。但是在关闭Socket之前，应将与Socket相关的所有输入/输出流全部关闭，以释放所有资源。而且要注意关闭的顺序，与Socket相关的流应该先关闭，然后再关闭Socket。其步骤如下所示：

```
ps.close();
ds.close();
socket.close();
```

14.4 Web 网络编程

Android 浏览器的内核是 Webkit 引擎，采用该引擎的还有 Safari 和 Chrome 浏览器。除了使用浏览器浏览 Web 页面之外，还可以使用 Android 提供的 WebView 控件。该控件也是基于 Webkit 引擎，可以在应用程序中显示本地或者 Internet 上的网页，同时支持 HTML、CSS、JavaScript，以及缓存等功能。

14.4.1 使用 WebView 浏览网页

浏览网页是 WebView 控件最基本的功能，但该控件的属性通常在 Java 中设置。其使用步骤通常是：首先添加该控件到布局(使用<WebView>标记)。然后在程序中获取该控件，并设置其属性和要访问的网址等行为(也可以在 XML 中定义)。

在 WebView 中浏览加载网页可采用 loadUrl()方法和 loadData()方法。不同位置的网页或文件应使用不同的前缀，以下是一些常见的网页和文件的加载代码：

```
WebView webview=(WebView)findViewById(R.id.webview);
webview.loadUrl("http://www.itzcn.com");
webview.loadUrl("file://sdcard/index.html");
webview.loadUrl("file://sdcard/index.gif");
webview.loadUrl("file://android_asset/dialog.html");
```

在上述代码中，Internet 上的文件前缀为 http://；SD 卡上的文件前缀为 file://；前缀 file://android_asset 表示要加载的文件位于当前项目的 assets 目录。

由于编码问题可导致网页中的中文无法正常显示，此时可使用 loadData()方法定义网页的编码类型，语法如下：

```
void loadData(String data, String mimeType, String encoding)
```

其中，data 参数表示要显示的 HTML 代码；mimeType 参数表示内容为 MIME 类型，一般为 text/html；encoding 参数表示内容的编码，例如 UTF-8、GBK 等。

Android 提供了一个 WebSettings 对象来设置 WebView 的一些属性和状态，这些设置在 Java 文件中进行。WebSettings 对象的不同方法用于设置 WebView 的不同属性和状态。Websettings 常用的属性设置方法及其说明如表 14-3 所示。

表 14-3　WebSettings 常用方法

方法名称	说　明
setAllowFileAccess()	表示是否允许或禁止访问文件数据
setBlockNetworkImage()	表示是否显示网络图像
setBuiltInZoomControls()	表示是否支持缩放
setCacheMode()	表示设置缓存模式
setDefaultFontSize()	用于设置默认字体大小
setDefaultTextEncodingName()	用于设置默认编码
setDisplayZoomControls()	用于设置是否使用缩放按钮
setJavaScriptEnabled()	用于设置是否支持 JavaScript
setSupportZoom()	用于设置是否支持缩放

将方法名称中的 set 改为 get 可以获取 WebView 的一些状态和属性。另外还可以通过 WebView 的 getSettings()方法获取设置，代码如下：

```
WebSettings wetset=webview.getSettings();
```

注意：WebSettings 和 WebView 都在同一个生命周期中。因此当 WebView 被销毁之后，如果再使用 WebSettings 则会抛出 IllegalStateException 异常。

WebView 控件和大多数浏览器一样，可以对浏览历史进行前进和后退操作。示例代码如下：

```
if(webview.canGoForward()){        //调用 canGoForward()方法判断是否可以前进
    webview.goForward();           //调用 goForward()方法前进
}
if(webview.canGoBack()){           //调用 canGoBack()方法判断是否可以后退
    webview.goBack();              //调用 goBack()方法后退
}
```

如果要清除缓存内容，可以调用 clearCache()方法，代码如下：

```
webview.clearCache();
```

【范例 1】

创建应用程序，添加 3 个按钮分别用于网址的转到、前进和后退；一个编辑框用于输入网址；一个 WebView 控件用于显示网页，步骤如下。

(1) 首先创建应用程序并添加控件，步骤省略。

(2) 重写页面的 onCreate()方法，获取控件，代码如下：

```
protected void onCreate(Bundle savedInstanceState) {
    super.onCreate(savedInstanceState);
```

```
        setContentView(R.layout.activity_main);
        final WebView webview = (WebView) findViewById(R.id.webview);
        Button doBack = (Button) findViewById(R.id.doBack);          // 后退
        Button doForward = (Button) findViewById(R.id.doForward); // 前进
        Button doGo = (Button) findViewById(R.id.doGo);              // 转到
}
```

(3) 定义转到按钮的监听器，用于获取编辑框中的网址并判断网址的可用性：当网址无效时输出“输入的网址有错误”语句；当网址有效时设置 WebView 的属性并加载该网页，代码如下：

```
doGo.setOnClickListener(new View.OnClickListener() {                // 单击转到
    @Override
    public void onClick(View v) {
        EditText edtURL = (EditText) findViewById(R.id.edtURL);
        // 网址文本框
        String url = edtURL.getText().toString().trim();            // 获取网址
          //判断用户输入的内容是否为 URL 地址
        if (URLUtil.isNetworkUrl(url)) {
            // 得到 WebSetting 对象，设置支持 JavaScript 的参数
            webview.getSettings().setJavaScriptEnabled(true);
            // 设置可以支持缩放
            webview.getSettings().setSupportZoom(true);
            // 设置默认缩放方式为 FAR
            webview.getSettings().setDefaultZoom(ZoomDensity.FAR);
            // 设置出现缩放工具
            webview.getSettings().setBuiltInZoomControls(true);
            // 使页面获得焦点
            webview.requestFocus();
            // 载入 URL
            webview.loadUrl(url);
        } else {
            Toast.makeText(v.getContext(), "输入的网址有错误", 1000).show();
            edtURL.requestFocus();
        }
    }
});
```

(4) 上述代码虽然可以加载编辑框中的网页，但这种方法很可能打开系统中的浏览器，从而有可能使要打开的 URL 显示在浏览器中而不是显示在 WebView 中。为了确保打开的 URL 只在 Webview 中显示，此时需要定义 WebView 监听器，具体做法是：将下面 WebView 监听器的代码放在上述 webview.load Url(url)；语句之后：

```
webview.setWebViewClient(new WebViewClient() {
    public boolean shouldOverrideUrlLoading(WebView view,
            String url) {view.loadUrl(url);
        return true;
    }
});
```

(5) 定义后退按钮的监听器，控制 WebView 的后退操作，代码如下：

```
doBack.setOnClickListener(new View.OnClickListener() { // 单击后退
    @Override
    public void onClick(View v) {
        if (webview.canGoBack())
            webview.goBack();
    }
});
```

(6) 定义前进按钮的监听器，控制 WebView 的前进操作，代码如下：

```
doForward.setOnClickListener(new View.OnClickListener() { // 单击前进
    @Override
    public void onClick(View v) {
        if (webview.canGoForward())
            webview.goForward();
    }
});
```

(7) 运行该应用程序，输入百度网址，其结果如图 14-1 所示。再输入 hao123 的网址，其结果如图 14-2 所示。

图 14-1　百度页面

图 14-2　hao123 页面

14.4.2　WebView 与 JavaScript

WebView 除了可以显示页面，还可以加载 HTML 代码，与 JavaScript 进行互相调用。通过这两种功能，可以实现用 HTML 和 JavaScript 来编写 Android 程序。

使用 WebView 加载 HTML 代码需要调用 loadData()方法；实现 WebView 与 JavaScript 的交互，需要调用 addJavascript Interface()方法，并使用该方法将一个 Java 对象绑定到需要交互的 JavaScript 对象中。JavaScript 对象名就是 interfaceName，作用域是 Global，这样就可以扩展 JavaScript 的 API 从而获取 Android 的数据。

addJavascriptInterface()方法语法格式如下：

```
addJavascriptInterface(Object obj,String interfaceName);
```

在 Java 代码中调用 JavaScript 的语法格式如下：

```
webview.loadUrl("javascript:方法名()");
```

14.5 实验指导——登记系统

本节综合 WebView 与 JavaScript 的知识，介绍如何在 WebView 与 JavaScript 之间实现数据共享。

本实验将创建用于登记的应用程序，包含姓名、性别和年龄三个编辑框供用户添加数据。要求使用“登记”按钮，在单击该按钮时能将用户数据显示在界面下面的 WebView 中。

由于 JavaScript 可以获取 Java 中的对象，因此可将用户数据存放在实体类中。初始化实体类，并通过 JavaScript 获取数据，步骤如下。

(1) 首先创建应用程序并添加实体类，代码如下：

```
public class Contact {
    String name,sex,age;
    public Contact(String n,String s,String a){
        name=n;
        sex=s;
        age=a;
    }
    public String getname(){return this.name;}
    public String getsex(){return this.sex;}
    public String getage(){return this.age;}
}
```

(2) 定义界面的布局文件，添加文本框、编辑框、按钮和 WebView，步骤省略。

(3) 定义界面的 Java 文件，获取 WebView 并设置属性使其支持 JavaScript，代码如下：

```
protected void onCreate(Bundle savedInstanceState) {
    super.onCreate(savedInstanceState);
    setContentView(R.layout.login);
    final WebView webview = (WebView) findViewById(R.id.webview);
    WebSettings setting = webview.getSettings();
    setting.setJavaScriptEnabled(true);
}
```

(4) 定义按钮的监听器，获取编辑框并创建 Contact 的对象，将该对象通过 addJavascriptInterface()方法传递给 JavaScript，将下列代码放在上述 onCreate()方法中：

```
final Button getpage = (Button) findViewById(R.id.button1);
getpage.setOnClickListener(new View.OnClickListener() { // 单击后退
    @Override
    public void onClick(View v) {
        final EditText name = (EditText) findViewById(R.id.editname);
        final EditText sex = (EditText) findViewById(R.id.editsex);
        final EditText age = (EditText) findViewById(R.id.editage);
        String n = name.getText().toString().trim();
```

```
            String s = sex.getText().toString().trim();
            String a = age.getText().toString().trim();
            Contact con = new Contact(n, s, a);
            //将 con 对象绑定到名为 contact 的 JavaScript 对象中
            webview.addJavascriptInterface(con, "contact");
            webview.loadUrl("file:///android_asset/showpage.html");
            webview.setWebViewClient(new WebViewClient() {
                public boolean shouldOverrideUrlLoading(WebView view,
                        String url) {
                    view.loadUrl(url);
                    return true;
                }
            });
        }
    });
```

(5) 定义 HTML 文件名为 showpage.html，并将其存放在 assets 目录中，其代码如下：

```
<html xmlns="http://www.w3.org/1999/xhtml" >
    <head> </head>
    <body>
        <h1>登记信息</h1>
        <div>
            <script>
                if(window.contact!=null)
                {
                    document.write("姓名:"+window.contact.getname()+"<br/>");
                    document.write("性别: "+window.contact.getsex()+"<br/>");
                    document.write("年龄:"+window.contact.getage()+"<br/>");
                }
                else{ document.write("no daga");}
            </script>
        </div>
    </body>
</html>
```

上述代码通过 window.contact 获取了 Java 中的 con 对象，运行该程序可看到数据传递的结果，这里不再提供运行结果图。

14.6 思考与练习

一、填空题

1. Android 平台有 3 种可以使用的网络接口：java.net.*、__________和 android.net.*。

2. 在 Android 中针对 HTTP 进行网络通信的方法主要有两种，一种由 HttpURLConnection 实现；一种由__________实现。

3. 在 WebView 中浏览加载网页可采用 loadUrl()方法，其参数的前缀 file://android_asset

表示要加载的文件位于当前项目的__________目录。

4. 使用 WebView 加载 HTML 代码需要调用 loadData()方法；实现 WcbVicw 与 JavaScript 的交互，需要调用__________方法。

二、选择题

1. 假设要使用 HTTP 进行编程，下面__________类无法实现。

A．HttpURLConnection　　B．HttpClient

C．HttpSocket　　D．HttpGet

2. 在使用 HttpURLConnection 发送 POST 请求时，应该调用__________类写入数据。

A．DataOutputStream　　B．DataInputStream

C．HttpResponse　　D．Http

3. 采用 Socket 编程的__________模式时效率高，但其安全性不高。

A．TCP　　B．GET　　C．UDP　　D．POST

4. Android 浏览器的内核与下列__________浏览器一样。

A．IE 10　　B．Chrome　　C．UC　　D．FireFox

三、简答题

1. Android 平台的 3 种网络接口都有哪些？它们分别包含怎样的类？
2. 简述使用 HttpURLConnection 对象进行网络编程的过程。
3. HttpClient 类对 HttpURLConnection 类中的输入和输出操作做了怎样的改变？
4. 简述 WebView 控件的使用方法。

第 15 章　贪吃蛇游戏

通过前面的学习，相信读者一定掌握了 Android 的各种操作。从最基础的 Android 环境搭建，到界面组件的使用、访问系统资源、播放音频和事件处理，以及数据库和网络编程。

本章将介绍如何在 Andriod 系统中实现贪吃蛇游戏。贪吃蛇是一款经典的游戏。它的经典之处在于，用户操作的简单，技术实现简洁，因而它能经久不衰。

学习要点

- 了解贪吃蛇的功能分析。
- 了解绘制蛇的方法。
- 熟悉控制蛇移动的方法。
- 理解 TileView 类和 SnakeView 类的作用。
- 掌握 Android 程序的开发流程。
- 掌握游戏中事件的监听和处理方法。

15.1 功 能 简 介

贪吃蛇游戏是一款经典的手机游戏，同时也是一款需要耐心才能玩好的游戏。贪吃蛇游戏就是一条小蛇，不停地在屏幕上游走，吃着各方向上出现的食物，最后越吃越长。但是只要蛇头碰到屏幕四周，或者碰到自己的身子，小蛇就会立即毙命，也即游戏结束。玩“贪吃蛇游戏”，难度最大的不是蛇长得很长的时候，而是开始的时候。那时蛇身很短，看上去难度不大，却最容易死掉，因为把玩一条小蛇容易让人走神，失去耐心。

图 15-1 所示为贪吃蛇游戏运行过程中的截图。

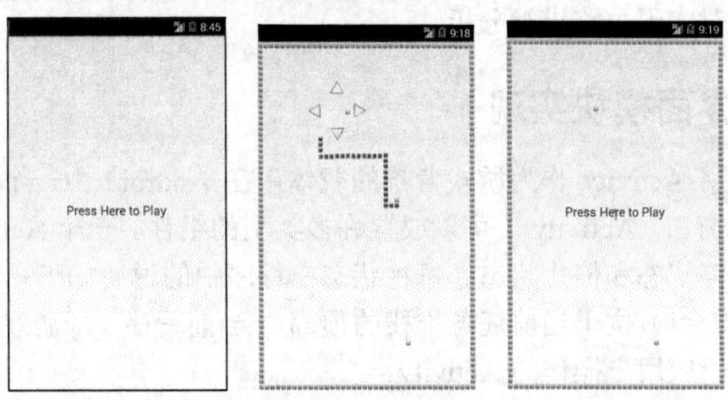

图 15-1　游戏运行图

15.2 项 目 结 构

使用 ADT 新建一个项目并命名为 MySnake，如图 15-2 所示为最终项目的目录结构。从图中可以看到共包含 4 个类，MainActivity 是游戏的主界面类，Snake、SnakeView 和

TitleView 是游戏的辅助实现类。TileView 类、Snake 类和 SnakeView 类之间的关系及所包括的方法如图 15-3 所示。

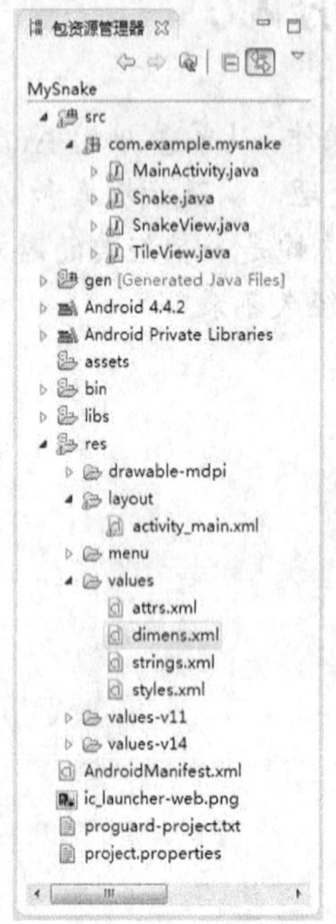

图 15-2　目录结构

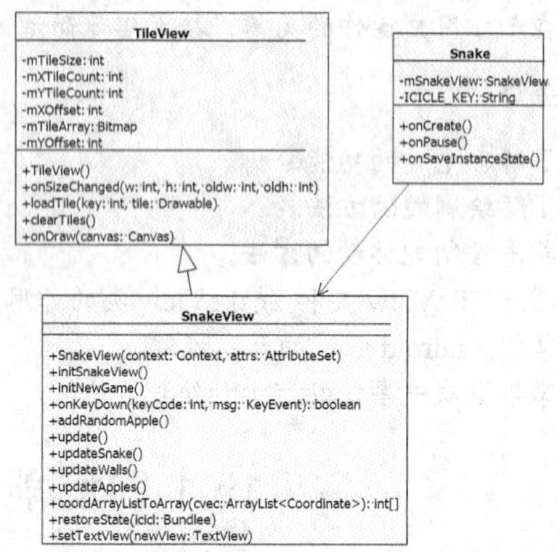

图 15-3　类关系图

15.3　实现思路分析

贪吃蛇游戏的功能非常简单，实现的关键是理解思路，并没有太多复杂的算法和技术。本节将从 4 个方面对实现思路进行分析。

15.3.1　游戏界面模块实现

贪吃蛇游戏采用 Activity 作为游戏背景的载体，在 Android 中一个 Activity 就相当于 Windows 中的一个窗口，Activity 上可以放置许多类型的组件。一个 Activity 主要有 3 个状态：运行状态、暂停状态和停止状态。每种状态在程序中的说明如下。

(1) 当在屏幕前台时(位于当前任务堆栈的顶部)，当前程序，即游戏是活跃或运行的状态。当前程序就是相应用户操作的 Activity。

(2) 当它失去焦点但仍然对用户可见时，当前程序，即游戏处于暂停状态。即在当前程序之上有另外一个 Activity。这个 Activity 也许是透明的，或者未能完全遮蔽全屏，所以被暂停的 Activity 仍对用户可见。暂停的 Activity 仍然是存活状态(游戏保留着所有的状态和成员信息并连接至窗口管理器)，但当系统处于极低内存的情况下，仍然可以杀死这个 Activity。

(3) 如果游戏完全被另一个 Activity 覆盖时，游戏处于停止状态。游戏仍然保留所有的状态和成员信息。然而游戏不再为用户可见，所以游戏的窗口将被隐藏，如果其他地方需要内存，则系统经常会杀死这个 Activity。

如果一个 Activity 处于暂停或停止状态，系统可以通过要求游戏结束(调用游戏的 finish()方法)或直接杀死游戏的进程来将它驱逐出内存。当游戏再次为用户可见的时候，游戏只能完全重新启动并恢复至以前的状态。

当一个 Activity 从当前状态转变到另一个状态时，将会触发下列的方法：

```
void onCreate()、void onStart() 、void onRestart() 、void onResume() 、void
onPause() 、void onStop() 、void onDestroy()。
```

1．实现蛇的身体

蛇可以看作是由一个个节点组成的画面。因此可以用一个链表来存储蛇身的元素，在画蛇时遍历这个链表，将里面的元素一一画出，这样就实现了一条蛇。

2．实现蛇的移动

用一个 timer(定时器)来不断地刷新游戏画面，每刷新一次就在蛇头的前面(链表的尾部)增加一个新元素，同时把蛇尾的一个元素删掉，这样从视觉上看起来就实现了蛇的移动。

3．实现蛇吃食物

蛇在移动的过程中，如果蛇头的坐标与食物出现的坐标重合了，那么就在蛇头的位置增加一个元素，同时不删除蛇尾的最后一个元素，这样蛇每吃到一个食物身体就会变长一截。

15.3.2 游戏控制模块实现

在上一节介绍了游戏界面的实现思路，本节将从游戏的控制方面介绍更多的实现思路。

1．实现操作蛇的移动方向

在 Android 系统中，手机上的每个按钮都会有一个对应的键值跟它对应，所以可以给对应的按钮设置监听器 OnClickListener。当按钮被单击时，系统会自动调用该监听器的 onClick(View v)方法。所以实现游戏控制的具体代码将被写到该方法中。

因为在本游戏中不允许蛇向着与蛇头相反的方向移动，所以当用户操作时程序需要判断用户操作的方向是不是跟规则冲突，若冲突则无视该操作；若不冲突则响应该操作，所以程序需要使用一个变量来记录蛇头的当前方向。

2．实现游戏暂停

在 Activity 的生命周期中，有一个 onPause()方法。该方法在 Activity 变为不可见状态时会被系统自动调用。在玩游戏的过程中，如果有来电或是其他中断游戏事件发生，为使用户在处理完这些突发事件后能返回游戏，继续玩耍，这时就需要程序调用 onSaveInstanceState()方法实现保存游戏的当前状态。

3．实现游戏恢复

Activity 生命周期中有一个 onResume()方法。该方法在 Activity 从不可见的状态变为可见状态时，会被系统自动调用。在用户接听完电话或者在手机处于暂停状态下，用户触摸

屏幕后可在该生命周期方法中对游戏进行恢复。

4. 实现游戏退出

当一个 Activity 退出或者被调用 finish()方法后，系统会调用其生命周期方法 onDestroy()。当用户退出游戏时，可在该方法中对资源进行释放。

15.3.3 TileView 类的设计

TileView 是游戏的“围墙”，即蛇头若触碰到“围墙”则游戏结束。因为“围墙”也需要被实现到屏幕上，所以 TileView 需要继承 Android.view.View 类。Android.view.View 类是描绘块状视图的基类。View 会绘制一个包含 Drawing 是 event 事件的方形块。View 是与用户交互的所有组件的 Widgets 的基类(Buttons，textField 等)。View 的子类 ViewGroup 是 layouts 类的基类，layouts 类可以包含其他的 View/ViewGroup 组件，并且定义展示的属性。

实现一个自定义的 View，首先需要实现 Andriod 框架中 View 公用的方法。对此不必重写所有的方法，只需重写 onDraw(Android.graphics.Canvas)方法即可。

15.3.4 SnakeView 类的设计

SnakeView 是本游戏的业务逻辑类，在该类中包含了游戏数据和一些处理数据的方法，以及一些内部类。SnakeView 类包含的方法主要有以下几种。

(1) 判断按键的方法：在 Android 手机上，每个按键都会有一个唯一的键值与它对应，通过获得键值可判断哪个键被按，并采取相应的动作。

(2) 设置提示信息的方法：通过程序判断，动态地设置用户提示信息，例如设置游戏结束。

(3) 在随机位置出现食物的方法：通过随机数在屏幕范围内随机出现一个食物，但是不允许同一时刻有两个食物存在。

(4) 刷新蛇的当前位置的方法：主要用于刷新蛇的当前位置。

(5) 判断蛇是否吃到食物的方法：因为食物和蛇都会有一个坐标，所以通过判断蛇头坐标是否跟食物坐标相等来确定蛇是否吃到了食物。

15.4 详 细 设 计

经过上一节的思路分析，开发人员对游戏的实现细节有了更多的了解。接下来的工作便是动手实现，验证思路的正确性。本节不会罗列所有的实现代码，只介绍实现的关键代码和难点处的代码。

15.4.1 Snake 类的详细设计

Snake 类是蛇头以及蛇头的控制部分，包括判断 newDirection 和 oldDirection 是否为相反方向，并选择一个有效方向。该类还实现了判断蛇头是否和蛇身的某个节点的坐标重合，即蛇在吃到自己的同时是否实现蛇身沿着蛇头的轨迹移动。根据方向键，改变蛇头的 x、y

的值，即改变方向等功能都在该类中。

Snake 类继承 Activity 基类并实现了 OnClickListener 接口，其中的 onCreate()方法代码如下：

```
public void onCreate(Bundle savedInstanceState) {
    super.onCreate(savedInstanceState);
    // No Title bar
    requestWindowFeature(Window.FEATURE_NO_TITLE);
    setContentView(R.layout.snake_layout);
    mSnakeView = (SnakeView) findViewById(R.id.snake);
    mSnakeView.setTextView((TextView) findViewById(R.id.text));
    play = (Button)findViewById(R.id.play);
    play.setId(PLAY);
    play.setOnClickListener(this);
    play.setBackgroundColor(Color.argb(0, 0, 255, 0));
    left = (ImageButton)findViewById(R.id.left);
    left.setId(LEFT);
    left.setOnClickListener(this);
    left.setBackgroundColor(Color.argb(1, 1, 255, 1));
    left.setVisibility(View.GONE);
    right = (ImageButton)findViewById(R.id.right);
    right.setId(RIGHT);
    right.setOnClickListener(this);
    right.setBackgroundColor(Color.argb(1, 1, 255, 1));
    right.setVisibility(View.GONE);
    up = (ImageButton)findViewById(R.id.up);
    up.setId(UP);
    up.setOnClickListener(this);
    up.setBackgroundColor(Color.argb(1, 1, 255, 1));
    up.setVisibility(View.GONE);
    down = (ImageButton)findViewById(R.id.down);
    down.setId(DOWN);
    down.setOnClickListener(this);
    down.setBackgroundColor(Color.argb(1, 1, 255, 1));
    down.setVisibility(View.GONE);
    if (savedInstanceState == null) {
        // We were just launched -- set up a new game
        mSnakeView.setMode(mSnakeView.READY);
    } else {
        // We are being restored
        Bundle map = savedInstanceState.getBundle(ICICLE_KEY);
        if (map != null) {
            mSnakeView.restoreState(map);
        } else {
            mSnakeView.setMode(SnakeView.PAUSE);
        }
    }
    handler = new Handler()
```

```
        {
          public void handleMessage(Message msg)
          {
            switch (msg.what)
            {
              case Snake.GUINOTIFIER:
                play.setVisibility(View.VISIBLE);
                left.setVisibility(View.GONE);
                right.setVisibility(View.GONE);
                up.setVisibility(View.GONE);
                down.setVisibility(View.GONE);
                break;
            }
            super.handleMessage(msg);
          }
        }
    }
```

15.4.2 TileView 类的详细设计

在 15.3.3 节介绍了 TileView 是游戏的“围墙”，因此它也是一个界面显示类。创建 TileView 类并继承 View 基类，TileView 类的两个构造方法如下：

```
public TileView(Context context, AttributeSet attrs, int defStyle) {
    super(context, attrs, defStyle);

    TypedArray a = context.obtainStyledAttributes(attrs,R.styleable.TileView);
    mTileSize = a.getInt(0, 12);
    a.recycle();
}
public TileView(Context context, AttributeSet attrs) {
    super(context, attrs);

    TypedArray a = context.obtainStyledAttributes(attrs,R.styleable.TileView);
    mTileSize = a.getInt(0, 12);
    a.recycle();
}
```

接下来编写绘制“围墙”以及清除“围墙”的代码，具体如下：

```
protected void onSizeChanged(int w, int h, int oldw, int oldh) {
       mXTileCount = (int) Math.floor(w / mTileSize);
       mYTileCount = (int) Math.floor(h / mTileSize);
       mXOffset = ((w - (mTileSize * mXTileCount)) / 2);
       mYOffset = ((h - (mTileSize * mYTileCount)) / 2);
       mTileGrid = new int[mXTileCount][mYTileCount];
       clearTiles();
}
public void loadTile(int key, Drawable tile) {
```

```
        Bitmap bitmap = Bitmap.createBitmap(mTileSize, mTileSize, Bitmap.
Config.ARGB_8888);
        Canvas canvas = new Canvas(bitmap);
        tile.setBounds(0, 0, mTileSize, mTileSize);
        tile.draw(canvas);
        mTileArray[key] = bitmap;
    }
public void clearTiles() {
    for (int x = 0; x < mXTileCount; x++) {
        for (int y = 0; y < mYTileCount; y++) {
            setTile(0, x, y);
        }
    }
}
public void setTile(int tileindex, int x, int y) {
    mTileGrid[x][y] = tileindex;
}
public void resetTiles(int tilecount) {
    mTileArray = new Bitmap[tilecount];
}
public void onDraw(Canvas canvas) {
    super.onDraw(canvas);
    for (int x = 0; x < mXTileCount; x += 1) {
        for (int y = 0; y < mYTileCount; y += 1) {
            if (mTileGrid[x][y] > 0) {
                canvas.drawBitmap(mTileArray[mTileGrid[x][y]],
                        mXOffset + x * mTileSize,
                        mYOffset + y * mTileSize,
                        mPaint);
            }
        }
    }
}
```

15.4.3 SnakeView 类的详细设计

在 15.3.4 节对 SnakeView 类的作用及其包含的主要方法进行了简单介绍。SnakeView 类继承 TileView 类，有以下两个构造方法：

```
public SnakeView(Context context, AttributeSet attrs) {
  super(context, attrs);
  initSnakeView();
}
public SnakeView(Context context, AttributeSet attrs, int defStyle) {
  super(context, attrs, defStyle);
  initSnakeView();
}
```

上述两个构造方法都调用了 initSnakeView()方法。该方法用于初始化的蛇，包括蛇头与身体，代码如下：

```
private void initSnakeView() {
    setFocusable(true);
    Resources r = this.getContext().getResources();
    resetTiles(4);
    loadTile(RED_STAR, r.getDrawable(R.drawable.redstar));
    loadTile(YELLOW_STAR, r.getDrawable(R.drawable.yellowstar));
    loadTile(GREEN_STAR, r.getDrawable(R.drawable.greenstar));
}
```

SnakeView 类中有一个内部类 RefreshHandler，该内部类作为事件处理蛇的活动。RefreshHandler 类的代码如下：

```
private RefreshHandler mRedrawHandler = new RefreshHandler();
  class RefreshHandler extends Handler {
    @Override
    public void handleMessage(Message msg) {
        SnakeView.this.update();
        SnakeView.this.invalidate();
    }
    public void sleep(long delayMillis) {
       this.removeMessages(0);
        sendMessageDelayed(obtainMessage(0), delayMillis);
    }
};
```

编写游戏初始化方法 initNewGame()，代码如下：

```
void initNewGame() {
    mSnakeTrail.clear();
    mAppleList.clear();
    // For now we're just going to load up a short default eastbound snake
    // that's just turned north

    mSnakeTrail.add(new Coordinate(7, 7));
    mSnakeTrail.add(new Coordinate(6, 7));
    mSnakeTrail.add(new Coordinate(5, 7));
    mSnakeTrail.add(new Coordinate(4, 7));
    mSnakeTrail.add(new Coordinate(3, 7));
    mSnakeTrail.add(new Coordinate(2, 7));
    mNextDirection = NORTH;
    // Two apples to start with
    addRandomApple();
    addRandomApple();
    mMoveDelay = 600;
    mScore = 0;
}
```

编写代码，实现游戏过程中状态改变时的数据保存和恢复功能，代码如下：

```
public Bundle saveState() {          //数据保存
   Bundle map = new Bundle();
   map.putIntArray("mAppleList", coordArrayListToArray(mAppleList));
   map.putInt("mDirection", Integer.valueOf(mDirection));
   map.putInt("mNextDirection", Integer.valueOf(mNextDirection));
   map.putLong("mMoveDelay", Long.valueOf(mMoveDelay));
   map.putLong("mScore", Long.valueOf(mScore));
   map.putIntArray("mSnakeTrail", coordArrayListToArray(mSnakeTrail));
   return map;
}
public void restoreState(Bundle icicle) {       //数据恢复
   setMode(PAUSE);
   mAppleList = coordArrayToArrayList(icicle.getIntArray("mAppleList"));
   mDirection = icicle.getInt("mDirection");
   mNextDirection = icicle.getInt("mNextDirection");
   mMoveDelay = icicle.getLong("mMoveDelay");
   mScore = icicle.getLong("mScore");
   mSnakeTrail = coordArrayToArrayList(icicle.getIntArray("mSnakeTrail"));
}
```

编写上面用到的辅助方法 coordArrayListToArray()和 coordArrayToArrayList()，代码如下：

```
   private int[] coordArrayListToArray(ArrayList<Coordinate> cvec) {
      int count = cvec.size();
      int[] rawArray = new int[count * 2];
      for (int index = 0; index < count; index++) {
         Coordinate c = cvec.get(index);
         rawArray[2 * index] = c.x;
         rawArray[2 * index + 1] = c.y;
      }
      return rawArray;
   }
   private ArrayList<Coordinate> coordArrayToArrayList(int[] rawArray) {
      ArrayList<Coordinate> coordArrayList = new ArrayList<Coordinate>();
      int coordCount = rawArray.length;
      for (int index = 0; index < coordCount; index += 2) {
         Coordinate c = new Coordinate(rawArray[index], rawArray[index +
1]);
         coordArrayList.add(c);
      }
      return coordArrayList;
   }
```

SnakeView 类是整个游戏的控制中心，因此与用户的交互是必不可少的。例如，游戏的开始与暂停，以及根据用户的按键来改变蛇的移动方向等等。如下所示为重写的 onKeyDown()方法的代码：

```
@Override
public boolean onKeyDown(int keyCode, KeyEvent msg) {
    if (keyCode == KeyEvent.KEYCODE_DPAD_UP) {
        if (mMode == READY | mMode == LOSE) {     //准备或者离开游戏
            initNewGame();
            setMode(RUNNING);
            update();
            return (true);
        }
        if (mMode == PAUSE) {                     //暂停游戏
            setMode(RUNNING);
            update();
            return (true);
        }
        if (mDirection != SOUTH) {                //方向为北，即向上
            mNextDirection = NORTH;
        }
        return (true);
    }
    if (keyCode == KeyEvent.KEYCODE_DPAD_DOWN) {
        if (mDirection != NORTH) {                //方向为南，即向下
            mNextDirection = SOUTH;
        }
        return (true);
    }
    if (keyCode == KeyEvent.KEYCODE_DPAD_LEFT) {
        if (mDirection != EAST) {                 //方向为西，即向左
            mNextDirection = WEST;
        }
        return (true);
    }
    if (keyCode == KeyEvent.KEYCODE_DPAD_RIGHT) {
        if (mDirection != WEST) {                 //方向为东，即向右
            mNextDirection = EAST;
        }
        return (true);
    }
    return super.onKeyDown(keyCode, msg);
}
```

当用户按下方向键改变蛇的方向之后，蛇会一直往该方向移动，直到再次有键被按下或者蛇碰到墙壁，蛇的爬行方向才会有所变化。updateSnake()方法可实现这些功能，代码如下：

```
private void updateSnake() {
    boolean growSnake = false;
    // 初始化蛇头
    Coordinate head = mSnakeTrail.get(0);
```

```
Coordinate newHead = new Coordinate(1, 1);

mDirection = mNextDirection;
switch (mDirection) {
case EAST: {
    newHead = new Coordinate(head.x + 1, head.y);
    break;
}
case WEST: {
    newHead = new Coordinate(head.x - 1, head.y);
    break;
}
case NORTH: {
    newHead = new Coordinate(head.x, head.y - 1);
    break;
}
case SOUTH: {
    newHead = new Coordinate(head.x, head.y + 1);
    break;
}
}
//碰撞检测
// 创建周围的墙壁
if ((newHead.x < 1) || (newHead.y < 1) || (newHead.x > mXTileCount - 2)
        || (newHead.y > mYTileCount - 2)) {
    setMode(LOSE);
    return;
}
//检测是否碰到蛇头
int snakelength = mSnakeTrail.size();
for (int snakeindex = 0; snakeindex < snakelength; snakeindex++) {
    Coordinate c = mSnakeTrail.get(snakeindex);
    if (c.equals(newHead)) {
        setMode(LOSE);
        return;
    }
}
// 检测是否吃到食物
int applecount = mAppleList.size();
for (int appleindex = 0; appleindex < applecount; appleindex++) {
    Coordinate c = mAppleList.get(appleindex);
    if (c.equals(newHead)) {
        mAppleList.remove(c);
        addRandomApple();

        mScore++;
        mMoveDelay *= 0.9;
        growSnake = true;
    }
```

```
        }
        // 产生新的蛇头
        mSnakeTrail.add(0, newHead);
        // 如果要延长蛇的身体
        if (!growSnake) {
            mSnakeTrail.remove(mSnakeTrail.size() - 1);
        }

        int index = 0;
        for (Coordinate c : mSnakeTrail) {
            if (index == 0) {
                setTile(YELLOW_STAR, c.x, c.y);
            } else {
                setTile(RED_STAR, c.x, c.y);
            }
            index++;
        }
}
```

15.4.4 界面设计

在实现了游戏所需的核心类之后，本节将介绍游戏最终的界面组成部分。游戏所用的Activity名称为activity_main，对应的Java类为MainActivity文件。如图15-4所示是游戏的最终布局，如图15-5所示是该布局对应的大纲结构。

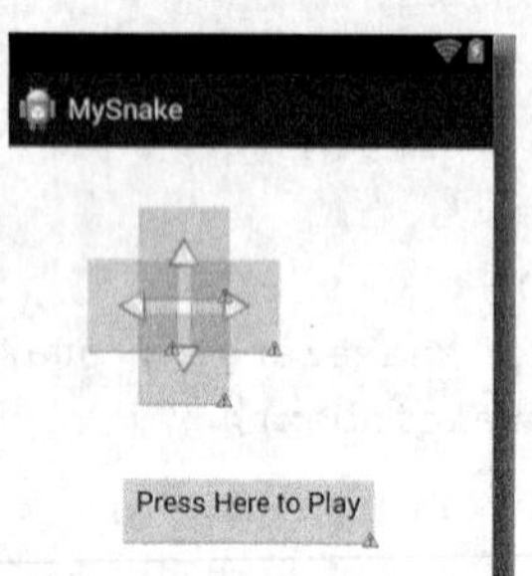

图 15-4　布局效果

图 15-5　大纲结构

作为一个标准的Android程序，MainActivity类继承了Activity类，并实现了OnClickListener接口。MainActivity类onCreate()方法的实现代码如下：

```
@Override
public void onCreate(Bundle savedInstanceState) {
    super.onCreate(savedInstanceState);
    // 隐藏标题栏
    requestWindowFeature(Window.FEATURE_NO_TITLE);
    setContentView(R.layout.activity_main);

    mSnakeView = (SnakeView) findViewById(R.id.snake);
    mSnakeView.setTextView((TextView) findViewById(R.id.text));
    play = (Button) findViewById(R.id.play);
```

```
        play.setId(PLAY);
        play.setOnClickListener(this);
        play.setBackgroundColor(Color.argb(0, 0, 255, 0));
        left = (ImageButton) findViewById(R.id.left);
        left.setId(LEFT);
        left.setOnClickListener(this);
        left.setBackgroundColor(Color.argb(1, 1, 255, 1));
        left.setVisibility(View.GONE);
        //省略其他按钮的引用代码
        if (savedInstanceState == null) {           //如果是第一次打开
            mSnakeView.setMode(mSnakeView.READY);
        } else {
            Bundle map = savedInstanceState.getBundle(ICICLE_KEY);
            if (map != null) {
                mSnakeView.restoreState(map);
            } else {
                mSnakeView.setMode(SnakeView.PAUSE);
            }
        }
        handler = new Handler() {                   //处理线程中传递的数据
            public void handleMessage(Message msg) {
                switch (msg.what) {
                case Snake.GUINOTIFIER:
                    play.setVisibility(View.VISIBLE);
                    left.setVisibility(View.GONE);
                    right.setVisibility(View.GONE);
                    up.setVisibility(View.GONE);
                    down.setVisibility(View.GONE);
                    break;
                }
                super.handleMessage(msg);
            }
        };
    }
```

为了方便测试，这里重写 onKeyDown()方法监听键盘，实现按下 W、S、A 和 D 键时蛇分别向上、下、左和右进行移动，代码如下。在实际运行中，由于手机没有这些按键，因此可根据需要进行调整。

```
    @Override
    public boolean onKeyDown(int keyCode, KeyEvent event) {
        if (keyCode == KeyEvent.KEYCODE_W) {
            mSnakeView.mNextDirection = mSnakeView.NORTH;
        }
        if (keyCode == KeyEvent.KEYCODE_S) {
            mSnakeView.mNextDirection = mSnakeView.SOUTH;
        }
        if (keyCode == KeyEvent.KEYCODE_A) {
```

```
            mSnakeView.mNextDirection = mSnakeView.WEST;
        }
        if (keyCode == KeyEvent.KEYCODE_D) {
            mSnakeView.mNextDirection = mSnakeView.EAST;
        }
        return super.onKeyDown(keyCode, event);
    }
```

最后再来看一下游戏中单击事件的处理代码，如下所示：

```
    @Override
    public void onClick(View v) {
        switch (v.getId()) {                        //获取按下的组件 ID
        case PLAY:
            play.setVisibility(View.GONE);
            left.setVisibility(View.VISIBLE);
            right.setVisibility(View.VISIBLE);
            up.setVisibility(View.VISIBLE);
            down.setVisibility(View.VISIBLE);
            if (mSnakeView.mMode == mSnakeView.READY
                    | mSnakeView.mMode == mSnakeView.LOSE) {
                /*
                 * 在第一次加载或者游戏结束后开始新的游戏
                 */
                mSnakeView.initNewGame();
                mSnakeView.setMode(mSnakeView.RUNNING);
                mSnakeView.update();
                updateStatus = new UpdateStatus();
                updateStatus.start();
                break;
            }
            if (mSnakeView.mMode == mSnakeView.PAUSE) {
                /*
                 * 如果游戏处于暂停状态就继续运行
                 */
                mSnakeView.setMode(mSnakeView.RUNNING);
                mSnakeView.update();
                break;
            }
            if (mSnakeView.mDirection != mSnakeView.SOUTH) {
                mSnakeView.mNextDirection = mSnakeView.NORTH;
                break;
            }
            break;
        case LEFT:
            if (mSnakeView.mDirection != mSnakeView.EAST) {
                mSnakeView.mNextDirection = mSnakeView.WEST;
            }
            break;
        case RIGHT:
```

```
            if (mSnakeView.mDirection != mSnakeView.WEST) {
                mSnakeView.mNextDirection = mSnakeView.EAST;
            }
            break;
        case UP:
            if (mSnakeView.mDirection != mSnakeView.SOUTH) {
                mSnakeView.mNextDirection = mSnakeView.NORTH;
            }
            break;
        case DOWN:
            if (mSnakeView.mDirection != mSnakeView.NORTH) {
                mSnakeView.mNextDirection = mSnakeView.SOUTH;
            }
            break;
        default:
            break;
    }
}
```

参考答案

第1章

一、填空题

1．2013　　2．应用程序框架
3．第三方类库　　4．Dalvik 虚拟机
5．BroadcastReceiver

二、选择题

1．D　　2．B　　3．A　　4．B

第2章

一、填空题

1．path　　2．F7　　3．5554　　4．adb install c:\qq.apk

二、选择题

1．C　　2．B　　3．C　　4．C　　5．B　　6．A

第3章

一、填空题

1．appcompat_v7　　2．Res　　3．R.java　　4．F7

二、选择题

1．C　　2．B　　3．B　　4．D　　5．A　　6．D

第4章

一、填空题

1．帧　　2．match_parent
3．@null　　4．ViewGroup.LayoutParams

5．setContentView(R.layout.home)

二、选择题

1．D　　2．A　　3．A　　4．A　　5．B

第 5 章

一、填空题

1．inputType　　2．Hint　　3．Orientation
4．View　　5．onClick

二、选择题

1．C　　2．B　　3．B　　4．C

第 6 章

一、填空题

1．销毁状态　　2．startActivity()
3．Intent　　4．Fragment

二、选择题

1．B　　2．D　　3．B　　4．B　　5．A

第 7 章

一、填空题

1．sendOrderedBroadcast()　2．ACTION_MAIN
3．动作　　4．addCategory()
5．ACTION_VIEW content://contacts/people/
6．onReceive()

二、选择题

1．A　　2．A　　3．B　　4．A　　5．A　　6．B
7．B

第 8 章

一、填空题

1．0～100　2．setProgress()　3．numStars　4．ViewFactory

二、选择题

1．D　2．D　3．C　4．B

第 9 章

一、填空题

1．string-array　2．#ARGB
3．px　4．getIntArray

二、选择题

1．B　2．C　3．B　4．A　5．D

第 10 章

一、填空题

1．Paint　2．BitmapFactory
3．drawPoints()　4．drawRoundRect()
5．逐帧动画　6．透明度

二、选择题

1．C　2．B　3．A　4．C　5．D　6．C

第 11 章

一、填空题

1．EventListener　2．MotionEvent.ACTION_DOWN
3．KEYCODE_MENU　4．View.OnTouchListener
5．True　6．Looper

二、选择题

1．B　2．C　3．C　4．C　5．D　6．D

第 12 章

一、填空题

1．getSharedPreferences()　2．openFileInput()
3．Cursor　4．execSQL()
5．getContentResolver()

二、选择题

1．A　2．B　3．B　4．D

第 13 章

一、填空题

1．Started　2．onStartCommand()
3．Service　4．getSystemService()
5．CALL_STATE_RINGING

二、选择题

1．D　2．A　3．C　4．A　5．B　6．C

第 14 章

一、填空题

1．org.apache　2．HttpClient
3．assets　4．addJavascriptInterface()

二、选择题

1．C　2．A　3．C　4．B

参 考 文 献

[1]武永亮. Android 开发范例实战宝典[M]. 北京：清华大学出版社，2014.

[2]姚尚朗，靳岩. Android 开发入门与实战(第二版)[M]. 北京：人民邮电出版社，2013.

[3]迈 bbh(Reto Meier). Android 4 高级编程(第 3 版)[M]. 余建伟，赵凯，译. 北京：清华大学出版社，2013.

[4]怀志和. Android 移动网站开发详解[M]. 北京：清华大学出版社，2013.

[5]李刚. 疯狂 Android 讲义(第 2 版)[M]. 北京：电子工业出版社，2013.

[6]陈文，郭依正. 深入理解 Android 网络编程：技术详解与最佳实践[M]. 北京：机械工业出版社，2013.